# ABITUR-TRAINING MATHEMATIK

Endres • Grunewald

# Analytische Geometrie

STARK

**Bildnachweis**
Umschlagbild: © Fatih Görgün – iStockphoto.com
Kapitelbilder:
Seite 1: © James Steidl – Fotolia.com
Seite 15: © Aleradesign/Dreamstime.com
Seite 25: © Yuriy Klymenko/Dreamstime.com
Seite 37: © Djun/Dreamstime.com
Seite 51: © Doug Baines – Fotolia.com
Seite 69: © Marc CECCHETTI – Fotolia.com
Seite 95: © Heinrich – Fotolia.com
Seite 103: © Dtopal/Dreamstime.com
Seite 117: © Mszumlas/Dreamstime.com
Seite 125: © Anne Kitzman/Dreamstime.com
Seite 133: © kirstypargeter – iStockphoto.com
Seite 145: © Thomas Grones – Fotolia.com

ISBN 978-3-86668-271-9


www.stark-verlag.de

# Inhalt

**Autoren:**
Eberhard Endres, Winfried Grunewald

# Vorwort

**Liebe Schülerin, lieber Schüler,**

dieses Buch bietet Ihnen eine umfassende Zusammenstellung grundlegender mathematischer **Definitionen, Regeln und Vorgehensweisen**, die zum Lösen geometrischer Fragestellungen in der Oberstufe erforderlich sind. Die einzelnen Kapitel sind so aufgebaut, dass die Lerninhalte jeweils eines Themenbereichs übersichtlich hergeleitet und dargestellt sowie mit **Beispielen** erläutert werden. Jeder Abschnitt schließt mit **Aufgaben**, die Sie effektiv auf Klausuren und auf die Abiturprüfung im Fach Mathematik vorbereiten.

Zunächst werden die elementaren Grundsteine gelegt, die zur **Beschreibung und Untersuchung von Geraden und Ebenen** benötigt werden. Diesen Grundlagen schließt sich ein Kapitel mit **anwendungsorientierten Fragestellungen** an, bevor Sie im Kapitel **Aufgabenmix** Ihre bis dahin erworbenen Kenntnisse zusammenhängend trainieren und vertiefen können.

Ergänzend werden viele Beispiele und Aufgaben auch mit einem **grafikfähigen Taschenrechner (GTR)** vorgerechnet oder mit einem Taschenrechner gelöst, der über ein **Computer-Algebra-System (CAS)** verfügt. Der GTR stellt seine Fähigkeiten insbesondere bei der numerischen Lösung von linearen Gleichungssystemen unter Beweis. Während dieser Taschenrechnertyp allerdings schnell an seine Grenzen stößt, kann ein CAS-Rechner umfangreicher auch für das algebraische Lösen von Problemen, die Parameter enthalten, eingesetzt werden. Einzelne Beispiele und Aufgaben sind deshalb speziell dazu gedacht, die besonderen Einsatzmöglichkeiten des CAS-Rechners darzulegen und sind entsprechend gekennzeichnet.
Als GTR wurde in diesem Buch der CASIO CFX-9850GB PLUS verwendet. Die CAS-Screenshots wurden mit einem TI-Nspire™ CAS erstellt. Die Bedienung der Rechner ist jedoch auch bei anderen Fabrikaten ähnlich, sodass dieses Buch ebenso geeignet ist, wenn Sie einen anderen Rechner verwenden.

Prinzipiell kann **jedes Kapitel separat** bearbeitet werden, jedoch bauen die meisten davon auf vorhergehenden Einheiten auf, sodass sich auch die Bearbeitung des gesamten Buches anbietet. Die mit Stern **(✱)** gekennzeichneten Aufgaben sind etwas anspruchsvoller und regen in besonderer Weise zum Nachdenken an.

Die **Lösungswege für alle Aufgaben** sind im Lösungsteil ausführlich dargestellt und z. T. mit GTR- bzw. CAS-Lösungen ergänzt. Dadurch haben Sie die Möglichkeit, Ihr erworbenes Wissen bei der Bearbeitung der Aufgaben selbst zu kontrollieren, Lücken aufzudecken oder den Bearbeitungserfolg bestätigt zu sehen.

Viel Erfolg wünschen Ihnen

Winfried Grunewald

Eberhard Endres

# 1 Lineare Gleichungssysteme

Bei der rechnerischen Bearbeitung geometrischer Fragestellungen werden sich an vielen Stellen lineare Gleichungssysteme ergeben. In diesem ersten Kapitel wird daher als Vorbereitung auf die nächsten Kapitel zunächst das Lösen solcher linearer Gleichungssysteme betrachtet. Dabei wird auf bereits aus der Mittelstufe Bekanntes zurückgegriffen und der Schwerpunkt insbesondere auf Gleichungssysteme mit drei Unbekannten gelegt. Erweitert werden die vorgestellten Lösungsmethoden durch den Einsatz eines GTR bzw. eines CAS-Rechners.

## 1.1 Begriffsklärung

Lineare Gleichungssysteme ergeben sich meist bei Aufgabenstellungen, in denen mehrere unbekannte Größen enthalten sind, an die bestimmte Bedingungen gestellt werden.

Definition

- Bei **linearen Gleichungen** kommen die Variablen $x_1, x_2, \ldots$ nur in der ersten Potenz vor. Mit den **Koeffizienten** $a_1, a_2, \ldots \in \mathbb{R}$ hat eine lineare Gleichung die Form $a_1x_1 + a_2x_2 + \ldots + a_nx_n = b$.
- Mehrere solche Gleichungen bilden ein **lineares Gleichungssystem** (kurz: LGS).
- Die einzelnen Gleichungen eines Gleichungssystems werden auch **Zeilen des Gleichungssystems** genannt.
- Die **Lösungsmenge** eines solchen Gleichungssystems besteht aus genau denjenigen Belegungen der n Variablen, die gleichzeitig alle diese Gleichungen erfüllen. Die Lösungen werden **n-Tupel** genannt. Bei drei Unbekannten sagt man **Tripel** statt 3-Tupel.

Lineare Gleichungssysteme können eine beliebige Anzahl von Variablen und eine beliebige Anzahl Zeilen besitzen. Für die Berechnungen im Rahmen der Vektorgeometrie sind allerdings Gleichungssysteme mit drei Gleichungen und drei Unbekannten bzw. zwei Gleichungen und zwei Unbekannten die Systeme, die am häufigsten auftreten. Deshalb beschäftigt sich dieses Kapitel vor allem mit diesen Gleichungssystemen.

Beispiele

1. Bestätigen Sie, dass das Zahlentripel (3; 2; 1) Lösung des folgenden linearen Gleichungssystems ist.

$$\begin{aligned} 2x_1 + 3x_2 + \phantom{4}x_3 &= 13 \\ x_1 - 2x_2 + 4x_3 &= 3 \\ 5x_1 + \phantom{2}x_2 - 8x_3 &= 9 \end{aligned}$$

*Lösung:*

Werden die Zahlen des Zahlentripels jeweils in die Gleichungen eingesetzt, so erhält man in allen drei Gleichungen wahre Aussagen:

$$\begin{aligned} 2\cdot 3 + 3\cdot 2 + \phantom{4\cdot}1 &= 13 \\ 3 - 2\cdot 2 + 4\cdot 1 &= 3 \\ 5\cdot 3 + \phantom{2\cdot}2 - 8\cdot 1 &= 9 \end{aligned}$$

Das Tripel (3; 2; 1) ist also eine Lösung des Gleichungssystems.

Tatsächlich ist dieses Tripel sogar die einzige Lösung des Gleichungssystems, sodass die Lösungsmenge $\mathbb{L} = \{(3; 2; 1)\}$ lautet.

2. Prüfen Sie, ob (5; –7; 3) eine Lösung des folgenden linearen Gleichungssystems ist.

   $5x_1 + 2x_2 + 3x_3 = 20$
   $2x_1 - 3x_2 - 2x_3 = 10$
   $-x_1 + 4x_2 + 9x_3 = -6$

   *Lösung:*
   Zwar werden die erste und die dritte Gleichung durch das Tripel (5; –7; 3) gelöst, setzt man diese Zahlen aber in die zweite Gleichung ein, so erhält man eine falsche Aussage:
   $2 \cdot 5 - 3 \cdot (-7) - 2 \cdot 3 = 10 \quad \text{f.A.}$
   Das Tripel (5; –7; 3) ist somit keine Lösung des Gleichungssystems.
   Tatsächlich ist dieses Gleichungssystem für kein Zahlentripel lösbar, die Lösungsmenge bleibt leer: $\mathbb{L} = \{\ \}$

Die folgenden Abschnitte behandeln nun Lösungsverfahren, mit denen man die Lösung eines linearen Gleichungssystems rechnerisch oder mithilfe eines grafikfähigen Taschenrechners (GTR) bzw. Computer-Algebra-Systems (CAS) ermitteln kann.

## 1.2 Das Gauß-Verfahren

Lineare Gleichungssysteme besitzen bestimmte Eigenschaften, die sich vorteilhaft zum Lösen der Gleichungssysteme einsetzen lassen.

Regel

**Eigenschaften eines linearen Gleichungssystems**
Wendet man auf ein lineares Gleichungssystem eine der drei folgenden Äquivalenzumformungen an, so ändert sich die Lösungsmenge nicht:
- **Zwei Zeilen** des Gleichungssystems werden miteinander **vertauscht**.
- **Eine Gleichung** des Gleichungssystems wird **durch ein Vielfaches** (ungleich null) dieser Gleichung **ersetzt.**
- **Zu einer Gleichung** des Gleichungssystems wird **eine andere Gleichung** dieses Gleichungssystems **addiert**.

Mithilfe dieser drei Äquivalenzumformungen kann man ein Gleichungssystem so in eine **Stufenform** umwandeln, dass sich die Werte für die Variablen schrittweise ermitteln lassen. Dabei können die zweite und dritte Umformung in Kombination angewendet werden. Dieses Lösungsverfahren wird **Gauß-Verfahren** genannt.

Beispiel

Lösen Sie das folgende Gleichungssystem mithilfe des Gauß-Verfahrens.

$$\begin{aligned} 4x_1 - 2x_2 + x_3 &= -2 \\ 2x_1 + 3x_2 - 5x_3 &= 4 \\ 5x_1 - 4x_2 + 6x_3 &= 1 \end{aligned}$$

*Lösung:*

Die Gleichungen werden mit römischen Zahlen nummeriert:

$$\begin{array}{ll} \text{I} & 4x_1 - 2x_2 + x_3 = -2 \\ \text{II} & 2x_1 + 3x_2 - 5x_3 = 4 \\ \text{III} & 5x_1 - 4x_2 + 6x_3 = 1 \end{array}$$

Die zweite Gleichung wird nun im ersten Schritt ersetzt, indem man von der ersten Gleichung das Doppelte der zweiten Gleichung subtrahiert. Dadurch entsteht eine Gleichung ohne die Variable $x_1$. Man schreibt auch in Kurzform: $\text{I} - 2 \cdot \text{II}$ (Beachten Sie, dass dies keine sinnvolle Rechnung im mathematisch strengen Sinn ist, sondern nur eine Abkürzung.)

Die neue Gleichung erhält eine neue Nummer:

$$\begin{array}{ll} \text{I} & 4x_1 - 2x_2 + x_3 = -2 \\ \text{IV} & -8x_2 + 11x_3 = -10 \\ \text{III} & 5x_1 - 4x_2 + 6x_3 = 1 \end{array}$$

Im nächsten Schritt muss auch in der dritten Gleichung die Variable $x_1$ eliminiert werden. Dazu rechnet man $5 \cdot \text{I} - 4 \cdot \text{III}$:

$$\begin{array}{ll} \text{I} & 4x_1 - 2x_2 + x_3 = -2 \\ \text{IV} & -8x_2 + 11x_3 = -10 \\ \text{V} & 6x_2 - 19x_3 = -14 \end{array}$$

Die Stufenform ist erreicht, wenn nun in Gleichung V noch die Variable $x_2$ wegfällt. Dieses Ziel kann mit $3 \cdot \text{IV} + 4 \cdot \text{V}$ verwirklicht werden:

$$\begin{array}{ll} \text{I} & 4x_1 - 2x_2 + x_3 = -2 \\ \text{IV} & -8x_2 + 11x_3 = -10 \\ \text{VI} & -43x_3 = -86 \end{array}$$

Aus Gleichung VI ergibt sich durch Division durch $-43$ auf beiden Seiten unmittelbar $x_3 = 2$. Dieser Wert wird in Gleichung IV eingesetzt, sodass man einen Wert für $x_2$ erhält:

$$-8x_2 + 11 \cdot 2 = -10 \quad \Leftrightarrow \quad -8x_2 = -32 \quad \Leftrightarrow \quad x_2 = 4$$

Nun kann man die erhaltenen Werte für $x_2$ und $x_3$ in Gleichung I einsetzen, um den Wert für $x_1$ zu ermitteln:

$$4x_1 - 2 \cdot 4 + 2 = -2 \quad \Leftrightarrow \quad 4x_1 = 4 \quad \Leftrightarrow \quad x_1 = 1$$

Damit ist $\mathbb{L} = \{(1; 4; 2)\}$ die Lösungsmenge des LGS.

**Aufgabe 1.** Lösen Sie die linearen Gleichungssysteme mithilfe des Gauß-Verfahrens.

a) $4x_1 - 5x_2 = -6$
$3x_1 + 2x_2 = 7$

b) $5x_1 - 4x_2 - 2x_3 = -1$
$3x_1 + 3x_2 + 3x_3 = 12$
$4x_1 - 5x_2 - 4x_3 = -7$

c) $2x_1 + 3x_2 - 5x_3 = 0$
$4x_1 - 3x_2 + x_3 = 0$
$3x_1 + 4x_2 - 7x_3 = 0$

## 1.3 Anzahl der Lösungen

Bislang hatten die betrachteten linearen Gleichungssysteme entweder genau eine Lösung oder keine Lösung. Es gibt aber auch den Fall, dass ein Gleichungssystem unendlich viele Lösungen hat.

Regel

**Anzahl der Lösungen eines Gleichungssystems**
Ein lineares Gleichungssystem besitzt entweder
- **eine eindeutige** Lösung,
- **keine** Lösung oder
- **unendlich viele** Lösungen.

Beispiel

Bestimmen Sie die Lösungsmengen der Gleichungssysteme.

a)
I $4x_1 - 3x_2 + 7x_3 = 1$
II $5x_1 - 4x_2 + 6x_3 = 5$
III $2x_1 - x_2 + 9x_3 = -7$

b)
I $2x_1 - x_2 + 5x_3 = 1$
II $3x_1 - 5x_2 + 8x_3 = 5$
III $5x_1 + x_2 + 12x_3 = -2$

*Lösung:*

a) Das Gleichungssystem wird mithilfe des Gauß-Verfahrens gelöst. Die Umformungen $5 \cdot \text{I} - 4 \cdot \text{II}$ und $\text{I} - 2 \cdot \text{III}$ ergeben:

I $4x_1 - 3x_2 + 7x_3 = 1$
IV $x_2 + 11x_3 = -15$
V $-x_2 - 11x_3 = 15$

Rechnet man nun IV + V, um die Variable $x_2$ zu eliminieren, erhält man:

I $4x_1 - 3x_2 + 7x_3 = 1$
IV $x_2 + 11x_3 = -15$
VI $0 = 0$

Die Gleichung VI ist in diesem Fall immer erfüllt. Daher kann man in der Gleichung IV für die Variable $x_3$ jede beliebige Zahl wählen und damit $x_2$ und $x_1$ berechnen. Um zu verdeutlichen, dass man für $x_3$ eine beliebige Zahl wählen darf, setzt man $x_3 = t$ mit $t \in \mathbb{R}$ und erhält aus Gleichung IV:
$x_2 = -15 - 11t$

Dies wird in Gleichung I eingesetzt:

$$
\begin{aligned}
& 4x_1 - 3\cdot(-15-11t) + 7t = 1 \\
\Leftrightarrow\ & 4x_1 + 45 + 40t = 1 \\
\Leftrightarrow\ & 4x_1 = -44 - 40t \\
\Leftrightarrow\ & x_1 = -11 - 10t
\end{aligned}
$$

Das Gleichungssystem hat unendlich viele Lösungen und die Lösungsmenge lautet: $\mathbb{L} = \{(-11-10t;\ -15-11t;\ t) \mid t \in \mathbb{R}\}$

b) Das gegebene Gleichungssystem lässt sich mithilfe des Gauß-Verfahrens auf die Stufenform

$$
\begin{array}{llrrrcr}
\text{I} & 2x_1 & - & x_2 & +5x_3 & = & 1 \\
\text{IV} & & & 7x_2 & - x_3 & = & -7 \\
\text{VI} & & & & 0 & = & 2
\end{array}
$$

bringen (durch die Umformungen $\text{IV} = 3\cdot\text{I} - 2\cdot\text{II}$ sowie $\text{V} = 5\cdot\text{I} - 2\cdot\text{III}$ und anschließend $\text{VI} = \text{IV} + \text{V}$).
Hier ist die dritte Zeile nie erfüllt. Das Gleichungssystem besitzt also keine Lösung, sodass die Lösungsmenge leer ist: $\mathbb{L} = \{\ \}$

**Aufgaben** **2.** Bestimmen Sie die Lösungsmengen der Gleichungssysteme.

a)
$$
\begin{aligned}
3x_1 - x_2 + 2x_3 &= -2 \\
2x_1 + 4x_2 - 3x_3 &= 12 \\
-x_1 - 9x_2 + 8x_3 &= 5
\end{aligned}
$$

b)
$$
\begin{aligned}
4x_1 - x_2 - 3x_3 &= 2 \\
5x_1 + 2x_2 - 2x_3 &= 3 \\
-3x_1 + 4x_2 + 4x_3 &= -1
\end{aligned}
$$

c)
$$
\begin{aligned}
8x_1 - 12x_2 + 16x_3 &= 20 \\
-10x_1 + 15x_2 - 20x_3 &= -25 \\
2x_1 - 3x_2 + 4x_3 &= 5
\end{aligned}
$$

* **3.** Bestimmen Sie die Lösungsmenge in Abhängigkeit des Parameters r.

$$
\begin{aligned}
4x_1 - 2x_2 + x_3 &= r \\
5x_1 + 3x_2 - 2x_3 &= r \\
3x_1 - 7x_2 + 4x_3 &= 2r
\end{aligned}
$$

## 1.4 Cramer'sche Regel

Die Lösungen eines linearen Gleichungssystems können auch direkt mithilfe einer Formel berechnet werden, ohne das Gleichungssystem auf Stufenform zu bringen. Dazu schreibt man die Koeffizienten des Gleichungssystems in eine sogenannte Matrix und berechnet die Determinante dieser Matrix.

Ein lineares Gleichungssystem mit drei Gleichungen und drei Unbekannten hat die allgemeine Form:

$$a_{11}x_1 + a_{12}x_2 + a_{13}x_3 = b_1$$
$$a_{21}x_1 + a_{22}x_2 + a_{23}x_3 = b_2$$
$$a_{31}x_1 + a_{32}x_2 + a_{33}x_3 = b_3$$

Die Koeffizienten des Gleichungssystems kann man in einer Matrix (so nennt man diese Schreibweise) zusammenfassen, dies ergibt die **Koeffizientenmatrix**:

$$\begin{pmatrix} a_{11} & a_{12} & a_{13} \\ a_{21} & a_{22} & a_{23} \\ a_{31} & a_{32} & a_{33} \end{pmatrix}$$

Die **Determinante** dieser Matrix ist nun eine verkürzte Schreibweise für eine bestimmte Rechenvorschrift. Schreibt man statt der runden Klammern senkrechte Striche, so ist die Determinante D der Matrix gemeint:

$$D = \begin{vmatrix} a_{11} & a_{12} & a_{13} \\ a_{21} & a_{22} & a_{23} \\ a_{31} & a_{32} & a_{33} \end{vmatrix}$$

Es gilt:

$$D = \begin{vmatrix} a_{11} & a_{12} & a_{13} \\ a_{21} & a_{22} & a_{23} \\ a_{31} & a_{32} & a_{33} \end{vmatrix} = a_{11}a_{22}a_{33} + a_{12}a_{23}a_{31} + a_{13}a_{21}a_{32}$$
$$-a_{13}a_{22}a_{31} - a_{11}a_{23}a_{32} - a_{12}a_{21}a_{33}$$

Diese Rechenvorschrift kann auch mit der sogenannten **Regel von Sarrus** veranschaulicht werden:

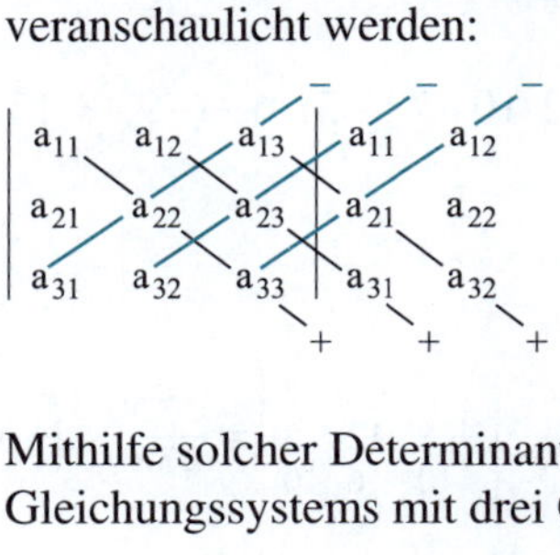


Mithilfe solcher Determinanten kann man allgemein die Lösung eines linearen Gleichungssystems mit drei Gleichungen und drei Variablen errechnen.

Regel

**Cramer'sche Regel:**
Hat ein lineares Gleichungssystem

$$\begin{aligned} a_{11}x_1 + a_{12}x_2 + a_{13}x_3 &= b_1 \\ a_{21}x_1 + a_{22}x_2 + a_{23}x_3 &= b_2 \\ a_{31}x_1 + a_{32}x_2 + a_{33}x_3 &= b_3 \end{aligned}$$

eine eindeutige Lösung, dann gilt:

$$x_1 = \frac{\begin{vmatrix} b_1 & a_{12} & a_{13} \\ b_2 & a_{22} & a_{23} \\ b_3 & a_{32} & a_{33} \end{vmatrix}}{\begin{vmatrix} a_{11} & a_{12} & a_{13} \\ a_{21} & a_{22} & a_{23} \\ a_{31} & a_{32} & a_{33} \end{vmatrix}},\quad x_2 = \frac{\begin{vmatrix} a_{11} & b_1 & a_{13} \\ a_{21} & b_2 & a_{23} \\ a_{31} & b_3 & a_{33} \end{vmatrix}}{\begin{vmatrix} a_{11} & a_{12} & a_{13} \\ a_{21} & a_{22} & a_{23} \\ a_{31} & a_{32} & a_{33} \end{vmatrix}} \text{ und } x_3 = \frac{\begin{vmatrix} a_{11} & a_{12} & b_1 \\ a_{21} & a_{22} & b_2 \\ a_{31} & a_{32} & b_3 \end{vmatrix}}{\begin{vmatrix} a_{11} & a_{12} & a_{13} \\ a_{21} & a_{22} & a_{23} \\ a_{31} & a_{32} & a_{33} \end{vmatrix}}$$

*Bemerkung:* Man kann die Lösung eines Gleichungssystems auf diese Weise nur ermitteln, wenn es eine eindeutige Lösung besitzt. Dafür muss insbesondere die Determinante der Koeffizientenmatrix ungleich null sein, d. h. $D \neq 0$.

Beispiel

Lösen Sie das Gleichungssystem mithilfe der Cramer'schen Regel.

$$\begin{aligned} 6x_1 - 9x_2 + 7x_3 &= 7 \\ 8x_1 + 12x_2 - 5x_3 &= 3 \\ -10x_1 + 6x_2 + 13x_3 &= 10 \end{aligned}$$

*Lösung:*
Zunächst berechnet man die Determinante D der Koeffizientenmatrix:

$$D = \begin{vmatrix} 6 & -9 & 7 \\ 8 & 12 & -5 \\ -10 & 6 & 13 \end{vmatrix}$$

$$= 6 \cdot 12 \cdot 13 + (-9) \cdot (-5) \cdot (-10) + 7 \cdot 8 \cdot 6 - 7 \cdot 12 \cdot (-10) - 6 \cdot (-5) \cdot 6 - (-9) \cdot 8 \cdot 13$$
$$= 2778$$

Für den Wert von $x_1$ ergibt sich dann nach der Regel:

$$x_1 = \frac{1}{2778} \cdot \begin{vmatrix} 7 & -9 & 7 \\ 3 & 12 & -5 \\ 10 & 6 & 13 \end{vmatrix}$$

$$= \frac{1}{2778} \cdot (7 \cdot 12 \cdot 13 + (-9) \cdot (-5) \cdot 10 + 7 \cdot 3 \cdot 6 - 7 \cdot 12 \cdot 10 - 7 \cdot (-5) \cdot 6 - (-9) \cdot 3 \cdot 13)$$

$$= \frac{1}{2778} \cdot 1389 = \frac{1}{2}$$

Ebenso ergeben sich:

$$x_2 = \frac{1}{2778} \cdot \begin{vmatrix} 6 & 7 & 7 \\ 8 & 3 & -5 \\ -10 & 10 & 13 \end{vmatrix} = \frac{926}{2778} = \frac{1}{3} \text{ und } x_3 = \frac{1}{2778} \cdot \begin{vmatrix} 6 & -9 & 7 \\ 8 & 12 & 3 \\ -10 & 6 & 10 \end{vmatrix} = \frac{2778}{2778} = 1$$

Das Gleichungssystem hat also die Lösungsmenge $\mathbb{L} = \left\{\left(\frac{1}{2}; \frac{1}{3}; 1\right)\right\}$.

GTR *Hinweise für den GTR-Einsatz:*

Ein grafikfähiger Taschenrechner (GTR) kann die Berechnung der Determinanten übernehmen. Dazu gibt man im Menüpunkt **Mat** die vier Matrizen ein. (Im Bild rechts ist die Eingabe der Koeffizientenmatrix A dargestellt.)

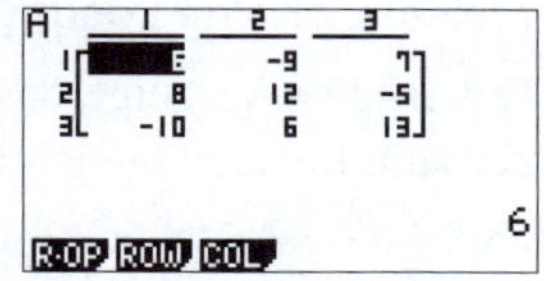


Dann berechnet man unter dem Menüpunkt **Run** die Determinanten der einzelnen Matrizen. Der Befehl **Det** findet sich dabei unter den Matrizenoptionen (Tastenfolge **Optn; F2; F3**).

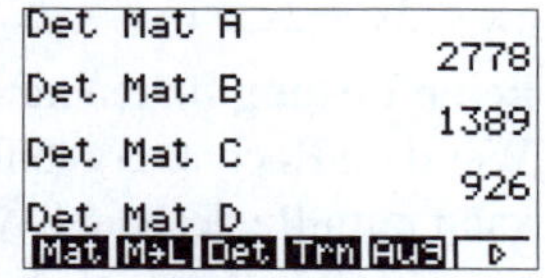


**Aufgabe 4.** Lösen Sie die linearen Gleichungssysteme mithilfe der Cramer'schen Regel. Verwenden Sie zur Kontrolle ggf. einen GTR.

a)
$$\begin{aligned} -6x_1 + 3x_2 - x_3 &= 0 \\ x_1 - x_2 - x_3 &= 1 \\ 3x_1 - 4x_2 + 8x_3 &= 2 \end{aligned}$$

b)
$$\begin{aligned} 8x_1 - 15x_2 + 3x_3 &= 4 \\ 9x_1 + 6x_2 - 12x_3 &= 10 \\ 2x_1 - 6x_2 - 18x_3 &= 8 \end{aligned}$$

## 1.5 Lösen von linearen Gleichungssystemen mit CAS und GTR

Mithilfe eines **Computer-Algebra-Systems (CAS)** lassen sich lineare Gleichungssysteme auf direktem Weg lösen. Der hier verwendete CAS-Rechner nutzt dazu die Funktion **linSolve()**. Anstelle der Variablen $x_1$, $x_2$ und $x_3$ werden beim Taschenrechner gewöhnlich die Variablen x, y und z benutzt.

In dem Bild rechts wird dargestellt, dass das Gleichungssystem

$$\begin{aligned} 5x - 3y + 2z &= 14 \\ 2x + 4y - 5z &= 12 \\ 3x - 2y + 4z &= 3 \end{aligned}$$

vom Rechner **eindeutig** gelöst wird. Die Lösungsmenge ist $\mathbb{L} = \{(3; -1; -2)\}$.

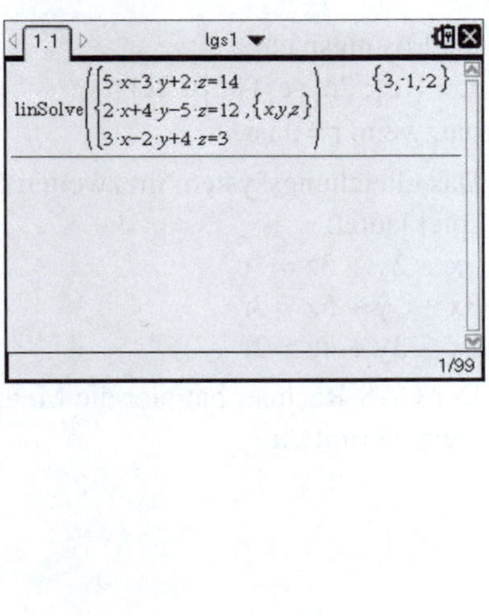

Hat ein Gleichungssystem keine Lösung, zeigt der CAS-Rechner dies durch die Meldung **"Keine Lösung gefunden"** an.

Das Bild rechts zeigt, dass der CAS-Rechner zum linearen Gleichungssystem

$3x + 2y + z = 4$
$5x + 6y + 7z = 8$
$x + 2y + 3z = 11$

**keine Lösung** finden kann.
Wer dem Rechnerergebnis nicht vertraut, kann mithilfe des Gauß-Verfahrens bestätigen, dass es tatsächlich keine Lösung für dieses Gleichungssystem gibt.

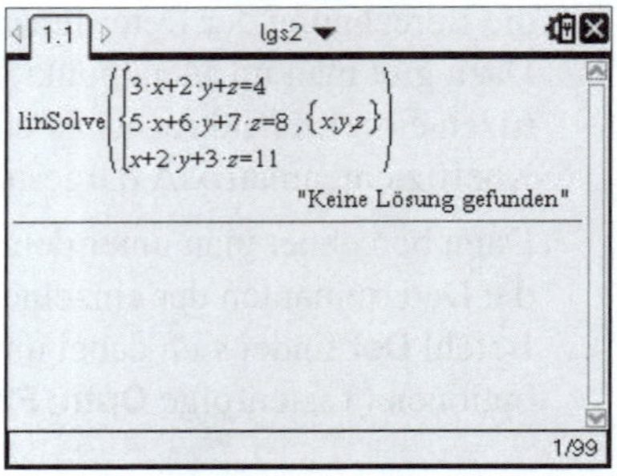


Das Gleichungssystem

$x - 2y + 3z = 4$
$3x + y - 5z = 5$
$2x - 3y + 4z = 7$

besitzt **unendlich viele Lösungen**. Ähnlich wie beim Gauß-Verfahren wird hier $z = c_1$ mit $c_1 \in \mathbb{R}$ gesetzt. Die Variablen x und y werden dann in Abhängigkeit der Zahl $c_1$ berechnet. Die Lösungsmenge ist $\mathbb{L} = \{(c_1 + 2;\ 2c_1 - 1;\ c_1) \mid c_1 \in \mathbb{R}\}$.

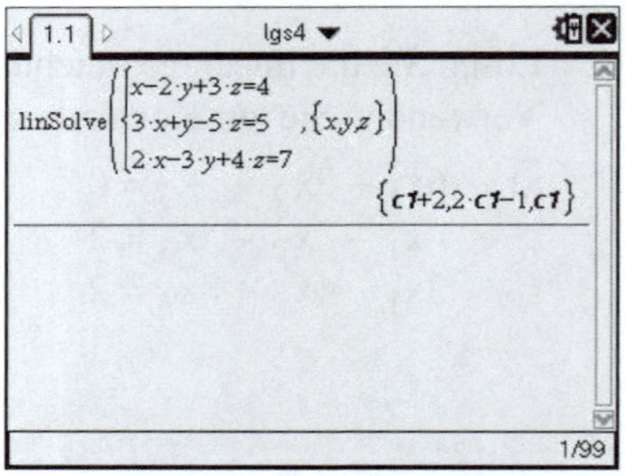


Der CAS-Rechner ist in der Lage, auch lineare Gleichungssysteme zu lösen, in denen ein zusätzlicher **Parameter** r vorkommt.

Im ersten Beispiel im Bild rechts wird gezeigt, dass das Gleichungssystem

$x - 2y + 3z = r$
$3x + y - 5z = r$
$2x - 3y + 4z = r$

die Lösungsmenge
$\mathbb{L} = \{(c_1;\ 2c_1;\ c_1) \mid c_1 \in \mathbb{R}\}$
hat, wenn $r = 0$ ist.

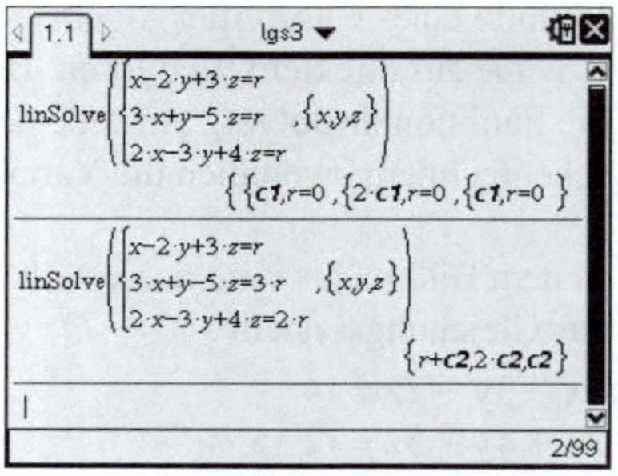


Das Gleichungssystem im zweiten Beispiel lautet:

$x - 2y + 3z = r$
$3x + y - 5z = 3r$
$2x - 3y + 4z = 2r$

Der CAS-Rechner hat hier die Menge $\mathbb{L} = \{(r + c_2;\ 2c_2;\ c_2) \mid c_2 \in \mathbb{R}\}$ als Lösungsmenge ermittelt.

Im zweiten Beispiel wird an den Parameter r keine weitere Bedingung gestellt, r ist in diesem Fall also eine beliebige reelle Zahl. Da $c_1$ bereits im ersten Gleichungssystem als reelle Zahl für die Lösung verwendet wurde, nennt der Rechner in diesem Fall die reelle Zahl in der Lösung $c_2$.

Anstelle der Funktion **linSolve()** kann auch die Funktion **solve()** verwendet werden. Bei zusätzlichen Parametern ist dies sogar stark zu empfehlen, da **linSolve()** hier teilweise nicht die vollständige Lösung liefert, vgl. hierzu Aufgabe 7 c.

Wie man den **grafikfähigen Taschenrechner (GTR)** zum Lösen von linearen Gleichungssystemen einsetzen kann, wurde im Zusammenhang mit der Cramer'schen Regel bereits an einem Beispiel verdeutlicht (vgl. S. 9). Der hier verwendete GTR besitzt jedoch auch die Möglichkeit, lineare Gleichungssysteme numerisch zu lösen. Dies bedeutet gleichzeitig, dass ein Gleichungssystem mit einem zusätzlichen Parameter r im GTR keine Lösung findet.

Solange das Gleichungssystem eindeutig lösbar ist, liefert auch der GTR problemlos eine Lösung. Hier werden dabei nur die Koeffizienten des Gleichungssystems eingegeben.

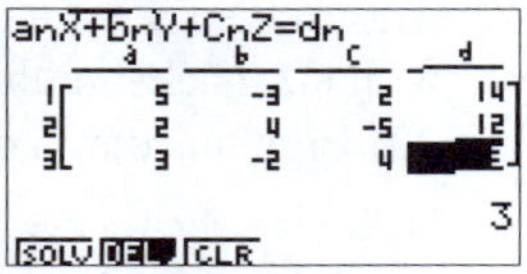


Die Lösung wird anschließend als Tripel dargestellt, vgl. Bild rechts.

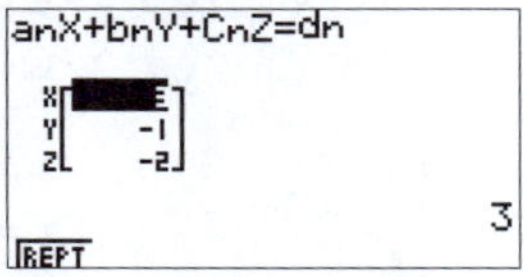


Wenn ein Gleichungssystem entweder keine oder unendlich viele Lösungen besitzt, kann der GTR nicht mehr eindeutig Stellung beziehen. In beiden Fällen meldet er **Ma ERROR**. Dabei ist aus der obigen Betrachtung mit dem CAS-Rechner bekannt, dass das erste Gleichungssystem (Bild oben) keine Lösung besitzt, während das zweite (Bild unten) unendlich viele Lösungen hat.

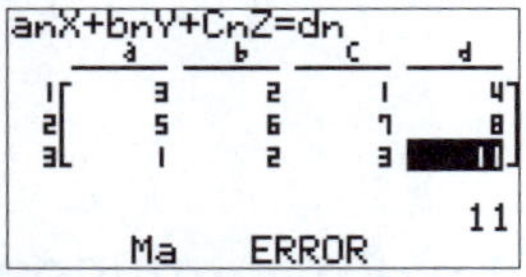


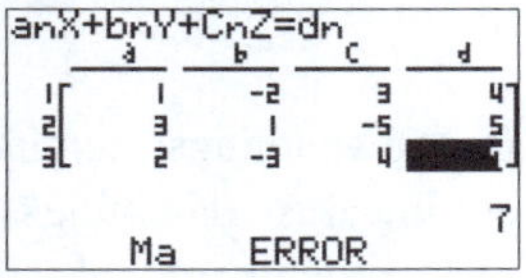


**Aufgaben** **5.** Lösen Sie die linearen Gleichungssysteme mithilfe eines GTR bzw. CAS-Rechners.

a) $\begin{aligned} 6x - 17y + 21z &= -3 \\ 3x + 8y - 19z &= 1 \\ 9x - y - 25z &= 22 \end{aligned}$

b) $\begin{aligned} \tfrac{3}{2}x + \tfrac{2}{5}y - \tfrac{6}{11}z &= -\tfrac{1}{3} \\ \tfrac{9}{4}x + \tfrac{5}{6}y - \tfrac{8}{15}z &= \tfrac{2}{7} \\ \tfrac{2}{7}x + \tfrac{8}{3}y - \tfrac{2}{3}z &= \tfrac{4}{9} \end{aligned}$

**6.** Bestimmen Sie die Lösungsmengen der Gleichungssysteme. Verwenden Sie dabei das Gauß-Verfahren und den CAS-Rechner.

a) $\begin{aligned} 3x - 4y + 2z &= 1 \\ 2x - y + 3z &= 4 \end{aligned}$

b) $\begin{aligned} 5x - 4y &= -5 \\ 6x - 3y &= 3 \\ 4x + 2y &= 22 \end{aligned}$

c) $\begin{aligned} 2x - 3y &= -1 \\ 5x - 4y &= 5 \\ 3x + 5y &= 8 \end{aligned}$

d) $\begin{aligned} 5x - 3y + 2z &= 6 \\ 4x - 5y + 3z &= 5 \\ 7x - 2y - 4z &= -3 \\ 4x + y - 3z &= -1 \end{aligned}$

e) $\begin{aligned} x - 2y + z &= 2 \\ 2x + y - z &= 1 \\ x + 2y - 2z &= -1 \\ x - y + 2z &= 2 \end{aligned}$

f) $\begin{aligned} 4a - 3b + 5c - 2d &= -5 \\ 2a + 2b + 3c - d &= 1 \end{aligned}$

* **7.** Bestimmen Sie die Lösungsmengen der Gleichungssysteme in Abhängigkeit von a zunächst mithilfe des Gauß-Verfahrens. Kontrollieren Sie anschließend Ihr Ergebnis durch den Einsatz des CAS-Rechners.

a) $\begin{aligned} 4x - 3y + z &= 4 \\ 2x + 5y + 6z &= 3 \\ 3x + 2y - 2z &= a \end{aligned}$

b) $\begin{aligned} 2x + 3y - 2z &= 3 \\ 3x - 2y + 3z &= 1 \\ 8x - y + 4z &= a \end{aligned}$

c) $\begin{aligned} 3x - 3y + z &= 1 \\ 2x - 4y + 7z &= 5 \\ -x + 5y + a \cdot z &= -9 \end{aligned}$

## 1.6 Anwendungen

Bei anwendungsorientierten Fragestellungen muss der Aufgabentext meist erst in ein lineares Gleichungssystem „übersetzt“ werden, damit dieses anschließend gelöst werden kann.

Beispiel

Messing ist eine Legierung aus Kupfer und Zink. Aus den in genügender Menge vorhandenen Messingsorten A (Kupfergehalt 80 %) und B (Kupfergehalt 60 %) sollen vier Tonnen Messing mit einem Kupfergehalt von 65 % hergestellt werden.
Berechnen Sie die Anteile der Sorten A und B in der Mischung.

*Lösung:*

Gesucht sind die Mengen der beiden Messingsorten, die zu mischen sind. Wir setzen die Menge der Sorte A gleich a und die Menge der Sorte B gleich b und entnehmen dem Aufgabentext folgende Bedingungen:

1. Gesamtmenge 4 t: $a+b=4$
2. Kupfermenge: $0{,}8a+0{,}6b=0{,}65\cdot 4$
3. Zinkmenge: $0{,}2a+0{,}4b=0{,}35\cdot 4$

Dieses Gleichungssystem wird nun mit dem Gauß-Verfahren umgeformt:

$$\begin{array}{lrcl}
\text{I} & a+\quad b & = & 4\\
\text{II} & 0{,}8a+0{,}6b & = & 2{,}6\\
\text{III} & 0{,}2a+0{,}4b & = & 1{,}4
\end{array}
\Leftrightarrow
\begin{array}{lrrcl}
\text{I} & & a+ & b= & 4\\
\text{IV}=0{,}8\cdot\text{I}-\text{II} & & & 0{,}2b= & 0{,}6\\
\text{V}=0{,}2\cdot\text{I}-\text{III} & & & -0{,}2b= & -0{,}6
\end{array}$$

$$\Leftrightarrow
\begin{array}{lrrcl}
\text{I} & & a+ & b= & 4\\
\text{IV} & & & 0{,}2b= & 0{,}6\\
\text{VI}=\text{IV}+\text{V} & & & 0= & 0
\end{array}$$

Die dritte Zeile liefert immer eine wahre Aussage (aus der Gesamtmenge sowie der verwendeten Kupfermenge ergibt sich automatisch die zu verwendende Zinkmenge, sodass die dritte Gleichung keine neue Information liefert); aus Gleichung IV erhält man $b=3$ und damit aus Gleichung I: $a=1$

Man muss also eine Tonne der Sorte A mit 3 Tonnen der Sorte B mischen.

*Hinweise für den CAS- und GTR-Einsatz:*

CAS Der CAS-Rechner bestätigt die Lösung, denn hier kann man auch 3 Gleichungen mit nur zwei Unbekannten eingeben, die genauso wie in der rechnerischen Lösung benannt werden können.

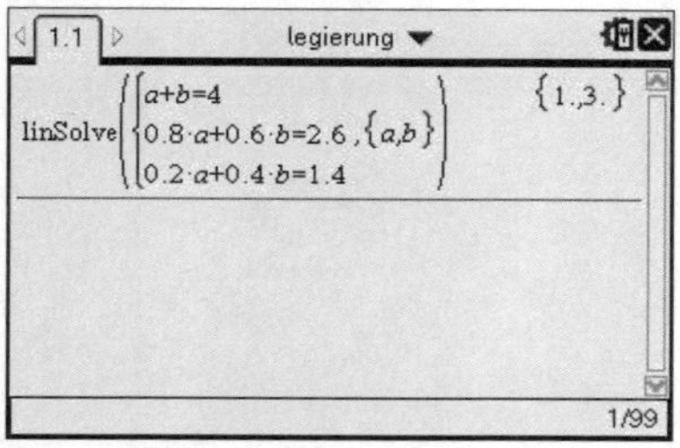


GTR Beim GTR muss man ein Gleichungssystem mit 2 Gleichungen und 2 Unbekannten lösen lassen. Lässt man zwei unterschiedliche Gleichungssysteme lösen, indem man jeweils 2 verschiedene Gleichungen des Gleichungssystems verwendet, so müsste immer dieselbe Lösung angezeigt werden:

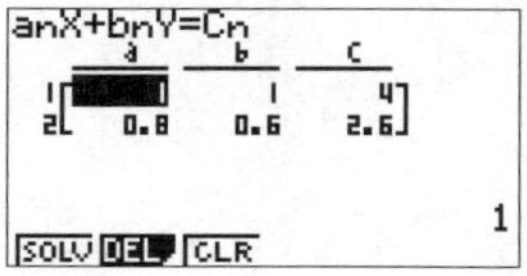


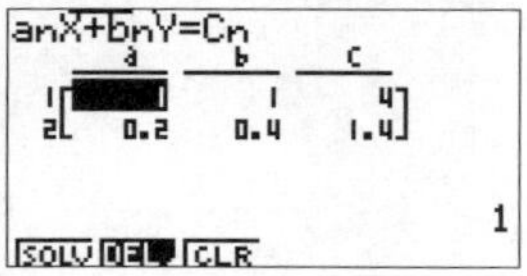


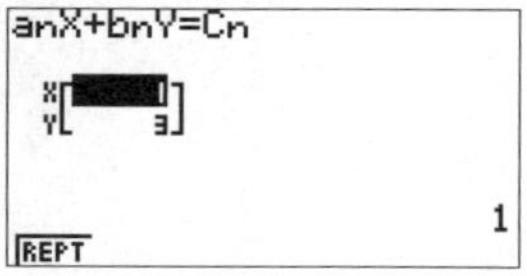

**Aufgaben**

**8.** Edelstahl ist eine Legierung aus Eisen, Chrom und Nickel.
Es stehen drei Sorten zur Verfügung:

A: 70 % Eisen, 20 % Chrom und 10 % Nickel
B: 80 % Eisen, 15 % Chrom und 5 % Nickel
C: 60 % Eisen, 30 % Chrom und 10 % Nickel

Berechnen Sie die Mengen der drei Legierungen, die man mischen muss, um eine Tonne Edelstahl mit 72 % Eisen, 20 % Chrom und 8 % Nickel herzustellen.

**9.** Herkömmliche Blumendünger enthalten Kalium, Stickstoff und Phosphor.
Ermitteln Sie das Verhältnis, in dem die Blumendünger der Sorten K, S und P gemischt werden müssen, um 40 % Kalium, 40 % Stickstoff und 20 % Phosphor in der Mischung zu erhalten.

Sorte K: 60 % Kalium, 30 % Stickstoff, 10 % Phosphor
Sorte S: 20 % Kalium, 60 % Stickstoff, 20 % Phosphor
Sorte P: 20 % Kalium, 30 % Stickstoff, 50 % Phosphor

**10.** Eine Parabel dritter Ordnung geht durch die Punkte $A(-1|-5)$, $B(1|-1)$, $C(2|1)$ und $D(3|11)$.
Bestimmen Sie die Gleichung dieser kubischen Parabel.

# 2 Darstellung geometrischer Objekte

Wenn man geometrische Probleme lösen möchte, dann hilft es oft, sich den Sachverhalt zu veranschaulichen. Wie man geometrische Objekte begreiflich darstellen kann, wird in diesem Kapitel behandelt. Zunächst wird die Darstellung in einem Koordinatensystem bearbeitet. Anschließend wird beschrieben, wie man Körper auch ohne Koordinatensystem visualisieren kann.

## 2.1 Koordinatensysteme

Neben einigen anderen Koordinatensystemen wird in der Mathematik häufig ein kartesisches Koordinatensystem verwendet.

Definition

> Ein **kartesisches Koordinatensystem** ist ein Koordinatensystem, bei dem die Achsen senkrecht aufeinanderstehen. Die Koordinateneinheiten haben auf den Achsen jeweils einen konstanten Abstand.

### Bezeichnung der Achsen

Wird nur ein zweidimensionales Koordinatensystem verwendet, so bezeichnet man die Achsen in der Mathematik häufig mit x und y. Die x-Achse wird meistens nach rechts, die y-Achse nach oben gezeichnet.
Für ein dreidimensionales Koordinatensystem wird üblicherweise ein rechtshändiges Koordinatensystem benutzt. Das bedeutet, dass Daumen, Zeigefinger und Mittelfinger der rechten Hand ein kartesisches Koordinatensystem bilden und der Daumen in Richtung der $x_1$-Achse, der Zeigefinger in Richtung der $x_2$-Achse und der Mittelfinger in Richtung der $x_3$-Achse zeigen (vgl. Zeichnung rechts).

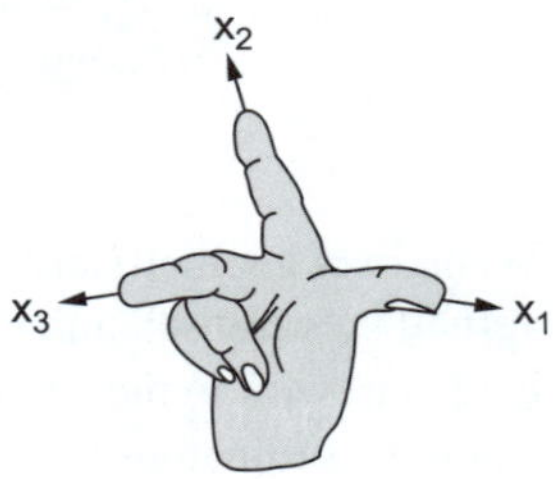


### Zeichnen des Koordinatensystems

Geometrische Körper und Objekte werden in einem dreidimensionalen rechtshändigen kartesischen Koordinatensystem sehr anschaulich dargestellt.

Will man ein solches Koordinatensystem auf einem Blatt Papier darstellen, muss man die Koordinatenachsen perspektivisch zeichnen. Dabei wird üblicherweise die **$x_1$-Koordinatenachse schräg nach links vorne** gezeichnet, die **$x_2$-Achse nach rechts** und die **$x_3$-Achse nach oben**. So entsteht der Eindruck, dass die $x_1$-Koordinate nach vorne aus der Papierebene herauszeigt, während die $x_2$-Koordinate den Rechtswert und die $x_3$-Koordinate den Hochwert angibt.

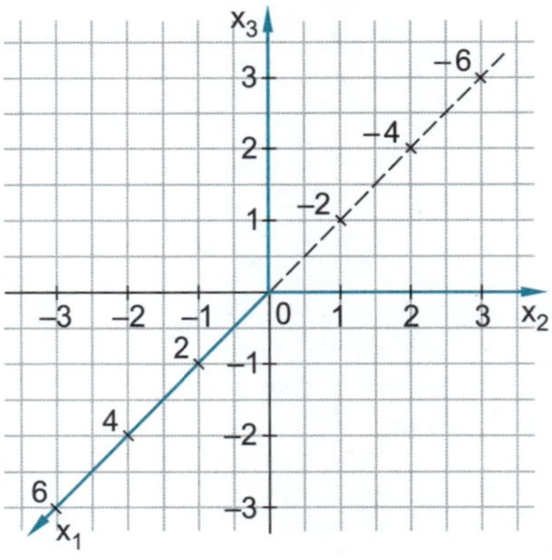

Um einen guten räumlichen Eindruck dreidimensionaler Objekte zu erhalten, verkürzt man dabei die Skalierung auf der $x_1$-Achse um einen geeignet gewählten Faktor.

Die Wahl des Faktors $\frac{1}{2}\sqrt{2} \approx 0,707$ hat den Vorteil, dass ganzzahlige Koordinatenwerte auf kariertem Papier immer auf Kreuzungspunkten der Gitterlinien gezeichnet werden können, denn die Diagonale eines Quadrats mit der Seitenlänge 0,5 (Karobreite) besitzt die Länge
$d = \sqrt{(0,5)^2 + (0,5)^2} = \sqrt{0,5} = \frac{1}{2}\sqrt{2} \approx 0,707.$

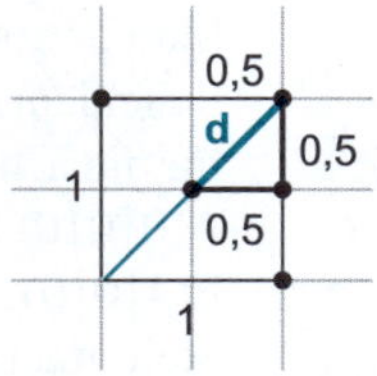


## Punkte im dreidimensionalen Koordinatensystem

In einem dreidimensionalen Koordinatensystem hat der Ursprung die Koordinaten $x_1 = 0$, $x_2 = 0$, $x_3 = 0$ und wird mit $O(0\,|\,0\,|\,0)$ notiert.
Ein Punkt P, der relativ zum Ursprung um 2 Einheiten weiter vorne, 3 Einheiten weiter rechts und 5 Einheiten weiter oben liegt, hat demnach die Koordinaten $P(2\,|\,3\,|\,5)$. Der Punkt $Q(3\,|\,5\,|\,4)$ liegt relativ zum Ursprung 3 Einheiten weiter vorne, 5 Einheiten weiter rechts und 4 Einheiten weiter oben. Durch Hilfslinien wie in der folgenden Abbildung erleichtert man es dem Auge, sich in der zweidimensionalen perspektivischen Zeichnung zurechtzufinden.

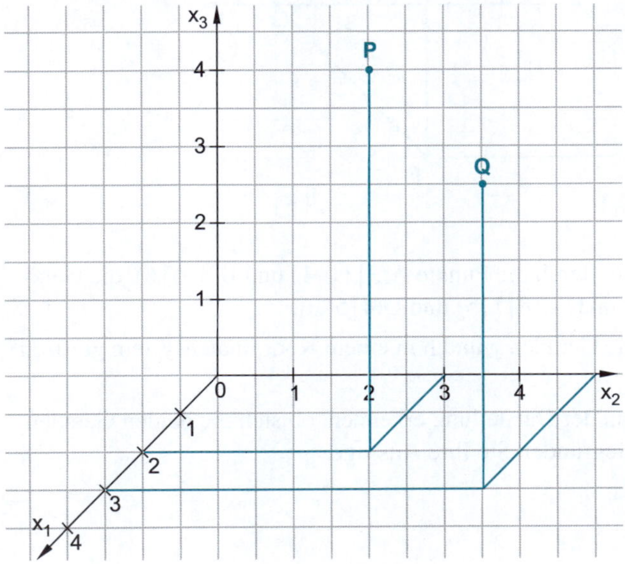

Beispiele

1. Stellen Sie einen Würfel mit Kantenlänge 4 cm in einem Koordinatensystem dar.

   *Lösung:*
   Man bestimmt die Koordinaten der Eckpunkte des Würfels. Wegen der Seitenlänge 4 der Würfelkanten eignen sich folgende Punktkoordinaten für die acht Eckpunkte des Würfels:
   A(0 | 0 | 0) B(0 | 4 | 0) C(0 | 4 | 4) D(0 | 0 | 4)
   E(4 | 0 | 0) F(4 | 4 | 0) G(4 | 4 | 4) H(4 | 0 | 4)
   Stellt man diese im Koordinatensystem dar, dann erhält man folgendes Kantenmodell:

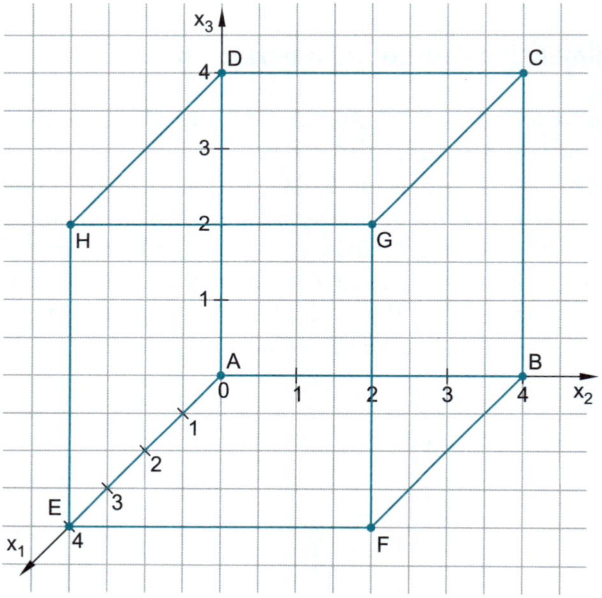


2. Die Gerade g geht durch die Punkte A(3 | 1 | −1) und B(4 | 5 | 6), die Gerade h durch die Punkte C(8 | 1 | 5) und D(4 | 5 | 0).
   a) Stellen Sie die Geraden g und h in einem Koordinatensystem grafisch dar.
   b) Können Sie an der Darstellung erkennen, ob sich die beiden Geraden schneiden? Begründen Sie Ihre Aussage.

*Lösung:*

a)

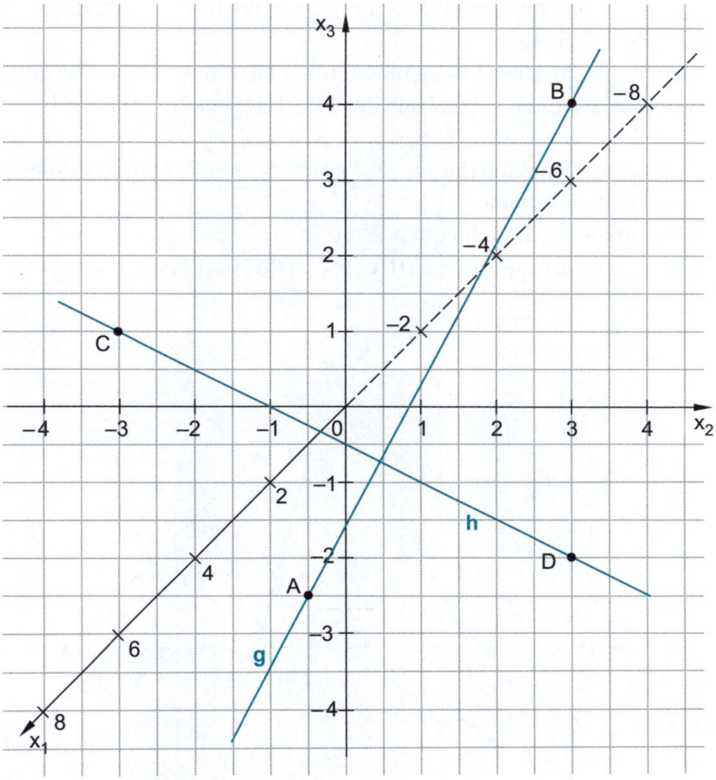


b) Aus der Zeichnung in Teilaufgabe a kann man nicht erkennen, ob sich die beiden Geraden im dreidimensionalen Raum schneiden; sie könnten auch hintereinander liegen (später werden wir dazu „windschief" sagen).
Hierin besteht ein Nachteil dieser zweidimensionalen Darstellung des dreidimensionalen Raums, der sich jedoch prinzipiell nicht vermeiden lässt.

**Aufgaben** **11.** Stellen Sie eine Pyramide mit den Eckpunkten A(4 | 1 | −1), B(3 | 5 | −1), C(0 | 5 | −1) und D(1 | 1 | −1) sowie der Spitze S(1,5 | 2,5 | 4) in einem Koordinatensystem dar.

**12.** Ein Haus mit einem Satteldach hat die Länge L = 16 m und die Breite B = 12 m und ist bis zum Dachansatz 8 m hoch. Das Satteldach selbst hat eine Höhe von 4 m.
Stellen Sie das Haus in einem Koordinatensystem so dar, dass man die Giebelseite frontal sehen kann (2 m ≙ 1 Längeneinheit).

**13.** Von den Eckpunkten der im Bild gezeichneten Pyramide sind nicht alle Koordinaten bekannt.
Bestimmen Sie die fehlenden Werte.
$A(6|a_2|a_3)$; $B(b_1|4|b_2)$; $C(0|c_2|c_3)$; $D(d_1|d_2|1)$; $S(s_1|3|s_3)$

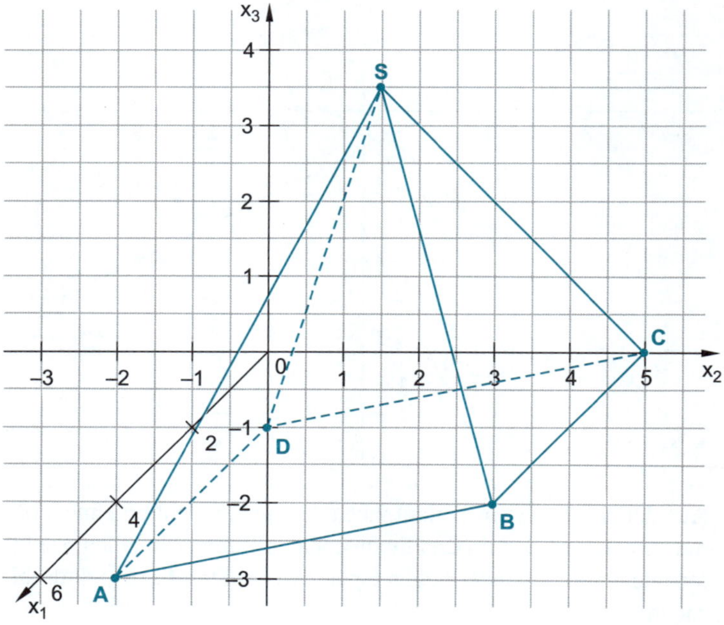

## 2.2 Koordinatenfreie Darstellungsformen

Man kann räumliche Objekte auch ohne ein Koordinatensystem anschaulich darstellen. So erhält man z. B. auch durch folgende Darstellung einen guten Eindruck von der Form des Würfels aus Abschnitt 2.1:

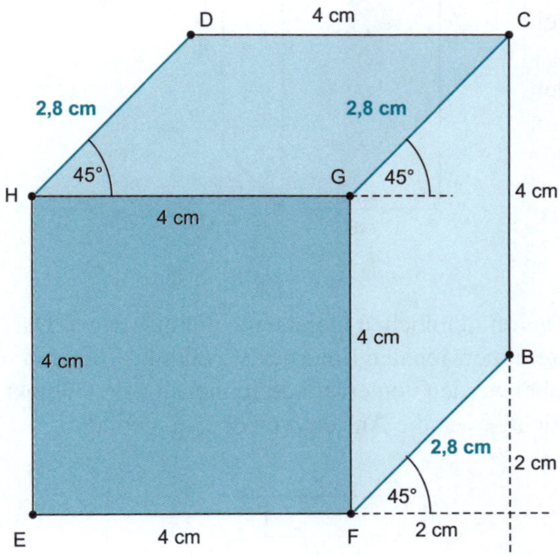


Die Kanten des vorderen Quadrats EFGH sowie die Kanten [BC] und [CD] des hinteren Quadrats verlaufen parallel zur Zeichenfläche, werden also im Originalmaßstab mit 4 cm gezeichnet.

Der Punkt B liegt bezüglich des Punktes F senkrecht hinter der Zeichenebene. Daher wird der Punkt B unter einem Winkel von $\varphi = 45°$ und mit dem Verkürzungsfaktor $k = \sqrt{0,5}$, also mit der Zeichenlänge $4\text{ cm} \cdot \sqrt{0,5} \approx 2,8\text{ cm}$, gezeichnet. Genauso werden der Punkt C, der „senkrecht“ hinter G liegt, und der Punkt D, der senkrecht hinter H liegt, eingezeichnet.

Verbindet man anschließend die zusammengehörenden Punkte einer Kante (und lässt nicht sichtbare Kanten weg), so entsteht eine anschauliche räumliche Darstellung des Würfels als **Schrägbild**.

Beispiel

Stellen Sie einen Quader mit den Seitenlängen a = 4 cm, b = 3 cm und h = 6 cm in einem Schrägbild dar.

*Lösung:*
Die „nach hinten" führende Breite des Quaders b = 3 cm wird um den Faktor $\sqrt{0,5}$ auf etwa 2,1 cm verkürzt. Die drei nicht sichtbaren Kanten werden gestrichelt gezeichnet (der Quader erscheint dann transparent), könnten aber auch weggelassen werden.

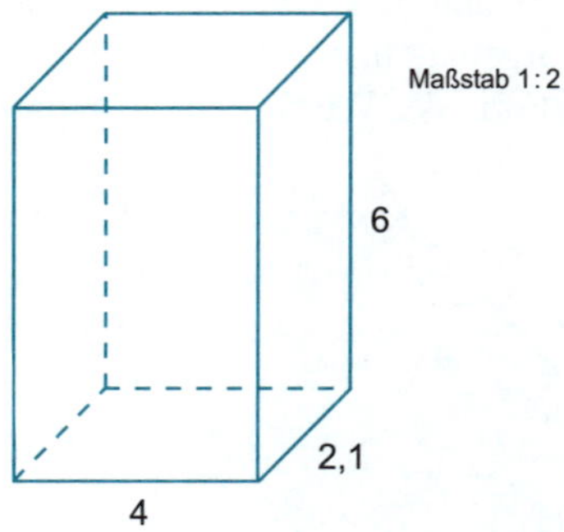


Eine alternative ebene Darstellung von räumlichen Objekten – die bisherigen Darstellungen sollten gezielt einen dreidimensionalen Eindruck vermitteln – bietet das sogenannte **Dreitafelbild**. Dabei werden von einem dreidimensionalen Objekt die Vorderansicht, eine Seitenansicht sowie die Ansicht von oben abgebildet.

Beispiel

Von einem Körper ist ein Dreitafelbild gegeben. Die Hilfskaros haben die Seitenlänge 0,5 cm.
Zeichnen Sie ein Schrägbild dieses Körpers.

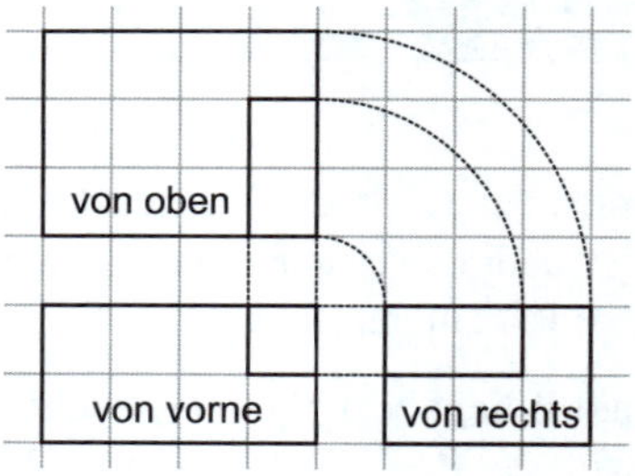


*Lösung:*
Aus einem Quader ist ein kleinerer Quader ausgesägt worden. Ein mögliches Schrägbild zeigt die Abbildung rechts.

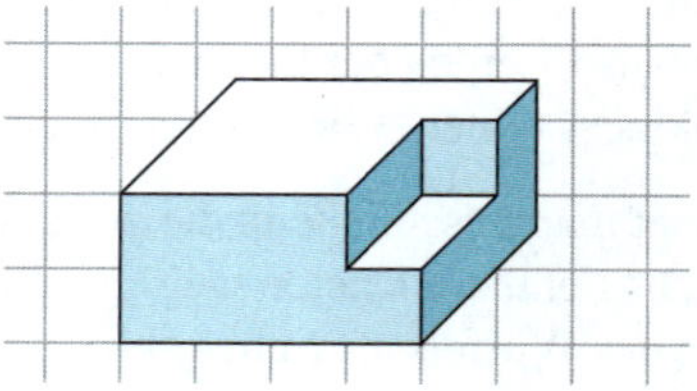

*Anmerkung:* Manchmal wird das Dreitafelbild auch so erstellt, dass im rechten Bildteil der Blick von links (quasi als Schattenbild) wiedergegeben ist.

**Aufgaben**

**14.** Zeichnen Sie ein Schrägbild einer geraden Pyramide mit quadratischer Grundfläche der Seitenlänge 4 cm sowie der Höhe 5 cm.

**15.** Erstellen Sie ein Schrägbild für die Figur, die in der Dreitafel-Darstellung wiedergegeben ist.

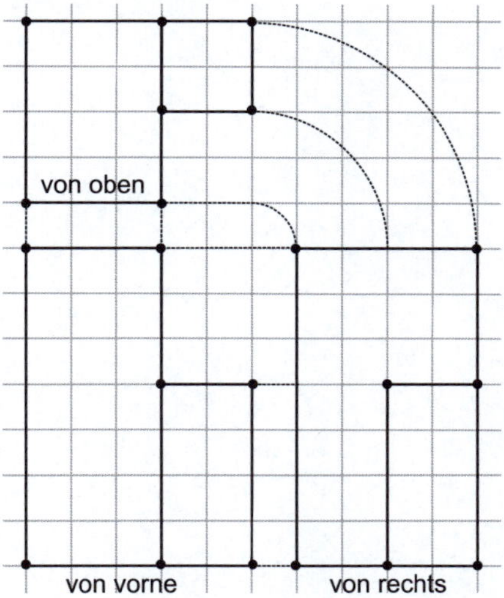


**16.** Zeichnen Sie von zwei Seiten gesehen jeweils ein Schrägbild eines 12 m langen Hauses mit einem Giebeldach, dessen Giebelseite nebenstehend abgebildet ist (Maße in Meter). Maßstab: 1 : 4

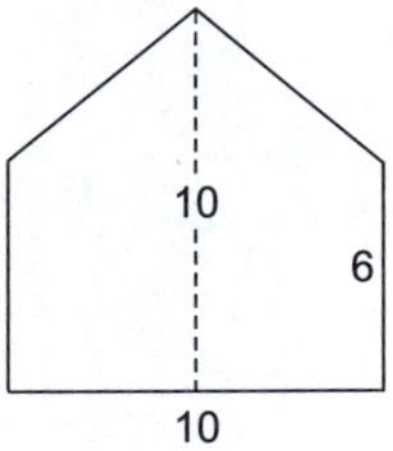


* **17.** Erstellen Sie ein Dreitafelbild der im Schrägbild dargestellten schiefen Pyramide, deren Spitze senkrecht über einer Ecke steht (die Karokästchen besitzen die Länge 0,5 cm).

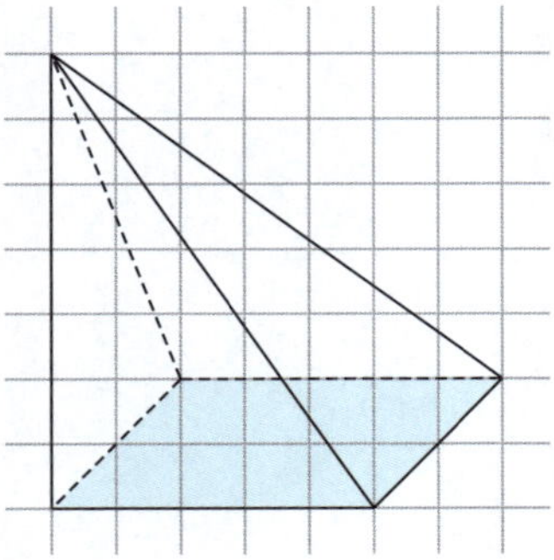

# 3 Vektoren

Um die Lage von Objekten und darauf angewandte Operationen, wie z. B. Verschiebungen, im Koordinatensystem einfach beschreiben zu können, sind Vektoren unverzichtbar. In diesem Kapitel lernen Sie dazu die relevanten Begriffe und Eigenschaften.

## 3.1 Vektoren und Vektorräume

Verschiebungen, Pfeilklassen oder untereinandergeschriebene Zahlen sind Beispiele für Vektoren. Allgemein gilt:

Definition

**Vektoren** sind Elemente eines Vektorraums. Ein **Vektorraum** besteht aus einer nicht leeren Menge V, einer Additionsverknüpfung und einer Multiplikationsverknüpfung mit einem Skalar, sodass folgende Bedingungen erfüllt sind:

1. Sind $\vec{a}$ und $\vec{b}$ Elemente aus V, dann ist auch $\vec{a}+\vec{b} \in V$.
2. Es gibt ein Nullelement $\vec{o} \in V$, sodass für alle $\vec{a} \in V$ gilt: $\vec{a}+\vec{o}=\vec{a}$
3. Es gibt zu jedem $\vec{a} \in V$ ein inverses Element $-\vec{a} \in V$, sodass gilt: $\vec{a}+(-\vec{a})=\vec{o}$
4. Es gelten sowohl das Assoziativ- als auch das Kommutativgesetz bezüglich der Addition.
5. Ist $r \in \mathbb{R}$ und $\vec{a} \in V$, dann ist auch $r \cdot \vec{a} \in V$.
6. Es gilt: $1 \cdot \vec{a} = \vec{a}$
7. Es gilt das Distributivgesetz: $r \cdot (\vec{a}+\vec{b}) = r \cdot \vec{a} + r \cdot \vec{b}$ und $(r+s) \cdot \vec{a} = r \cdot \vec{a} + s \cdot \vec{a}$ für alle $r, s \in \mathbb{R}$ und $\vec{a}, \vec{b} \in V$
8. Es gilt das Assoziativgesetz: $r \cdot (s \cdot \vec{a}) = (r \cdot s) \cdot \vec{a}$ für alle $r, s \in \mathbb{R}$ und alle $\vec{a} \in V$

*Bemerkung:* Neben den Pfeilen und Tupeln können auch Matrizen, Polynome oder Abbildungen einen Vektorraum bilden. Der Begriff des Vektors ist also ein allgemeiner Begriff, der über die geometrische Anschaulichkeit hinausgeht. Im Zusammenhang der Analytischen Geometrie beschränkt man sich allerdings auf die zwei Vektorarten „Verschiebungspfeile“ und „Tripel (3er-Tupel)“ bzw. „2er-Tupel“.

## 3.2 Pfeile und Tupel als Vektoren

Durch einen Verschiebungspfeil kann man angeben, wie man einen Punkt A verschieben muss, um zu einem Punkt B zu gelangen. Damit der Verschiebungspfeil eindeutig bestimmt ist, wird folgende Schreibweise festgelegt:

$$\begin{pmatrix} x_1 \\ x_2 \\ x_3 \end{pmatrix}$$

Dies bedeutet, dass man von einem beliebigen Punkt aus $x_1$ Einheiten in Richtung der $x_1$-Achse, $x_2$ Einheiten in Richtung der $x_2$-Achse und $x_3$ Einheiten in Richtung der $x_3$-Achse gehen muss, um zu einem Punkt zu kommen, der dieselbe Lage zum Ausgangspunkt hat wie B zu A.

Die drei Zahlen $x_1$, $x_2$ und $x_3$ werden bei dieser Vektorart **Koordinaten des Vektors** genannt. In zwei Dimensionen hat der Vektor nur zwei Koordinaten.

Beispiel

Bestimmen Sie die Koordinaten des Verschiebungspfeils von $A(2|1)$ nach $B(6|4)$.

*Lösung:*

Die Punkte A und B haben die Koordinaten $A(2|1)$ und $B(6|4)$.
Man muss also 4 Einheiten in x-Richtung und 3 Einheiten in y-Richtung gehen, um vom Punkt A zum Punkt B zu gelangen.
Der Vektor $\vec{a} = \overrightarrow{AB}$, der den Punkt A auf den Punkt B verschiebt, hat also die Koordinaten $\vec{a} = \begin{pmatrix} 4 \\ 3 \end{pmatrix}$.

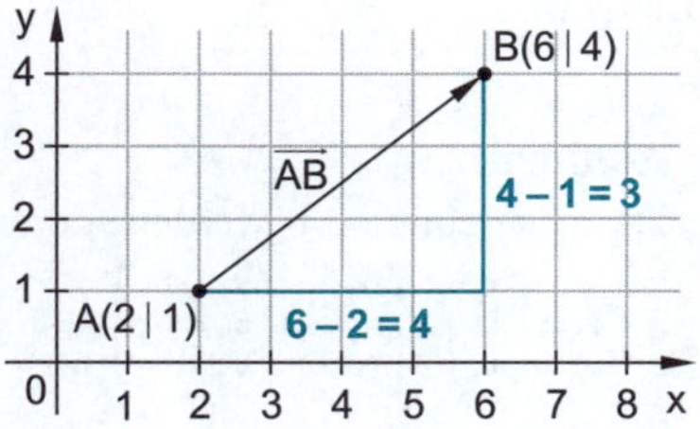


*Bemerkung:* Ein Verschiebungspfeil als Vektor ist unabhängig vom Anfangs- und Endpunkt. Soll verdeutlicht werden, dass es sich bei einem Vektor $\vec{a}$ um den bestimmten Repräsentanten handelt, der die Punkte A und B verbindet, so wird häufig die Schreibweise $\overrightarrow{AB}$ gewählt.

Beispiel

Bestimmen Sie die Koordinaten des Vektors $\overrightarrow{AB}$ für $A(3|1|5)$ und $B(4|3|8)$.

*Lösung:*

Analog zum vorherigen Beispiel erhält man:

$$\overrightarrow{AB} = \begin{pmatrix} 4-3 \\ 3-1 \\ 8-5 \end{pmatrix} = \begin{pmatrix} 1 \\ 2 \\ 3 \end{pmatrix}$$

Allgemein gilt:

Regel

**Verbindungsvektor zwischen zwei Punkten**

Sind $A(a_1|a_2|a_3)$ und $B(b_1|b_2|b_3)$ die Koordinaten der Punkte A und B, so gilt:

$$\overrightarrow{AB} = \begin{pmatrix} b_1 - a_1 \\ b_2 - a_2 \\ b_3 - a_3 \end{pmatrix}$$

Ein besonderer Repräsentant eines Verschiebungspfeiles ist der sogenannte **Ortsvektor**. Dieser Pfeil verbindet den Ursprung mit einem Punkt A. Der Punkt und sein Ortsvektor haben immer dieselben Koordinaten. Denn es ist:

$$\overrightarrow{OA} = \begin{pmatrix} a_1 - 0 \\ a_2 - 0 \\ a_3 - 0 \end{pmatrix} = \begin{pmatrix} a_1 \\ a_2 \\ a_3 \end{pmatrix}$$

Damit die Tupel tatsächlich als Elemente eines Vektorraums (also als Vektoren) angesehen werden können, bedarf es noch der Definition einer Additions- und einer Multiplikationsvorschrift sowie eines Gegenelements und eines neutralen Elements.

Definition

**Addition**

Zwei Tupel $\vec{a}$ und $\vec{b}$ werden addiert, indem man jeweils die Koordinaten addiert:

$$\vec{a}+\vec{b}=\begin{pmatrix}a_1\\a_2\\a_3\end{pmatrix}+\begin{pmatrix}b_1\\b_2\\b_3\end{pmatrix}=\begin{pmatrix}a_1+b_1\\a_2+b_2\\a_3+b_3\end{pmatrix}$$

**Neutrales Element**

Das neutrale Element bzgl. der Addition ist der **Nullvektor**:

$$\vec{o}=\begin{pmatrix}0\\0\\0\end{pmatrix}$$

Denn es gilt: $\vec{a}+\vec{o}=\begin{pmatrix}a_1\\a_2\\a_3\end{pmatrix}+\begin{pmatrix}0\\0\\0\end{pmatrix}=\begin{pmatrix}a_1+0\\a_2+0\\a_3+0\end{pmatrix}=\begin{pmatrix}a_1\\a_2\\a_3\end{pmatrix}=\vec{a}$

**Gegenelement**

Als inverses Element oder Gegenelement zu einem Tupel $\vec{a}$ dient ein gleich langer paralleler Pfeil, der aber in die entgegengesetzte Richtung zeigt (Gegenvektor):

$$-\vec{a}=\begin{pmatrix}-a_1\\-a_2\\-a_3\end{pmatrix}$$

Denn es gilt: $\vec{a}+(-\vec{a})=\begin{pmatrix}a_1\\a_2\\a_3\end{pmatrix}+\begin{pmatrix}-a_1\\-a_2\\-a_3\end{pmatrix}=\begin{pmatrix}a_1-a_1\\a_2-a_2\\a_3-a_3\end{pmatrix}=\begin{pmatrix}0\\0\\0\end{pmatrix}=\vec{o}$

**Multiplikation mit einem Skalar**

Ein Tupel $\vec{a}$ wird mit einer reellen Zahl (Skalar) r multipliziert, indem man jede Koordinate mit der Zahl multipliziert:

$$r\cdot\vec{a}=r\cdot\begin{pmatrix}a_1\\a_2\\a_3\end{pmatrix}=\begin{pmatrix}r\cdot a_1\\r\cdot a_2\\r\cdot a_3\end{pmatrix}$$

Die Koordinaten der Vektoren sind reelle Zahlen. Die Vektoren beschreiben Verschiebungen in 2 bzw. 3 Dimensionen. Deshalb bilden die so definierten Vektoren als 2er-Tupel den **reellen Vektorraum $\mathbb{R}^2$** und als 3er-Tupel den **reellen Vektorraum $\mathbb{R}^3$**.

An konkreten Beispielen soll jetzt gezeigt werden, wie die Addition, Subtraktion und skalare Multiplikation von Vektoren aus den Vektorräumen $\mathbb{R}^2$ bzw. $\mathbb{R}^3$ geometrisch zu verstehen sind.

## Addition von Vektoren

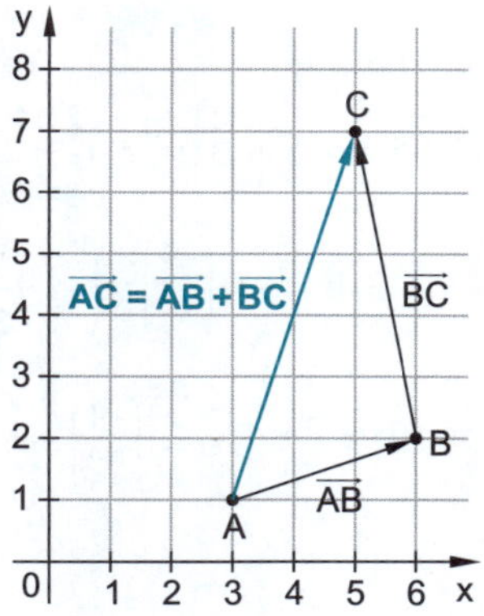


In einem Koordinatensystem wird der Weg vom Punkt A(3 | 1) zum Punkt B(6 | 2) durch den Vektor $\overrightarrow{AB} = \begin{pmatrix} 6-3 \\ 2-1 \end{pmatrix} = \begin{pmatrix} 3 \\ 1 \end{pmatrix}$ beschrieben; der weitere Weg von B nach C(5 | 7) durch den Vektor $\overrightarrow{BC} = \begin{pmatrix} 5-6 \\ 7-2 \end{pmatrix} = \begin{pmatrix} -1 \\ 5 \end{pmatrix}$.

Durch die Addition der beiden Vektoren $\overrightarrow{AB}$ und $\overrightarrow{BC}$ hat man vom Standpunkt A aus gesehen nur den Weg $\overrightarrow{AC}$ zurückgelegt, sodass man $\overrightarrow{AC} = \overrightarrow{AB} + \overrightarrow{BC}$ schreiben darf.

Damit ergibt sich:

$$\overrightarrow{AC} = \begin{pmatrix} 3 \\ 1 \end{pmatrix} + \begin{pmatrix} -1 \\ 5 \end{pmatrix} = \begin{pmatrix} 2 \\ 6 \end{pmatrix}$$

Beispiel

Bestimmen Sie die Summen $\begin{pmatrix} 3 \\ -2 \end{pmatrix} + \begin{pmatrix} -5 \\ 1 \end{pmatrix}$ sowie $\begin{pmatrix} 1 \\ 2 \\ -5 \end{pmatrix} + \begin{pmatrix} -2 \\ -2 \\ 1 \end{pmatrix}$.

*Lösung:*

$$\begin{pmatrix} 3 \\ -2 \end{pmatrix} + \begin{pmatrix} -5 \\ 1 \end{pmatrix} = \begin{pmatrix} 3+(-5) \\ -2+1 \end{pmatrix} = \begin{pmatrix} 3-5 \\ -1 \end{pmatrix} = \begin{pmatrix} -2 \\ -1 \end{pmatrix}$$

$$\begin{pmatrix} 1 \\ 2 \\ -5 \end{pmatrix} + \begin{pmatrix} -2 \\ -2 \\ 1 \end{pmatrix} = \begin{pmatrix} 1+(-2) \\ 2+(-2) \\ -5+1 \end{pmatrix} = \begin{pmatrix} 1-2 \\ 2-2 \\ -5+1 \end{pmatrix} = \begin{pmatrix} -1 \\ 0 \\ -4 \end{pmatrix}$$

## Skalare Multiplikation von Vektoren

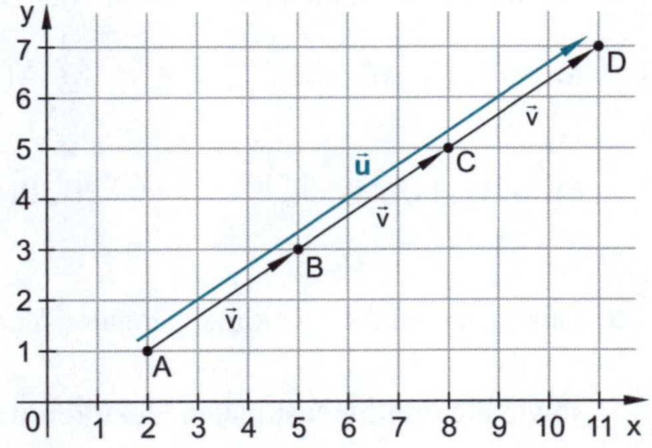


Setzt man im Punkt A(2 | 1) dreimal hintereinander den Vektor $\vec{v} = \begin{pmatrix} 3 \\ 2 \end{pmatrix}$ an, dann gelangt man zum Endpunkt D(11 | 7).

Dieser Weg lässt sich auch beschreiben durch den Vektor

$$\vec{u} = \overrightarrow{AD} = \begin{pmatrix} 11-2 \\ 7-1 \end{pmatrix} = \begin{pmatrix} 9 \\ 6 \end{pmatrix}$$

$$= 3 \cdot \begin{pmatrix} 3 \\ 2 \end{pmatrix} = 3 \cdot \vec{v}.$$

Es bestätigt sich wieder die Anschauung, denn man erhält die Koordinaten des dreifachen Vektors, indem man die entsprechenden Koordinaten verdreifacht.

**Beispiel** Bestimmen Sie für $\vec{a} = \begin{pmatrix} 1 \\ -3 \\ 5 \end{pmatrix}$ und $\vec{b} = \begin{pmatrix} 4 \\ -2 \\ 1 \end{pmatrix}$ die Vektoren $5 \cdot \vec{a}$ und $-3 \cdot \vec{b}$ sowie $\frac{2}{3} \cdot \vec{a} - \frac{4}{3} \cdot \vec{b}$.

*Lösung:*

$$5 \cdot \vec{a} = 5 \cdot \begin{pmatrix} 1 \\ -3 \\ 5 \end{pmatrix} = \begin{pmatrix} 5 \cdot 1 \\ 5 \cdot (-3) \\ 5 \cdot 5 \end{pmatrix} = \begin{pmatrix} 5 \\ -15 \\ 25 \end{pmatrix}$$

$$-3 \cdot \vec{b} = -3 \cdot \begin{pmatrix} 4 \\ -2 \\ 1 \end{pmatrix} = \begin{pmatrix} -3 \cdot 4 \\ -3 \cdot (-2) \\ -3 \cdot 1 \end{pmatrix} = \begin{pmatrix} -12 \\ 6 \\ -3 \end{pmatrix}$$

$$\frac{2}{3} \cdot \vec{a} - \frac{4}{3} \cdot \vec{b} = \frac{2}{3} \cdot \begin{pmatrix} 1 \\ -3 \\ 5 \end{pmatrix} - \frac{4}{3} \cdot \begin{pmatrix} 4 \\ -2 \\ 1 \end{pmatrix} = \begin{pmatrix} \frac{2}{3} \\ -\frac{6}{3} \\ \frac{10}{3} \end{pmatrix} - \begin{pmatrix} \frac{16}{3} \\ -\frac{8}{3} \\ \frac{4}{3} \end{pmatrix} = \begin{pmatrix} -\frac{14}{3} \\ \frac{2}{3} \\ \frac{6}{3} \end{pmatrix} = \begin{pmatrix} -\frac{14}{3} \\ \frac{2}{3} \\ 2 \end{pmatrix}$$

Die **Subtraktion** eines Vektors entspricht der Addition des zugehörigen Gegenvektors:
$\vec{a} - \vec{b} = \vec{a} + (-\vec{b})$
Rechnerisch entspricht dies dem Subtrahieren der einzelnen Koordinaten; anschaulich lässt sich die Differenz zweier Vektoren wie im Bild rechts darstellen.

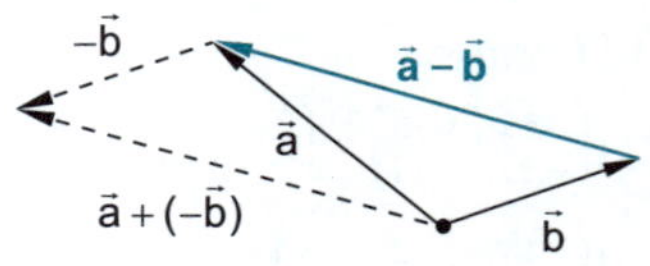


**Aufgaben** **18.** Bestimmen Sie jeweils den Vektor $\overrightarrow{AB}$.

a) $A(4|1)$; $B(7|-3)$ b) $A(5|2|-7)$; $B(1|2|-3)$

**19.** Geben Sie den fehlenden Punkt an, der zum Vektor $\overrightarrow{AB}$ gehört.

a) $A(4|1)$; $\overrightarrow{AB} = \begin{pmatrix} 3 \\ 2 \end{pmatrix}$ b) $A(3|2|-3)$; $\overrightarrow{AB} = \begin{pmatrix} 0 \\ -2 \\ 1 \end{pmatrix}$

c) $B(3|-1)$; $\overrightarrow{AB} = \begin{pmatrix} 1 \\ 5 \end{pmatrix}$ d) $B(1|-3|-4)$; $\overrightarrow{AB} = \begin{pmatrix} 1 \\ 2 \\ -1 \end{pmatrix}$

**20.** Gegeben sind die zweidimensionalen Vektoren $\vec{a} = \begin{pmatrix} 1 \\ 4 \end{pmatrix}$, $\vec{b} = \begin{pmatrix} -1 \\ 3 \end{pmatrix}$ und $\vec{c} = \begin{pmatrix} -3 \\ -1 \end{pmatrix}$ sowie die dreidimensionalen Vektoren $\vec{u} = \begin{pmatrix} -2 \\ 1 \\ 5 \end{pmatrix}$, $\vec{v} = \begin{pmatrix} -3 \\ 4 \\ 1 \end{pmatrix}$ und $\vec{w} = \begin{pmatrix} 1 \\ -2 \\ 3 \end{pmatrix}$.

Bestimmen Sie die folgenden Vektoren:

a) $\vec{a} + \vec{b}$ sowie $\vec{a} - \vec{c}$ b) $\vec{a} + \vec{c} - \vec{b}$ sowie $2\vec{a} + 3\vec{c}$

c) $\vec{u} + \vec{w}$ sowie $\vec{u} - \vec{w} + \vec{v}$ d) $\vec{u} + 2\vec{w}$ sowie $3\vec{w} - 2\vec{v} + 2\vec{u}$

**21.** Bestimmen Sie jeweils den fehlenden Vektor.

a) $\begin{pmatrix}3\\1\end{pmatrix}+\vec{c}=\begin{pmatrix}1\\5\end{pmatrix}$

b) $\begin{pmatrix}5\\1\end{pmatrix}-2\vec{a}=\begin{pmatrix}1\\7\end{pmatrix}$

c) $\begin{pmatrix}2\\1\end{pmatrix}+\vec{x}=\begin{pmatrix}8\\-5\end{pmatrix}-2\vec{x}$

d) $\begin{pmatrix}4\\1\\1\end{pmatrix}+\vec{v}=\begin{pmatrix}1\\0\\2\end{pmatrix}$

e) $\begin{pmatrix}3\\1\\2\end{pmatrix}+\vec{d}-\begin{pmatrix}1\\0\\4\end{pmatrix}=\begin{pmatrix}7\\2\\3\end{pmatrix}$

f) $\begin{pmatrix}1\\4\\-2\end{pmatrix}+\vec{a}=\begin{pmatrix}5\\-4\\6\end{pmatrix}-3\vec{a}$

g) $\begin{pmatrix}3\\1\\5\end{pmatrix}-\vec{b}+\begin{pmatrix}-1\\2\\1\end{pmatrix}=\vec{b}-\begin{pmatrix}-2\\-3\\-6\end{pmatrix}$

## 3.3 Linearkombinationen und lineare Abhängigkeit

Um von einem Punkt A zu einem Punkt B zu gelangen, muss man manchmal Umwege gehen. Mathematisch bedeutet dies, dass man Vektoren durch andere Vektoren darstellt, indem man diese verlängert oder verkürzt und anschließend addiert. D. h., man kombiniert Vektoren linear miteinander. Solche Linearkombinationen werden z. B. bei geometrischen Beweisen angewendet (vgl. Abschnitt 4.4).

Definition

Jede Summe $r_1 \cdot \vec{a}_1 + r_2 \cdot \vec{a}_2 + \ldots + r_n \cdot \vec{a}_n = \vec{b}$ von skalaren Vielfachen der Vektoren $\vec{a}_1, \vec{a}_2, \ldots, \vec{a}_n$ mit $r_1, \ldots, r_n \in \mathbb{R}$ nennt man **Linearkombination** dieser Vektoren.

Jeder Vektor kann insbesondere als Linearkombination durch die sogenannten **Einheitsvektoren** $\vec{e}_1=\begin{pmatrix}1\\0\\0\end{pmatrix}$, $\vec{e}_2=\begin{pmatrix}0\\1\\0\end{pmatrix}$ und $\vec{e}_3=\begin{pmatrix}0\\0\\1\end{pmatrix}$ dargestellt werden.

Beispiel

Stellen Sie den Vektor $\vec{a}=\begin{pmatrix}3\\4\\5\end{pmatrix}$ als Linearkombination der Einheitsvektoren dar.

*Lösung:*

$$\vec{a}=\begin{pmatrix}3\\4\\5\end{pmatrix}=3\cdot\begin{pmatrix}1\\0\\0\end{pmatrix}+4\cdot\begin{pmatrix}0\\1\\0\end{pmatrix}+5\cdot\begin{pmatrix}0\\0\\1\end{pmatrix}$$

Für jeden Vektor $\vec{b}$ gibt es eine kleinste Anzahl an Vektoren $\vec{a}_1, \ldots, \vec{a}_n$, durch die $\vec{b}$ als Linearkombination dargestellt werden kann. Voraussetzung dafür ist, dass die Vektoren $\vec{a}_1, \ldots, \vec{a}_n$ linear unabhängig sind.

Definition

Die Vektoren $\vec{a}_1, \ldots, \vec{a}_n$ sind **linear unabhängig**, wenn die Gleichung
$r_1 \cdot \vec{a}_1 + r_2 \cdot \vec{a}_2 + \ldots + r_n \cdot \vec{a}_n = \vec{o} \quad (r_1, \ldots, r_n \in \mathbb{R})$
nur die Lösung $r_1 = r_2 = \ldots = r_n = 0$ besitzt.
Andernfalls sind die Vektoren **linear abhängig**.

*Bemerkungen:*

1. Die Definition bedeutet, dass der Nullvektor $\vec{o}$ nur auf genau eine Weise durch die linear unabhängigen Vektoren $\vec{a}_1, \ldots, \vec{a}_n$ dargestellt werden kann, nämlich nur dann, wenn alle Koeffizienten gleich 0 sind. Diese Lösung der entsprechenden Gleichung nennt man **triviale Lösung**.
2. Linear unabhängige Vektoren, mit denen alle anderen Vektoren eines Vektorraums dargestellt werden können, bilden immer eine sogenannte **Basis des Vektorraums**. Die Anzahl Vektoren, die die Basis des Vektorraums bilden, heißt **Dimension** des Vektorraums.

Aus der Definition der linearen Abhängigkeit von Vektoren lässt sich eine hilfreiche Eigenschaft ableiten:

Regel

**Eigenschaft linear abhängiger Vektoren**
Genau dann, wenn die Vektoren $\vec{a}_1, \vec{a}_2, \ldots, \vec{a}_n$ linear abhängig sind, lässt sich mindestens einer dieser Vektoren als Linearkombination der übrigen Vektoren darstellen.

*Begründung:* Wenn die Vektoren $\vec{a}_1, \vec{a}_2, \ldots, \vec{a}_n$ linear abhängig sind, dann hat die Linearkombination
$r_1 \cdot \vec{a}_1 + r_2 \cdot \vec{a}_2 + \ldots + r_n \cdot \vec{a}_n = \vec{o}$
außer der trivialen Lösung noch weitere Lösungen. Bei all diesen weiteren Lösungen ist dann mindestens einer der Faktoren $r_1$, $r_2$, …, $r_n$ ungleich null.
Wenn z. B. $r_n \neq 0$ ist, dann folgt aus den Umformungen

$$r_1 \cdot \vec{a}_1 + r_2 \cdot \vec{a}_2 + \ldots + r_n \cdot \vec{a}_n = \vec{o}$$

$$r_1 \cdot \vec{a}_1 + r_2 \cdot \vec{a}_2 + \ldots + r_{n-1} \cdot \vec{a}_{n-1} = -r_n \cdot \vec{a}_n$$

$$-\frac{r_1}{r_n} \cdot \vec{a}_1 - \frac{r_2}{r_n} \cdot \vec{a}_2 - \ldots - \frac{r_{n-1}}{r_n} \cdot \vec{a}_{n-1} = \vec{a}_n$$

die Linearkombination
$r_1' \cdot \vec{a}_1 + r_2' \cdot \vec{a}_2 + \ldots + r_{n-1}' \cdot \vec{a}_{n-1} = \vec{a}_n$,
wenn man die Koeffizienten $-\frac{r_1}{r_n}, \ldots, -\frac{r_{n-1}}{r_n}$ in $r_1', \ldots, r_{n-1}'$ umbenennt.

Der Vektor $\vec{a}_n$ ist in diesem Fall also als Linearkombination der übrigen Vektoren $\vec{a}, \ldots, \vec{a}_{n-1}$ darstellbar. Dieselbe Überlegung gilt analog für den Fall, dass ein anderer Faktor ungleich null ist.

Das in der Regel auf S. 32 angegebene Kriterium wird meist zur Entscheidung verwendet, ob **zwei** Vektoren linear abhängig oder unabhängig sind. (Dazu prüft man, ob die beiden Vektoren skalare Vielfache voneinander sind.) Bei mehr als zwei Vektoren müsste man aber unter Umständen viele Überprüfungen vornehmen, um festzustellen, ob einer dieser Vektoren als Linearkombination der anderen darstellbar ist. Daher verwendet man ab drei Vektoren besser die ursprüngliche Definition für die Überprüfung auf lineare Abhängigkeit oder Unabhängigkeit.

Beispiele

1. Zeigen Sie, dass die Vektoren $\vec{a}=\begin{pmatrix}1\\1\\3\end{pmatrix}$, $\vec{b}=\begin{pmatrix}3\\1\\2\end{pmatrix}$, $\vec{c}=\begin{pmatrix}0\\-2\\1\end{pmatrix}$ linear unabhängig sind, und bestätigen Sie, dass sich der Vektor $\vec{c}$ dementsprechend nicht als Linearkombination der Vektoren $\vec{a}$ und $\vec{b}$ darstellen lässt.

   *Lösung:*
   Aus der Gleichung

   $$r_1\cdot\begin{pmatrix}1\\1\\3\end{pmatrix}+r_2\cdot\begin{pmatrix}3\\1\\2\end{pmatrix}+r_3\cdot\begin{pmatrix}0\\-2\\1\end{pmatrix}=\begin{pmatrix}0\\0\\0\end{pmatrix}$$

   ergibt sich wegen der Regeln zur Addition der Vektoren und Multiplikation von Vektoren mit Skalaren das folgende lineare Gleichungssystem:

   $$\begin{array}{ll}\text{I} & 1\cdot r_1+3\cdot r_2+0\cdot r_3=0\\ \text{II} & 1\cdot r_1+1\cdot r_2-2\cdot r_3=0\\ \text{III} & 3\cdot r_1+2\cdot r_2+1\cdot r_3=0\end{array}$$

   Dieses Gleichungssystem wird mithilfe des Gauß-Verfahrens auf Stufenform gebracht (vgl. Kapitel 1):

   $$\begin{array}{llcll}\text{I} & r_1+3r_2\phantom{+2r_3}=0 & & \text{I} & r_1+3r_2\phantom{+2r_3}=0\\ \text{IV}=\text{I}-\text{II} & 2r_2+2r_3=0 & \Leftrightarrow & \text{IV} & 2r_2+2r_3=0\\ \text{V}=3\cdot\text{I}-\text{III} & 7r_2-\ r_3=0 & & \text{VI}=7\cdot\text{IV}-2\cdot\text{V} & 16r_3=0\end{array}$$

   Daraus erhält man sukzessive von unten nach oben: $r_3=r_2=r_1=0$

   Das Gleichungssystem besitzt also nur die triviale Lösung. Damit sind die drei Vektoren linear unabhängig.

   Eine Linearkombination für $\vec{c}$ aus den Vektoren $\vec{a}$ und $\vec{b}$ hätte die Form:

   $$r_1\cdot\begin{pmatrix}1\\1\\3\end{pmatrix}+r_2\cdot\begin{pmatrix}3\\1\\2\end{pmatrix}=\begin{pmatrix}0\\-2\\1\end{pmatrix}$$

   Das zugehörige lineare Gleichungssystem

   $$\begin{array}{l}r_1+3r_2=\ \ 0\\ r_1+\ \ r_2=-2\\ 3r_1+2r_2=\ \ 1\end{array}$$

   hat aber keine Lösung, denn aus den ersten beiden Gleichungen erhält man $r_2=1$ und $r_1=-3$ und diese Werte erfüllen nicht die dritte Gleichung. Der Vektor $\vec{c}$ lässt sich also nicht als Linearkombination aus $\vec{a}$ und $\vec{b}$ darstellen.

CAS

*Hinweise für den CAS-Einsatz:*

- Der Befehl **linSolve()** löst ein lineares Gleichungssystem (vgl. Abschnitt 1.5). Für das erste LGS in der Lösung oben liefert der CAS-Rechner nur die triviale Lösung. Dies beweist die lineare Unabhängigkeit der drei Vektoren.
  Für das zweite LGS kann keine Lösung gefunden werden.

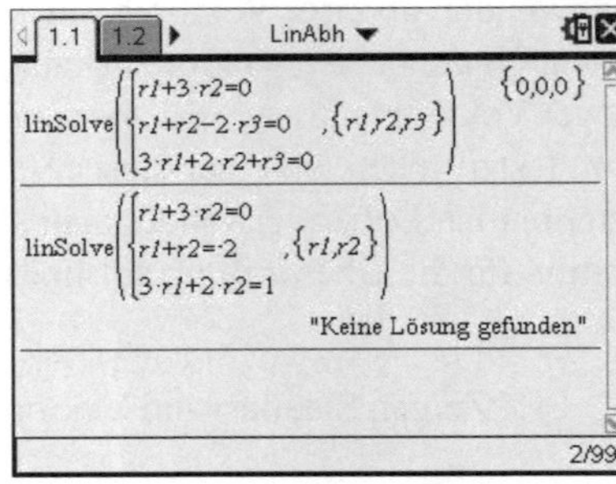


- Mithilfe des Befehls **solve()** kann der CAS-Rechner aber auch Gleichungen lösen, die Vektoren enthalten. So kann man direkt die ursprüngliche Vektorgleichung lösen lassen. Hier wurden Spaltenvektoren verwendet, die man als Matrix mit 3 Zeilen und 1 Spalte eingeben kann oder indem man die Zahlen in eckigen Klammern durch ein Semikolon trennt: **[1; 1; 3]**
  Im Folgenden werden zum Teil auch Zeilenvektoren verwendet.
  Erneut wird bei der ersten Gleichung nur die triviale Lösung angezeigt, für die Linearkombination kann keine Lösung gefunden werden.

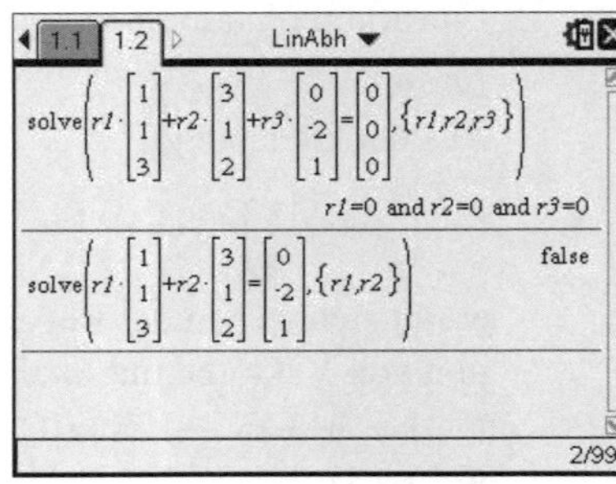


2. Zeigen Sie, dass die Vektoren $\vec{a} = \begin{pmatrix} 1 \\ 2 \\ -1 \end{pmatrix}, \vec{b} = \begin{pmatrix} 2 \\ 6 \\ 4 \end{pmatrix}, \vec{c} = \begin{pmatrix} 2 \\ 3 \\ -5 \end{pmatrix}$ linear abhängig sind.

   *Lösung:*

   Die Gleichung

   $$r_1 \cdot \begin{pmatrix} 1 \\ 2 \\ -1 \end{pmatrix} + r_2 \cdot \begin{pmatrix} 2 \\ 6 \\ 4 \end{pmatrix} + r_3 \cdot \begin{pmatrix} 2 \\ 3 \\ -5 \end{pmatrix} = \begin{pmatrix} 0 \\ 0 \\ 0 \end{pmatrix}$$

   führt auf das lineare Gleichungssystem:

   $$\begin{array}{ll} \text{I} & r_1 + 2r_2 + 2r_3 = 0 \\ \text{II} & 2r_1 + 6r_2 + 3r_3 = 0 \\ \text{III} & -r_1 + 4r_2 - 5r_3 = 0 \end{array}$$

   Mithilfe des Gauß-Verfahrens erhält man daraus die Stufenform:

   $$\begin{array}{llcll} \text{I} & r_1 + 2r_2 + 2r_3 = 0 & & \text{I} & r_1 + 2r_2 + 2r_3 = 0 \\ \text{IV} = 2 \cdot \text{I} - \text{II} & -2r_2 + r_3 = 0 & \Leftrightarrow & \text{IV} & -2r_2 + r_3 = 0 \\ \text{V} = \text{I} + \text{III} & 6r_2 - 3r_3 = 0 & & \text{VI} = 3 \cdot \text{IV} + \text{V} & 0 = 0 \end{array}$$

   Die dritte Gleichung ist immer erfüllt; das Gleichungssystem hat also unendlich viele Lösungen und die Vektoren sind linear abhängig.

CAS

*Hinweise für den CAS-Einsatz:*

Der CAS zeigt, dass die Gleichung

$$r_1 \cdot \begin{pmatrix} 1 \\ 2 \\ -1 \end{pmatrix} + r_2 \cdot \begin{pmatrix} 2 \\ 6 \\ 4 \end{pmatrix} = \begin{pmatrix} 2 \\ 3 \\ -5 \end{pmatrix}$$

eine Lösung hat. Der Vektor $\vec{c}$ kann also als Linearkombination von $\vec{a}$ und $\vec{b}$ dargestellt werden und damit sind die drei Vektoren linear abhängig.

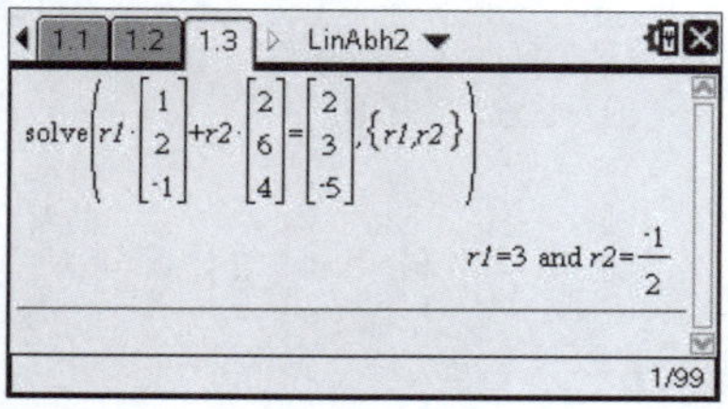


Bei der Lösung der Gleichung

$$r_1 \cdot \begin{pmatrix} 1 \\ 2 \\ -1 \end{pmatrix} + r_2 \cdot \begin{pmatrix} 2 \\ 6 \\ 4 \end{pmatrix} + r_3 \cdot \begin{pmatrix} 2 \\ 3 \\ -5 \end{pmatrix} = \begin{pmatrix} 0 \\ 0 \\ 0 \end{pmatrix}$$

ist eine zusätzliche Erklärung nötig: Die in der rechts im Bild angezeigten Lösung enthaltene Variable **c2** steht für eine beliebige reelle Zahl.

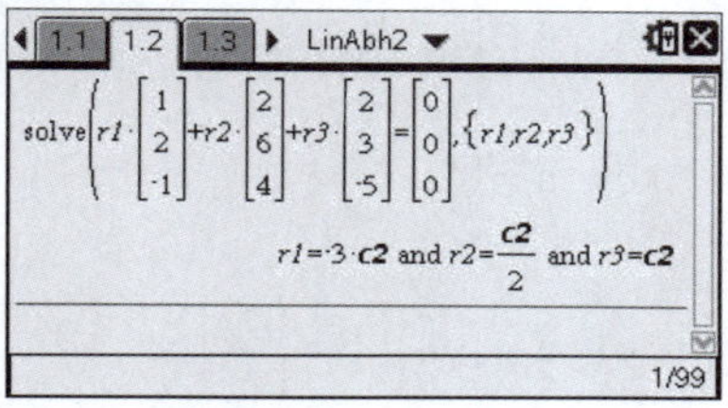


Da die Lösungen für $r_1$, $r_2$ und $r_3$ von **c2** abhängen, also nicht eindeutig bestimmbar sind, gibt es unendlich viele Lösungen für die Vektorgleichung. Es gibt also wenigstens eine Lösung mehr als nur die triviale, wodurch die lineare Abhängigkeit der drei Vektoren bewiesen ist.

**Aufgaben**

**22.** Stellen Sie den Vektor $\vec{a}$ als Linearkombination der anderen Vektoren dar.

a) $\vec{a} = \begin{pmatrix} 5 \\ 7 \end{pmatrix}$; $\vec{b} = \begin{pmatrix} 3 \\ 1 \end{pmatrix}$; $\vec{c} = \begin{pmatrix} -2 \\ 2 \end{pmatrix}$

b) $\vec{a} = \begin{pmatrix} 1 \\ 8 \\ -1 \end{pmatrix}$; $\vec{b} = \begin{pmatrix} 2 \\ -1 \\ 2 \end{pmatrix}$; $\vec{c} = \begin{pmatrix} 1 \\ 3 \\ 0 \end{pmatrix}$; $\vec{d} = \begin{pmatrix} 4 \\ 0 \\ 3 \end{pmatrix}$

c) $\vec{a} = \begin{pmatrix} 4 \\ 7 \end{pmatrix}$; $\vec{b} = \begin{pmatrix} 3 \\ 1 \end{pmatrix}$; $\vec{c} = \begin{pmatrix} -2 \\ 2 \end{pmatrix}$; $\vec{d} = \begin{pmatrix} 3 \\ 4 \end{pmatrix}$

d) $\vec{a} = \begin{pmatrix} 0 \\ 2 \\ -2 \end{pmatrix}$; $\vec{b} = \begin{pmatrix} 2 \\ -1 \\ 2 \end{pmatrix}$; $\vec{c} = \begin{pmatrix} 1 \\ 1 \\ 0 \end{pmatrix}$; $\vec{d} = \begin{pmatrix} -1 \\ -1 \\ 2 \end{pmatrix}$; $\vec{e} = \begin{pmatrix} 1 \\ -2 \\ -1 \end{pmatrix}$

**23.** Zeigen Sie, dass sich der Vektor $\vec{a}$ nicht als Linearkombination der anderen Vektoren darstellen lässt.

a) $\vec{a} = \begin{pmatrix} 4 \\ 1 \end{pmatrix}$; $\vec{b} = \begin{pmatrix} 6 \\ -3 \end{pmatrix}$; $\vec{c} = \begin{pmatrix} -4 \\ 2 \end{pmatrix}$

b) $\vec{a} = \begin{pmatrix} 1 \\ 0 \\ -1 \end{pmatrix}$; $\vec{b} = \begin{pmatrix} 2 \\ -1 \\ 0 \end{pmatrix}$; $\vec{c} = \begin{pmatrix} 1 \\ -1 \\ 2 \end{pmatrix}$

c) $\vec{a} = \begin{pmatrix} 1 \\ 2 \\ -1 \end{pmatrix}$; $\vec{b} = \begin{pmatrix} 2 \\ 1 \\ 0 \end{pmatrix}$; $\vec{c} = \begin{pmatrix} 1 \\ -1 \\ 2 \end{pmatrix}$; $\vec{d} = \begin{pmatrix} 4 \\ -1 \\ 4 \end{pmatrix}$

**24.** Stellen Sie den Nullvektor als Linearkombination der angegebenen Vektoren dar.

a) $\vec{a} = \begin{pmatrix} 4 \\ -1 \end{pmatrix}; \vec{b} = \begin{pmatrix} -12 \\ 3 \end{pmatrix}$

b) $\vec{a} = \begin{pmatrix} 4 \\ 1 \end{pmatrix}; \vec{b} = \begin{pmatrix} 2 \\ 3 \end{pmatrix}$

c) $\vec{a} = \begin{pmatrix} 2 \\ 1 \\ -1 \end{pmatrix}; \vec{b} = \begin{pmatrix} -3 \\ 1 \\ 2 \end{pmatrix}; \vec{c} = \begin{pmatrix} 1 \\ 3 \\ 4 \end{pmatrix}$

d) $\vec{a} = \begin{pmatrix} 2 \\ 1 \\ -3 \end{pmatrix}; \vec{b} = \begin{pmatrix} -3 \\ -1 \\ 2 \end{pmatrix}; \vec{c} = \begin{pmatrix} 1 \\ 1 \\ -4 \end{pmatrix}$

**25.** Prüfen Sie, ob die Vektoren linear abhängig oder unabhängig sind.

a) $\vec{a} = \begin{pmatrix} 3 \\ 1 \end{pmatrix}; \vec{b} = \begin{pmatrix} 9 \\ 3 \end{pmatrix}$

b) $\vec{a} = \begin{pmatrix} 3 \\ 5 \end{pmatrix}; \vec{b} = \begin{pmatrix} -3 \\ 5 \end{pmatrix}$

c) $\vec{a} = \begin{pmatrix} 1 \\ 1 \end{pmatrix}; \vec{b} = \begin{pmatrix} 1 \\ 0 \end{pmatrix}$

d) $\vec{a} = \begin{pmatrix} 1 \\ -1 \\ 2 \end{pmatrix}; \vec{b} = \begin{pmatrix} 2 \\ -2 \\ 2 \end{pmatrix}$

e) $\vec{a} = \begin{pmatrix} 3 \\ 6 \\ -9 \end{pmatrix}; \vec{b} = \begin{pmatrix} -4 \\ -8 \\ 12 \end{pmatrix}$

f) $\vec{a} = \begin{pmatrix} 1 \\ -1 \\ 2 \end{pmatrix}; \vec{b} = \begin{pmatrix} 4 \\ 1 \\ 3 \end{pmatrix}; \vec{c} = \begin{pmatrix} 1 \\ 2 \\ 3 \end{pmatrix}$

g) $\vec{a} = \begin{pmatrix} 1 \\ 2 \\ 2 \end{pmatrix}; \vec{b} = \begin{pmatrix} 1 \\ -1 \\ -2 \end{pmatrix}; \vec{c} = \begin{pmatrix} 0 \\ 0 \\ 0 \end{pmatrix}$

h) $\vec{a} = \begin{pmatrix} 1 \\ 0 \\ 0 \end{pmatrix}; \vec{b} = \begin{pmatrix} 0 \\ -1 \\ 0 \end{pmatrix}; \vec{c} = \begin{pmatrix} 0 \\ 0 \\ 2 \end{pmatrix}$

* **26.** Bestimmen Sie die Werte für a und b (ggf. mithilfe eines CAS-Rechners) so, dass die Vektoren linear abhängig sind.

a) $\vec{a} = \begin{pmatrix} 2 \\ a \end{pmatrix}; \vec{b} = \begin{pmatrix} 3 \\ b \end{pmatrix}$

b) $\vec{a} = \begin{pmatrix} 3 \\ a \\ -6 \end{pmatrix}; \vec{b} = \begin{pmatrix} -2 \\ 8 \\ b \end{pmatrix}$

c) $\vec{a} = \begin{pmatrix} 1 \\ a \\ 5 \end{pmatrix}; \vec{b} = \begin{pmatrix} 3 \\ b \\ 10 \end{pmatrix}$

**27.** Bestimmen Sie einen Vektor $\vec{c}$ so, dass die Vektoren $\vec{a}$, $\vec{b}$, $\vec{c}$ linear unabhängig sind.

a) $\vec{a} = \begin{pmatrix} 1 \\ 2 \\ 4 \end{pmatrix}; \vec{b} = \begin{pmatrix} 0 \\ 2 \\ 2 \end{pmatrix}$

b) $\vec{a} = \begin{pmatrix} 8 \\ -2 \\ -4 \end{pmatrix}; \vec{b} = \begin{pmatrix} -4 \\ 1 \\ 2 \end{pmatrix}$

* **28.** a) Beschreiben Sie die Lage von zwei linear abhängigen Vektoren.

b) Erläutern Sie, welche Lage drei linear abhängige Vektoren im dreidimensionalen Raum haben.

c) Begründen Sie: Im zweidimensionalen Raum sind drei Vektoren immer linear abhängig.

d) Formulieren Sie einen entsprechenden Satz wie in Teilaufgabe c für den dreidimensionalen Raum.

# 4 Skalar- und Vektorprodukt

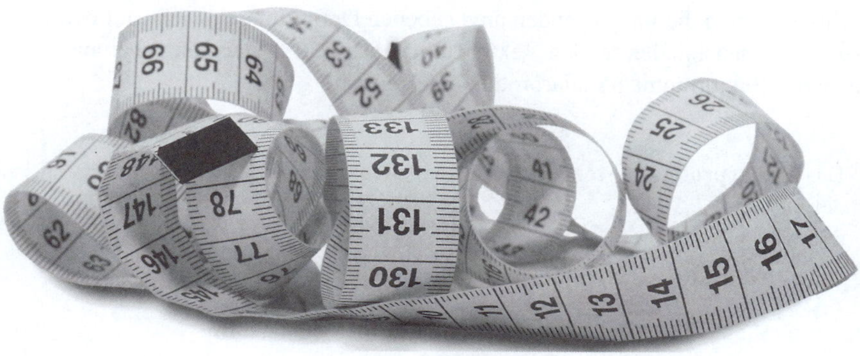

Vektoren können addiert und mit einem Skalar multipliziert werden. In diesem Kapitel erfahren Sie, wie man zwei Vektoren miteinander multiplizieren kann. Dafür gibt es zwei Möglichkeiten: Das Skalarprodukt hat als Ergebnis eine reelle Zahl (Skalar), beim Vektorprodukt erhält man einen Vektor. Für geometrische Betrachtungen ist insbesondere das Skalarprodukt unverzichtbar.

## 4.1 Definition des Skalarproduktes und Länge von Vektoren

Das Skalarprodukt lässt sich auf zwei verschiedene Weisen definieren. Dabei beschränken sich die im Folgenden angegebenen Definitionen jeweils auf den 2- bzw. 3-dimensionalen reellen Vektorraum $\mathbb{R}^2$ bzw. $\mathbb{R}^3$. Man kann aber auch auf anderen Vektorräumen Skalarprodukte definieren.

Definition

Das **Skalarprodukt $\vec{a} \cdot \vec{b}$** zwischen zwei reellen Vektoren $\vec{a} = \begin{pmatrix} a_1 \\ a_2 \\ a_3 \end{pmatrix}$ und $\vec{b} = \begin{pmatrix} b_1 \\ b_2 \\ b_3 \end{pmatrix}$ ist definiert als:

$\vec{a} \cdot \vec{b} = a_1 \cdot b_1 + a_2 \cdot b_2 + a_3 \cdot b_3$

Bei zweidimensionalen Vektoren $\vec{a}$ und $\vec{b}$ ergibt sich entsprechend:

$\vec{a} \cdot \vec{b} = a_1 \cdot b_1 + a_2 \cdot b_2$

Beispiel

Berechnen Sie das Skalarprodukt aus $\vec{a} = \begin{pmatrix} 1 \\ 3 \\ -5 \end{pmatrix}$ und $\vec{b} = \begin{pmatrix} 4 \\ -2 \\ -1 \end{pmatrix}$.

*Lösung:*

$$\vec{a} \cdot \vec{b} = \begin{pmatrix} 1 \\ 3 \\ -5 \end{pmatrix} \cdot \begin{pmatrix} 4 \\ -2 \\ -1 \end{pmatrix} = 1 \cdot 4 + 3 \cdot (-2) + (-5) \cdot (-1) = 4 - 6 + 5 = 3$$

*Hinweise für den CAS- und GTR-Einsatz:*

CAS

Um mit dem CAS-Rechner das Skalarprodukt zweier Vektoren zu berechnen, kann man die Funktion **dotP()** verwenden. Die Vektorkoordinaten werden dabei nebeneinander durch ein Komma getrennt eingegeben:
**dotP([1, 3, –5], [4, –2, –1])**
Man kann auch Spaltenvektoren eingeben, indem man die Zahlen durch ein Semikolon trennt (vgl. S. 34):
**dotP([1; 3; –5], [4; –2; –1])**

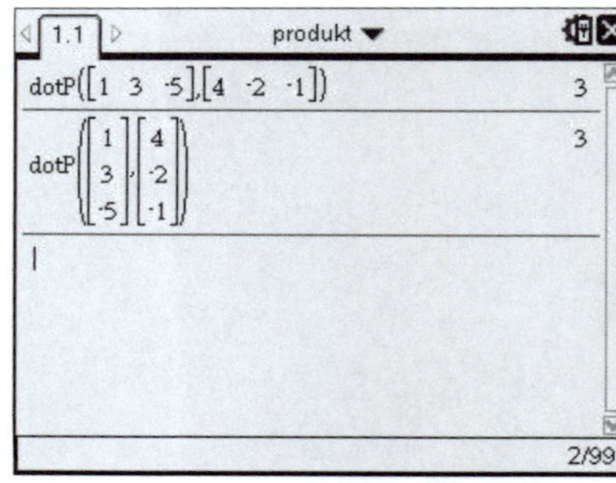


GTR

Beim GTR muss man darauf achten, dass der erste Vektor als $1 \times 3$-Matrix und der zweite Vektor als $3 \times 1$-Matrix eingegeben werden:

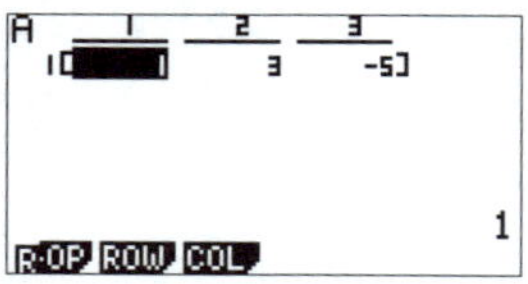


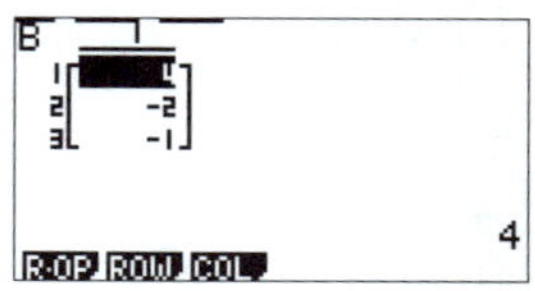

Durch Multiplikation der beiden Matrizen erhält man das Skalarprodukt:

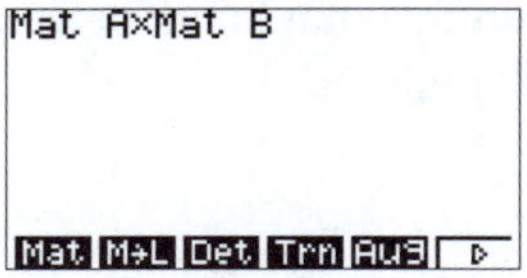

Welche Bedeutung die Zahl 3 als Ergebnis des Skalarproduktes der Vektoren im Beispiel nun hat, wird mithilfe einer alternativen Definition des Skalarproduktes und der im nächsten Abschnitt 4.2 erfolgenden geometrischen Deutung klar. Dafür wird zunächst beschrieben, wie man die Länge eines Vektors ermitteln kann.

Die **Länge eines Vektors** bzw. anschaulich die Pfeillänge des zu $\vec{a}$ gehörenden Pfeiles wird mit $|\vec{a}|$ bezeichnet. In zwei Dimensionen lässt sich der Satz des Pythagoras anwenden, um diese Pfeillänge zu berechnen (vgl. Bild rechts):

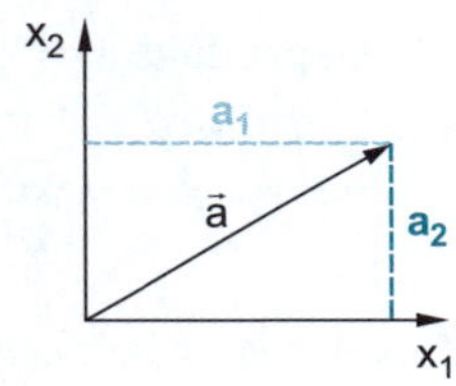


$|\vec{a}| = \sqrt{a_1^2 + a_2^2}$

Entsprechend kann der Satz des Pythagoras auch in drei Dimensionen angewendet werden, sodass sich für die Länge eines dreidimensionalen Vektors $\vec{a}$ analog ergibt:

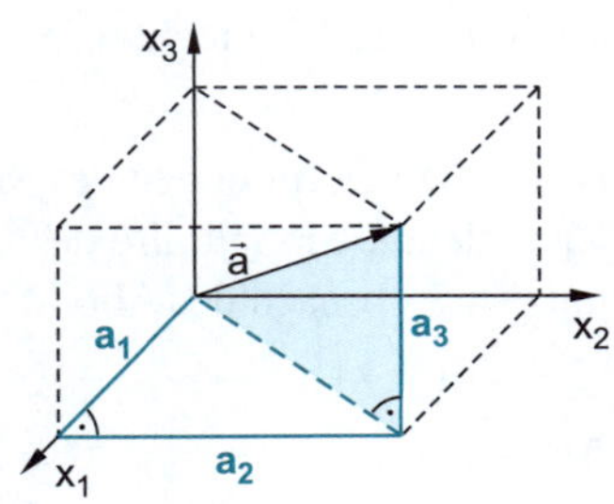


$|\vec{a}| = \sqrt{a_1^2 + a_2^2 + a_3^2}$

Mithilfe des Skalarproduktes kann man allgemein schreiben:

$|\vec{a}| = \sqrt{\vec{a} \cdot \vec{a}} = \sqrt{\vec{a}^2}$

Beispiel

Berechnen Sie die Länge des Vektors $\vec{a} = \begin{pmatrix} 3 \\ 5 \\ -4 \end{pmatrix}$.

*Lösung:*
Mithilfe des Skalarproduktes ergibt sich die Länge des Vektors $\vec{a}$ zu:

$|\vec{a}| = \sqrt{3^2 + 5^2 + (-4)^2} = \sqrt{50} = 5 \cdot \sqrt{2}$

CAS

*Hinweise für den CAS-Einsatz:*

Zur Berechnung der Länge eines Vektors wird beim CAS-Rechner die Funktion **norm()** verwendet.

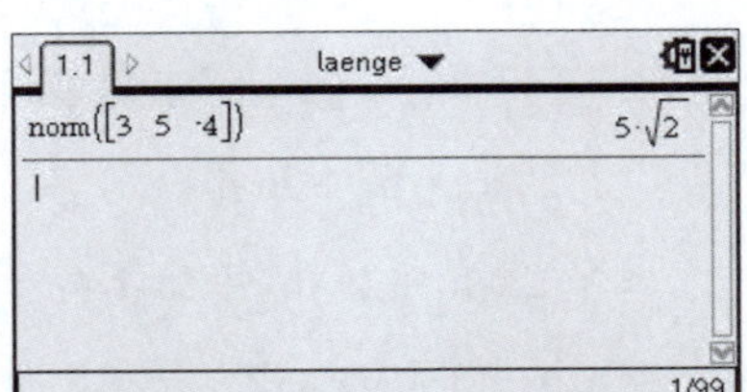

*Anmerkung:* Will man erreichen, dass ein bestimmter Vektor die Länge 1 hat (dies ist später wichtig, vgl. Abschnitt 5.3), dann multipliziert man ihn mit dem Kehrwert seiner Länge; für den Vektor $\vec{a}$ aus dem Beispiel erhält man so:

$$\frac{1}{5\sqrt{2}} \cdot \begin{pmatrix} 3 \\ 5 \\ -4 \end{pmatrix}$$

Dieser Vektor hat die Länge 1, denn:

$$\left| \frac{1}{5\sqrt{2}} \cdot \begin{pmatrix} 3 \\ 5 \\ -4 \end{pmatrix} \right| = \frac{1}{5\sqrt{2}} \cdot \left| \begin{pmatrix} 3 \\ 5 \\ -4 \end{pmatrix} \right| = \frac{1}{5\sqrt{2}} \cdot 5\sqrt{2} = 1$$

Die alternative Definition für das Skalarprodukt lautet:

Definition

Das **Skalarprodukt $\vec{a} \cdot \vec{b}$** kann alternativ definiert werden als
$\vec{a} \cdot \vec{b} = |\vec{a}| \cdot |\vec{b}| \cdot \cos\alpha$,
wobei $\alpha$ der von den Vektoren $\vec{a}$ und $\vec{b}$ eingeschlossene Winkel ist.

Der Winkel $\alpha$ ist dabei festgelegt als der kleinere der beiden Winkel zwischen den beiden Vektoren $\vec{a}$ und $\vec{b}$ (vgl. Bild rechts).

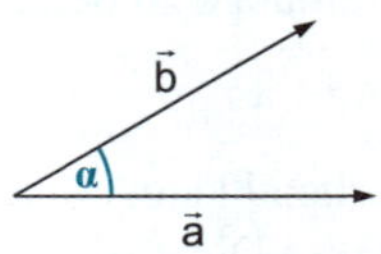


Die beiden Definitionen des Skalarproduktes sind äquivalent, denn mithilfe des Kosinussatzes gilt mit $\vec{c} = \vec{a} - \vec{b}$ nach der Abbildung rechts:

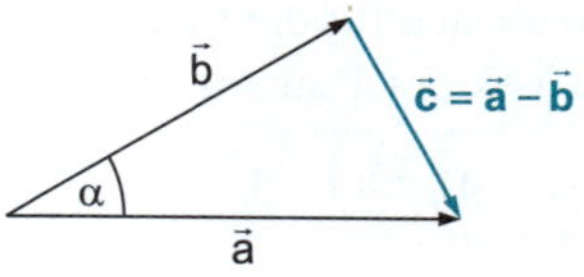


$$|\vec{c}|^2 = |\vec{a}|^2 + |\vec{b}|^2 - 2 \cdot |\vec{a}| \cdot |\vec{b}| \cdot \cos\alpha$$

Also:

$$|\vec{a}| \cdot |\vec{b}| \cdot \cos\alpha = \frac{1}{2} \cdot \left( |\vec{a}|^2 + |\vec{b}|^2 - |\vec{c}|^2 \right)$$

Unter Verwendung der 2. binomischen Formel folgt für das Skalarprodukt:

$$\begin{aligned}
\vec{a} \cdot \vec{b} &= |\vec{a}| \cdot |\vec{b}| \cdot \cos\alpha \\
&= \tfrac{1}{2} \left( |\vec{a}|^2 + |\vec{b}|^2 - |\vec{c}|^2 \right) \\
&= \tfrac{1}{2} \left( |\vec{a}|^2 + |\vec{b}|^2 - |\vec{a} - \vec{b}|^2 \right) \\
&= \tfrac{1}{2} \left( a_1^2 + a_2^2 + a_3^2 + b_1^2 + b_2^2 + b_3^2 - (a_1 - b_1)^2 - (a_2 - b_2)^2 - (a_3 - b_3)^2 \right) \\
&= \tfrac{1}{2} \left( a_1^2 + a_2^2 + a_3^2 + b_1^2 + b_2^2 + b_3^2 - a_1^2 - b_1^2 + 2a_1b_1 - a_2^2 - b_2^2 + 2a_2b_2 \right. \\
&\qquad \left. - a_3^2 - b_3^2 + 2a_3b_3 \right) \\
&= \tfrac{1}{2} (2a_1b_1 + 2a_2b_2 + 2a_3b_3) \\
&= a_1b_1 + a_2b_2 + a_3b_3
\end{aligned}$$

*Bemerkung:* Da anhand der beiden Faktoren eines Produktes deutlich wird, ob zwei Vektoren, zwei Zahlen oder eine Zahl und ein Vektor miteinander multipliziert werden, wird in diesem Buch für alle drei Multiplikationsarten der normale Multiplikationspunkt verwendet. Für das später definierte Vektorprodukt (vgl. Abschnitt 4.3) wird ein anderes Zeichen gebraucht, um es vom Skalarprodukt unterscheiden zu können.

Das Skalarprodukt besitzt folgende Eigenschaften, die jeweils mithilfe der ersten Definition von S. 38 bewiesen werden können:

- Kommutativgesetz: $\vec{a} \cdot \vec{b} = \vec{b} \cdot \vec{a}$
- Distributivgesetz: $\vec{a} \cdot (\vec{b} + \vec{c}) = \vec{a} \cdot \vec{b} + \vec{a} \cdot \vec{c}$

Die Multiplikation von Vektoren kann im Sinne des Skalarproduktes also genauso behandelt werden wie die Multiplikation von reellen Zahlen.
Es gibt hier allerdings kein Assoziativgesetz der Multiplikation (vgl. Aufgabe 31).

**Aufgaben**

**29.** Berechnen Sie die folgenden Skalarprodukte.

a) $\begin{pmatrix} 3 \\ 2 \end{pmatrix} \cdot \begin{pmatrix} -1 \\ 2 \end{pmatrix}$  b) $\begin{pmatrix} r \\ s \end{pmatrix} \cdot \begin{pmatrix} -s \\ r \end{pmatrix}$

c) $\begin{pmatrix} 3 \\ -1 \\ 0 \end{pmatrix} \cdot \begin{pmatrix} 2 \\ 5 \\ -4 \end{pmatrix}$  d) $\begin{pmatrix} a \\ b \\ c \end{pmatrix} \cdot \begin{pmatrix} -b \\ a \\ 1 \end{pmatrix}$

**30.** Bestimmen Sie die Zahl a jeweils so, dass das Skalarprodukt die angegebenen Werte besitzt.

a) $\begin{pmatrix} 3 \\ a \\ 2 \end{pmatrix} \cdot \begin{pmatrix} a \\ -2 \\ 5 \end{pmatrix} = 8$  b) $\begin{pmatrix} a \\ a \\ 2 \end{pmatrix} \cdot \begin{pmatrix} a \\ -2 \\ 3 \end{pmatrix} = 6$

**31.** Begründen Sie, dass folgende Gleichung in der Regel nicht gilt:
$\vec{a} \cdot (\vec{b} \cdot \vec{c}) = (\vec{a} \cdot \vec{b}) \cdot \vec{c}$

**32.** Vereinfachen Sie die Terme.

a) $\vec{a} \cdot (\vec{b} - \vec{c}) + \vec{c} \cdot (\vec{a} - \vec{b}) - \vec{b} \cdot (\vec{a} - \vec{c})$

b) $(\vec{a} + \vec{b}) \cdot (\vec{a} - \vec{b})$

**33.** Berechnen Sie mithilfe der ersten Definition des Skalarproduktes:
$(\vec{a} + \vec{b})^2$ und $(\vec{a} - \vec{b})^2$

**34.** Bestimmen Sie die Länge der Vektoren $\vec{a} = \begin{pmatrix} 3 \\ -4 \end{pmatrix}$, $\vec{b} = \begin{pmatrix} 1 \\ s \end{pmatrix}$, $\vec{c} = \begin{pmatrix} 8 \\ -4 \\ 1 \end{pmatrix}$, $\vec{d} = \begin{pmatrix} r \\ -4 \\ 3 \end{pmatrix}$.

**35.** Bestimmen Sie die Seitenlängen des Dreiecks ABC mit A(1 | 2 | –3), B(2 | 6 | 5), C(7 | –4 | –6).

**36.** Geben Sie zwei verschiedene Vektoren $\vec{a}$ an, für die $\vec{a} \cdot \begin{pmatrix} 1 \\ 2 \\ 3 \end{pmatrix} = 10$ gilt.

## 4.2 Geometrische Deutung, Winkel und Orthogonalität

Durch die alternative Definition auf S. 40 erhält das Skalarprodukt eine **anschauliche Deutung**. Außerdem ergeben sich dadurch Möglichkeiten zur Berechnung von Winkeln.

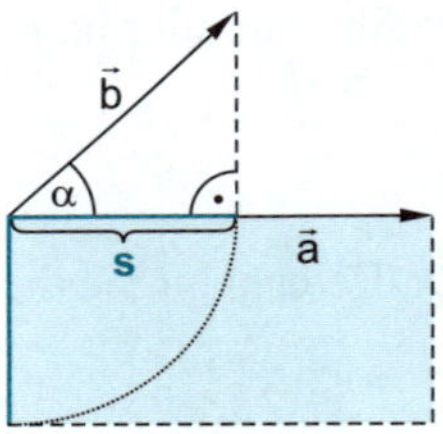


Da im rechtwinkligen Dreieck der Kosinus durch das Verhältnis $\cos\alpha = \frac{\text{Ankathete}}{\text{Hypotenuse}}$ definiert ist (mit $\alpha < 90°$), entspricht das Produkt $|\vec{b}| \cdot \cos\alpha$ der Länge s, die in der Abbildung farbig gekennzeichnet ist.

Das Produkt $|\vec{a}| \cdot |\vec{b}| \cdot \cos\alpha$ aus dieser Länge s und der Länge des Vektors $\vec{a}$ kann also als Flächeninhalt des getönten Rechtecks angesehen werden.
Dieses Produkt entspricht aber nach der alternativen Definition von S. 40 genau dem Skalarprodukt der beiden Vektoren $\vec{a}$ und $\vec{b}$.

### Orthogonalität

Wenn der Winkel $\alpha$ im Bild genau 90° beträgt, so sind der Flächeninhalt und damit auch das Skalarprodukt gleich 0, denn es gilt $\cos 90° = 0$.

Umgekehrt ergibt sich, dass zwei Vektoren $\vec{a} \neq \vec{o}$ und $\vec{b} \neq \vec{o}$ senkrecht aufeinanderstehen, falls $\vec{a} \cdot \vec{b} = |\vec{a}| \cdot |\vec{b}| \cdot \cos\alpha = 0$ gilt. Denn mit $|\vec{a}| \neq 0$ und $|\vec{b}| \neq 0$ folgt daraus $\cos\alpha = 0$, also $\alpha = 90°$.

Regel

**Orthogonale Vektoren**
Zwei Vektoren $\vec{a}$ und $\vec{b}$ stehen genau dann **senkrecht** bzw. **orthogonal** aufeinander, wenn gilt: $\vec{a} \cdot \vec{b} = 0$

Dies lässt sich ausnutzen, um die Orthogonalität zweier Vektoren zu überprüfen.

Beispiele

1. Prüfen Sie, ob die beiden Vektoren $\vec{a} = \begin{pmatrix} 3 \\ -1 \\ 5 \end{pmatrix}$ und $\vec{b} = \begin{pmatrix} 2 \\ 11 \\ 1 \end{pmatrix}$ orthogonal aufeinanderstehen.

   *Lösung:*

   $$\vec{a} \cdot \vec{b} = \begin{pmatrix} 3 \\ -1 \\ 5 \end{pmatrix} \cdot \begin{pmatrix} 2 \\ 11 \\ 1 \end{pmatrix} = 6 - 11 + 5 = 0$$

   Nach der obigen Regel stehen die Vektoren $\vec{a}$ und $\vec{b}$ also senkrecht aufeinander.

2. Bestimmen Sie einen Wert für r so, dass die Vektoren $\vec{a} = \begin{pmatrix} r \\ r \\ 2 \end{pmatrix}$ und $\vec{b} = \begin{pmatrix} r \\ 2 \\ -1 \end{pmatrix}$ senkrecht aufeinanderstehen.

   *Lösung:*
   Die Bedingung $\vec{a} \cdot \vec{b} = 0$ führt auf folgende Gleichung:

   $$\vec{a} \cdot \vec{b} = \begin{pmatrix} r \\ r \\ 2 \end{pmatrix} \cdot \begin{pmatrix} r \\ 2 \\ -1 \end{pmatrix} = r^2 + 2r - 2 = 0$$

   Als Lösungen für diese Gleichung erhält man mithilfe der Lösungsformel für quadratische Gleichungen:
   $r_1 = \sqrt{3} - 1$ und $r_2 = -\sqrt{3} - 1$

CAS

*Hinweis für den CAS-Einsatz:*

Diese Aufgabe lässt sich schnell und einfach mit dem CAS-Rechner lösen. Der Befehl **solve** hilft dabei.

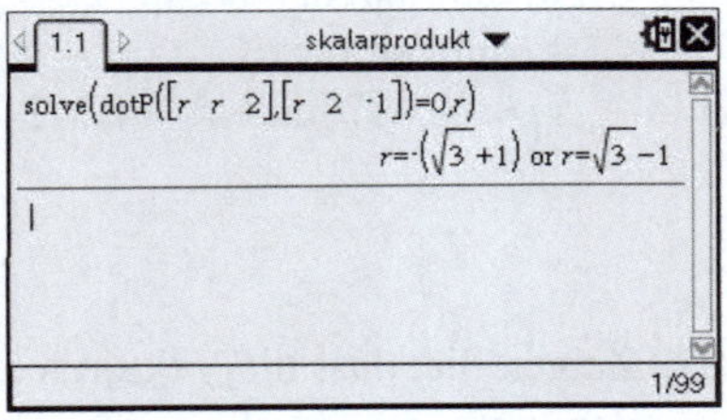


## Winkelberechnung

Allgemein kann man durch die Beziehung $\vec{a} \cdot \vec{b} = |\vec{a}| \cdot |\vec{b}| \cdot \cos\alpha$ den Winkel zwischen zwei Vektoren berechnen, indem man die Gleichung nach $\cos\alpha$ umformt.

Regel

**Winkel zwischen zwei Vektoren**
Für den Winkel $\alpha$ zwischen zwei Vektoren $\vec{a}$ und $\vec{b}$ gilt: $\cos\alpha = \dfrac{\vec{a} \cdot \vec{b}}{|\vec{a}| \cdot |\vec{b}|}$

Beispiele

1. Bestimmen Sie den Winkel zwischen den Vektoren $\vec{a} = \begin{pmatrix} 3 \\ -1 \\ 5 \end{pmatrix}$ und $\vec{b} = \begin{pmatrix} 2 \\ -5 \\ 1 \end{pmatrix}$.

*Lösung:*
Die beiden Vektoren $\vec{a}$ und $\vec{b}$ schließen wegen

$$\cos\alpha = \frac{\begin{pmatrix}3\\-1\\5\end{pmatrix}\cdot\begin{pmatrix}2\\-5\\1\end{pmatrix}}{\left|\begin{pmatrix}3\\-1\\5\end{pmatrix}\right|\cdot\left|\begin{pmatrix}2\\-5\\1\end{pmatrix}\right|} = \frac{16}{\sqrt{35}\cdot\sqrt{30}} = \frac{16}{5\cdot\sqrt{42}} = \frac{8\cdot\sqrt{42}}{105}$$

einen Winkel von etwa $\alpha = \cos^{-1}\left(\frac{8\cdot\sqrt{42}}{105}\right) \approx 60{,}41°$ ein.

CAS 2. Ermitteln Sie mithilfe eines CAS-Rechners einen Wert für r, sodass die beiden Vektoren $\vec{a} = \begin{pmatrix}r\\2\\1\end{pmatrix}$ und $\vec{b} = \begin{pmatrix}2\\3\\r\end{pmatrix}$ einen Winkel von 45° einschließen.

*Lösung:*
Zu beachten ist, dass der Taschenrechner zur Lösung dieser Aufgabe auf Gradmaß eingestellt sein muss! Im Bild rechts ist zweimal derselbe Befehl zu sehen, um ihn vollständig zeigen zu können.

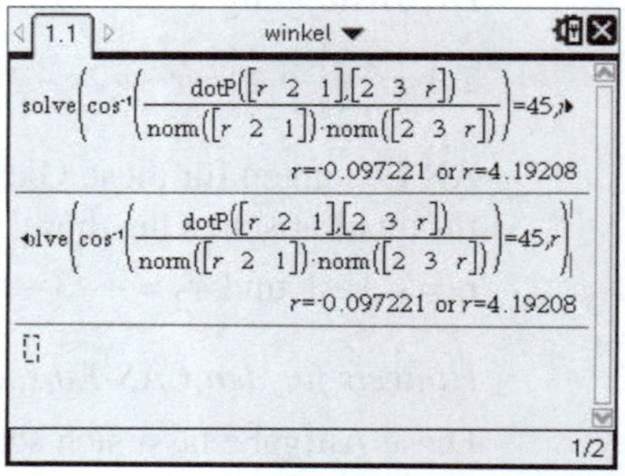


Man erhält als mögliche Lösungen für r:
$r_1 \approx -0{,}097$ und $r_2 \approx 4{,}192$

**Aufgaben** **37.** Zeigen Sie, dass die Vektoren $\vec{a} = \begin{pmatrix}1\\r\\s\end{pmatrix}$ und $\vec{b} = \begin{pmatrix}-s\\0\\1\end{pmatrix}$ stets orthogonal zueinander sind.

**38.** Bestimmen Sie s so, dass die Vektoren $\vec{a} = \begin{pmatrix}1\\s\\3\end{pmatrix}$ und $\vec{b} = \begin{pmatrix}s\\-3\\2\end{pmatrix}$ orthogonal zueinander sind.

**39.** Bestimmen Sie jeweils den Winkel zwischen den Vektoren $\vec{a}$ und $\vec{b}$.

a) $\vec{a} = \begin{pmatrix}5\\-2\end{pmatrix}$; $\vec{b} = \begin{pmatrix}1\\-2\end{pmatrix}$   b) $\vec{a} = \begin{pmatrix}4\\3\end{pmatrix}$; $\vec{b} = \begin{pmatrix}-9\\12\end{pmatrix}$

c) $\vec{a} = \begin{pmatrix}5\\1\\-3\end{pmatrix}$; $\vec{b} = \begin{pmatrix}3\\2\\0\end{pmatrix}$   d) $\vec{a} = \begin{pmatrix}5\\2\\-1\end{pmatrix}$; $\vec{b} = \begin{pmatrix}-2\\3\\-4\end{pmatrix}$

e) $\vec{a} = \begin{pmatrix}-4\\6\\-10\end{pmatrix}$; $\vec{b} = \begin{pmatrix}6\\-9\\15\end{pmatrix}$   f) $\vec{a} = \begin{pmatrix}12\\-4\\8\end{pmatrix}$; $\vec{b} = \begin{pmatrix}9\\-3\\6\end{pmatrix}$

**40.** Bestimmen Sie die Innenwinkel des Dreiecks ABC mit

a) A(1 | 3), B(5 | 6), C(−2 | 7)   b) A(3 | 1 | −4), B(5 | −1 | −3), C(−1 | 2 | −1)

✱ **41.** Begründen Sie, dass die Skalarprodukte $\vec{a} \cdot \vec{n}$, $\vec{b} \cdot \vec{n}$, $\vec{c} \cdot \vec{n}$ und $\vec{d} \cdot \vec{n}$ für die Vektoren im Bild rechts gleich sind.
Formulieren Sie einen passenden Satz dazu.

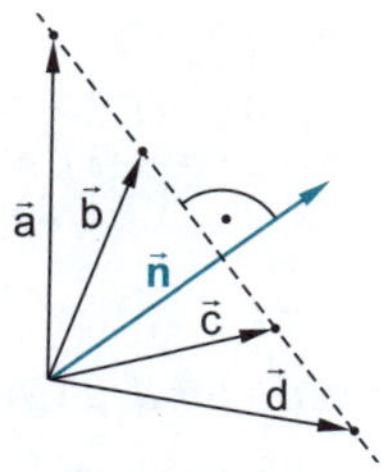


## 4.3 Vektorprodukt und Orthogonalität

Das Vektorprodukt hat im Unterschied zum Skalarprodukt als Ergebnis einen Vektor. Der resultierende Vektor steht senkrecht auf den beiden Faktoren. Er wird insbesondere zur Darstellung von Ebenen und zu Abstandsberechnungen benutzt (vgl. Abschnitt 5.3 bzw. Kapitel 8). Man kann allgemein Vektorprodukte für Vektoren aus n-dimensionalen Vektorräumen mit $n \geq 2$ definieren. Für geometrisch anschauliche Zwecke sind aber nur 3 Dimensionen sinnvoll.

Definition

Das **Vektorprodukt** $\vec{a} \times \vec{b}$ zwischen zwei reellen Vektoren $\vec{a} = \begin{pmatrix} a_1 \\ a_2 \\ a_3 \end{pmatrix}$ und $\vec{b} = \begin{pmatrix} b_1 \\ b_2 \\ b_3 \end{pmatrix}$ ist definiert als:

$$\vec{a} \times \vec{b} = \begin{pmatrix} a_2b_3 - a_3b_2 \\ a_3b_1 - a_1b_3 \\ a_1b_2 - a_2b_1 \end{pmatrix}$$

Um das Vektorprodukt schriftlich zu berechnen, hilft folgende Verfahrensweise: Man schreibt die ersten beiden Koordinaten der Vektoren $\vec{a}$ und $\vec{b}$ nochmals unter die Tupel und bildet dann den Farben entsprechend die Produkte der Koordinaten:

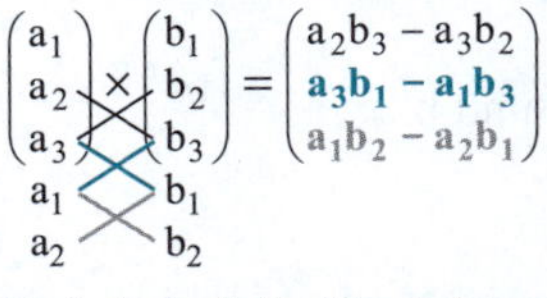


Dabei sind die Produkte, die durch einen von links unten nach rechts oben verlaufenden Strich gekennzeichnet sind, mit dem negativen Vorzeichen bzw. Rechenzeichen zu versehen.

Beispiel

Bilden Sie das Vektorprodukt der Vektoren $\vec{a} = \begin{pmatrix} 2 \\ 1 \\ -3 \end{pmatrix}$ und $\vec{b} = \begin{pmatrix} 4 \\ -2 \\ 5 \end{pmatrix}$.

*Lösung:*

$$\begin{pmatrix} 2 \\ 1 \\ -3 \end{pmatrix} \times \begin{pmatrix} 4 \\ -2 \\ 5 \end{pmatrix} = \begin{pmatrix} 1 \cdot 5 \quad - (-3) \cdot (-2) \\ (-3) \cdot 4 - 2 \cdot 5 \\ 2 \cdot (-2) - 1 \cdot 4 \end{pmatrix} = \begin{pmatrix} -1 \\ -22 \\ -8 \end{pmatrix}$$

$$\begin{matrix} 2 & & 4 \\ 1 & & -2 \end{matrix}$$

*Hinweise für den CAS- und GTR-Einsatz:*

CAS Der CAS-Rechner bietet die Funktion **crossP()**, um das Vektorprodukt zweier Vektoren zu berechnen. Bildet man das allgemeine Vektorprodukt

$$\begin{pmatrix} a_1 \\ a_2 \\ a_3 \end{pmatrix} \times \begin{pmatrix} b_1 \\ b_2 \\ b_3 \end{pmatrix},$$

so zeigt der Taschenrechner die obige Definition an.
Als Lösung für das Beispiel erhält man den oben berechneten Vektor.

Die Syntax des Befehls ist analog zum Befehl **dotP()** (vgl. S. 38):
**crossP([2, 1, –3], [4, –2, 5])**
oder mit Spaltenvektoren:
**crossP([2; 1; –3], [4; –2; 5])**

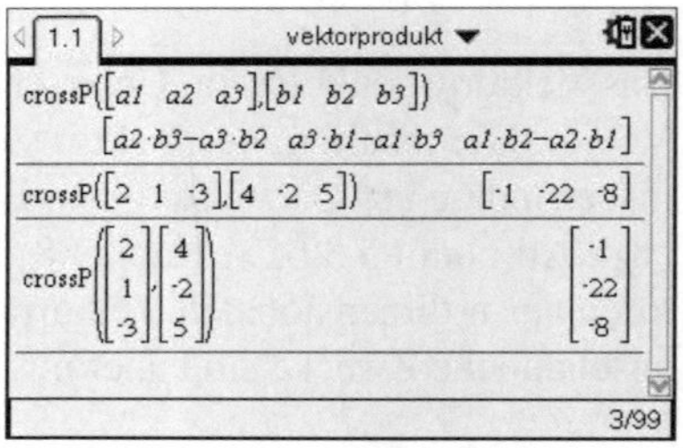


GTR Der verwendete GTR kann das Vektorprodukt nicht standardmäßig berechnen. Allerdings kann man die Programmiermöglichkeit nutzen, um ein entsprechendes Programm zu schreiben. Die Verwendung von selbst geschriebenen Programmen ist jedoch in Prüfungen in der Regel nicht zulässig.

*Bemerkungen:*

1. Das Vektorprodukt wird auch Kreuzprodukt genannt, weil meist das Kreuz als Multiplikationszeichen verwendet wird.
2. Der Vektor $\vec{a} \times \vec{b}$ steht senkrecht auf den Vektoren $\vec{a}$ und $\vec{b}$.
   *Beweis:* Mit dem Skalarprodukt folgt:

$$\vec{a} \cdot (\vec{a} \times \vec{b}) = \begin{pmatrix} a_1 \\ a_2 \\ a_3 \end{pmatrix} \cdot \begin{pmatrix} a_2 b_3 - a_3 b_2 \\ a_3 b_1 - a_1 b_3 \\ a_1 b_2 - a_2 b_1 \end{pmatrix}$$

$$= a_1 \cdot (a_2 b_3 - a_3 b_2) + a_2 \cdot (a_3 b_1 - a_1 b_3) + a_3 \cdot (a_1 b_2 - a_2 b_1)$$

$$= a_1 a_2 b_3 - a_1 a_3 b_2 + a_2 a_3 b_1 - a_1 a_2 b_3 + a_1 a_3 b_2 - a_2 a_3 b_1 = 0$$

   Da also $\vec{a} \cdot (\vec{a} \times \vec{b}) = 0$ ist, steht $\vec{a} \times \vec{b}$ senkrecht auf $\vec{a}$.
   Analog wird die Orthogonalität zum Vektor $\vec{b}$ bewiesen (vgl. Aufgabe 44).
3. Sind die Vektoren $\vec{a}$ und $\vec{b}$ parallel, dann ist $\vec{a} \times \vec{b} = \vec{o}$ (vgl. Aufgabe 45).

4. Für die Länge des Produktvektors $\vec{a} \times \vec{b}$ gilt die Beziehung:
$|\vec{a} \times \vec{b}| = |\vec{a}| \cdot |\vec{b}| \cdot \sin\beta$
Dabei bezeichnet $\beta$ den Winkel, der von den Vektoren $\vec{a}$ und $\vec{b}$ eingeschlossen wird. Diese Gleichung wird später in Abschnitt 9.1 bewiesen.

Aufgaben

**42.** Bestimmen Sie jeweils das Vektorprodukt der Vektoren $\vec{a}$ und $\vec{b}$.

a) $\vec{a} = \begin{pmatrix} 1 \\ 2 \\ 1 \end{pmatrix}; \vec{b} = \begin{pmatrix} 1 \\ 3 \\ 2 \end{pmatrix}$

b) $\vec{a} = \begin{pmatrix} 0 \\ 0 \\ 1 \end{pmatrix}; \vec{b} = \begin{pmatrix} 0 \\ 1 \\ 0 \end{pmatrix}$

c) $\vec{a} = \begin{pmatrix} 0 \\ 0 \\ 0 \end{pmatrix}; \vec{b} = \begin{pmatrix} 4 \\ 1 \\ 6 \end{pmatrix}$

**43.** Bestimmen Sie einen Vektor, der orthogonal auf den Vektoren $\vec{a} = \begin{pmatrix} 1 \\ 3 \\ 5 \end{pmatrix}$ und $\vec{b} = \begin{pmatrix} -1 \\ 1 \\ -1 \end{pmatrix}$ steht.

**44.** Beweisen Sie, dass der Vektor $\vec{a} \times \vec{b}$ senkrecht auf dem Vektor $\vec{b}$ steht.

**45.** Der Vektor $\vec{a}$ liege parallel zum Vektor $\vec{b}$. Zeigen Sie, dass dann $\vec{a} \times \vec{b} = \vec{o}$ folgt.

## 4.4 Beweise mit Vektoren

Mithilfe von Vektoren lassen sich viele geometrische Beweise recht einfach durchführen. In diesem Abschnitt werden einige wichtige Beweisideen vorgestellt und eingeübt.

### Beweise mithilfe der linearen Unabhängigkeit von Vektoren

Bei vielen Berechnungs- und Beweisaufgaben kann die lineare Unabhängigkeit von Vektoren sinnvoll genutzt werden. Dies soll an einem einfachen Beispiel verdeutlicht werden.

Beispiel

Gegeben ist ein Parallelogramm ABCD. M ist die Mitte der Seite [AB], T liegt auf der Seite [BC] und ist doppelt so weit von C entfernt wie von B. Bestimmen Sie das Verhältnis, in dem die Strecke [MC] die Strecke [DT] teilt.

*Lösung:*
Zunächst wird eine Skizze angefertigt, die den beschriebenen Sachverhalt wiedergibt.

Das Parallelogramm wird durch die zwei linear unabhängigen Vektoren $\vec{a} = \overrightarrow{AB}$ und $\vec{b} = \overrightarrow{AD}$ aufgespannt.

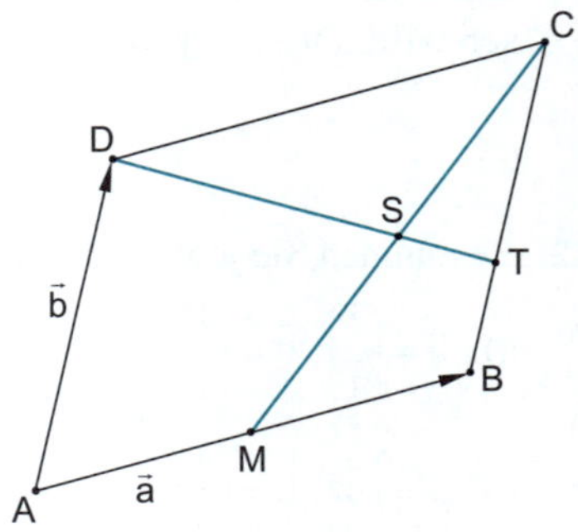


Nun wird ein sogenannter **geschlossener Vektorzug** gesucht, der den Teilungspunkt S als Ecke enthält. Hier bieten sich die zwei Wege mit vier Eckpunkten, S-D-A-M-S und S-M-B-T-S, oder die zwei Wege mit drei Eckpunkten, S-T-C-S und S-C-D-S, an.

Am besten verwendet man einen Weg mit möglichst wenig Ecken, zum Beispiel den Weg S-T-C-S, den man über den geschlossenen Vektorzug $\overrightarrow{ST} + \overrightarrow{TC} + \overrightarrow{CS} = \vec{o}$ beschreiben kann.
Die drei darin auftretenden Vektoren drückt man als Linearkombinationen von $\vec{a}$ und $\vec{b}$ aus:

- $\overrightarrow{ST} = x \cdot \overrightarrow{DT}$, weil $\overrightarrow{ST}$ ein Vielfaches von $\overrightarrow{DT}$ ist.
  Weil man von D nach T über A und B mittels der Vektoren $-\vec{b}$, $\vec{a}$ und danach einem Drittel des Vektors $\vec{b}$ ($\overrightarrow{BT}$ ist ein Drittel des Vektors $\overrightarrow{BC} = \vec{b}$) gelangen kann, gilt:
  $x \cdot \overrightarrow{DT} = x \cdot \left(-\vec{b} + \vec{a} + \frac{1}{3}\vec{b}\right) = x \cdot \left(\vec{a} - \frac{2}{3}\vec{b}\right) = x \cdot \vec{a} - \frac{2}{3} x \cdot \vec{b}$
- Entsprechend ist $\overrightarrow{TC} = \frac{2}{3}\vec{b}$.
- Schließlich lässt sich $\overrightarrow{CS}$, das ein Vielfaches von $\overrightarrow{CM}$ ist, mithilfe des Weges über B ausdrücken durch:
  $\overrightarrow{CS} = y \cdot \overrightarrow{CM} = y \cdot \left(-\vec{b} - \frac{1}{2}\vec{a}\right) = -\frac{y}{2} \cdot \vec{a} - y \cdot \vec{b}$
  (M liegt in der Mitte der Strecke [AB]; daher ist $\overrightarrow{BM} = -\frac{1}{2}\vec{a}$.)

Setzt man diese drei Vektoren zum Nullvektor zusammen, dann erhält man:

$$\overrightarrow{ST} + \overrightarrow{TC} + \overrightarrow{CS} = \vec{o}$$

$$\Leftrightarrow \quad x \cdot \vec{a} - \frac{2}{3} x \cdot \vec{b} + \frac{2}{3}\vec{b} - \frac{y}{2} \cdot \vec{a} - y \cdot \vec{b} = \vec{o}$$

$$\Leftrightarrow \quad x \cdot \vec{a} - \frac{y}{2} \cdot \vec{a} - \frac{2}{3} x \cdot \vec{b} + \frac{2}{3}\vec{b} - y \cdot \vec{b} = \vec{o}$$

$$\Leftrightarrow \quad \left(x - \frac{y}{2}\right) \cdot \vec{a} + \left(-\frac{2}{3}x + \frac{2}{3} - y\right) \cdot \vec{b} = \vec{o}$$

Da die Vektoren $\vec{a}$ und $\vec{b}$ linear unabhängig sind, ist die Darstellung des Nullvektors nur möglich, wenn die Koeffizienten dieser Linearkombination beide gleich 0 sind (vgl. Abschnitt 3.3), d. h. $x - \frac{y}{2} = 0$ und $-\frac{2}{3}x + \frac{2}{3} - y = 0$.

Daraus erhält man folgendes lineares Gleichungssystem:

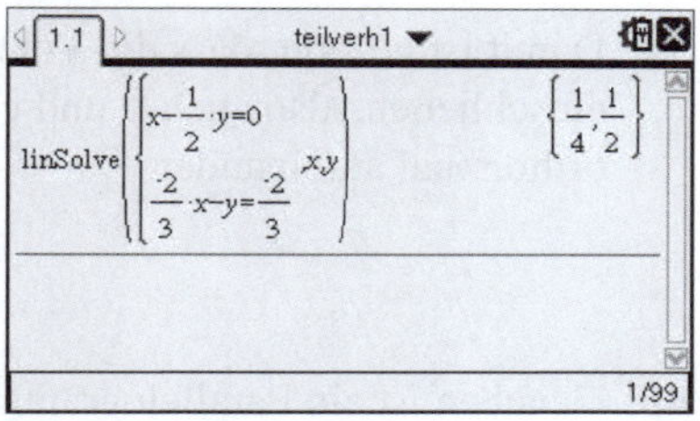


I $\quad x - \frac{y}{2} = \ 0$

II $\quad -\frac{2}{3}x - y = -\frac{2}{3}$

Dieses hat die Lösung:

$x = \frac{1}{4}$ und $y = \frac{1}{2}$

Aus dem Ansatz $\overrightarrow{ST} = x \cdot \overrightarrow{DT}$ ergibt sich mit $x = \frac{1}{4}$: $\overrightarrow{ST} = \frac{1}{4} \cdot \overrightarrow{DT}$

Daher teilt die Strecke [MC] die Strecke [DT] im Verhältnis 3 : 1.

## Beweise mit dem Skalarprodukt

Mithilfe des Skalarproduktes lassen sich z. B. rechte Winkel nachweisen. Die entsprechende Vorgehensweise wird am besten an einem einfachen Beispiel klar.

Beispiel

Beweisen Sie den **Satz des Thales**: Wird über einer Strecke [AB] ein Halbkreis errichtet, dann hat das Dreieck ABC den rechten Winkel $\sphericalangle ACB = 90°$, wobei der Punkt C auf dem Halbkreis liegt.

*Lösung:*

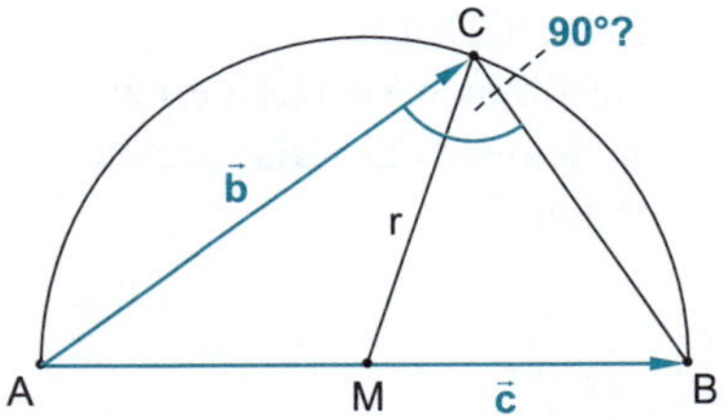


Man verwendet zur Beschreibung des Dreiecks wieder zwei linear unabhängige Vektoren, z. B. die Vektoren $\vec{b} = \overrightarrow{AC}$ und $\vec{c} = \overrightarrow{AB}$.

Zu zeigen ist, dass die Vektoren $\overrightarrow{AC} = \vec{b}$ und $\overrightarrow{CB} = -\vec{b} + \vec{c}$ orthogonal zueinander sind, dass also $\vec{b} \cdot (-\vec{b} + \vec{c}) = 0$ gilt.

Voraussetzung hierfür ist, dass C auf dem Halbkreis liegt, dass also die Strecke [MC] genauso lang ist wie die Strecke [AM]:

$$|\overrightarrow{AM}| = |\overrightarrow{MC}| \quad \Leftrightarrow \quad \frac{1}{2} \cdot |\overrightarrow{AB}| = |\overrightarrow{MA} + \overrightarrow{AC}| \quad \Leftrightarrow \quad \frac{1}{2}|\vec{c}| = \left| -\frac{1}{2}\vec{c} + \vec{b} \right|$$

Um den Betrag zu eliminieren, quadriert man diese Beziehung und erhält:

$$\tfrac{1}{4}\vec{c}^2 = \left(-\tfrac{1}{2}\vec{c}+\vec{b}\right)^2 \quad\Leftrightarrow\quad \tfrac{1}{4}\vec{c}^2 = \tfrac{1}{4}\vec{c}^2 - \vec{b}\cdot\vec{c}+\vec{b}^2 \quad\Leftrightarrow\quad 0 = -\vec{b}\cdot\vec{c}+\vec{b}^2$$

$$\Leftrightarrow\quad -\vec{b}\cdot(\vec{c}-\vec{b}) = 0$$

Damit ist gezeigt, dass die Vektoren $-\vec{b}$ und $\vec{c}-\vec{b}$ einen rechten Winkel einschließen, also auch $\vec{b}$ und $\vec{c}-\vec{b}$. Die Seiten [AC] und [CB] stehen damit orthogonal aufeinander.

**Aufgaben**

**46.** Gegeben ist ein Parallelogramm ABCD. M ist die Mitte der Seite [AB], T liegt auf der Seite [BC] und ist fünfmal so weit von C entfernt wie von B. Bestimmen Sie das Verhältnis, in dem die Strecke [MC] die Strecke [DT] teilt.

✱ **47.** Beweisen Sie: In einer Raute (das ist ein Parallelogramm mit gleich langen Seiten) stehen die Diagonalen orthogonal aufeinander.

✱ **48.** Beweisen Sie: In einem Dreieck teilen sich die Seitenhalbierenden im Verhältnis 1 : 2.

✱ **49.** Beweisen Sie den Satz des Thales, indem Sie im Beispiel von S. 49 die linear unabhängigen Vektoren $\overrightarrow{AM}$ und $\overrightarrow{MC}$ als Ausgangsvektoren verwenden.

✱ **50.** Gegeben ist ein gleichschenkliges Trapez, bei dem die Seite [AB] doppelt so lang wie die Seite [CD] ist.
Bestimmen Sie das Verhältnis, in dem sich die Diagonalen teilen.

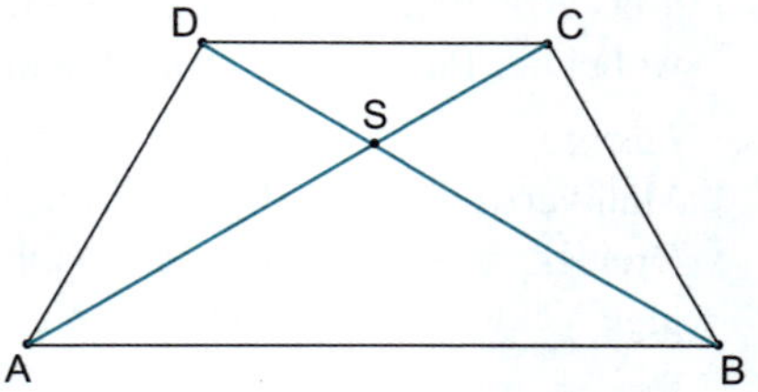

# 5 Geraden und Ebenen

In diesem Kapitel lernen Sie, die geometrischen Objekte „Gerade" und „Ebene" mithilfe von Vektoren zu beschreiben. Dabei beruht diese Darstellung auf der anschaulichen Vorstellung dieser Objekte: Man erreicht jeden Punkt einer Geraden bzw. Ebene, indem man vom Ursprung aus zu einem beliebigen Punkt des Objekts geht und dann entsprechend weit in die vorgegebene Richtung.

## 5.1 Geraden

Eine Gerade ist durch die Angabe eines Punktes der Geraden und der Richtung, in die die Gerade zeigt, eindeutig bestimmt. Dies kann man sich bei der vektoriellen Beschreibung von Geraden zunutze machen:

Vom Koordinatenursprung O aus zeigt ein Ortsvektor $\vec{a}$ zu einem Punkt A der Geraden g. Dieser Vektor wird **Stützvektor** genannt, weil er bildlich gesprochen die Gerade stützt.
Wird nun zu diesem Stützvektor ein beliebiges Vielfaches eines Vektors $\vec{r}$ addiert, der in Richtung der Geraden verläuft und deshalb **Richtungsvektor** heißt, dann erhält man einen Ortsvektor $\vec{x}$, der zu einem beliebigen Punkt X der Geraden zeigt.

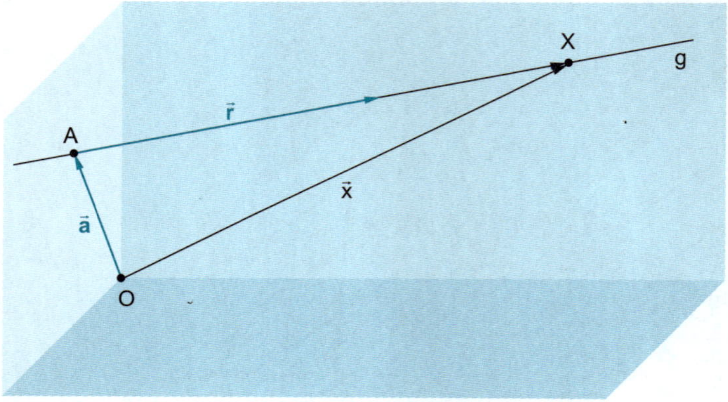


Regel

**Vektorielle Darstellung von Geraden**
Jede Gerade kann durch eine Gleichung der Form
g: $\vec{x} = \vec{a} + k \cdot \vec{r}$ mit $k \in \mathbb{R}$
beschrieben werden.
Der Vektor $\vec{a}$ wird dabei **Stützvektor** der Geraden genannt, der Vektor $\vec{r}$ ist der **Richtungsvektor** der Geraden.
Die reelle Zahl k ist der **Parameter** der Vektorgleichung der Geraden; daher wird diese Darstellung von Geraden auch **Parameterform** der Geraden genannt.

Beispiel

Durch die Punkte A(4 | 5 | 2) und B(2 | 1 | 6) wird eine Gerade im dreidimensionalen Raum festgelegt.

a) Stellen Sie die zugehörige Geradengleichung auf.
b) Geben Sie drei weitere Punkte der Geraden an.
c) Überprüfen Sie, ob die Punkte C(5 | 7 | 0) und D(–3 | –1 | 2) auf der Geraden liegen.

*Lösung:*

a) Als Stützvektor kann man den Ortsvektor $\vec{a} = \overrightarrow{OA} = \begin{pmatrix} 4 \\ 5 \\ 2 \end{pmatrix}$ verwenden. Wählt man als Richtungsvektor den Vektor $\vec{r} = \overrightarrow{AB} = \begin{pmatrix} -2 \\ -4 \\ 4 \end{pmatrix}$, so erhält man die Geradengleichung für die Gerade $g_{AB}$, die durch die Punkte A und B geht:

$$g_{AB}\colon\ \vec{x} = \vec{a} + k \cdot \vec{r} = \begin{pmatrix} 4 \\ 5 \\ 2 \end{pmatrix} + k \cdot \begin{pmatrix} -2 \\ -4 \\ 4 \end{pmatrix}$$

b) Weitere Punkte auf der Geraden findet man, indem man beliebige Zahlen für k einsetzt, z. B.

- $k = 2$: $\vec{x}_1 = \vec{a} + 2 \cdot \vec{r} = \begin{pmatrix} 4 \\ 5 \\ 2 \end{pmatrix} + 2 \cdot \begin{pmatrix} -2 \\ -4 \\ 4 \end{pmatrix} = \begin{pmatrix} 0 \\ -3 \\ 10 \end{pmatrix} \Rightarrow X_1(0\,|\,-3\,|\,10)$
- $k = -4$: $\vec{x}_2 = \vec{a} + (-4) \cdot \vec{r} = \begin{pmatrix} 4 \\ 5 \\ 2 \end{pmatrix} + (-4) \cdot \begin{pmatrix} -2 \\ -4 \\ 4 \end{pmatrix} = \begin{pmatrix} 12 \\ 21 \\ -14 \end{pmatrix} \Rightarrow X_2(12\,|\,21\,|\,-14)$
- $k = \frac{1}{2}$: $\vec{x}_3 = \vec{a} + \frac{1}{2} \cdot \vec{r} = \begin{pmatrix} 4 \\ 5 \\ 2 \end{pmatrix} + \frac{1}{2} \cdot \begin{pmatrix} -2 \\ -4 \\ 4 \end{pmatrix} = \begin{pmatrix} 3 \\ 3 \\ 4 \end{pmatrix} \Rightarrow X_3(3\,|\,3\,|\,4)$

c) Zu überprüfen ist, ob die Ortsvektoren zu den Punkten C und D gleichzeitig Ortsvektoren sind, die zu jeweils einem Punkt der Geraden zeigen.

Dies führt für den Punkt C zuerst auf die Gleichung:

$$\vec{c} = \vec{a} + k \cdot \vec{r} \quad \Leftrightarrow \quad \begin{pmatrix} 5 \\ 7 \\ 0 \end{pmatrix} = \begin{pmatrix} 4 \\ 5 \\ 2 \end{pmatrix} + k \cdot \begin{pmatrix} -2 \\ -4 \\ 4 \end{pmatrix}$$

Daraus erhält man das lineare Gleichungssystem:

I $5 = 4 - 2k$
II $7 = 5 - 4k$
III $0 = 2 + 4k$

Jede der drei Gleichungen dieses Systems führt auf $k = -\frac{1}{2}$. Da die Vektorgleichung also eine Lösung hat, liegt der Punkt C auf der Geraden.

Anders beim Punkt D: Hier besitzt die Gleichung

$$\vec{d} = \vec{a} + k \cdot \vec{r} \quad \Leftrightarrow \quad \begin{pmatrix} -3 \\ -1 \\ 2 \end{pmatrix} = \begin{pmatrix} 4 \\ 5 \\ 2 \end{pmatrix} + k \cdot \begin{pmatrix} -2 \\ -4 \\ 4 \end{pmatrix}$$

keine Lösung, denn jede Gleichung des Gleichungssystems

I $-3 = 4 - 2k$
II $-1 = 5 - 4k$
III $2 = 2 + 4k$

führt auf eine unterschiedliche Lösung für k ($k = \frac{7}{2}$ bzw. $k = \frac{3}{2}$ bzw. $k = 0$). Der Punkt D liegt also nicht auf der Geraden.

CAS

*Hinweise für den CAS-Einsatz:*

Mithilfe des CAS-Rechners können die Vektorgleichungen direkt gelöst werden (Befehl **solve()**).
Im Bild rechts wird zunächst die Lösung für den Punkt C, dann für den Punkt D gezeigt.

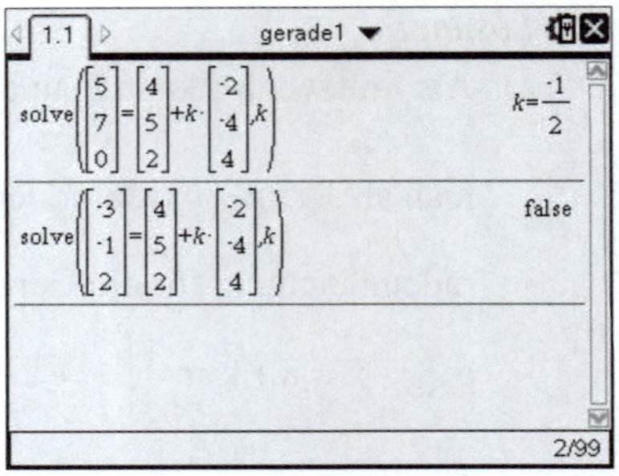


*Bemerkung:* In der Ebene gibt es neben der Parameterform auch die Koordinatenform, um eine Gerade zu beschreiben. Z. B. wird die Gerade, die durch die Punkte A(1 | 2) und B(5 | 3) geht, durch die Parameterform

$g_{AB}\colon \vec{x} = \begin{pmatrix} 1 \\ 2 \end{pmatrix} + k \cdot \begin{pmatrix} 4 \\ 1 \end{pmatrix}$

beschrieben. Erstellt man daraus das lineare Gleichungssystem

$x_1 = 1 + 4k$

$x_2 = 2 + \phantom{4}k$

kann man den Parameter k eliminieren. Es ergibt sich:

$x_1 = 1 + 4 \cdot (x_2 - 2) = 1 + 4x_2 - 8$

$\Leftrightarrow \quad 7 = -x_1 + 4x_2$

Diese Darstellungsform nennt man **Koordinatenform**. Setzt man $x_2 = y$ und $x_1 = x$ und löst die Gleichung nach y auf, so erhält man die Geradengleichung in der bekannten Form $y = mx + n$:

$y = \frac{1}{4}x + \frac{7}{4}$

**Aufgaben** **51.** Geben Sie die Gleichung der Geraden durch die Punkte A und B an.

a) A(3 | –2); B(3 | –1) b) A(–1 | –3 | 2); B(1 | –3 | –1)

**52.** Geben Sie vier Punkte auf der Geraden g an.

a) $g\colon \vec{x} = \begin{pmatrix} 3 \\ -2 \end{pmatrix} + k \cdot \begin{pmatrix} 3 \\ -1 \end{pmatrix}$ b) $g\colon \vec{x} = \begin{pmatrix} -1 \\ -3 \\ 2 \end{pmatrix} + k \cdot \begin{pmatrix} 1 \\ -3 \\ -1 \end{pmatrix}$

**53.** Bestimmen Sie den Wert von k, der den Punkt C der Geraden g bestimmt.

a) $g\colon \vec{x} = \begin{pmatrix} 3 \\ 2 \end{pmatrix} + k \cdot \begin{pmatrix} -2 \\ 3 \end{pmatrix}$; C(7 | –4)

b) $g\colon \vec{x} = \begin{pmatrix} 1 \\ 2 \\ 5 \end{pmatrix} + k \cdot \begin{pmatrix} 1 \\ -2 \\ 1 \end{pmatrix}$; C(5 | –6 | 9)

**54.** Prüfen Sie, ob die Punkte A, B oder C auf der Geraden g liegen.

a) g: $\vec{x} = \begin{pmatrix} 4 \\ -1 \end{pmatrix} + k \cdot \begin{pmatrix} -3 \\ 2 \end{pmatrix}$; A(1 | 1); B(–5 | 5); C(7 | 2)

b) g: $\vec{x} = \begin{pmatrix} -2 \\ -1 \\ 4 \end{pmatrix} + k \cdot \begin{pmatrix} 3 \\ -1 \\ -2 \end{pmatrix}$; A(7 | –4 | –2); B(–8 | 1 | 8); C(3 | 1 | 3)

**55.** Ein Dreieck besitzt die Eckpunkte A, B und C.
Geben Sie die Gleichungen der drei Seiten des Dreiecks an.

a) A(1 | 1); B(6 | 2); C(5 | 4)  b) A(1 | –1 | 2); B(7 | 4 | 5); C(3 | –5 | –1)

**56.** Prüfen Sie jeweils, ob die beiden Geraden g und h identisch sind.

a) g: $\vec{x} = \begin{pmatrix} 3 \\ -2 \end{pmatrix} + k \cdot \begin{pmatrix} -4 \\ 2 \end{pmatrix}$;  h: $\vec{x} = \begin{pmatrix} 7 \\ -4 \end{pmatrix} + m \cdot \begin{pmatrix} 8 \\ 4 \end{pmatrix}$

b) g: $\vec{x} = \begin{pmatrix} -2 \\ 2 \\ 3 \end{pmatrix} + k \cdot \begin{pmatrix} 6 \\ -2 \\ 4 \end{pmatrix}$;  h: $\vec{x} = \begin{pmatrix} 4 \\ 0 \\ 7 \end{pmatrix} + m \cdot \begin{pmatrix} -3 \\ 1 \\ -2 \end{pmatrix}$

## 5.2 Ebenen

Im Gegensatz zu den Geraden haben Ebenen zwei Dimensionen. Folglich kann man sich auf der Ebene nicht nur in eine Richtung bewegen, sondern in eine Kombination aus zwei Richtungen.

Hieraus ergibt sich die Idee, wie man vom Ursprung zu jedem beliebigen Punkt X auf einer Ebene E gelangen kann:

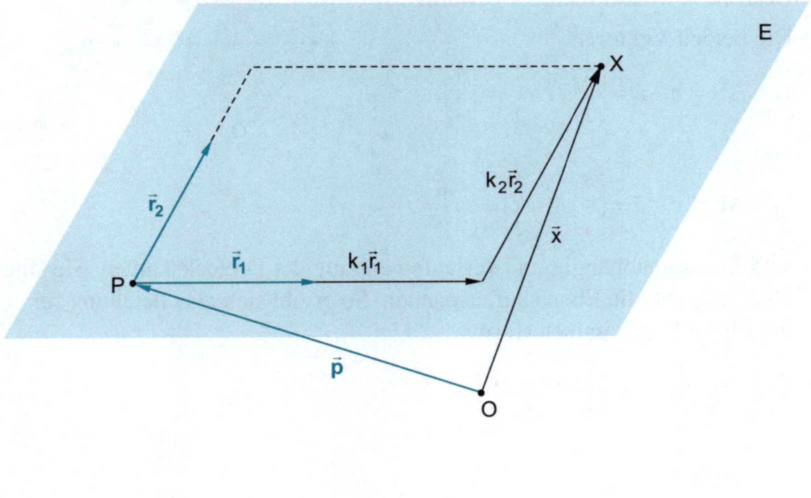

Vom Koordinatenursprung O aus zeigt ein Ortsvektor $\vec{p}$ zu einem Punkt P der Ebene E. Dieser Ortsvektor wird wie bei der Geraden auch **Stützvektor** genannt. Die beiden linear unabhängigen Vektoren $\vec{r}_1$ und $\vec{r}_2$ liegen in der Ebene. Sie spannen die Ebene auf und heißen deshalb **Spannvektoren**.
Wird nämlich zum Stützvektor $\vec{p}$ eine beliebige Linearkombination der beiden Spannvektoren addiert, erhält man einen Ortsvektor $\vec{x}$, der auf einen beliebigen Punkt X der Ebene zeigt.

Regel

**Vektorgleichung einer Ebene**
Jede Ebene kann durch eine Gleichung der Form
E: $\vec{x} = \vec{p} + k_1 \cdot \vec{r}_1 + k_2 \cdot \vec{r}_2$ mit $k_1, k_2 \in \mathbb{R}$
beschrieben werden.
Der Vektor $\vec{p}$ ist der **Stützvektor**, die beiden linear unabhängigen Vektoren $\vec{r}_1$ und $\vec{r}_2$ sind die **Spannvektoren**.
Die reellen Faktoren $k_1$ und $k_2$ sind die **Parameter** der Vektorgleichung; daher wird diese Darstellung von Ebenen auch **Parameterform** der Ebene genannt.

Beispiel

Die Punkte A(1 | −4 | −2), B(5 | 0 | 2) und C(7 | 5 | 4) bilden das Dreieck ABC.

a) Bestimmen Sie eine Gleichung der Ebene E, in der das Dreieck ABC liegt, in Parameterform.
b) Untersuchen Sie, ob die Punkte D(4 | 1 | 1) und F(−2 | 3 | 0) in dieser Ebene E liegen.

*Lösung:*

a) Jeder Ortsvektor, der zu einem Punkt der Ebene zeigt, kann als Stützvektor verwendet werden. Hier wird der Ortsvektor $\vec{a}$ zum Punkt A gewählt.

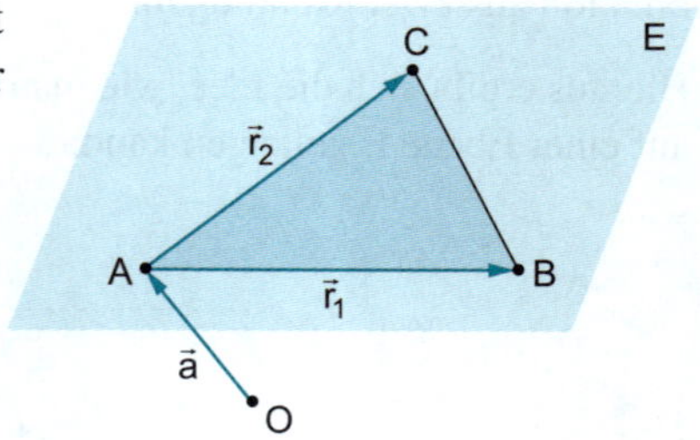


Die beiden Vektoren

$$\vec{r}_1 = \overrightarrow{AB} = \vec{b} - \vec{a} = \begin{pmatrix} 5 \\ 0 \\ 2 \end{pmatrix} - \begin{pmatrix} 1 \\ -4 \\ -2 \end{pmatrix} = \begin{pmatrix} 4 \\ 4 \\ 4 \end{pmatrix}$$

und

$$\vec{r}_2 = \overrightarrow{AC} = \vec{c} - \vec{a} = \begin{pmatrix} 7 \\ 5 \\ 4 \end{pmatrix} - \begin{pmatrix} 1 \\ -4 \\ -2 \end{pmatrix} = \begin{pmatrix} 6 \\ 9 \\ 6 \end{pmatrix}$$

sind linear unabhängig und verlaufen entlang der Dreieckskanten. Sie sind also geeignet, die Ebene aufzuspannen. So ergibt sich als Gleichung für die Ebene E in Parameterform:

$$E: \vec{x} = \begin{pmatrix} 1 \\ -4 \\ -2 \end{pmatrix} + k_1 \cdot \begin{pmatrix} 4 \\ 4 \\ 4 \end{pmatrix} + k_2 \cdot \begin{pmatrix} 6 \\ 9 \\ 6 \end{pmatrix}$$

Die Länge der Spannvektoren spielt jedoch keine Rolle, sodass die Ebene ebenso gut auch durch die Gleichung

$$E\colon\ \vec{x} = \begin{pmatrix} 1 \\ -4 \\ -2 \end{pmatrix} + k_1 \cdot \begin{pmatrix} 1 \\ 1 \\ 1 \end{pmatrix} + k_2 \cdot \begin{pmatrix} 2 \\ 3 \\ 2 \end{pmatrix}$$

beschrieben werden kann.

*Achtung:* Eine derartige Verkürzung der Vektoren darf man natürlich beim Stützvektor nicht vornehmen, weil dieser sonst nicht mehr zwingend bis zu einem Punkt der Ebene reicht.

b) Es ist wie auch bei den Geraden zu überprüfen, ob die Ortsvektoren zu den Punkten D und F gleichzeitig Ortsvektoren zu Punkten der Ebene E sind. Daraus ergeben sich die beiden Gleichungen

$$\begin{pmatrix} 4 \\ 1 \\ 1 \end{pmatrix} = \begin{pmatrix} 1 \\ -4 \\ -2 \end{pmatrix} + k_1 \cdot \begin{pmatrix} 1 \\ 1 \\ 1 \end{pmatrix} + k_2 \cdot \begin{pmatrix} 2 \\ 3 \\ 2 \end{pmatrix} \quad \text{für den Punkt D bzw.}$$

$$\begin{pmatrix} -2 \\ 3 \\ 0 \end{pmatrix} = \begin{pmatrix} 1 \\ -4 \\ -2 \end{pmatrix} + k_1 \cdot \begin{pmatrix} 1 \\ 1 \\ 1 \end{pmatrix} + k_2 \cdot \begin{pmatrix} 2 \\ 3 \\ 2 \end{pmatrix} \quad \text{für den Punkt F.}$$

Das zum Punkt D gehörende Gleichungssystem

$$\begin{array}{ll} \text{I} & 4 = 1 + k_1 + 2k_2 \\ \text{II} & 1 = -4 + k_1 + 3k_2 \\ \text{III} & 1 = -2 + k_1 + 2k_2 \end{array}$$

lässt sich mithilfe des Gauß-Verfahrens auf folgende Stufenform bringen:

$$\begin{array}{ll} \text{I} & k_1 + 2k_2 = 3 \\ \text{IV} = \text{I} - \text{II} & -k_2 = -2 \\ \text{V} = \text{I} - \text{III} & 0 = 0 \end{array}$$

Die dritte Gleichung ist immer erfüllt; aus der zweiten Gleichung folgt $k_2 = 2$ und damit aus der ersten Gleichung $k_1 = -1$. Da die Vektorgleichung somit eine eindeutige Lösung hat, liegt der Punkt D in der Ebene E.

Das zum Punkt F gehörende Gleichungssystem

$$\begin{array}{ll} \text{I} & -2 = 1 + k_1 + 2k_2 \\ \text{II} & 3 = -4 + k_1 + 3k_2 \\ \text{III} & 0 = -2 + k_1 + 2k_2 \end{array}$$

führt hingegen zu folgender Stufenform:

$$\begin{array}{ll} \text{I} & k_1 + 2k_2 = -3 \\ \text{IV} = \text{I} - \text{II} & -k_2 = -10 \\ \text{V} = \text{I} - \text{III} & 0 = -5 \end{array}$$

Hier ist die dritte Gleichung nie erfüllt, die Vektorgleichung hat also keine Lösung und der Punkt F liegt damit nicht in der Ebene E.

CAS

*Hinweise für den CAS-Einsatz:*

Auch die Lösung mit dem CAS-Rechner zeigt, dass der Punkt D in der Ebene E liegt, der Punkt F jedoch nicht.

Dazu werden zunächst die Ebene E durch die Funktion **e(k1, k2)** und die beiden Vektoren **d** und **f** als Ortsvektoren der Punkte D und F definiert.

Die Vektorgleichung für den Punkt D wird gelöst für $k_1 = -1$ und $k_2 = 2$. Die Gleichung für den Punkt F hat keine Lösung, sodass F nicht in der Ebene E liegen kann.

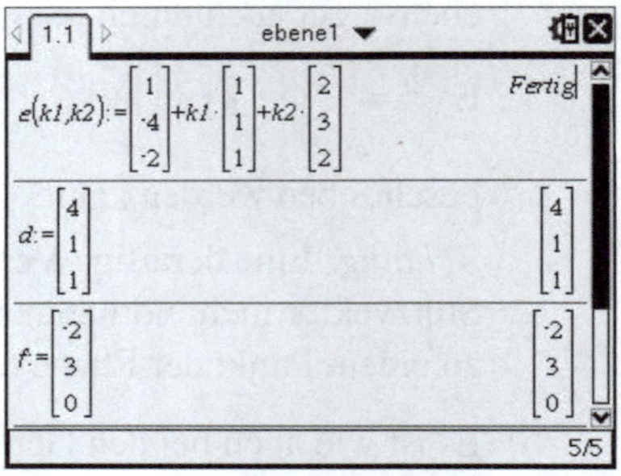


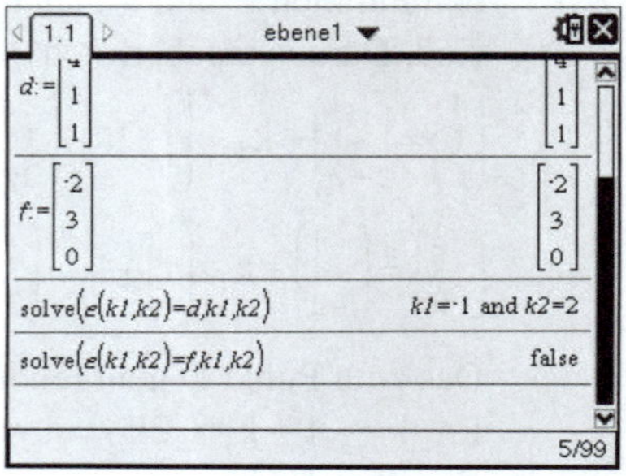


**Aufgaben** **57.** Geben Sie die Parameterform der Ebene durch die Punkte A, B und C an.

a) A(5 | 2 | 1); B(1 | 1 | 3); C(–3 | 1 | 3)

b) A(6 | –1 | –3); B(3 | –3 | 1); C(0 | 1 | 0)

**58.** Geben Sie vier Punkte der Ebene E an.

a) E: $\vec{x} = \begin{pmatrix} 5 \\ 0 \\ 3 \end{pmatrix} + r \cdot \begin{pmatrix} 2 \\ 1 \\ -1 \end{pmatrix} + s \cdot \begin{pmatrix} 1 \\ 0 \\ 2 \end{pmatrix}$ b) E: $\vec{x} = \begin{pmatrix} -1 \\ 3 \\ 0 \end{pmatrix} + r \cdot \begin{pmatrix} 1 \\ 3 \\ 1 \end{pmatrix} + s \cdot \begin{pmatrix} 0 \\ 2 \\ 2 \end{pmatrix}$

**59.** Bestimmen Sie die Parameter r und s, die den Punkt C der Ebene bestimmen.

a) E: $\vec{x} = \begin{pmatrix} 1 \\ -4 \\ -2 \end{pmatrix} + r \cdot \begin{pmatrix} 1 \\ -1 \\ 2 \end{pmatrix} + s \cdot \begin{pmatrix} -2 \\ 0 \\ 1 \end{pmatrix}$; C(9 | –6 | –1)

b) E: $\vec{x} = \begin{pmatrix} 1 \\ 0 \\ 5 \end{pmatrix} + r \cdot \begin{pmatrix} 1 \\ -2 \\ 1 \end{pmatrix} + s \cdot \begin{pmatrix} 1 \\ -1 \\ -3 \end{pmatrix}$; C(–1 | 5 | –1)

**60.** Prüfen Sie, ob die Punkte A, B oder C in der Ebene E liegen.

E: $\vec{x} = \begin{pmatrix} -1 \\ -2 \\ 0 \end{pmatrix} + r \cdot \begin{pmatrix} 2 \\ 1 \\ -4 \end{pmatrix} + s \cdot \begin{pmatrix} -2 \\ 2 \\ 1 \end{pmatrix}$; A(1 | 1 | 1); B(–5 | 2 | 2); C(7 | 2 | 1)

**61.** a) In einer Ebene E liegen der Punkt A(1 | 1 | –1) und die Gerade

$$g\colon \vec{x} = \begin{pmatrix} -1 \\ 0 \\ 3 \end{pmatrix} + k \cdot \begin{pmatrix} 2 \\ 1 \\ 0 \end{pmatrix}.$$

Bestimmen Sie eine Gleichung der Ebene E.

b) Begründen Sie, warum die Ebene, die die Gerade g mit der Gleichung

$$g\colon \vec{x} = \begin{pmatrix} -1 \\ 0 \\ 3 \end{pmatrix} + k \cdot \begin{pmatrix} 2 \\ 1 \\ 0 \end{pmatrix}$$

und den Punkt P(3 | 2 | 3) enthält, nicht eindeutig bestimmt ist.

**62.** Bestimmen Sie zwei verschiedene Ebenen, die die Punkte A(3 | 1 | 2) und B(–3 | 0 | 1) enthalten.

* **63.** Prüfen Sie jeweils, ob die beiden Ebenen $E_1$ und $E_2$ identisch sind:

a) $E_1\colon \vec{x} = \begin{pmatrix} -2 \\ -2 \\ 0 \end{pmatrix} + r \cdot \begin{pmatrix} 5 \\ 1 \\ -1 \end{pmatrix} + s \cdot \begin{pmatrix} 3 \\ -1 \\ 2 \end{pmatrix}$; $E_2\colon \vec{x} = \begin{pmatrix} 5 \\ 1 \\ -4 \end{pmatrix} + t \cdot \begin{pmatrix} 9 \\ 5 \\ -7 \end{pmatrix} + u \cdot \begin{pmatrix} 1 \\ -3 \\ 5 \end{pmatrix}$

b) $E_1\colon \vec{x} = \begin{pmatrix} 1 \\ -9 \\ 1 \end{pmatrix} + r \cdot \begin{pmatrix} 2 \\ 4 \\ -7 \end{pmatrix} + s \cdot \begin{pmatrix} -1 \\ 0 \\ 1 \end{pmatrix}$; $E_2\colon \vec{x} = \begin{pmatrix} -1 \\ -4 \\ -1 \end{pmatrix} + t \cdot \begin{pmatrix} 2 \\ 1 \\ -4 \end{pmatrix} + u \cdot \begin{pmatrix} -2 \\ 2 \\ 1 \end{pmatrix}$

## 5.3 Die Normalenform der Ebene

Vor allem im Hinblick auf Winkel- und Abstandsberechnungen bietet die in diesem Abschnitt behandelte Normalenform der Ebene große Vorteile (vgl. Kapitel 7 und 8). Für diese Darstellung benötigt man einen bestimmten Vektor:

Definition

Ein Vektor, der senkrecht auf einer Ebene steht, heißt **Normalenvektor** der Ebene.

Einen solchen Vektor kann man bestimmen, indem man das Vektorprodukt aus den beiden Spannvektoren bildet (vgl. Abschnitt 4.3).

Der Normalenvektor einer Ebene ist bis auf ein Vielfaches eindeutig und steht auf allen Verbindungsvektoren zwischen zwei Punkten der Ebene senkrecht. Andererseits liegen alle Vektoren, die senkrecht zu einem bestimmten Vektor $\vec{n}$ stehen und an dessen Fußpunkt ansetzen, in einer Ebene. Wird nun durch den Stützvektor $\vec{p}$ noch festgelegt, wo sich der Normalenvektor $\vec{n}$ im Raum befinden soll, so hat man eine eindeutige Ebene E definiert.

Wenn also die Differenz $\vec{x}-\vec{p}$ aus einem Ortsvektor $\vec{x}$ und dem Stützvektor $\vec{p}$ senkrecht zum Normalenvektor $\vec{n}$ von E ist, dann zeigt der Vektor $\vec{x}$ zu einem Punkt der Ebene E (siehe Bild rechts). Dies ist gleichbedeutend damit, dass das Skalarprodukt aus dem Normalenvektor und jedem Vektor, der in der Ebene liegt, null ergeben muss (vgl. Abschnitt 4.2).

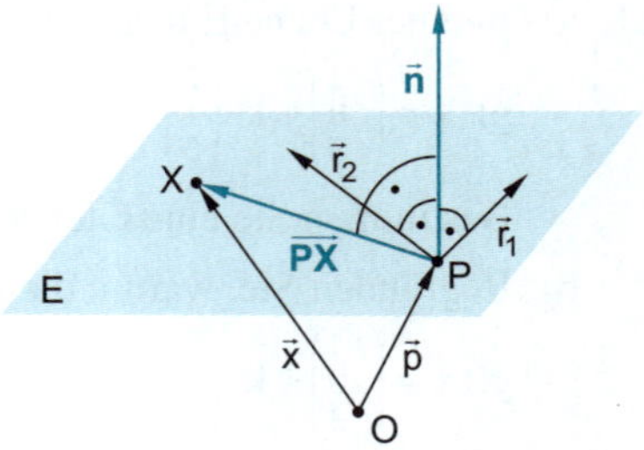


Regel

**Normalenform der Ebene**

Jede Ebene kann durch eine Gleichung der Form

E: $(\vec{x}-\vec{p})\cdot\vec{n}=0$

beschrieben werden, wobei der Vektor $\vec{p}$ ein Stützvektor der Ebene und der Vektor $\vec{n}$ der Normalenvektor der Ebene E ist.

Da in dieser Darstellungsform der Normalenvektor die Ebene charakterisiert, heißt sie **Normalenform der Ebene**

Besondere Beachtung findet eine Normalenform, wenn der Normalenvektor $\vec{n}$ die Länge 1 hat. Denn dann lässt sich beispielsweise der Abstand eines Punktes von einer Ebene sehr einfach ermitteln (vgl. Abschnitt 8.1).

Definition

Ein Normalenvektor mit der Länge 1 heißt **Normaleneinheitsvektor**.
Die Normalenform einer Ebene, in der der Normaleneinheitsvektor verwendet wird, wird **Hesse'sche Normalenform** (kurz: **HNF**) genannt.

Beispiele

1. Gegeben ist die Ebene

$$E:\ \vec{x}=\begin{pmatrix}3\\1\\-2\end{pmatrix}+r\cdot\begin{pmatrix}1\\-2\\3\end{pmatrix}+s\cdot\begin{pmatrix}-2\\1\\6\end{pmatrix}.$$

Bestimmen Sie eine Normalenform und die Hesse'sche Normalenform der Ebene.

*Lösung:*

Mithilfe des Vektorproduktes aus den beiden Spannvektoren wird zunächst ein Normalenvektor der Ebene E berechnet:

$$\begin{pmatrix}1\\-2\\3\end{pmatrix}\times\begin{pmatrix}-2\\1\\6\end{pmatrix}=\begin{pmatrix}-15\\-12\\-3\end{pmatrix}$$

Anschließend kann man diesen Normalenvektor „verschönern", denn auf die Länge des Normalenvektors kommt es für die Darstellung der Ebene nicht an.

Es spielt auch keine Rolle, zu welcher Seite der Ebene der Normalenvektor zeigt. Deshalb lässt sich $\vec{n} = \begin{pmatrix} 5 \\ 4 \\ 1 \end{pmatrix}$ als Normalenvektor wählen.

Übernimmt man nun den Stützvektor der Ebene aus der Parameterform, so erhält man unmittelbar eine **Normalenform** der Ebene:

$$E: \left( \vec{x} - \begin{pmatrix} 3 \\ 1 \\ -2 \end{pmatrix} \right) \cdot \begin{pmatrix} 5 \\ 4 \\ 1 \end{pmatrix} = 0$$

Für die Hesse'sche Normalenform ist der Normalenvektor auf die Länge 1 zu stutzen (vgl. S. 40). Dazu bestimmt man zunächst die Länge von $\vec{n}$:

$$\left| \begin{pmatrix} 5 \\ 4 \\ 1 \end{pmatrix} \right| = \sqrt{5^2 + 4^2 + 1^2} = \sqrt{42}$$

Der Normaleneinheitsvektor lautet dann $\frac{1}{\sqrt{42}} \begin{pmatrix} 5 \\ 4 \\ 1 \end{pmatrix}$.

Damit ergibt sich die **Hesse'sche Normalenform**:

$$E: \left( \vec{x} - \begin{pmatrix} 3 \\ 1 \\ -2 \end{pmatrix} \right) \cdot \frac{1}{\sqrt{42}} \begin{pmatrix} 5 \\ 4 \\ 1 \end{pmatrix} = 0$$

2. Gegeben ist die Ebene E in Normalenform:

$$E: \left( \vec{x} - \begin{pmatrix} 3 \\ 1 \\ 4 \end{pmatrix} \right) \cdot \begin{pmatrix} 2 \\ -1 \\ -2 \end{pmatrix} = 0$$

Bestimmen Sie für die Ebene E eine Gleichung in Parameterform.

*Lösung:*

Die Aufgabe besteht vor allem darin, zwei linear unabhängige Vektoren $\vec{r}$ und $\vec{s}$ zu finden, die senkrecht zum Normalenvektor $\vec{n}$ sind.

Aus der Bedingung $\vec{n} \cdot \vec{r} = 0$ folgt:

$$\vec{n} \cdot \vec{r} = \begin{pmatrix} 2 \\ -1 \\ -2 \end{pmatrix} \cdot \begin{pmatrix} r_1 \\ r_2 \\ r_3 \end{pmatrix} = 0 \quad \Leftrightarrow \quad 2r_1 - r_2 - 2r_3 = 0$$

Da diese Gleichung mit drei Variablen unterbestimmt ist, kann man zwei Variablen frei wählen, z. B. $r_1 = 1$ und $r_3 = 0$. Damit ergibt sich:

$r_2 = 2r_1 - 2r_3 = 2$

Ein möglicher Spannvektor lautet daher $\vec{r} = \begin{pmatrix} 1 \\ 2 \\ 0 \end{pmatrix}$.

Analog kann man für die Bedingung

$$\vec{n} \cdot \vec{s} = \begin{pmatrix} 2 \\ -1 \\ -2 \end{pmatrix} \cdot \begin{pmatrix} s_1 \\ s_2 \\ s_3 \end{pmatrix} = 0 \quad \Leftrightarrow \quad 2s_1 - s_2 - 2s_3 = 0$$

z. B. $s_1 = 0$ und $s_3 = 1$ wählen. Damit ergibt sich $s_2 = 2s_1 - 2s_3 = -2$ und als möglicher zweiter Spannvektor $\vec{s} = \begin{pmatrix} 0 \\ -2 \\ 1 \end{pmatrix}$.

Es ist bei der Wahl der Koordinaten für den Vektor $\vec{s}$ darauf zu achten, dass $\vec{r}$ und $\vec{s}$ linear unabhängig sind. Dies ist hier der Fall. So hat man zwei Spannvektoren gefunden.

Eine Gleichung der Ebene E in Parameterform lautet also mit dem Stützvektor aus der Normalenform:

$$E:\ \vec{x} = \begin{pmatrix} 3 \\ 1 \\ 4 \end{pmatrix} + r \cdot \begin{pmatrix} 1 \\ 2 \\ 0 \end{pmatrix} + s \cdot \begin{pmatrix} 0 \\ -2 \\ 1 \end{pmatrix}$$

*Bemerkung:* Im zweiten Beispiel wird deutlich, warum die Parameterform einer Ebene nicht eindeutig ist. Je nachdem, wie man die frei wählbaren Variablen in den beiden Gleichungen für die Spannvektoren belegt, können diese anders aussehen. Auch der Stützvektor kann zu jedem anderen Punkt der Ebene zeigen. Auf diese Weise gibt es unendlich viele verschiedene Parameterformen für dieselbe Ebene.
Dagegen ist die im nächsten Abschnitt vorgestellte Koordinatenform einer Ebene zumindest bis auf ein Vielfaches eindeutig.

**Aufgaben**

**64.** Wandeln Sie die Ebene E: $\vec{x} = \begin{pmatrix} 1 \\ 2 \\ -5 \end{pmatrix} + r \cdot \begin{pmatrix} 3 \\ -1 \\ -4 \end{pmatrix} + s \cdot \begin{pmatrix} 1 \\ 5 \\ -3 \end{pmatrix}$ in Normalenform um.

**65.** Geben Sie die Ebene E: $\left( \vec{x} - \begin{pmatrix} 1 \\ 4 \\ 7 \end{pmatrix} \right) \cdot \begin{pmatrix} 3 \\ 1 \\ -4 \end{pmatrix} = 0$ in Parameterform an.

**66.** Prüfen Sie, welche der Punkte A(2 | −4 | 1), B(3 | 1 | 2), C(0 | 1 | 2), D(−2 | −2 | 5) in der Ebene E: $\left( \vec{x} - \begin{pmatrix} -2 \\ 2 \\ 3 \end{pmatrix} \right) \cdot \begin{pmatrix} 5 \\ 2 \\ 4 \end{pmatrix} = 0$ liegen.

**67.** Bestimmen Sie die Ebene durch die Punkte A(2 | −4 | 1), B(3 | 1 | 2) und C(0 | 1 | 2) in Parameter- und in Normalenform.

## 5.4 Die Koordinatenform der Ebene

Zur Untersuchung von Lagebeziehungen erweist sich die im Folgenden vorgestellte Koordinatenform einer Ebene häufig als besonders nützlich (vgl. Kapitel 6). Auch die dreidimensionale Darstellung einer Ebene auf dem CAS-Rechner ist mithilfe der Koordinatenform möglich.

Regel

**Koordinatenform der Ebene**
Jede Ebene kann durch eine Gleichung der Form
E: $a_1x_1 + a_2x_2 + a_3x_3 = b$ mit $a_1, a_2, a_3, b \in \mathbb{R}$
beschrieben werden.
Die drei reellen Zahlen $a_1$, $a_2$, $a_3$ werden **Koeffizienten** genannt. Wenigstens ein Koeffizient muss ungleich null sein.

Hat man eine Ebenengleichung in Normalenform gegeben, so lässt sich daraus sehr einfach die Koordinatenform erstellen. Denn es gilt:

$$(\vec{x} - \vec{p}) \cdot \vec{n} = 0 \quad \Leftrightarrow \quad \vec{x} \cdot \vec{n} = \vec{p} \cdot \vec{n}$$

$$\Leftrightarrow \quad \begin{pmatrix} x_1 \\ x_2 \\ x_3 \end{pmatrix} \cdot \begin{pmatrix} n_1 \\ n_2 \\ n_3 \end{pmatrix} = \begin{pmatrix} p_1 \\ p_2 \\ p_3 \end{pmatrix} \cdot \begin{pmatrix} n_1 \\ n_2 \\ n_3 \end{pmatrix}$$

$$\Leftrightarrow \quad x_1n_1 + x_2n_2 + x_3n_3 = p_1n_1 + p_2n_2 + p_3n_3$$

Der rechte Teil der letzten Gleichung ist eine reelle Zahl, sodass diese Gleichung die Koordinatenform der Ebene darstellt.

Die Umformungen zeigen außerdem, dass die Koeffizienten der Koordinatenform den Koordinaten des Normalenvektors der Ebene entsprechen. Das bedeutet, dass man aus der Koordinatenform einer Ebene den Normalenvektor direkt ablesen kann (vgl. Beispiel 2).

Beispiele

1. Gegeben sind die drei Punkte A(3 | 2 | –4), B(1 | –2 | –1) und C(2 | 1 | –2). Geben Sie eine Ebenengleichung in Koordinatenform für die Ebene an, in der diese drei Punkte liegen.

   *Lösung:*

   Der Stützvektor sei $\vec{p} = \overrightarrow{OA} = \begin{pmatrix} 3 \\ 2 \\ -4 \end{pmatrix}$.

   Als Spannvektoren können dann $\vec{r} = \vec{b} - \vec{a} = \begin{pmatrix} -2 \\ -4 \\ 3 \end{pmatrix}$ und $\vec{s} = \vec{c} - \vec{a} = \begin{pmatrix} -1 \\ -1 \\ 2 \end{pmatrix}$ gewählt werden.

   Mithilfe des Vektorproduktes erhält man den Normalenvektor der Ebene:

   $$\vec{n} = \vec{r} \times \vec{s} = \begin{pmatrix} -2 \\ -4 \\ 3 \end{pmatrix} \times \begin{pmatrix} -1 \\ -1 \\ 2 \end{pmatrix} = \begin{pmatrix} -5 \\ 1 \\ -2 \end{pmatrix}$$

Für die Konstante in der Koordinatenform der Ebene ist $\vec{n} \cdot \vec{p}$ zu berechnen:

$$\begin{pmatrix} -5 \\ 1 \\ -2 \end{pmatrix} \cdot \begin{pmatrix} 3 \\ 2 \\ -4 \end{pmatrix} = -15 + 2 + 8 = -5$$

Also lautet die gesuchte Koordinatenform:
E: $-5x_1 + x_2 - 2x_3 = -5$

CAS *Hinweise für den CAS-Einsatz:*

Der CAS-Rechner erstellt bei Eingabe der Normalenform direkt die Koordinatenform der Ebene (2. Zeile im Bild rechts).

Formt man die Koordinatenform z. B. nach $x_3$ um, so kann man damit eine Funktion in Abhängigkeit der zwei Variablen x (für $x_1$) und y (für $x_2$) definieren.

Dies ermöglicht die Veranschaulichung der Ebene in einer 3-D-Ansicht. Diese Ansicht kann mithilfe der Cursortasten oder der Automatikfunktion gedreht werden.

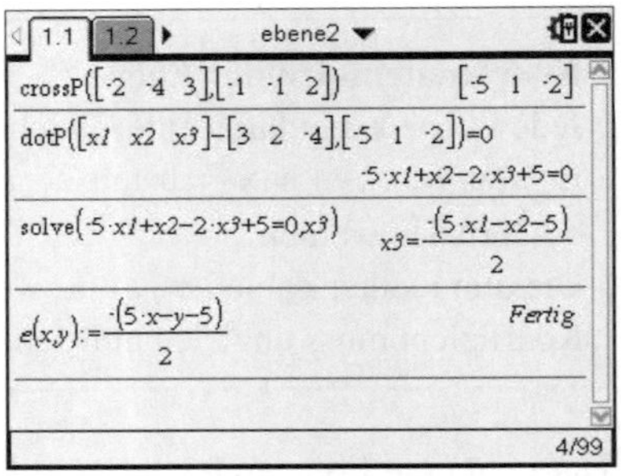


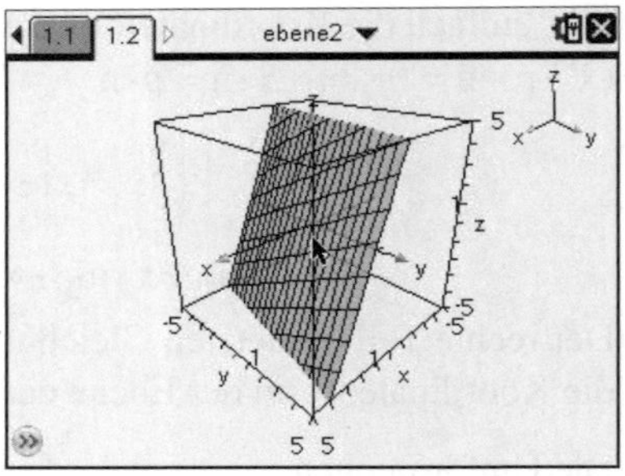


2. Gegeben ist eine Ebenengleichung in Koordinatenform:
E: $2x_1 - 3x_2 + 4x_3 = 5$
Bestimmen Sie eine Normalenform dieser Ebenengleichung.

*Lösung:*
Die Koordinaten des Normalenvektors lassen sich direkt als die Koeffizienten in der Koordinatenform ablesen:

$$\vec{n} = \begin{pmatrix} 2 \\ -3 \\ 4 \end{pmatrix}$$

Die Schwierigkeit besteht darin, einen Stützvektor $\vec{p}$ für die Ebene zu finden. Man muss einen Ortsvektor zu einem Punkt P, der in der Ebene liegt, finden. Dabei muss die Gleichung $2x_1 - 3x_2 + 4x_3 = 5$ erfüllt sein.

Da diese Gleichung 3 Variablen enthält, können zwei frei gewählt werden. Eine geschickte Wahl wäre z. B. $x_1 = 1$ und $x_3 = 0$. Dann ist:

$$\begin{aligned} 2 - 3x_2 &= 5 \\ x_2 &= -1 \end{aligned}$$

Also ist $\vec{p} = \begin{pmatrix} 1 \\ -1 \\ 0 \end{pmatrix}$ ein Ortsvektor zu einem Punkt P der Ebene.

Die Normalenform der Ebenengleichung lautet damit:

E: $\left(\vec{x} - \begin{pmatrix} 1 \\ -1 \\ 0 \end{pmatrix}\right) \cdot \begin{pmatrix} 2 \\ -3 \\ 4 \end{pmatrix} = 0$

Aufgaben **68.** Gegeben sind die drei Punkte A(1 | 2 | –1), B(–3 | 1 | 0) und C(–2 | 1 | 5). Stellen Sie eine Gleichung der Ebene, in der diese drei Punkte liegen, in Normalen- und in Koordinatenform auf.

**69.** a) Geben Sie die Ebene E: $\vec{x} = \begin{pmatrix} -5 \\ -2 \\ -1 \end{pmatrix} + r \cdot \begin{pmatrix} 1 \\ -2 \\ -1 \end{pmatrix} + s \cdot \begin{pmatrix} -2 \\ 1 \\ -4 \end{pmatrix}$ in Koordinatenform an.

b) Wandeln Sie die Ebene E: $\left(\vec{x} - \begin{pmatrix} -1 \\ -2 \\ 4 \end{pmatrix}\right) \cdot \begin{pmatrix} 5 \\ -2 \\ 4 \end{pmatrix} = 0$ in Koordinatenform um.

**70.** Wandeln Sie die Ebene E: $2x_1 + x_2 - 3x_3 = -8$ in Normalenform und in Parameterform um.

**71.** Geben Sie einen Normalenvektor und einen Punkt P der Ebene E: $5x_1 + 3x_2 - 4x_3 = -8$ an.

**72.** Prüfen Sie, welche der Punkte A(2 | 3 | 1), B(1 | 1 | –1) und C(5 | –2 | –2) in der Ebene E: $2x_1 + 3x_2 - x_3 = 6$ liegen.

✱ **73.** Bestimmen Sie alle Punkte, die von den Punkten A(1 | 3 | 5) und B(3 | –5 | 3) dieselbe Entfernung besitzen. Auf welchem geometrischen Objekt liegen alle diese Punkte?

*Hinweis:* Verwenden Sie einen beliebigen Punkt $P(p_1 | p_2 | p_3)$ und bestimmen Sie die Entfernungen $|AP|$ und $|BP|$. Aus der Gleichheit dieser beiden Entfernungen erhalten Sie eine Gleichung mit $p_1$, $p_2$, $p_3$, die die Lage des Punktes P charakterisiert.

## 5.5 Spurpunkte und Spurgeraden

Alle Ebenen haben mit mindestens einer der Koordinatenachsen einen gemeinsamen Punkt. Diese Punkte sind hilfreich, wenn man Ebenen grafisch darstellen möchte; daher besitzen sie einen speziellen Namen.

Definition

> Die gemeinsamen Punkte einer Ebene mit den Koordinatenachsen heißen **Spurpunkte**. Geraden, die zwei Spurpunkte verbinden, werden **Spurgeraden** genannt.

Eine Spurgerade liegt jeweils in der entsprechenden Koordinatenebene, sie stellt den Schnitt der zugehörigen Ebene mit dieser Koordinatenebene dar.

Mithilfe der Spurpunkte lassen sich Ebenen bzw. Ebenenausschnitte in einfacher Weise zeichnerisch veranschaulichen: Man zeichnet auf jeder Achse die Spurpunkte ein und verbindet diese Punkte zu einem Dreieck.

Beispiel

Bestimmen Sie die Spurpunkte und Spurgeraden der Ebene
$E\colon\ 2x_1 + 10x_2 - 5x_3 = 20$
und stellen Sie diese Ebene ausschnittsweise in einem Koordinatensystem dar.

*Lösung:*

Wenn die Ebene einen Punkt auf der $x_1$-Achse enthält, dann sind die $x_2$- und $x_3$-Koordinaten dieses Punktes gleich 0. In der Ebenengleichung muss man daher $x_2 = 0$ und $x_3 = 0$ setzen. Hieraus lässt sich $x_1$ bestimmen:

$$2x_1 + 10 \cdot 0 - 5 \cdot 0 = 20 \quad \Leftrightarrow \quad 2x_1 = 20 \quad \Leftrightarrow \quad x_1 = 10$$

Die Ebene enthält also den Spurpunkt $S_1(10\,|\,0\,|\,0)$.

Entsprechend erhält man mit $x_1 = 0$ und $x_3 = 0$:

$$10x_2 = 20 \quad \Leftrightarrow \quad x_2 = 2 \quad \Leftrightarrow \quad S_2(0\,|\,2\,|\,0)$$

und mit $x_1 = 0$ und $x_2 = 0$:

$$-5x_3 = 20 \quad \Leftrightarrow \quad x_3 = -4 \quad \Leftrightarrow \quad S_3(0\,|\,0\,|\,-4)$$

Die Spurgeraden sind dann:

$$g_1\colon\ \vec{x} = \overrightarrow{OS_1} + t \cdot \overrightarrow{S_1S_2} = \begin{pmatrix} 10 \\ 0 \\ 0 \end{pmatrix} + t \cdot \begin{pmatrix} -10 \\ 2 \\ 0 \end{pmatrix} \quad \text{bzw.}$$

$$g_2\colon\ \vec{x} = \overrightarrow{OS_2} + t \cdot \overrightarrow{S_2S_3} = \begin{pmatrix} 0 \\ 2 \\ 0 \end{pmatrix} + t \cdot \begin{pmatrix} 0 \\ -2 \\ -4 \end{pmatrix} \quad \text{bzw.}$$

$$g_3\colon\ \vec{x} = \overrightarrow{OS_3} + t \cdot \overrightarrow{S_3S_1} = \begin{pmatrix} 0 \\ 0 \\ -4 \end{pmatrix} + t \cdot \begin{pmatrix} 10 \\ 0 \\ 4 \end{pmatrix}$$

$g_1$ liegt in der $x_1x_2$-Ebene, $g_2$ in der $x_2x_3$-Ebene und $g_3$ in der $x_1x_3$-Ebene.

Zeichnung:

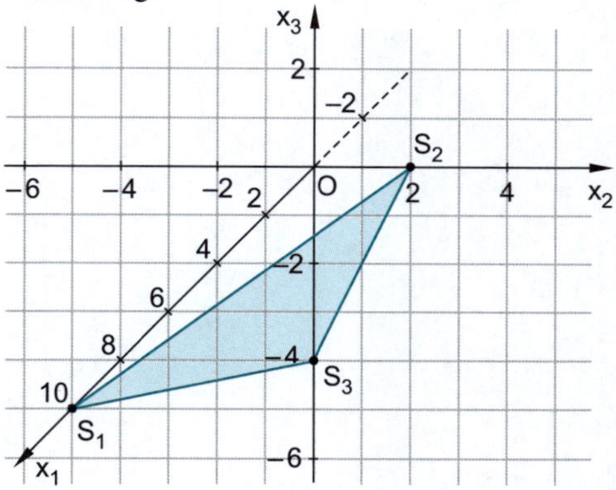


Aufgaben

**74.** Geben Sie die gemeinsamen Punkte der Ebene E: $2x_1 - 3x_2 + x_3 = 6$ mit den Koordinatenachsen an.

**75.** Bestimmen Sie die Spurpunkte und Spurgeraden der Ebene durch die Punkte A(3 | 3 | –1), B(5 | 3 | 1) und C(1 | 1 | 1).

# 6 Lagebeziehungen zwischen geometrischen Objekten

Das letzte Kapitel behandelte die verschiedenen Darstellungsformen von Geraden und Ebenen. In den Beispielen wurde dabei bereits gezeigt, wie man rechnerisch überprüfen kann, ob ein Punkt auf einer Geraden oder in einer Ebene liegt. Nun sollen vor allem die möglichen Lagebeziehungen zwischen Geraden und Ebenen anschaulich und rechnerisch betrachtet werden.

## 6.1 Punktprobe

Bei der Punktprobe werden die Koordinaten eines gegebenen Punktes P jeweils für den Vektor $\vec{x}$ der Geraden- bzw. Ebenengleichung eingesetzt. Man überprüft dadurch, ob es einen Ortsvektor der Geraden bzw. Ebene gibt, der mit dem Ortsvektor, der zum Punkt P zeigt, identisch ist. Hat die entstehende Gleichung eine Lösung, so liegt der Punkt auf der Geraden bzw. in der Ebene. Gibt es keine Lösung, so liegt der Punkt nicht auf dem geometrischen Objekt.

Regel

**Punktprobe**

Die Punktprobe ist ein Verfahren, um zu überprüfen, ob ein Punkt ein Element einer Geraden oder einer Ebene ist. Dabei wird der Ortsvektor zum gegebenen Punkt für den variablen Ortsvektor der Geraden oder Ebene eingesetzt und die entstehende Gleichung auf Lösbarkeit überprüft.

Beispiele

1. Gegeben ist die Ebene E durch die Gleichung

$$E:\ \vec{x} = \begin{pmatrix} 1 \\ -1 \\ 2 \end{pmatrix} + k_1 \cdot \begin{pmatrix} 2 \\ 0 \\ 3 \end{pmatrix} + k_2 \cdot \begin{pmatrix} 3 \\ 1 \\ -2 \end{pmatrix}.$$

Überprüfen Sie, ob der Punkt P(1 | 3 | 1) ein Punkt der Ebene ist.

*Lösung:*

Die Punktprobe führt auf die Vektorgleichung

$$\begin{pmatrix} 1 \\ 3 \\ 1 \end{pmatrix} = \begin{pmatrix} 1 \\ -1 \\ 2 \end{pmatrix} + k_1 \cdot \begin{pmatrix} 2 \\ 0 \\ 3 \end{pmatrix} + k_2 \cdot \begin{pmatrix} 3 \\ 1 \\ -2 \end{pmatrix} \quad \text{bzw.} \quad \vec{o} = \begin{pmatrix} 0 \\ -4 \\ 1 \end{pmatrix} + k_1 \cdot \begin{pmatrix} 2 \\ 0 \\ 3 \end{pmatrix} + k_2 \cdot \begin{pmatrix} 3 \\ 1 \\ -2 \end{pmatrix}.$$

Daraus ergibt sich das folgende lineare Gleichungssystem:

$$\begin{aligned} 0 &= \phantom{-4+{}} 2k_1 + 3k_2 \\ 0 &= -4 \phantom{{}+2k_1} + k_2 \\ 0 &= 1 + 3k_1 - 2k_2 \end{aligned}$$

Aus der zweiten Gleichung erhält man direkt $k_2 = 4$ und damit aus der ersten Gleichung $k_1 = -6$. Diese Werte ergeben allerdings in der dritten Gleichung einen Widerspruch. Der Punkt P liegt also nicht in der Ebene E.

CAS

*Hinweise für den CAS-Einsatz:*

Mithilfe des CAS-Rechners lässt sich auf direktem Weg feststellen, dass der Punkt P kein Element der Ebene E ist, weil die Vektorgleichung keine Lösung besitzt.

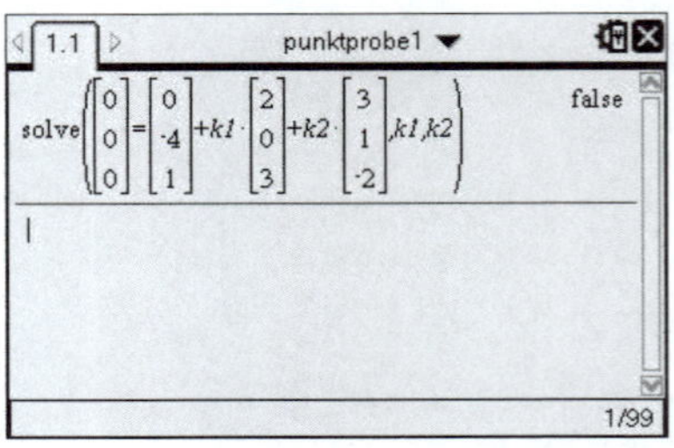

2. Gegeben ist die Ebene E durch
   E: $2x_1 - 3x_2 - 4x_3 = 5$
   Führen Sie mit dem Punkt P(6 | 1 | 1) eine Punktprobe durch.
   *Lösung:*
   Es zeigt sich schnell, dass das Einsetzen der Punktkoordinaten in die Koordinatenform der Ebene E eine wahre Aussage ergibt:
   $2 \cdot 6 - 3 \cdot 1 - 4 \cdot 1 = 5$
   Also liegt der Punkt P in der Ebene E.

Aufgaben

**76.** Überprüfen Sie, ob der Punkt A(1 | 2 | –1) ein Element der Geraden
g: $\vec{x} = \begin{pmatrix} 3 \\ 1 \\ 0 \end{pmatrix} + k \cdot \begin{pmatrix} 4 \\ 0 \\ 1 \end{pmatrix}$ ist.

**77.** Gegeben ist die Ebene E durch
E: $\frac{3}{2}x_1 + \frac{1}{4}x_2 - \frac{3}{8}x_3 = \frac{1}{2}$
Bestätigen Sie durch eine Punktprobe, dass der Punkt $A\left(\frac{2}{3} \,\middle|\, 6 \,\middle|\, \frac{16}{3}\right)$ in der Ebene E liegt.

**78.** Gegeben ist die Ebene E durch
E: $\left(\vec{x} - \begin{pmatrix} 3 \\ 1 \\ -3 \end{pmatrix}\right) \cdot \begin{pmatrix} 4 \\ -5 \\ -1 \end{pmatrix} = 0$

a) Überprüfen Sie, ob der Punkt A(–1 | 2 | –2) in der Ebene liegt.

CAS b) Geben Sie die Koordinaten eines Punktes B an, der in der Ebene liegt und von (3 | 1 | –3) verschieden ist. Bestätigen Sie mithilfe einer Punktprobe, dass B tatsächlich ein Element von E ist.

## 6.2 Lagebeziehungen Gerade – Gerade

Wenn zwei Geraden g: $\vec{x} = \vec{a}_1 + k_1 \cdot \vec{r}_1$ mit $k_1 \in \mathbb{R}$ und h: $\vec{x} = \vec{a}_2 + k_2 \cdot \vec{r}_2$ mit $k_2 \in \mathbb{R}$ einen gemeinsamen Punkt S besitzen, dann muss der Ortsvektor zum Punkt S die Punktprobe mit beiden Geraden erfüllen:
$\vec{s} = \vec{a}_1 + k_1 \cdot \vec{r}_1$ und $\vec{s} = \vec{a}_2 + k_2 \cdot \vec{r}_2$
Mit anderen Worten: Man muss vom Ursprung sowohl auf dem Weg über $\vec{a}_1$ und ein Vielfaches von $\vec{r}_1$ (entlang der Geraden g) als auch auf dem Weg über $\vec{a}_2$ und ein Vielfaches von $\vec{r}_2$ (entlang der Geraden h) zu dem gemeinsamen Punkt S kommen.

Man setzt also die Gleichungen zweier Geraden gleich, um zu überprüfen, ob die Geraden wenigstens einen Punkt gemeinsam haben. Betrachtet wird die Lösungsmenge der Vektorgleichung $\vec{a}_1 + k_1 \cdot \vec{r}_1 = \vec{a}_2 + k_2 \cdot \vec{r}_2$ bzw. des entsprechenden Gleichungssystems hinsichtlich der Variablen $k_1$ und $k_2$. Dabei können drei verschiedene Fälle auftreten:

*1. Fall:*
Das Gleichungssystem besitzt **genau eine Lösung**:
Die Geraden **schneiden sich** in einem Punkt S.

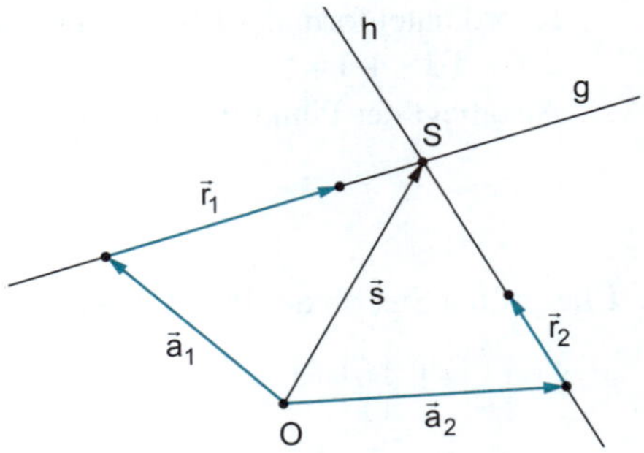


*2. Fall:*
Das Gleichungssystem hat **unendlich viele Lösungen**:
Die Geraden sind **identisch**.
(Von den unendlich vielen Schnittpunkten sind im Bild rechts nur drei dargestellt.)

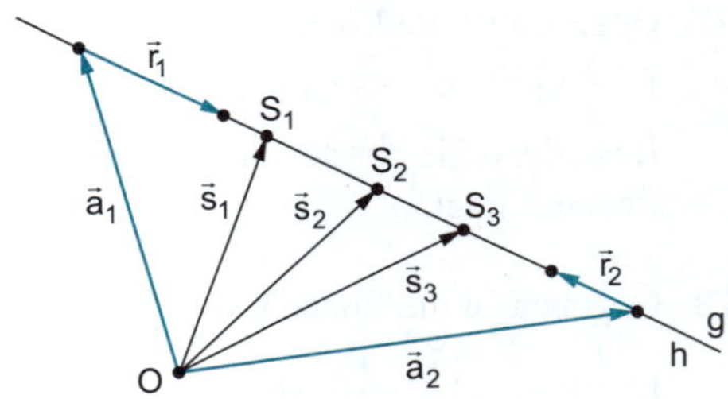


*3. Fall:*
Das Gleichungssystem hat **keine Lösung** und die **Richtungsvektoren** $\vec{r}_1$ und $\vec{r}_2$ sind …

a) … **linear abhängig**:
Die Geraden sind (echt) **parallel** zueinander.

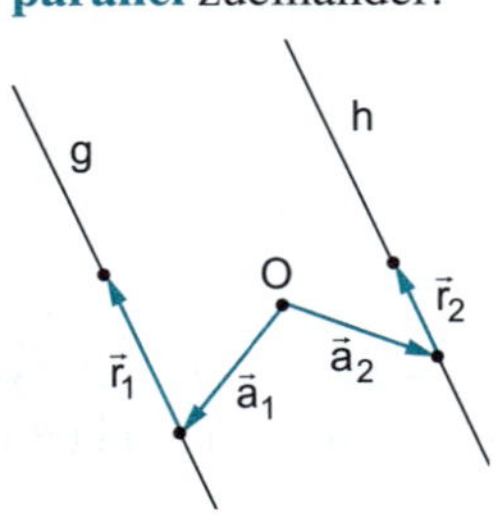


b) … **linear unabhängig**:
Die Geraden gehen „aneinander vorbei". Die Geraden sind **windschief**.

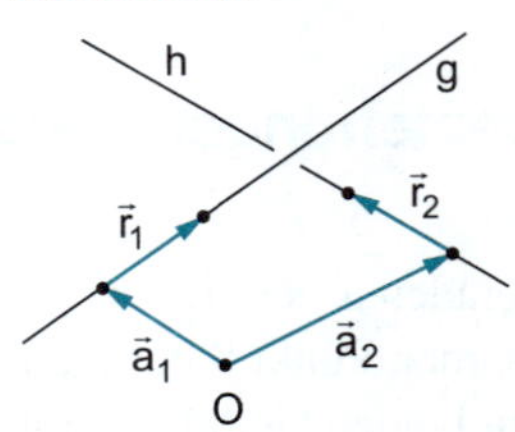


*Anmerkung:* Sind zwei Geraden identisch, kann man sie auch als „parallel" charakterisieren. Um bei parallelen Geraden diesen Sonderfall auszuschließen, kann man den Zusatz „echt" verwenden.

Beispiele

1. Gegeben sind die Punkte A(−4 | 1 | 4), B(−1 | 4 | −2), C(−1 | 2 | 1), D(−3 | 0 | 5) und F(−2 | 4 | 0).
   a) Untersuchen Sie, ob die Gerade $g_{AB}$, die durch die Punkte A und B geht, die Gerade $g_{CD}$ durch die Punkte C und D schneidet. Überprüfen Sie andernfalls die Lagebeziehung der beiden Geraden.
   b) Beweisen Sie, dass die Gerade $g_{AB}$ zur Geraden $g_{CF}$ durch die Punkte C und F windschief verläuft.

   *Lösung:*

   Die drei Geraden werden durch die folgenden Gleichungen beschrieben:

$$g_{AB}\colon \vec{x} = \begin{pmatrix} -4 \\ 1 \\ 4 \end{pmatrix} + r \cdot \begin{pmatrix} 3 \\ 3 \\ -6 \end{pmatrix}$$

$$g_{CD}\colon \vec{x} = \begin{pmatrix} -1 \\ 2 \\ 1 \end{pmatrix} + s \cdot \begin{pmatrix} -2 \\ -2 \\ 4 \end{pmatrix}$$

$$g_{CF}\colon \vec{x} = \begin{pmatrix} -1 \\ 2 \\ 1 \end{pmatrix} + t \cdot \begin{pmatrix} -1 \\ 2 \\ -1 \end{pmatrix}$$

   a) Die Geradengleichungen von $g_{AB}$ und $g_{CD}$ werden gleichgesetzt:

$$\begin{pmatrix} -4 \\ 1 \\ 4 \end{pmatrix} + r \cdot \begin{pmatrix} 3 \\ 3 \\ -6 \end{pmatrix} = \begin{pmatrix} -1 \\ 2 \\ 1 \end{pmatrix} + s \cdot \begin{pmatrix} -2 \\ -2 \\ 4 \end{pmatrix}$$

   Durch Umformung erhält man:

$$\begin{pmatrix} -3 \\ -1 \\ 3 \end{pmatrix} = s \cdot \begin{pmatrix} -2 \\ -2 \\ 4 \end{pmatrix} - r \cdot \begin{pmatrix} 3 \\ 3 \\ -6 \end{pmatrix}$$

   Daraus folgt das Gleichungssystem:

$$\begin{array}{ll} \text{I} & -3 = -2s - 3r \\ \text{II} & -1 = -2s - 3r \\ \text{III} & \phantom{-}3 = \phantom{-}4s + 6r \end{array}$$

   Dass dieses Gleichungssystem keine Lösung hat, sieht man schnell ein, wenn man I – II rechnet, dies führt zu $-2 = 0$. Da dies eine falsche Aussage ist, bleibt die Lösungsmenge des Gleichungssystems leer, die beiden Geraden schneiden sich also nicht.

   Es bleibt folglich zu untersuchen, ob die beiden Geraden parallel oder windschief zueinander verlaufen. Dazu ist die lineare Abhängigkeit der Richtungsvektoren zu überprüfen:

$$\begin{pmatrix} -2 \\ -2 \\ 4 \end{pmatrix} = k \cdot \begin{pmatrix} 3 \\ 3 \\ -6 \end{pmatrix}$$

   Diese Gleichung wird für $k = -\frac{2}{3}$ gelöst, d. h., die Richtungsvektoren sind linear abhängig.

   Somit sind die Geraden $g_{AB}$ und $g_{CD}$ (echt) parallel zueinander.

CAS

*Hinweise für den CAS-Einsatz:*

Im Bild rechts wird gezeigt, wie beim CAS-Rechner zunächst die Geradengleichungen definiert werden (hier mit Zeilenvektoren). Das Gleichsetzen der beiden Geradengleichungen bringt keine Lösung, sodass sich die Geraden also nicht schneiden.

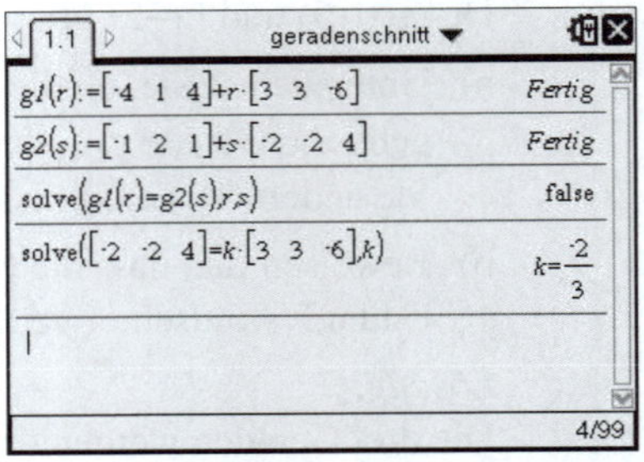


Da $g_{AB}$ und $g_{CD}$ dann immer noch parallel sein können, muss die lineare Abhängigkeit der Richtungsvektoren überprüft werden. Aus der linearen Abhängigkeit der Richtungsvektoren folgt auch hier, dass die Geraden echt parallel sind.

b) Gleichsetzen der Gleichungen von $g_{AB}$ und $g_{CF}$:

$$\begin{pmatrix}-4\\1\\4\end{pmatrix}+r\cdot\begin{pmatrix}3\\3\\-6\end{pmatrix}=\begin{pmatrix}-1\\2\\1\end{pmatrix}+t\cdot\begin{pmatrix}-1\\2\\-1\end{pmatrix}$$

Nach einer Umformung erhält man das Gleichungssystem:

$$\begin{array}{ll} \text{I} & -3=-t-3r \\ \text{II} & -1=2t-3r \\ \text{III} & 3=-t+6r \end{array}$$

Mithilfe des Gauß-Verfahrens erhält man daraus:

$$\begin{array}{lrl} \text{I} & -3= & -t-3r \\ \text{IV}=2\cdot\text{I}+\text{II} & -7= & -9r \\ \text{V}=\text{I}-\text{III} & -6= & -9r \end{array} \Leftrightarrow \begin{array}{lrl} \text{I} & -3= & -t-3r \\ \text{IV} & -7= & -9r \\ \text{V}=\text{IV}-\text{V} & -1= & 0 \end{array}$$

Die dritte Zeile stellt einen Widerspruch dar; das Gleichungssystem besitzt also keine Lösung. Daher haben die beiden Geraden $g_{AB}$ und $g_{CF}$ keinen gemeinsamen Punkt.

Da zudem die Gleichung

$$\begin{pmatrix}-1\\2\\-1\end{pmatrix}=k\cdot\begin{pmatrix}3\\3\\-6\end{pmatrix}$$

keine Lösung hat, sind die Richtungsvektoren der beiden Geraden linear unabhängig und die Geraden $g_{AB}$ und $g_{CF}$ damit windschief.

CAS *Hinweise für den CAS-Einsatz:*

Hier werden die Geradengleichungen im CAS-Rechner mit Spaltenvektoren definiert. Der Rechner bestätigt, dass die beiden Geraden sich nicht schneiden.
Außerdem bestätigt er auch die lineare Unabhängigkeit der Richtungsvektoren, sodass die beiden Geraden als windschief nachgewiesen sind.

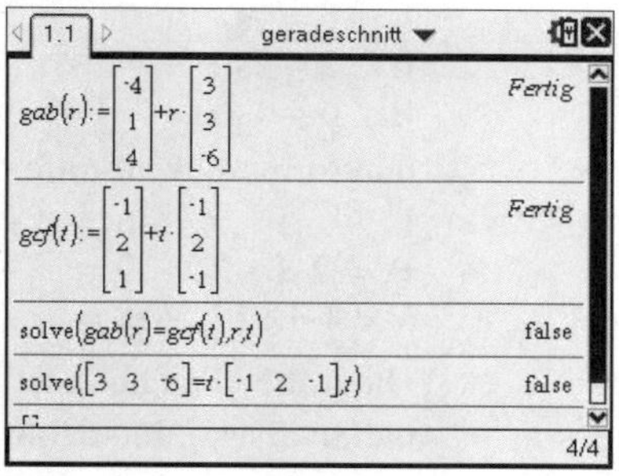


2. Gegeben sind die Punkte A(−4 | 1 | 4), B(−1 | −2 | −2), C(2 | −2 | −2), D(1 | 0 | 2), F(−5 | 2 | 6) und G(−3 | 0 | 2).
   a) Bestimmen Sie die Koordinaten des Schnittpunktes der Geraden $g_{AB}$ und $g_{CD}$.
   b) Untersuchen Sie die Lagebeziehung der Geraden $g_{AB}$ und $g_{FG}$.

*Lösung:*
Die drei Geradengleichungen lauten:

$$g_{AB}\colon\ \vec{x} = \begin{pmatrix} -4 \\ 1 \\ 4 \end{pmatrix} + r \cdot \begin{pmatrix} 3 \\ -3 \\ -6 \end{pmatrix}$$

$$g_{CD}\colon\ \vec{x} = \begin{pmatrix} 2 \\ -2 \\ -2 \end{pmatrix} + s \cdot \begin{pmatrix} -1 \\ 2 \\ 4 \end{pmatrix}$$

$$g_{FG}\colon\ \vec{x} = \begin{pmatrix} -5 \\ 2 \\ 6 \end{pmatrix} + t \cdot \begin{pmatrix} 2 \\ -2 \\ -4 \end{pmatrix}$$

CAS *Hinweise für den CAS-Einsatz:*

Bei der Definition der Geradengleichungen im CAS-Rechner konnte hier die Bezeichnung **gcd** nicht verwendet werden (belegt für die Funktion **gcd()**, die den größten gemeinsamen Teiler ermittelt), deshalb wurde eine **1** angehängt.

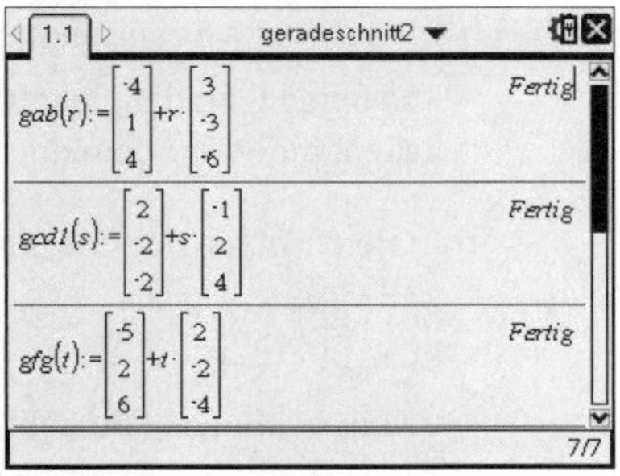


a) Gleichsetzen der Gleichungen von $g_{AB}$ und $g_{CD}$:

$$\begin{pmatrix} -4 \\ 1 \\ 4 \end{pmatrix} + r \cdot \begin{pmatrix} 3 \\ -3 \\ -6 \end{pmatrix} = \begin{pmatrix} 2 \\ -2 \\ -2 \end{pmatrix} + s \cdot \begin{pmatrix} -1 \\ 2 \\ 4 \end{pmatrix}$$

Man erhält das Gleichungssystem

$$\begin{array}{ll} \text{I} & -6 = -s - 3r \\ \text{II} & 3 = 2s + 3r \\ \text{III} & 6 = 4s + 6r \end{array}$$

und formt dies mithilfe des Gauß-Verfahrens um; es ergibt sich:

$$\begin{array}{lrr} \text{I} & -6 = & -s - 3r \\ \text{IV} = 2 \cdot \text{I} + \text{II} & -9 = & -3r \\ \text{V} = 4 \cdot \text{I} + \text{III} & -18 = & -6r \end{array} \Leftrightarrow \begin{array}{lrr} \text{I} & -6 = & -s - 3r \\ \text{IV} & -9 = & -3r \\ \text{V} = 2 \cdot \text{IV} - \text{V} & 0 = & 0 \end{array}$$

Die dritte Gleichung ist immer erfüllt, aus der zweiten Gleichung erhält man $r = 3$ und damit aus der ersten Gleichung $s = -3$.

Einer dieser beiden Werte wird in die entsprechende Geradengleichung eingesetzt, z. B. $r = 3$ in die Gleichung von $g_{AB}$. Das Ergebnis ist der Ortsvektor zum Schnittpunkt S:

$$\vec{s} = \begin{pmatrix} -4 \\ 1 \\ 4 \end{pmatrix} + 3 \cdot \begin{pmatrix} 3 \\ -3 \\ -6 \end{pmatrix} = \begin{pmatrix} 5 \\ -8 \\ -14 \end{pmatrix}$$

Zur Probe kann man $s = -3$ in die Gleichung von $g_{CD}$ einsetzen:

$$\vec{s} = \begin{pmatrix} 2 \\ -2 \\ -2 \end{pmatrix} - 3 \cdot \begin{pmatrix} -1 \\ 2 \\ 4 \end{pmatrix} = \begin{pmatrix} 5 \\ -8 \\ -14 \end{pmatrix}$$

Der Schnittpunkt der Geraden $g_{AB}$ und $g_{CD}$ ist $S(5\,|\,-8\,|\,-14)$.

CAS *Hinweise für den CAS-Einsatz:*

Das Gleichsetzen der beiden Geradengleichungen ergibt mithilfe des **solve**-Befehls die Lösung $r = 3$ und $s = -3$. Diese beiden Werte werden in die entsprechenden Geradengleichungen eingesetzt. Das Ergebnis ist der Ortsvektor zum Schnittpunkt S.

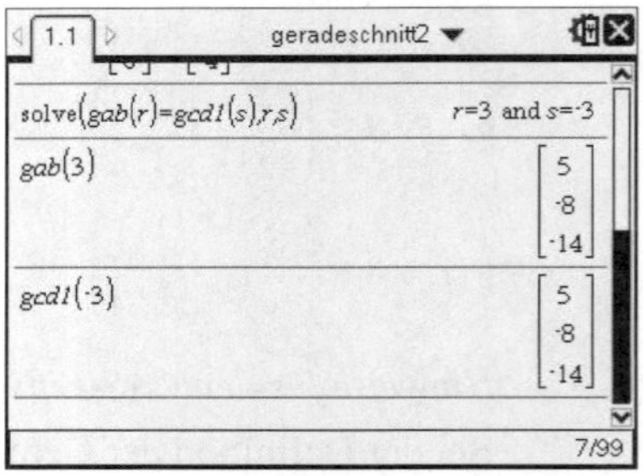


In beide Geradengleichungen den entsprechenden Wert einzusetzen dient hier vor allem der Probe und Kontrolle.

b) Gleichsetzen der Gleichungen von $g_{AB}$ und $g_{FG}$:

$$\begin{pmatrix} -4 \\ 1 \\ 4 \end{pmatrix} + r \cdot \begin{pmatrix} 3 \\ -3 \\ -6 \end{pmatrix} = \begin{pmatrix} -5 \\ 2 \\ 6 \end{pmatrix} + t \cdot \begin{pmatrix} 2 \\ -2 \\ -4 \end{pmatrix}$$

Man erhält das Gleichungssystem

$$\begin{array}{ll} \text{I} & 1 = 2t - 3r \\ \text{II} & -1 = -2t + 3r \\ \text{III} & -2 = -4t + 6r \end{array}$$

und formt dies mithilfe des Gauß-Verfahrens um; es ergibt sich:

| | |
|---|---|
| I | $1 = 2t - 3r$ |
| $IV = I + II$ | $0 = \quad 0$ |
| $V = 2 \cdot I + III$ | $0 = \quad 0$ |

Das Gleichungssystem besitzt unendlich viele Lösungen, daher haben die beiden Geraden $g_{AB}$ und $g_{FG}$ auch unendlich viele Schnittpunkte und sind damit identisch.

CAS

*Hinweise für den CAS-Einsatz:*

Werden die Gleichungen der Geraden $g_{AB}$ und $g_{FG}$ gleichgesetzt, so erhält man mithilfe des **solve**-Befehls unendlich viele Lösungen. Im Bild rechts (letzte Zeile) wird dies dadurch deutlich, dass der CAS-Rechner die Variable t mit einer beliebigen reellen Zahl **c2** belegt. Die Variable r ist dann abhängig von **c2**.

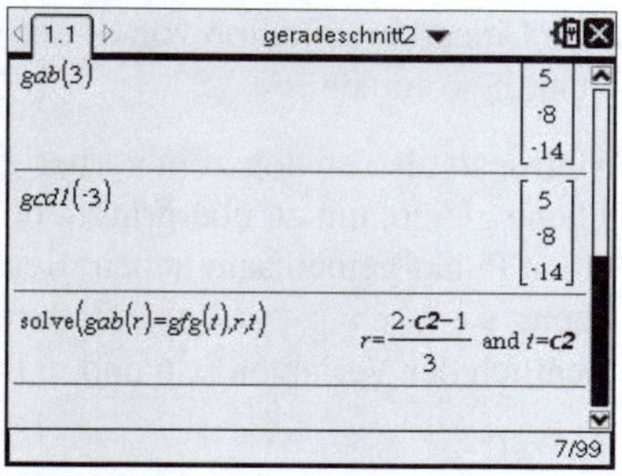


Es gibt also unendlich viele Schnittpunkte und die beiden Geraden sind damit identisch.

**Aufgabe 79.** Gegeben sind die Geraden

$$g\colon \vec{x} = \begin{pmatrix} 3 \\ -2 \\ 1 \end{pmatrix} + r \cdot \begin{pmatrix} 1 \\ -1 \\ 2 \end{pmatrix}, \quad h\colon \vec{x} = \begin{pmatrix} 4 \\ -2 \\ -2 \end{pmatrix} + s \cdot \begin{pmatrix} 3 \\ -2 \\ 1 \end{pmatrix}, \quad k\colon \vec{x} = \begin{pmatrix} -1 \\ 2 \\ -7 \end{pmatrix} + t \cdot \begin{pmatrix} -2 \\ 2 \\ -4 \end{pmatrix}$$

und $\ell\colon \vec{x} = \begin{pmatrix} 2 \\ 3 \\ 5 \end{pmatrix} + u \cdot \begin{pmatrix} -3 \\ 3 \\ -6 \end{pmatrix}$.

Untersuchen Sie jeweils die Lagebeziehung der Geraden

a) g und h

b) g und k

c) g und $\ell$

d) h und $\ell$

## 6.3 Lagebeziehungen Gerade – Ebene

Wenn eine Gerade g: $\vec{x} = \vec{a} + k \cdot \vec{r}$ mit $k \in \mathbb{R}$ und eine Ebene E: $\vec{x} = \vec{p} + u \cdot \vec{s}_1 + v \cdot \vec{s}_2$ mit $u, v \in \mathbb{R}$ einen gemeinsamen Punkt S besitzen, dann muss der Ortsvektor zum Punkt S die Punktprobe sowohl mit der Geraden als auch mit der Ebene erfüllen: $\vec{s} = \vec{a} + k \cdot \vec{r}$ und $\vec{s} = \vec{p} + u \cdot \vec{s}_1 + v \cdot \vec{s}_2$

Mit anderen Worten: Man muss vom Ursprung sowohl auf dem Weg über $\vec{a}$ und ein Vielfaches von $\vec{r}$ (entlang der Geraden g) als auch auf dem Weg über $\vec{p}$ und eine Linearkombination von $\vec{s}_1$ und $\vec{s}_2$ (über die Ebene E) zu dem gemeinsamen Punkt S kommen.

Man setzt also analog zum vorherigen Abschnitt die Gleichungen für Gerade und Ebene gleich, um zu überprüfen, ob die beiden geometrischen Objekte wenigstens einen Punkt gemeinsam haben. Betrachtet wird die Lösungsmenge der Vektorgleichung $\vec{a} + k \cdot \vec{r} = \vec{p} + u \cdot \vec{s}_1 + v \cdot \vec{s}_2$ bzw. des entsprechenden Gleichungssystems hinsichtlich der Variablen k, u und v. Dabei können drei verschiedene Fälle auftreten:

*1. Fall:*
Das Gleichungssystem besitzt **genau eine Lösung**:
Die Gerade und die Ebene **schneiden sich** in einem Punkt.

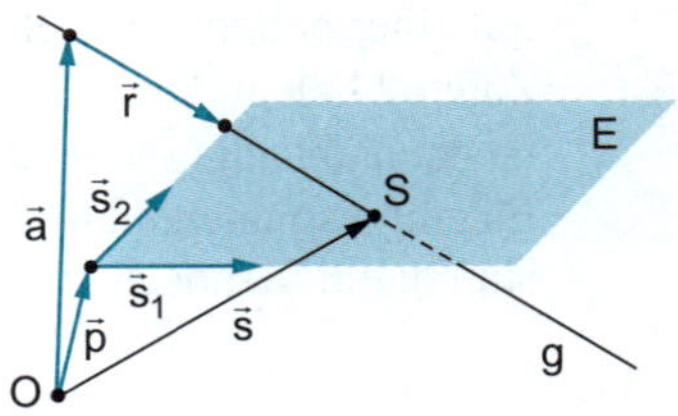


*2. Fall:*
Das Gleichungssystem hat **unendlich viele Lösungen**:
Die **Gerade liegt in der Ebene**.

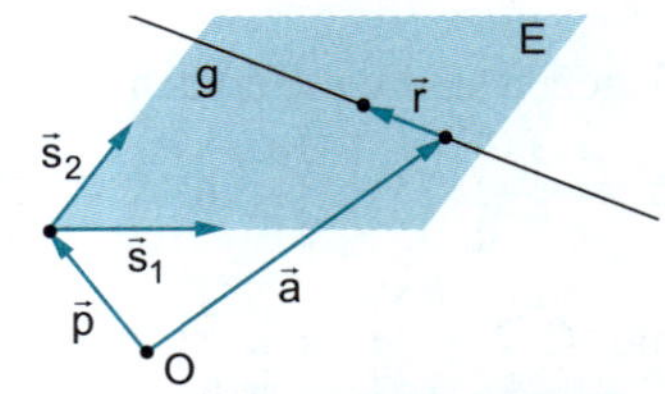


*3. Fall:*
Das Gleichungssystem hat **keine Lösung**:
Die Gerade ist **parallel** zur Ebene.

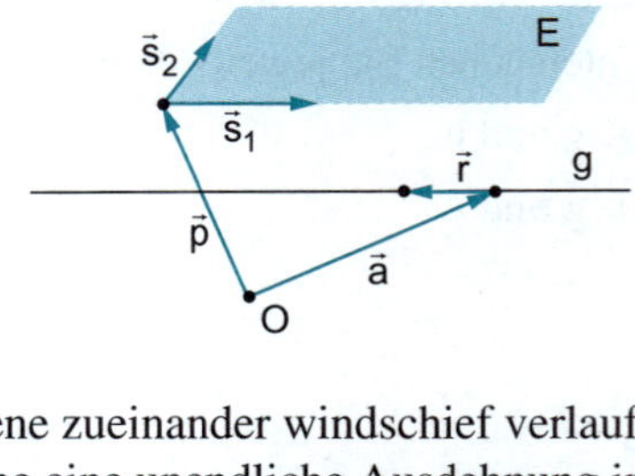


*Anmerkung:* Den Fall, dass Gerade und Ebene zueinander windschief verlaufen, kann es natürlich nicht geben, weil die Ebene eine unendliche Ausdehnung in zwei Dimensionen hat. Eine Gerade, die nicht parallel zur Ebene verläuft, muss also zwangsläufig irgendwo die Ebene schneiden.

Beispiel

Gegeben sind die Punkte A(3 | 1 | −2), B(4 | 3 | 6), C(4 | 2 | −2) und D(−5 | −2 | 2) sowie die Ebene

E: $\vec{x} = \begin{pmatrix} -1 \\ 1 \\ 3 \end{pmatrix} + r \cdot \begin{pmatrix} -1 \\ 0 \\ -1 \end{pmatrix} + s \cdot \begin{pmatrix} 2 \\ 1 \\ 1 \end{pmatrix}$.

a) Untersuchen Sie die Lagebeziehung der Geraden $g_{AB}$, die durch die Punkte A und B führt, in Bezug auf die Ebene E. Berechnen Sie gegebenenfalls die Schnittpunktkoordinaten.

b) Überprüfen Sie, ob die Gerade $g_{AC}$, die durch die Punkte A und C geht, die Ebene E schneidet.

c) Bestätigen Sie mithilfe einer Rechnung, dass die Gerade $g_{BD}$ durch die Punkte B und D in der Ebene E liegt.

*Lösung:*

Die Gleichungen der benötigten Geraden lauten:

$g_{AB}$: $\vec{x} = \begin{pmatrix} 3 \\ 1 \\ -2 \end{pmatrix} + t \cdot \begin{pmatrix} 1 \\ 2 \\ 8 \end{pmatrix}$

$g_{AC}$: $\vec{x} = \begin{pmatrix} 3 \\ 1 \\ -2 \end{pmatrix} + t \cdot \begin{pmatrix} 1 \\ 1 \\ 0 \end{pmatrix}$

$g_{BD}$: $\vec{x} = \begin{pmatrix} 4 \\ 3 \\ 6 \end{pmatrix} + t \cdot \begin{pmatrix} -9 \\ -5 \\ -4 \end{pmatrix}$

a) Die Gleichungen der Ebene E und der Geraden $g_{AB}$ werden gleichgesetzt:

$$\begin{pmatrix} 3 \\ 1 \\ -2 \end{pmatrix} + t \cdot \begin{pmatrix} 1 \\ 2 \\ 8 \end{pmatrix} = \begin{pmatrix} -1 \\ 1 \\ 3 \end{pmatrix} + r \cdot \begin{pmatrix} -1 \\ 0 \\ -1 \end{pmatrix} + s \cdot \begin{pmatrix} 2 \\ 1 \\ 1 \end{pmatrix}$$

Nach Umformung erhält man daraus folgendes Gleichungssystem:

$$\begin{aligned} 4 &= -r + 2s - t \\ 0 &= s - 2t \\ -5 &= -r + s - 8t \end{aligned}$$

Mithilfe des Gauß-Verfahrens ergibt sich:

$$\begin{aligned} 4 &= -r + 2s - t \\ 0 &= s - 2t \\ -9 &= -9t \end{aligned}$$

Aus der letzten Gleichung folgt $t = 1$ und damit erhält man aus der zweiten bzw. ersten Gleichung: $s = 2$ und $r = -1$

Das Gleichungssystem hat also eine eindeutige Lösung und die Gerade $g_{AB}$ schneidet die Ebene E in einem Punkt S.

Den Ortsvektor zum Schnittpunkt S erhält man durch Einsetzen des Wertes $t = 1$ in die Gleichung der Geraden $g_{AB}$:

$$\vec{s} = \begin{pmatrix} 3 \\ 1 \\ -2 \end{pmatrix} + 1 \cdot \begin{pmatrix} 1 \\ 2 \\ 8 \end{pmatrix} = \begin{pmatrix} 4 \\ 3 \\ 6 \end{pmatrix}$$

Zur Probe kann man $r=-1$ und $s=2$ in die Gleichung von E einsetzen:

$$\vec{s}=\begin{pmatrix}-1\\1\\3\end{pmatrix}-1\cdot\begin{pmatrix}-1\\0\\-1\end{pmatrix}+2\cdot\begin{pmatrix}2\\1\\1\end{pmatrix}=\begin{pmatrix}4\\3\\6\end{pmatrix}$$

Die Ebene E und die Gerade $g_{AB}$ schneiden sich im Punkt $S(4\,|\,3\,|\,6)=B$.

CAS *Hinweise für den CAS-Einsatz:*

Zunächst werden im CAS-Rechner die Geraden- und die Ebenengleichung definiert.

Als Lösung der Vektorgleichung erhält man wie in der Rechnung oben:

$t=1,\ r=-1$ und $s=2$

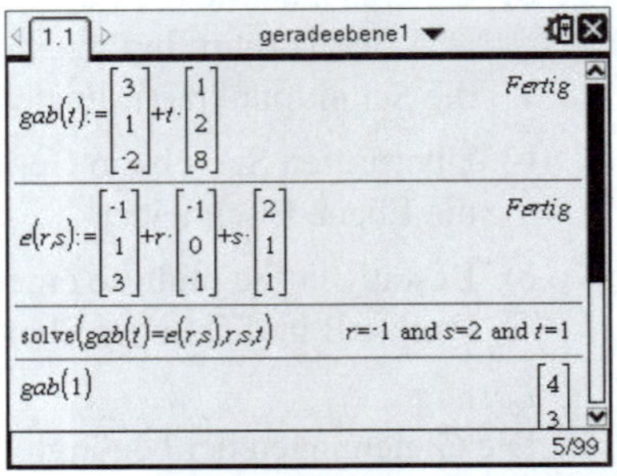


Setzt man in die Geradengleichung den Wert für t und zur Probe in die Ebenengleichung die Werte für r und s ein, so erhält man den Ortsvektor $\vec{s}=\begin{pmatrix}4\\3\\6\end{pmatrix}$, der zum Schnittpunkt S der Geraden $g_{AB}$ mit der Ebene E zeigt.

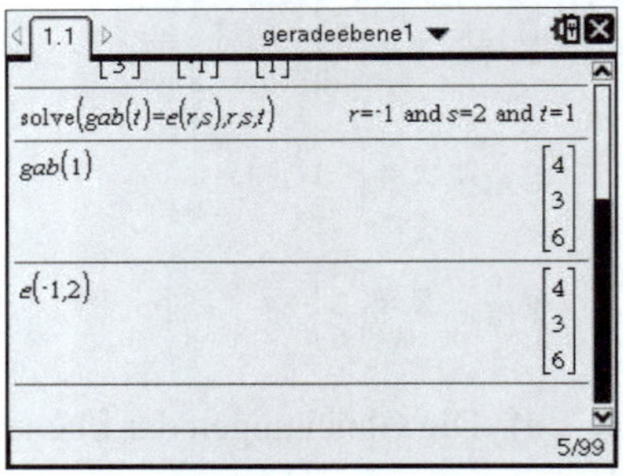


b) Gleichsetzen der Geradengleichung von $g_{AC}$ mit der Gleichung von E:

$$\begin{pmatrix}3\\1\\-2\end{pmatrix}+t\cdot\begin{pmatrix}1\\1\\0\end{pmatrix}=\begin{pmatrix}-1\\1\\3\end{pmatrix}+r\cdot\begin{pmatrix}-1\\0\\-1\end{pmatrix}+s\cdot\begin{pmatrix}2\\1\\1\end{pmatrix}$$

Dies führt auf das Gleichungssystem

$$\begin{aligned}4&=-r+2s-t\\0&=\phantom{-r+2}s-t\\-5&=-r+\phantom{2}s\end{aligned}$$

und mithilfe des Gauß-Verfahrens erhält man daraus:

$$\begin{aligned}4&=-r+2s-t\\0&=\phantom{-r+2}s-t\\-9&=\phantom{-r+2s-}0\end{aligned}$$

Die letzte Zeile stellt einen Widerspruch dar; das Gleichungssystem besitzt also keine Lösung und die Gerade $g_{AC}$ hat mit der Ebene E keinen Punkt gemeinsam.

Also verlaufen die Gerade $g_{AC}$ und die Ebene E echt parallel zueinander.

CAS *Hinweise für den CAS-Einsatz:*

Mithilfe des CAS-Rechners sieht man schnell, dass die Gerade $g_{AC}$ und die Ebene E keinen Punkt gemeinsam haben, denn für die entsprechende Vektorgleichung gibt es keine Lösung.

Also verlaufen Gerade und Ebene echt parallel zueinander.

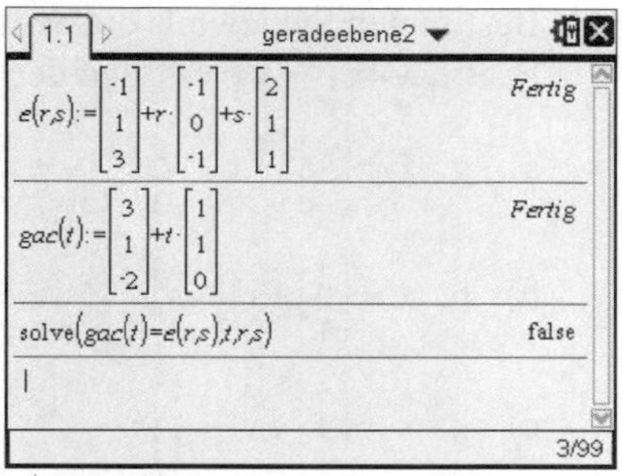


c) Gleichsetzen der Geradengleichung von $g_{BD}$ mit der Gleichung von E:

$$\begin{pmatrix}4\\3\\6\end{pmatrix}+t\cdot\begin{pmatrix}-9\\-5\\-4\end{pmatrix}=\begin{pmatrix}-1\\1\\3\end{pmatrix}+r\cdot\begin{pmatrix}-1\\0\\-1\end{pmatrix}+s\cdot\begin{pmatrix}2\\1\\1\end{pmatrix}$$

Dies führt auf das Gleichungssystem

$$\begin{aligned}5 &= -r+2s+9t\\ 2 &= \phantom{-r+{}}s+5t\\ 3 &= -r+\phantom{2}s+4t\end{aligned}$$

und mithilfe des Gauß-Verfahrens erhält man:

$$\begin{aligned}5 &= -r+2s+9t\\ 2 &= \phantom{-r+{}}s+5t\\ 0 &= \phantom{-r+s+{}}0\end{aligned}$$

Die letzte Gleichung ist immer erfüllt, das Gleichungssystem hat also unendlich viele Lösungen und Gerade und Ebene haben damit unendlich viele gemeinsame Punkte.

Das bedeutet, dass die Gerade $g_{BD}$ in der Ebene E liegt.

CAS *Hinweise für den CAS-Einsatz:*

Wie auch die Lösung mithilfe des CAS-Rechners zeigt, besitzt die Vektorgleichung unendlich viele Lösungen, denn der Variablen s wird die beliebige reelle Zahl **c1** zugeordnet. Die Variablen t und r sind dann abhängig von **c1**. Das bedeutet, dass die Gerade $g_{BD}$ in der Ebene E liegt.

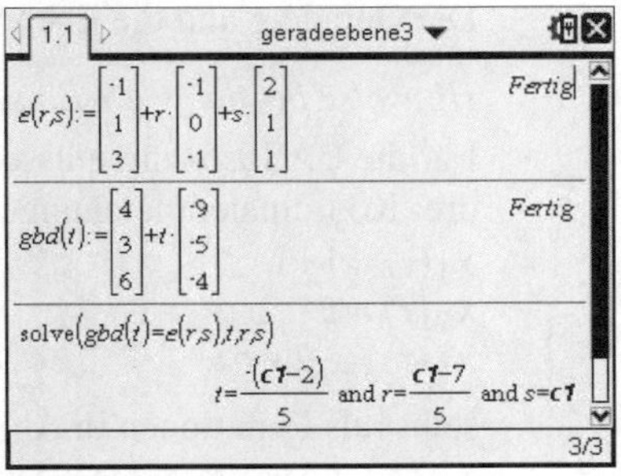


Ist die Ebenengleichung in Koordinatenform gegeben, so fällt der schriftliche Rechenaufwand meist geringer aus im Vergleich zur Rechnung mit der Parameterform. Die CAS-Lösung hingegen gestaltet sich etwas komplizierter.

Beispiel

Bestimmen Sie jeweils die Schnittmenge zwischen der Ebene
E: $3x_1 + 4x_2 - 2x_3 = 21$ und der Geraden

a) g: $\vec{x} = \begin{pmatrix} 1 \\ 5 \\ -2 \end{pmatrix} + r \cdot \begin{pmatrix} 1 \\ -2 \\ -1 \end{pmatrix}$

b) h: $\vec{x} = \begin{pmatrix} 4 \\ 2 \\ 1 \end{pmatrix} + r \cdot \begin{pmatrix} 2 \\ -3 \\ -3 \end{pmatrix}$

c) k: $\vec{x} = \begin{pmatrix} 5 \\ 2 \\ 1 \end{pmatrix} + r \cdot \begin{pmatrix} 4 \\ -1 \\ 4 \end{pmatrix}$

*Lösung:*

a) Wenn man den variablen Ortsvektor $\vec{x}$ in der Gleichung der Geraden g mithilfe seiner drei Koordinaten notiert, erhält man drei Gleichungen:

$$\vec{x} = \begin{pmatrix} x_1 \\ x_2 \\ x_3 \end{pmatrix} = \begin{pmatrix} 1 \\ 5 \\ -2 \end{pmatrix} + r \cdot \begin{pmatrix} 1 \\ -2 \\ -1 \end{pmatrix} \quad \Rightarrow \quad \begin{aligned} x_1 &= 1 + r \\ x_2 &= 5 - 2r \\ x_3 &= -2 - r \end{aligned}$$

In der Koordinatenform der Ebenengleichung von E können die drei Variablen $x_1$, $x_2$ und $x_3$ nun entsprechend dieser Gleichungen ersetzt werden, sodass man eine Gleichung mit der einzigen Variablen r erhält:

$3 \cdot (1 + r) + 4 \cdot (5 - 2r) - 2 \cdot (-2 - r) = 21$

Löst man diese Gleichung nach r auf, erhält man als Lösung $r = 2$.

Diesen Wert setzt man in die Geradengleichung ein und berechnet auf diese Weise die Koordinaten des Ortsvektors, der zum Schnittpunkt S zeigt:

$$\vec{s} = \begin{pmatrix} 1 \\ 5 \\ -2 \end{pmatrix} + 2 \cdot \begin{pmatrix} 1 \\ -2 \\ -1 \end{pmatrix} = \begin{pmatrix} 3 \\ 1 \\ -4 \end{pmatrix}$$

Die Gerade g und die Ebene E besitzen den Schnittpunkt $S(3 \mid 1 \mid -4)$.

CAS

*Hinweise für den CAS-Einsatz:*

Für die CAS-Lösung müssen die drei Koordinatengleichungen

$x_1(r) = 1 + r$
$x_2(r) = 5 - 2r$
$x_3(r) = -2 - r$

selbst als Funktionen in Abhängigkeit einer Variablen r definiert werden. Um diese in der Ebenengleichung verwenden zu können, müssen auch dort die Variablen $x_1$, $x_2$ und $x_3$ in Abhängigkeit von r angegeben werden.

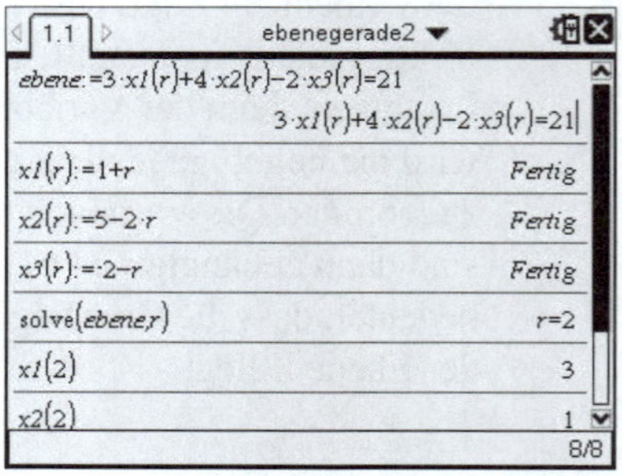

Da der Ausdruck **ebene** selbst schon eine Gleichung ist, reicht es aus, bei dem **solve**-Befehl nur **ebene** als Gleichung anzugeben, die nach r aufgelöst werden soll. Um die Schnittpunktkoordinaten zu berechnen, muss jetzt aber jede Koordinate einzeln berechnet werden.

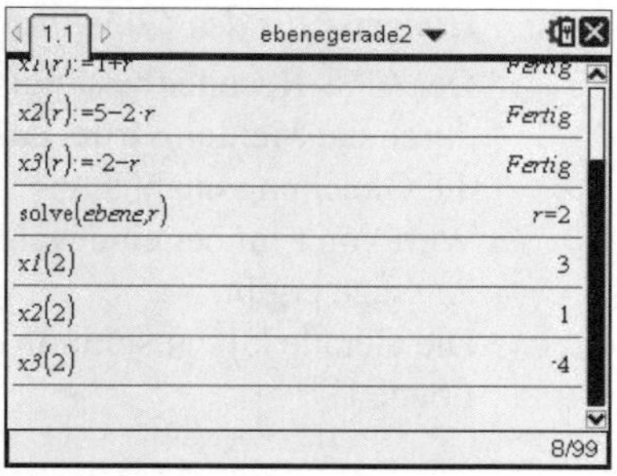


b) Für die Koordinaten des variablen Ortsvektors $\vec{x}$ der Geraden h erhält man:

$$\vec{x} = \begin{pmatrix} x_1 \\ x_2 \\ x_3 \end{pmatrix} = \begin{pmatrix} 4 \\ 2 \\ 1 \end{pmatrix} + r \cdot \begin{pmatrix} 2 \\ -3 \\ -3 \end{pmatrix} \Rightarrow \begin{aligned} x_1 &= 4 + 2r \\ x_2 &= 2 - 3r \\ x_3 &= 1 - 3r \end{aligned}$$

Ersetzt man entsprechend die Variablen $x_1$, $x_2$ und $x_3$ in der Koordinatenform von E, ergibt sich folgende Gleichung:

$3 \cdot (4 + 2r) + 4 \cdot (2 - 3r) - 2 \cdot (1 - 3r) = 21$

Diese Gleichung führt auf den Widerspruch $18 = 21$, d. h., die Gerade h und die Ebene E besitzen keinen gemeinsamen Punkt.
Die Gerade h verläuft parallel zur Ebene E, die Schnittmenge ist leer.

CAS *Hinweise für den CAS-Einsatz:*
Auch die CAS-Lösung zeigt, dass die entsprechende Gleichung keine Lösung besitzt. Das bedeutet, dass sich die Gerade h und die Ebene E nicht schneiden, h also parallel zu E verläuft.

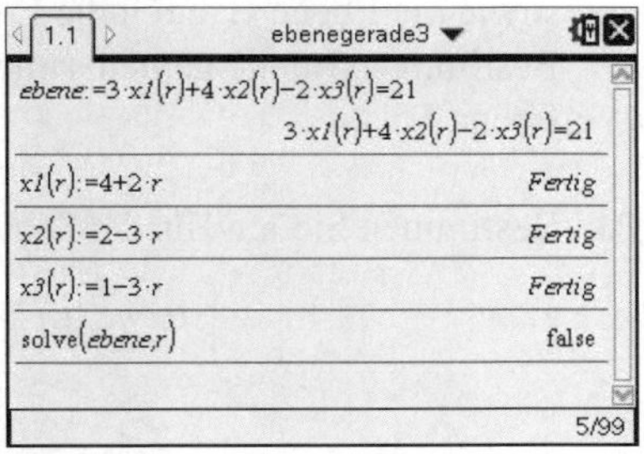


c) Für die Koordinaten des variablen Ortsvektors $\vec{x}$ der Geraden k erhält man:

$$\vec{x} = \begin{pmatrix} x_1 \\ x_2 \\ x_3 \end{pmatrix} = \begin{pmatrix} 5 \\ 2 \\ 1 \end{pmatrix} + r \cdot \begin{pmatrix} 4 \\ -1 \\ 4 \end{pmatrix} \Rightarrow \begin{aligned} x_1 &= 5 + 4r \\ x_2 &= 2 - r \\ x_3 &= 1 + 4r \end{aligned}$$

Ersetzt man entsprechend die Variablen $x_1$, $x_2$ und $x_3$ in der Koordinatenform von E, ergibt sich folgende Gleichung:

$3 \cdot (5 + 4r) + 4 \cdot (2 - r) - 2 \cdot (1 + 4r) = 21$

Diese Gleichung führt auf die wahre Aussage $21 = 21$, d. h., die Gerade k und die Ebene E besitzen unendlich viele gemeinsame Punkte.
Die Gerade k liegt in der Ebene E, die Schnittmenge umfasst alle Punkte auf der Geraden k.

CAS *Hinweise für den CAS-Einsatz:*

Der CAS-Rechner bestätigt durch die Meldung **true**, dass die Gleichung unabhängig vom Wert von r immer eine wahre Aussage ergibt.

Die Gerade k liegt somit in der Ebene E.

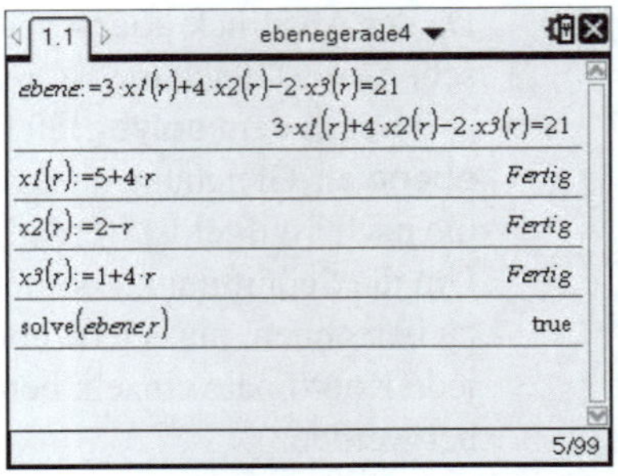


*Anmerkung:* Ist die Ebenengleichung in Normalenform gegeben, verläuft die Rechnung aufgrund des Skalarproduktes in dieser Darstellung analog zur Rechnung mit der Koordinatenform.

**Aufgaben**

**80.** Gegeben sind die Geraden

$g\colon\ \vec{x}=\begin{pmatrix}5\\1\\-8\end{pmatrix}+t\cdot\begin{pmatrix}1\\1\\5\end{pmatrix},\ h\colon\ \vec{x}=\begin{pmatrix}3\\-2\\1\end{pmatrix}+t\cdot\begin{pmatrix}4\\2\\1\end{pmatrix}$ und $k\colon\ \vec{x}=\begin{pmatrix}5\\-1\\6\end{pmatrix}+t\cdot\begin{pmatrix}-5\\-6\\4\end{pmatrix}$

sowie die Ebene E durch die Punkte $A(3\,|\,1\,|\,1)$, $B(5\,|\,5\,|\,-3)$ und $C(1\,|\,1\,|\,-1)$. Bestimmen Sie die gemeinsamen Punkte der Geraden g bzw. h bzw. k mit der Ebene E.

**81.** Bestimmen Sie jeweils die Schnittmenge der Ebene E mit den Geraden

$g\colon\ \vec{x}=\begin{pmatrix}1\\-6\\0\end{pmatrix}+t\cdot\begin{pmatrix}-5\\3\\1\end{pmatrix}$ bzw. $h\colon\ \vec{x}=\begin{pmatrix}1\\-6\\0\end{pmatrix}+t\cdot\begin{pmatrix}-4\\4\\1\end{pmatrix}$.

a) $E\colon\ -2x_1-x_2-4x_3=7$

b) $E\colon\ \left(\vec{x}-\begin{pmatrix}-9\\0\\2\end{pmatrix}\right)\cdot\begin{pmatrix}2\\3\\1\end{pmatrix}=0$

CAS **82.** Gegeben sind eine Gerade g durch $g\colon\ \vec{x}=\begin{pmatrix}2\\3\\0\end{pmatrix}+t\cdot\begin{pmatrix}-4\\4\\1\end{pmatrix}$ und eine Schar von Ebenen $E_a$ durch die Gleichung

$E_a\colon\ \vec{x}=\begin{pmatrix}1\\2\\-1\end{pmatrix}+r\cdot\begin{pmatrix}2\\0\\-3\end{pmatrix}+s\cdot\begin{pmatrix}-1\\-3\\a\end{pmatrix}$ mit $a\in\mathbb{R}$.

Bestimmen Sie mithilfe des CAS-Rechners eine Ebene der Schar $E_a$, sodass diese Ebene und die Gerade g echt parallel zueinander liegen.

* **83.** Gegeben sind die Ebene E: $2x_1 + x_3 = 3$ und die Geraden der Schar

$$g_t\colon \vec{x} = \begin{pmatrix} 2+t \\ 1 \\ 1+t \end{pmatrix} + k \cdot \begin{pmatrix} 1+t \\ 1-t \\ t \end{pmatrix} \quad \text{mit } t \in \mathbb{R}.$$

a) Bestimmen Sie einen Wert für t, sodass $g_t$ parallel zu E ist. Überprüfen Sie, ob die Gerade dann echt parallel zu E ist.

b) Berechnen Sie für alle Werte t, für die die Gerade nicht parallel zu E ist, die Schnittpunktkoordinaten $S_t$ in Abhängigkeit von t.

## 6.4 Lagebeziehungen Ebene – Ebene

Auch für den Schnitt zweier Ebenen muss man auf zwei Wegen zu den möglichen gemeinsamen Punkten der Ebenen gelangen. Für den Schnitt der Ebenen
$E_1$: $\vec{x} = \vec{p}_1 + u_1 \cdot \vec{r}_1 + v_1 \cdot \vec{s}_1$ und $E_2$: $\vec{x} = \vec{p}_2 + u_2 \cdot \vec{r}_2 + v_2 \cdot \vec{s}_2$ mit $u_1, v_1, u_2, v_2 \in \mathbb{R}$
löst man die Gleichung

$$\vec{p}_1 + u_1 \cdot \vec{r}_1 + v_1 \cdot \vec{s}_1 = \vec{p}_2 + u_2 \cdot \vec{r}_2 + v_2 \cdot \vec{s}_2$$

und betrachtet die Lösungsmenge hinsichtlich der Variablen $u_1, v_1, u_2, v_2$.

Das resultierende Gleichungssystem besitzt drei Gleichungen und vier Unbekannte. Hier ergeben sich für die Lösungsmenge zwei verschiedene Möglichkeiten:

*1. Fall:*
Das Gleichungssystem besitzt **keine Lösung**:
Die beiden Ebenen haben keinen gemeinsamen Punkt und sind **parallel**.

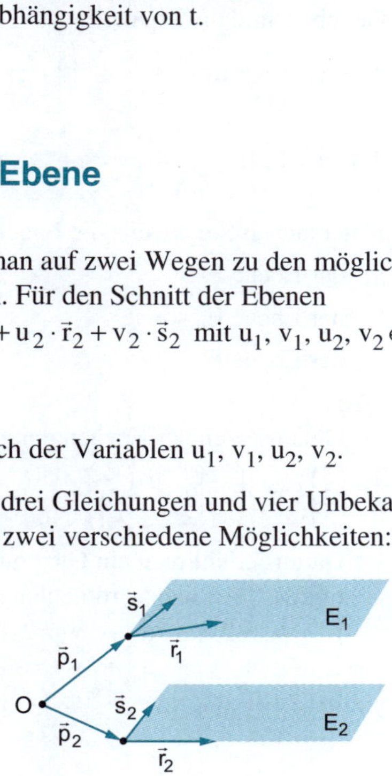


*2. Fall:*
Das Gleichungssystem hat **unendlich viele Lösungen**. Von den insgesamt vier Unbekannten kann man …

a) … **eine Unbekannte beliebig wählen**:
Die beiden Ebenen **schneiden sich in einer Geraden**.

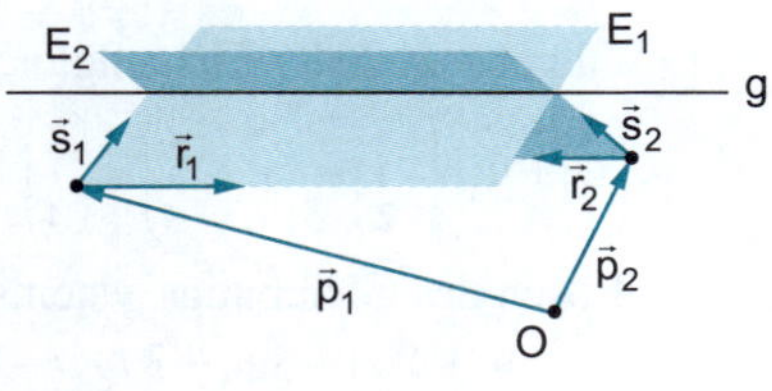

b) … **zwei Unbekannte beliebig wählen**:
Die beiden Ebenen sind **identisch**.

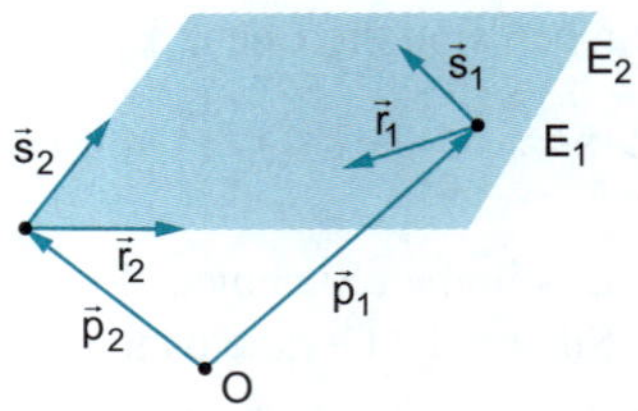


Beispiel

Gegeben sind die Ebenen

$$E_1\colon\ \vec{x}=\begin{pmatrix}3\\2\\1\end{pmatrix}+u_1\cdot\begin{pmatrix}1\\-1\\2\end{pmatrix}+v_1\cdot\begin{pmatrix}-2\\1\\-1\end{pmatrix};\quad E_2\colon\ \vec{x}=\begin{pmatrix}4\\1\\2\end{pmatrix}+u_2\cdot\begin{pmatrix}-3\\1\\0\end{pmatrix}+v_2\cdot\begin{pmatrix}1\\-2\\5\end{pmatrix};$$

$$E_3\colon\ \vec{x}=\begin{pmatrix}1\\1\\4\end{pmatrix}+u_3\cdot\begin{pmatrix}3\\-1\\1\end{pmatrix}+v_3\cdot\begin{pmatrix}-3\\3\\-5\end{pmatrix};\quad E_4\colon\ \vec{x}=\begin{pmatrix}2\\1\\5\end{pmatrix}+u_4\cdot\begin{pmatrix}3\\-2\\3\end{pmatrix}+v_4\cdot\begin{pmatrix}-1\\2\\-5\end{pmatrix}.$$

Untersuchen Sie jeweils die Lagebeziehung zwischen der Ebene $E_1$ und

a) der Ebene $E_2$,

b) der Ebene $E_3$ sowie

c) der Ebene $E_4$.

*Lösung:*

a) Gleichsetzen der Ebenengleichungen von $E_1$ und $E_2$ ergibt:

$$\begin{pmatrix}3\\2\\1\end{pmatrix}+u_1\cdot\begin{pmatrix}1\\-1\\2\end{pmatrix}+v_1\cdot\begin{pmatrix}-2\\1\\-1\end{pmatrix}=\begin{pmatrix}4\\1\\2\end{pmatrix}+u_2\cdot\begin{pmatrix}-3\\1\\0\end{pmatrix}+v_2\cdot\begin{pmatrix}1\\-2\\5\end{pmatrix}$$

Daraus erhält man ein Gleichungssystem, das man mithilfe des Gauß-Verfahrens löst; hier wird nochmals ein ausführlicher Lösungsweg gezeigt:

$$\begin{array}{ll} \text{I} & u_1-2v_1+3u_2-v_2=1\\ \text{II} & -u_1+v_1-u_2+2v_2=-1\\ \text{III} & 2u_1-v_1-5v_2=1 \end{array} \Leftrightarrow \begin{array}{ll} \text{I} & u_1-2v_1+3u_2-v_2=1\\ \text{IV}=\text{I}+\text{II} & -v_1+2u_2+v_2=0\\ \text{V}=2\cdot\text{II}+\text{III} & v_1-2u_2-v_2=-1 \end{array}$$

$$\Leftrightarrow \begin{array}{ll} \text{I} & u_1-2v_1+3u_2-v_2=1\\ \text{IV} & -v_1+2u_2+v_2=0\\ \text{VI}=\text{IV}+\text{V} & 0=-1 \end{array}$$

Die letzte Gleichung ist eine falsche Aussage. Die Ebenen $E_1$ und $E_2$ haben also keinen Punkt gemeinsam und sind somit parallel.

b) Gleichsetzen der Ebenengleichungen von $E_1$ und $E_3$ ergibt:

$$\begin{pmatrix}3\\2\\1\end{pmatrix}+u_1\cdot\begin{pmatrix}1\\-1\\2\end{pmatrix}+v_1\cdot\begin{pmatrix}-2\\1\\-1\end{pmatrix}=\begin{pmatrix}1\\1\\4\end{pmatrix}+u_3\cdot\begin{pmatrix}3\\-1\\1\end{pmatrix}+v_3\cdot\begin{pmatrix}-3\\3\\-5\end{pmatrix}$$

Lösen des Gleichungssystems mithilfe des Gauß-Verfahrens:

$$\begin{array}{ll} \text{I} & u_1-2v_1-3u_3+3v_3=-2\\ \text{II} & -u_1+v_1+u_3-3v_3=-1\\ \text{III} & 2u_1-v_1-u_3+5v_3=3 \end{array} \Leftrightarrow \begin{array}{ll} \text{I} & u_1-2v_1-3u_3+3v_3=-2\\ \text{IV}=\text{I}+\text{II} & -v_1-2u_3=-3\\ \text{V}=2\cdot\text{II}+\text{III} & v_1+u_3-v_3=1 \end{array}$$

$$\begin{array}{lll} & \text{I} & u_1 - 2v_1 - 3u_3 + 3v_3 = -2 \\ \Leftrightarrow & \text{IV} & \quad\; - v_1 - 2u_3 \qquad\;\; = -3 \\ & \text{VI} = \text{IV} + \text{V} & \qquad\qquad - u_3 - \; v_3 = -2 \end{array}$$

Das Gleichungssystem hat also unendlich viele Lösungen, wobei man eine Variable, z. B. $v_3$, beliebig wählen und hieraus die Werte für die anderen drei Unbekannten bestimmen kann. Die beiden Ebenen schneiden sich in einer Geraden.

Aus der letzten Gleichung entnimmt man: $u_3 = 2 - v_3$
Setzt man dies in die Gleichung der Ebene $E_3$ ein, dann erhält man:

$$\vec{x} = \begin{pmatrix} 1 \\ 1 \\ 4 \end{pmatrix} + (2 - v_3) \cdot \begin{pmatrix} 3 \\ -1 \\ 1 \end{pmatrix} + v_3 \cdot \begin{pmatrix} -3 \\ 3 \\ -5 \end{pmatrix} = \begin{pmatrix} 1 \\ 1 \\ 4 \end{pmatrix} + 2 \cdot \begin{pmatrix} 3 \\ -1 \\ 1 \end{pmatrix} + v_3 \cdot \left[ -1 \cdot \begin{pmatrix} 3 \\ -1 \\ 1 \end{pmatrix} + 1 \cdot \begin{pmatrix} -3 \\ 3 \\ -5 \end{pmatrix} \right]$$

$$= \begin{pmatrix} 7 \\ -1 \\ 6 \end{pmatrix} + v_3 \cdot \begin{pmatrix} -6 \\ 4 \\ -6 \end{pmatrix}$$

Die Gleichung der Schnittgeraden der Ebenen $E_1$ und $E_3$ lautet also:

$$g\colon\ \vec{x} = \begin{pmatrix} 7 \\ -1 \\ 6 \end{pmatrix} + t \cdot \begin{pmatrix} -6 \\ 4 \\ -6 \end{pmatrix}$$

CAS *Hinweise für den CAS-Einsatz:*

Im CAS-Rechner werden zunächst die Ebenen definiert. Anschließend löst man die Vektorgleichung. In den beiden Bildern wird deutlich, dass die Lösung nur von der reellen Zahl **c1** abhängt. (Im Bild rechts wird der zweite Teil der Lösung dargestellt.) Damit gibt es eine Schnittgerade zwischen den beiden Ebenen.

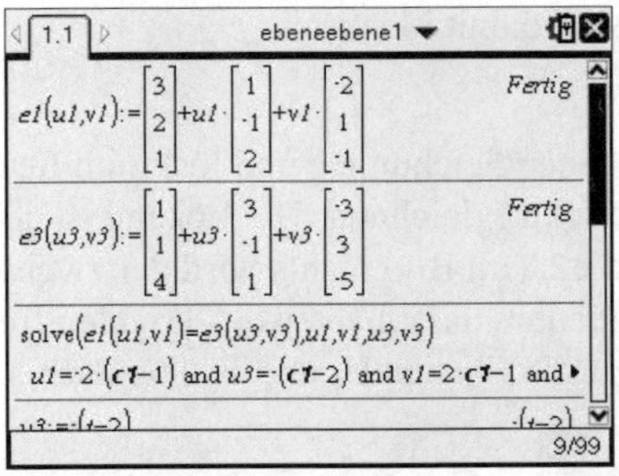


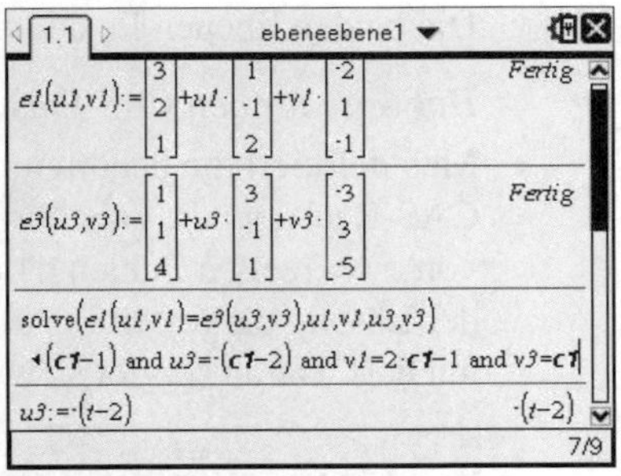


Definiert man die Parameter nun so um, dass **c1** durch t ersetzt wird, dann erhält man die schon in der schriftlichen Rechnung erstellte Gleichung für die Schnittgerade der beiden Ebenen.

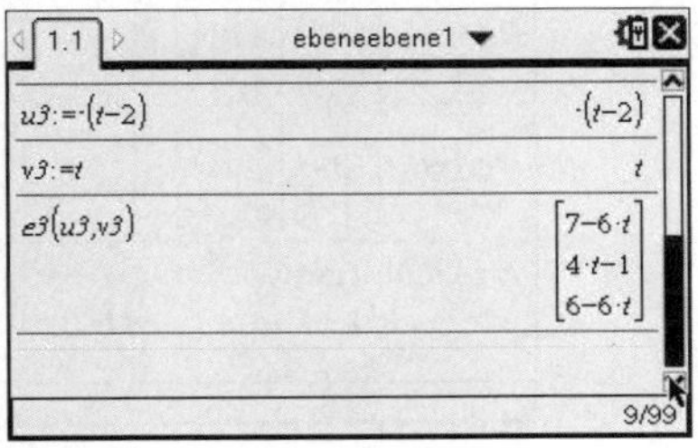

Zur Kontrolle werden auch die Variablen **v1** und **u1** entsprechend umdefiniert und dann in die Gleichung von **e1** eingesetzt. Man sieht, dass sich dieselbe Geradengleichung ergibt.

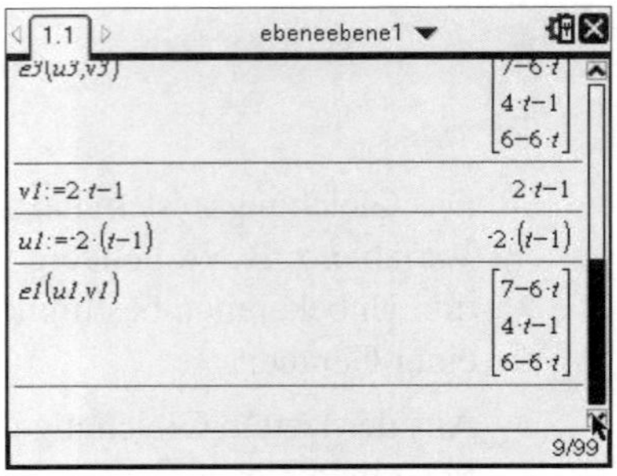


c) Gleichsetzen der Ebenengleichungen von $E_1$ und $E_4$ ergibt:

$$\begin{pmatrix}3\\2\\1\end{pmatrix}+u_1\cdot\begin{pmatrix}1\\-1\\2\end{pmatrix}+v_1\cdot\begin{pmatrix}-2\\1\\-1\end{pmatrix}=\begin{pmatrix}2\\1\\5\end{pmatrix}+u_4\cdot\begin{pmatrix}3\\-2\\3\end{pmatrix}+v_4\cdot\begin{pmatrix}-1\\2\\-5\end{pmatrix}$$

Lösen des Gleichungssystems mithilfe des Gauß-Verfahrens:

$$\begin{array}{ll} \text{I} & u_1-2v_1-3u_4+v_4=-1\\ \text{II} & -u_1+v_1+2u_4-2v_4=-1\\ \text{III} & 2u_1-v_1-3u_4+5v_4=4 \end{array} \Leftrightarrow \begin{array}{ll} \text{I} & u_1-2v_1-3u_4+v_4=-1\\ \text{IV}=\text{I}+\text{II} & -v_1-u_4-v_4=-2\\ \text{V}=2\cdot\text{II}+\text{III} & v_1+u_4+v_4=2 \end{array}$$

$$\Leftrightarrow \begin{array}{ll} \text{I} & u_1-2v_1-3u_4+v_4=-1\\ \text{IV} & -v_1-u_4-v_4=-2\\ \text{VI}=\text{IV}+\text{V} & 0=0 \end{array}$$

Die letzte Gleichung enthält eine wahre Aussage. Das Gleichungssystem hat also unendlich viele Lösungen, wobei man hier zwei Variablen, z. B. $u_4$ und $v_4$, beliebig wählen und hieraus die Werte für die anderen zwei Unbekannten bestimmen kann.

Die beiden Ebenen $E_1$ und $E_4$ sind damit identisch.

CAS *Hinweise für den CAS-Einsatz:*

Man definiert die benötigten Ebenengleichungen und löst mithilfe des CAS-Rechners die zugehörige Vektorgleichung. Die Lösung ist abhängig von zwei reellen Zahlen **c1** und **c2**. (Im Bild rechts wird der zweite Teil der Lösung dargestellt.) Das bedeutet, dass man zwei Variablen frei wählen darf. Daraus ergibt sich, dass die Ebenen $E_1$ und $E_4$ identisch sind.

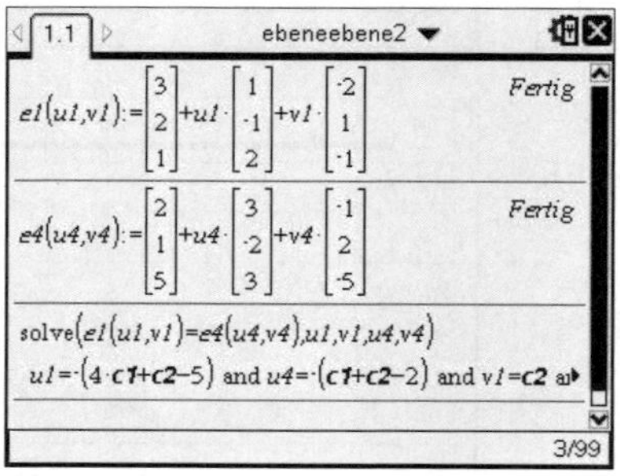


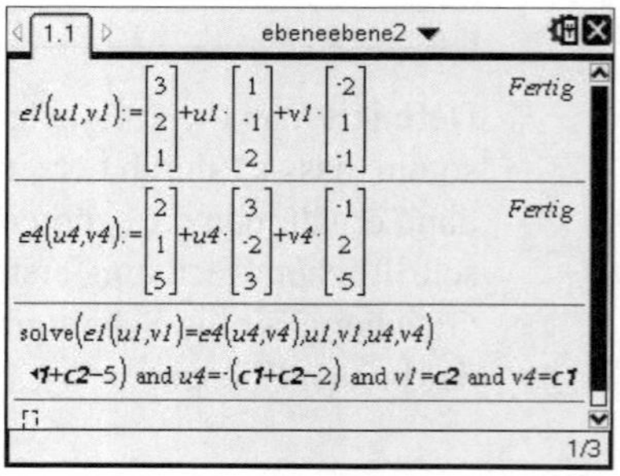

Auch bei der Untersuchung der Lagebeziehungen zweier Ebenen erweist sich die Koordinatenform als vorteilhaft. In den folgenden Beispielen ist wenigstens eine Ebenengleichung in Koordinatenform angegeben.

Beispiele

1. Bestimmen Sie jeweils die Schnittmenge der Ebene $E_1$: $3x_1 - 2x_2 - x_3 = 5$ mit der Ebene

   a) $E_2$: $\vec{x} = \begin{pmatrix} -4 \\ -9 \\ 8 \end{pmatrix} + r \cdot \begin{pmatrix} 1 \\ 3 \\ -2 \end{pmatrix} + s \cdot \begin{pmatrix} -2 \\ -2 \\ 1 \end{pmatrix}$ bzw.

   b) $E_3$: $\vec{x} = \begin{pmatrix} 5 \\ 4 \\ 2 \end{pmatrix} + r \cdot \begin{pmatrix} 1 \\ 3 \\ -3 \end{pmatrix} + s \cdot \begin{pmatrix} 4 \\ 5 \\ 2 \end{pmatrix}$ bzw.

   c) $E_4$: $\vec{x} = \begin{pmatrix} 1 \\ -2 \\ -4 \end{pmatrix} + r \cdot \begin{pmatrix} 5 \\ 3 \\ 9 \end{pmatrix} + s \cdot \begin{pmatrix} 1 \\ -1 \\ 5 \end{pmatrix}$.

   *Lösung:*

   a) Man notiert den variablen Ortsvektor $\vec{x}$ in der Gleichung der Ebene $E_2$ mithilfe seiner drei Koordinaten und erhält folgende Gleichungen:

$$\vec{x} = \begin{pmatrix} x_1 \\ x_2 \\ x_3 \end{pmatrix} = \begin{pmatrix} -4 \\ -9 \\ 8 \end{pmatrix} + r \cdot \begin{pmatrix} 1 \\ 3 \\ -2 \end{pmatrix} + s \cdot \begin{pmatrix} -2 \\ -2 \\ 1 \end{pmatrix} \quad \Rightarrow \quad \begin{aligned} x_1 &= -4 + r - 2s \\ x_2 &= -9 + 3r - 2s \\ x_3 &= 8 - 2r + s \end{aligned}$$

   In der Koordinatenform der Ebenengleichung von $E_1$ ersetzt man die drei Variablen $x_1$, $x_2$ und $x_3$ nun entsprechend dieser Gleichungen:

$$3 \cdot (-4 + r - 2s) - 2 \cdot (-9 + 3r - 2s) - (8 - 2r + s) = 5 \quad \Leftrightarrow \quad -r - 3s = 7$$

   Nun kann man z. B. die Variable s frei wählen und erhält: $r = -3s - 7$

   Diese Beziehung setzt man in die Parametergleichung von $E_2$ ein:

$$\vec{x} = \begin{pmatrix} -4 \\ -9 \\ 8 \end{pmatrix} + (-3s - 7) \cdot \begin{pmatrix} 1 \\ 3 \\ -2 \end{pmatrix} + s \cdot \begin{pmatrix} -2 \\ -2 \\ 1 \end{pmatrix} = \begin{pmatrix} -4 \\ -9 \\ 8 \end{pmatrix} - 7 \cdot \begin{pmatrix} 1 \\ 3 \\ -2 \end{pmatrix} + s \cdot \left[ -3 \cdot \begin{pmatrix} 1 \\ 3 \\ -2 \end{pmatrix} + 1 \cdot \begin{pmatrix} -2 \\ -2 \\ 1 \end{pmatrix} \right]$$

$$= \begin{pmatrix} -11 \\ -30 \\ 22 \end{pmatrix} + s \cdot \begin{pmatrix} -5 \\ -11 \\ 7 \end{pmatrix}$$

   Die Schnittmenge der beiden Ebenen ist also eine Gerade mit der Gleichung:

$$g\colon \vec{x} = \begin{pmatrix} -11 \\ -30 \\ 22 \end{pmatrix} + t \cdot \begin{pmatrix} -5 \\ -11 \\ 7 \end{pmatrix}$$

CAS

   *Hinweise für den CAS-Einsatz:*

   Mit dem CAS-Rechner kann man auch ein lineares Gleichungssystem mit 4 Gleichungen lösen. Hier gibt man die drei einzelnen Koordinatengleichungen des variablen Ortsvektors der Ebene $E_2$ sowie die Koordinatenform der Ebene $E_1$ ein.
   Die Lösung liefert, wenn man sie richtig interpretiert, direkt die gesuchte Schnittgerade.

Setzt man nämlich anstelle **c1** den Parameter t ein, erhält man für $x_1$, $x_2$ und $x_3$ die Terme:

$$\begin{aligned} x_1 &= -(5t+11) &&= -11-5t \\ x_2 &= -(11t+30) &&= -30-11t \\ x_3 &= 7t+22 &&= \phantom{-}22+7t \end{aligned}$$

Oder in Vektorschreibweise:

$$g:\ \vec{x} = \begin{pmatrix} -11 \\ -30 \\ 22 \end{pmatrix} + t \cdot \begin{pmatrix} -5 \\ -11 \\ 7 \end{pmatrix}$$

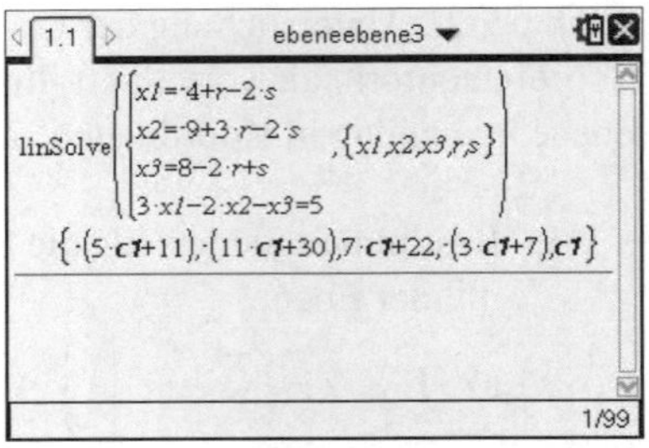


Dies entspricht der schriftlich berechneten Lösung. Die vom CAS-Rechner zusätzlich angezeigten Lösungsterme sind die Werte für r und s.

Das zweite Bild rechts veranschaulicht die beiden Ebenen und ihre Lage im Raum.

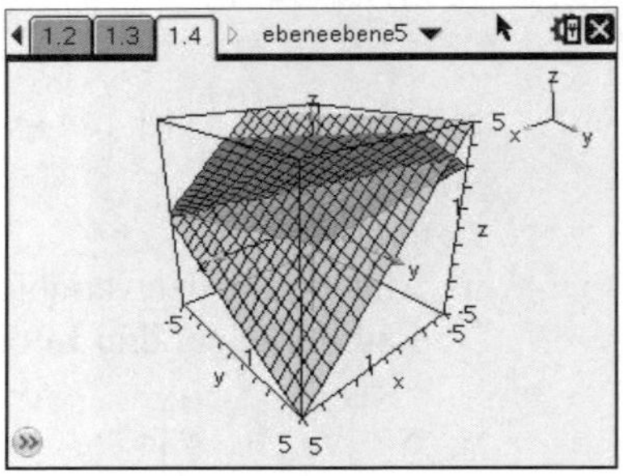


b) Koordinaten des variablen Ortsvektors $\vec{x}$ der Ebene $E_3$:

$$\vec{x} = \begin{pmatrix} x_1 \\ x_2 \\ x_3 \end{pmatrix} = \begin{pmatrix} 5 \\ 4 \\ 2 \end{pmatrix} + r \cdot \begin{pmatrix} 1 \\ 3 \\ -3 \end{pmatrix} + s \cdot \begin{pmatrix} 4 \\ 5 \\ 2 \end{pmatrix} \quad \Rightarrow \quad \begin{aligned} x_1 &= 5+r+4s \\ x_2 &= 4+3r+5s \\ x_3 &= 2-3r+2s \end{aligned}$$

Ersetzt man entsprechend die Variablen $x_1$, $x_2$ und $x_3$ in der Koordinatenform von $E_1$, ergibt sich folgende Gleichung:

$$3\cdot(5+r+4s) - 2\cdot(4+3r+5s) - (2-3r+2s) = 5 \quad \Leftrightarrow \quad 5 = 5$$

Dies stellt für alle Werte von r und s eine wahre Aussage dar. Die beiden Ebenen $E_1$ und $E_3$ sind also identisch; ihre Schnittmenge umfasst alle Punkte der Ebene.

CAS *Hinweise für den CAS-Einsatz:*

Mit dem CAS-Rechner löst man wieder ein lineares Gleichungssystem mit den einzelnen Koordinatengleichungen für $E_3$ sowie der Koordinatenform von $E_1$. Da die Lösungen für $x_1$, $x_2$ und $x_3$ hier von zwei Variablen **c1** und **c2** abhängen, sind die beiden Ebenen identisch.

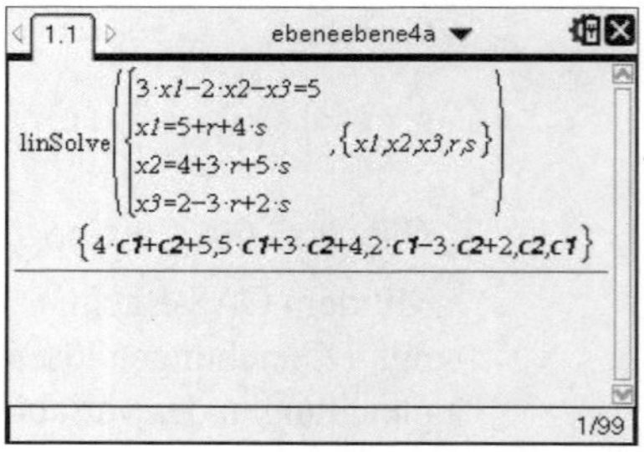

c) Koordinaten des variablen Ortsvektors $\vec{x}$ der Ebene $E_4$:

$$\vec{x} = \begin{pmatrix} x_1 \\ x_2 \\ x_3 \end{pmatrix} = \begin{pmatrix} 1 \\ -2 \\ -4 \end{pmatrix} + r \cdot \begin{pmatrix} 5 \\ 3 \\ 9 \end{pmatrix} + s \cdot \begin{pmatrix} 1 \\ -1 \\ 5 \end{pmatrix} \quad \Rightarrow \quad \begin{aligned} x_1 &= 1+5r+s \\ x_2 &= -2+3r-s \\ x_3 &= -4+9r+5s \end{aligned}$$

Ersetzt man entsprechend die Variablen $x_1$, $x_2$ und $x_3$ in der Koordinatenform von $E_1$, ergibt sich folgende Gleichung:

$$3 \cdot (1+5r+s) - 2 \cdot (-2+3r-s) - (-4+9r+5s) = 5 \quad \Leftrightarrow \quad 11 = 5$$

Wegen dieser falschen Aussage haben die beiden Ebenen $E_1$ und $E_4$ keinen Punkt gemeinsam; sie sind parallel. Ihre Schnittmenge ist leer.

CAS *Hinweise für den CAS-Einsatz:*

Der CAS-Rechner findet für das entsprechende Gleichungssystem mit den einzelnen Koordinatengleichungen für $E_4$ sowie der Koordinatenform von $E_1$ keine Lösung. Deshalb sind die beiden Ebenen $E_1$ und $E_4$ parallel.

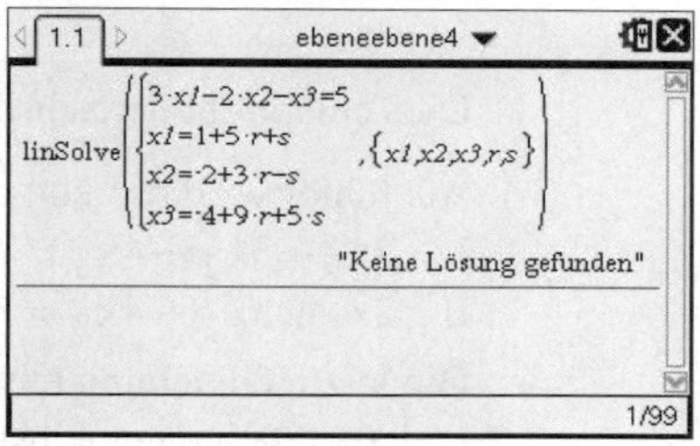


2. Bestimmen Sie jeweils die Schnittmenge der Ebene $E_1$: $-2x_1 - 3x_2 + 4x_3 = 7$ mit der Ebene
   a) $E_2$: $4x_1 + 2x_2 + 4x_3 = 10$ bzw.
   b) $E_3$: $2x_1 + 3x_2 - 4x_3 = 5$ bzw.
   c) $E_4$: $-4x_1 - 6x_2 + 8x_3 = 14$.

*Lösung:*

a) Mögliche gemeinsame Punkte der Ebenen müssen beide Koordinatengleichungen erfüllen. Es ist also folgendes Gleichungssystem zu lösen:

$$\begin{array}{ll} \text{I} & -2x_1 - 3x_2 + 4x_3 = 7 \\ \text{II} & 4x_1 + 2x_2 + 4x_3 = 10 \end{array} \quad \Leftrightarrow \quad \begin{array}{ll} \text{I} & -2x_1 - 3x_2 + 4x_3 = 7 \\ \text{III} = 2 \cdot \text{I} + \text{II} & -4x_2 + 12x_3 = 24 \end{array}$$

Dieses Gleichungssystem hat unendlich viele Lösungen mit einer frei wählbaren Variablen, d. h., die Schnittmenge der Ebenen ist eine Gerade.

Man setzt den Parameter $x_3 = t$ und erhält aus der letzten Gleichung: $x_2 = 3t - 6$

Setzt man dies in die erste Gleichung ein, ergibt sich:

$$-2x_1 - 3 \cdot (3t-6) + 4t = 7 \quad \Leftrightarrow \quad -2x_1 = 5t - 11 \quad \Leftrightarrow \quad x_1 = -\tfrac{5}{2}t + \tfrac{11}{2}$$

Die Schnittgerade g der Ebenen $E_1$ und $E_2$ hat also die Gleichung:

$$g\colon\ \vec{x} = \begin{pmatrix} x_1 \\ x_2 \\ x_3 \end{pmatrix} = \begin{pmatrix} -\frac{5}{2}t + \frac{11}{2} \\ 3t-6 \\ t \end{pmatrix} = \begin{pmatrix} \frac{11}{2} \\ -6 \\ 0 \end{pmatrix} + t \cdot \begin{pmatrix} -\frac{5}{2} \\ 3 \\ 1 \end{pmatrix}$$

CAS

*Hinweise für den CAS-Einsatz:*

Der CAS-Rechner bestätigt die Schnittgerade, da die Lösung nur von einer reellen Zahl **c6** abhängt. Die Gleichung der Schnittgeraden wird direkt angegeben. Setzt man **c6** = t, so liest man ab:

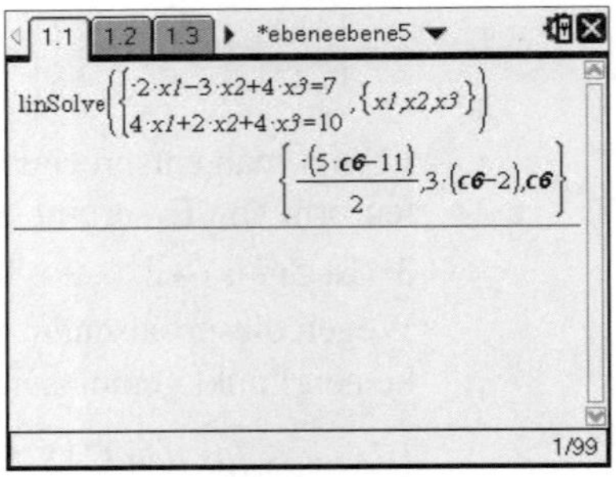


$x_1 = -\frac{5t-11}{2} = -\frac{5}{2}t + \frac{11}{2}$

$x_2 = 3(t-2) = 3t-6$

$x_3 = t$

Dies entspricht der schriftlichen Lösung.

b) Auch hier wird das entsprechende Gleichungssystem gelöst:

$$\begin{array}{ll} \text{I} & -2x_1 - 3x_2 + 4x_3 = 7 \\ \text{II} & 2x_1 + 3x_2 - 4x_3 = 5 \end{array} \Leftrightarrow \begin{array}{ll} \text{I} & -2x_1 - 3x_2 + 4x_3 = 7 \\ \text{III} = \text{I} + \text{II} & 0 = 12 \end{array}$$

Die letzte Gleichung enthält eine falsche Aussage. Die Ebenen $E_1$ und $E_3$ haben keine gemeinsamen Punkte, sie sind (echt) parallel.

CAS

*Hinweise für den CAS-Einsatz:*

Auch der CAS-Rechner kann zu diesem Gleichungssystem keine Lösung finden.
Das bedeutet, dass die beiden Ebenen echt parallel sind.

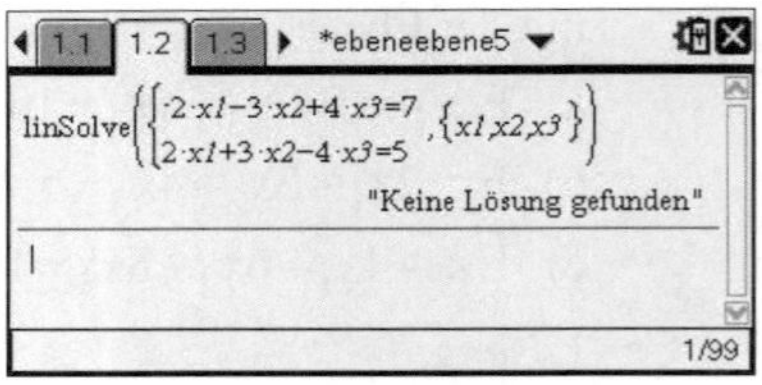


c) Das zugehörige Gleichungssystem lautet:

$$\begin{array}{ll} \text{I} & -2x_1 - 3x_2 + 4x_3 = 7 \\ \text{II} & -4x_1 - 6x_2 + 8x_3 = 14 \end{array} \Leftrightarrow \begin{array}{ll} \text{I} & -2x_1 - 3x_2 + 4x_3 = 7 \\ \text{III} = 2 \cdot \text{I} - \text{II} & 0 = 0 \end{array}$$

Die letzte Gleichung ist immer erfüllt. Die gemeinsamen Punkte der beiden Ebenen müssen daher nur die erste Gleichung des Gleichungssystems erfüllen. Dies sind jedoch alle Punkte der Ebene $E_1$. Daher sind die Ebenen $E_1$ und $E_4$ identisch.

CAS

*Hinweise für den CAS-Einsatz:*

Die Lösung des Gleichungssystems ist beim CAS-Rechner abhängig von den zwei Variablen **c2** und **c3**.
Das bedeutet, dass die beiden Ebenen identisch sind.

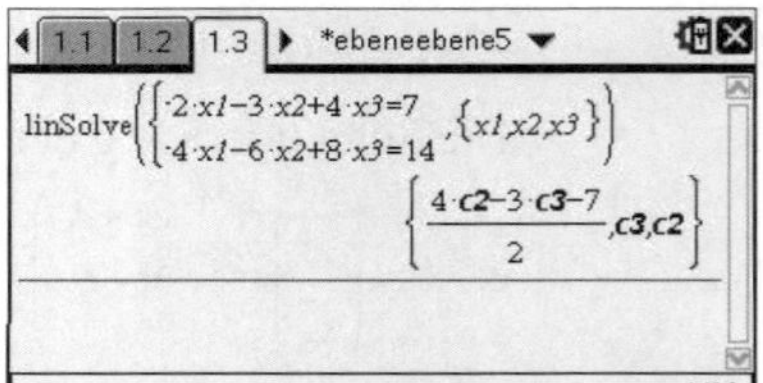

Aufgaben **84.** Gegeben sind die Ebenen

$$E_1\colon\ \vec{x}=\begin{pmatrix}4\\1\\2\end{pmatrix}+r\cdot\begin{pmatrix}-3\\1\\0\end{pmatrix}+s\cdot\begin{pmatrix}1\\-2\\5\end{pmatrix},\quad E_2\colon\ \vec{x}=\begin{pmatrix}3\\1\\-2\end{pmatrix}+t\cdot\begin{pmatrix}7\\-4\\5\end{pmatrix}+u\cdot\begin{pmatrix}-4\\3\\-5\end{pmatrix},$$

$$E_3\colon\ \vec{x}=\begin{pmatrix}2\\4\\1\end{pmatrix}+t\cdot\begin{pmatrix}-1\\-2\\1\end{pmatrix}+u\cdot\begin{pmatrix}1\\-1\\-4\end{pmatrix}$$

sowie die Ebene $E_4$ durch die Punkte $A(2|0|7)$, $B(8|-2|7)$ und $C(-3|5|-3)$.

Untersuchen Sie jeweils die gegenseitige Lage der Ebenen

a) $E_1$ und $E_2$  b) $E_1$ und $E_3$

c) $E_1$ und $E_4$  d) $E_3$ und $E_4$

**85.** Gegeben sind die Ebenen

$$E_1\colon\ 2x_1+3x_2+x_3=-6;\quad E_2\colon\ \left(\vec{x}-\begin{pmatrix}2\\-4\\2\end{pmatrix}\right)\cdot\begin{pmatrix}2\\1\\-1\end{pmatrix}=0;\quad E_3\colon\ \left(\vec{x}-\begin{pmatrix}-1\\-3\\5\end{pmatrix}\right)\cdot\begin{pmatrix}4\\6\\2\end{pmatrix}=0;$$

$$E_4\colon\ x_1+3x_2-x_3=3;\quad E_5\colon\ \vec{x}=\begin{pmatrix}-5\\2\\-2\end{pmatrix}+r\cdot\begin{pmatrix}1\\-2\\4\end{pmatrix}+s\cdot\begin{pmatrix}-2\\1\\1\end{pmatrix}.$$

Bestimmen Sie jeweils die Schnittmenge der Ebenen

a) $E_1$ und $E_2$  b) $E_1$ und $E_3$

c) $E_1$ und $E_4$  d) $E_1$ und $E_5$

* **86.** Gegeben ist die Ebenenschar $E_t\colon\ 3t\cdot x_1+4t\cdot x_2+5x_3=15t$.

a) Zeichnen Sie die Ebene $E_1$ anhand der Spurgeraden in ein kartesisches Koordinatensystem.

b) Bestimmen Sie die Schnittgerade g von $E_0$ und $E_1$.

c) Zeigen Sie, dass die Schnittgerade g von $E_0$ und $E_1$ für alle $t\in\mathbb{R}$ in $E_t$ liegt.

# 7 Schnittwinkel

Wenn sich zwei Geraden schneiden, bildet der Schnittpunkt den Scheitelpunkt des Schnittwinkels der beiden Geraden. Man kann aber auch Winkel zwischen zwei sich schneidenden Ebenen oder zwischen einer Ebene und einer Geraden, die die Ebene schneidet, definieren. Mithilfe des Skalarproduktes können solche Schnittwinkel berechnet werden.

## 7.1 Schnittwinkel zweier Geraden

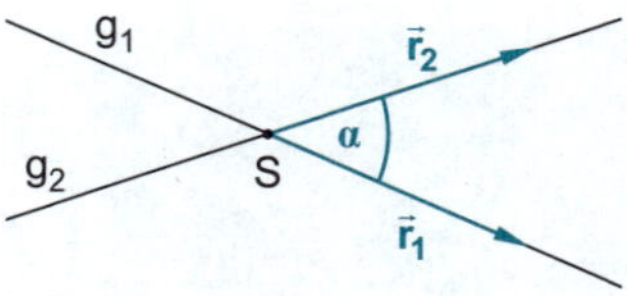


Zwei Geraden $g_1$ und $g_2$, die sich schneiden, haben einen Punkt S gemeinsam. Wählt man diesen Punkt als Anfangspunkt für die beiden Richtungsvektoren $\vec{r}_1$ und $\vec{r}_2$ der Geraden, so ergibt sich der Schnittwinkel der beiden Geraden aus dem Winkel zwischen den beiden Richtungsvektoren (vgl. erstes Bild rechts). Dieser Winkel kann mithilfe des Skalarproduktes berechnet werden (vgl. Abschnitt 4.2):

$$\cos\alpha = \frac{\vec{r}_1 \cdot \vec{r}_2}{|\vec{r}_1| \cdot |\vec{r}_2|}$$

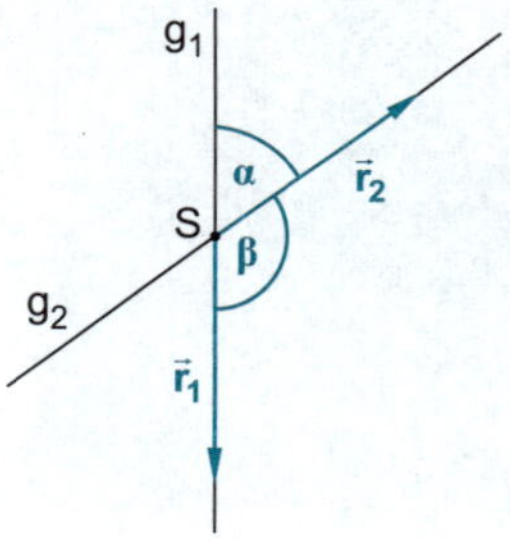


Je nach Richtung der Vektoren kann es aber sein, dass diese Berechnung den stumpfen Winkel $\beta$ anstatt den spitzen Winkel $\alpha$ zwischen den beiden Geraden liefert (vgl. zweites Bild rechts). Um ein eindeutiges Ergebnis zu erhalten, legt man fest, dass der Schnittwinkel zweier Geraden immer durch den spitzen (bzw. rechten) Winkel $\alpha$ angegeben wird. Rechnerisch erreicht man dies durch die Betragsbildung.

Deshalb gilt folgende Regel:

Regel

**Schnittwinkel zwischen zwei Geraden**

Für den Schnittwinkel $0° \leq \alpha \leq 90°$ zwischen zwei Geraden mit den Richtungsvektoren $\vec{r}_1$ bzw. $\vec{r}_2$ gilt:

$$\cos\alpha = \left| \frac{\vec{r}_1 \cdot \vec{r}_2}{|\vec{r}_1| \cdot |\vec{r}_2|} \right| = \frac{|\vec{r}_1 \cdot \vec{r}_2|}{|\vec{r}_1| \cdot |\vec{r}_2|}$$

*Beweis:* Wird durch das Skalarprodukt (Formel ohne Betragsstriche) der Winkel $\beta$ zwischen den beiden Geraden berechnet, der größer als 90° ist, dann erhält man den Schnittwinkel $\alpha$ durch $\alpha = 180° - \beta$. Daraus folgt:

$\cos\alpha = \cos(180° - \beta) = -\cos\beta > 0 \quad (\text{für } 90° < \beta < 180°)$

Also ist $\cos\alpha = |\cos\beta|$.

Gilt für den berechneten Winkel $0° \leq \beta \leq 90°$, so ist natürlich ebenso $\cos\alpha = |\cos\beta| > 0$.

Beispiel

Gegeben sind die drei Punkte A(1 | 2 | 1), B(5 | 4 | –1) und C(3 | 2 | 7).

a) Bestimmen Sie die Schnittwinkel von jeweils zwei der Geraden $g_{AB}$, $g_{AC}$ bzw. $g_{BC}$, die durch die Punkte A und B, A und C bzw. B und C führen.

b) Berechnen Sie die Innenwinkel des Dreiecks ABC.

*Lösung:*

a) Richtungsvektoren der drei Geraden:

$$\vec{r}_{AB} = \begin{pmatrix} 4 \\ 2 \\ -2 \end{pmatrix};\ \vec{r}_{AC} = \begin{pmatrix} 2 \\ 0 \\ 6 \end{pmatrix};\ \vec{r}_{BC} = \begin{pmatrix} -2 \\ -2 \\ 8 \end{pmatrix}$$

Für den Schnittwinkel zwischen den Geraden $g_{AB}$ und $g_{AC}$ gilt:

$$\cos\varphi_1 = \frac{|\vec{r}_{AB} \cdot \vec{r}_{AC}|}{|\vec{r}_{AB}| \cdot |\vec{r}_{AC}|} = \frac{\left|\begin{pmatrix} 4 \\ 2 \\ -2 \end{pmatrix} \cdot \begin{pmatrix} 2 \\ 0 \\ 6 \end{pmatrix}\right|}{\left|\begin{pmatrix} 4 \\ 2 \\ -2 \end{pmatrix}\right| \cdot \left|\begin{pmatrix} 2 \\ 0 \\ 6 \end{pmatrix}\right|} = \frac{|-4|}{\sqrt{24} \cdot \sqrt{40}} = \frac{4}{\sqrt{960}} \quad\Rightarrow\quad \varphi_1 \approx 82{,}6°$$

Für den Schnittwinkel zwischen den Geraden $g_{AB}$ und $g_{BC}$ ergibt sich

$$\cos\varphi_2 = \frac{|\vec{r}_{AB} \cdot \vec{r}_{BC}|}{|\vec{r}_{AB}| \cdot |\vec{r}_{BC}|} = \frac{\left|\begin{pmatrix} 4 \\ 2 \\ -2 \end{pmatrix} \cdot \begin{pmatrix} -2 \\ -2 \\ 8 \end{pmatrix}\right|}{\left|\begin{pmatrix} 4 \\ 2 \\ -2 \end{pmatrix}\right| \cdot \left|\begin{pmatrix} -2 \\ -2 \\ 8 \end{pmatrix}\right|} = \frac{|-28|}{\sqrt{24} \cdot \sqrt{72}} = \frac{28}{\sqrt{1728}} \quad\Rightarrow\quad \varphi_2 \approx 47{,}7°$$

und für den Schnittwinkel zwischen $g_{AC}$ und $g_{BC}$:

$$\cos\varphi_3 = \frac{|\vec{r}_{AC} \cdot \vec{r}_{BC}|}{|\vec{r}_{AC}| \cdot |\vec{r}_{BC}|} = \frac{\left|\begin{pmatrix} 2 \\ 0 \\ 6 \end{pmatrix} \cdot \begin{pmatrix} -2 \\ -2 \\ 8 \end{pmatrix}\right|}{\left|\begin{pmatrix} 2 \\ 0 \\ 6 \end{pmatrix}\right| \cdot \left|\begin{pmatrix} -2 \\ -2 \\ 8 \end{pmatrix}\right|} = \frac{|44|}{\sqrt{40} \cdot \sqrt{72}} = \frac{44}{\sqrt{2\,880}} \quad\Rightarrow\quad \varphi_3 \approx 34{,}9°$$

CAS

*Hinweise für den CAS-Einsatz:*

Beispielhaft werden Winkel $\varphi_1$ zwischen $g_{AB}$ und $g_{AC}$ und $\varphi_3$ zwischen $g_{AC}$ und $g_{BC}$ auch mit dem CAS-Rechner berechnet. Dabei ist darauf zu achten, dass die Berechnung im Gradmaß und nicht im Bogenmaß stattfindet. Als praktisch erweist es sich, die Vektoren zunächst mit einem Namen zu belegen.
Drückt man bei der Berechnung von $\varphi_1$ nur auf (enter), so erhält man als Ergebnis $\cos^{-1}\left(\frac{\sqrt{15}}{30}\right)$.
Erst durch Drücken der Taste [≈] werden die gewünschten Gradzahlen angezeigt:
$\varphi_1 \approx 82{,}6°$ und $\varphi_3 \approx 34{,}9°$

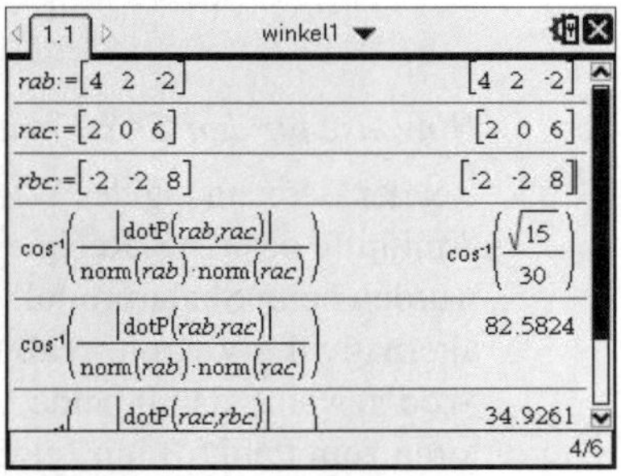


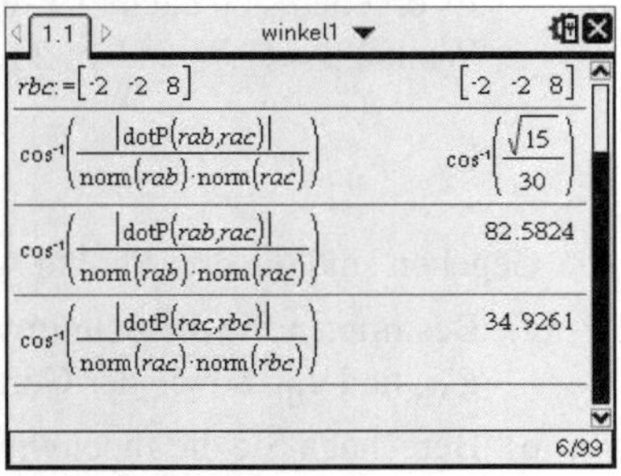

b) Die Innenwinkel eines Dreiecks können auch stumpf sein, deshalb sind hier nicht die Schnittwinkel zwischen den Geraden zu berechnen, sondern die Winkel zwischen den Vektoren. Dabei ist jeweils auf die Richtung der Vektoren zu achten. Z. B. kann man für die Berechnung des Winkels β nicht einfach die Vektoren $\overrightarrow{AB}$ und $\overrightarrow{BC}$ verwenden.
Man muss gewährleisten, dass der gesuchte Innenwinkel auch tatsächlich von den entsprechenden beiden Vektoren eingeschlossen wird, d. h., dass die Vektoren entweder beide vom jeweiligen Eckpunkt wegzeigen oder beide zu ihm hin.

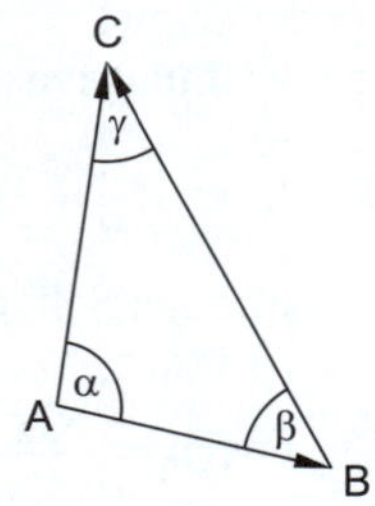


Für den Winkel α im Punkt A des Dreiecks ergibt sich mit den Vektoren $\overrightarrow{AB}$ und $\overrightarrow{AC}$:

$$\cos\alpha = \frac{\overrightarrow{AB}\cdot\overrightarrow{AC}}{|\overrightarrow{AB}|\cdot|\overrightarrow{AC}|} = \frac{\begin{pmatrix}4\\2\\-2\end{pmatrix}\cdot\begin{pmatrix}2\\0\\6\end{pmatrix}}{\left|\begin{pmatrix}4\\2\\-2\end{pmatrix}\right|\cdot\left|\begin{pmatrix}2\\0\\6\end{pmatrix}\right|} = \frac{-4}{\sqrt{960}} \quad\Rightarrow\quad \alpha \approx 97{,}4°$$

Analog erhält man für die anderen beiden Innenwinkel:

$$\cos\beta = \frac{\overrightarrow{BA}\cdot\overrightarrow{BC}}{|\overrightarrow{BA}|\cdot|\overrightarrow{BC}|} = \frac{\begin{pmatrix}-4\\-2\\2\end{pmatrix}\cdot\begin{pmatrix}-2\\-2\\8\end{pmatrix}}{\left|\begin{pmatrix}-4\\-2\\2\end{pmatrix}\right|\cdot\left|\begin{pmatrix}-2\\-2\\8\end{pmatrix}\right|} = \frac{28}{\sqrt{1728}} \quad\Rightarrow\quad \beta \approx 47{,}7°$$

$$\cos\gamma = \frac{\overrightarrow{CA}\cdot\overrightarrow{CB}}{|\overrightarrow{CA}|\cdot|\overrightarrow{CB}|} = \frac{\begin{pmatrix}-2\\0\\-6\end{pmatrix}\cdot\begin{pmatrix}2\\2\\-8\end{pmatrix}}{\left|\begin{pmatrix}-2\\0\\-6\end{pmatrix}\right|\cdot\left|\begin{pmatrix}2\\2\\-8\end{pmatrix}\right|} = \frac{44}{\sqrt{2\,880}} \quad\Rightarrow\quad \gamma \approx 34{,}9°$$

CAS

*Hinweise für den CAS-Einsatz:*

Bei der Berechnung des Winkels β mithilfe des CAS-Rechners wurden beim Skalarprodukt alternativ die Vektoren **rab** und **–rbc** gewählt, damit beide Vektoren zum Punkt B hin zeigen. Es ergeben sich auch hier die Winkel β ≈ 47,7° und γ ≈ 34,9°.

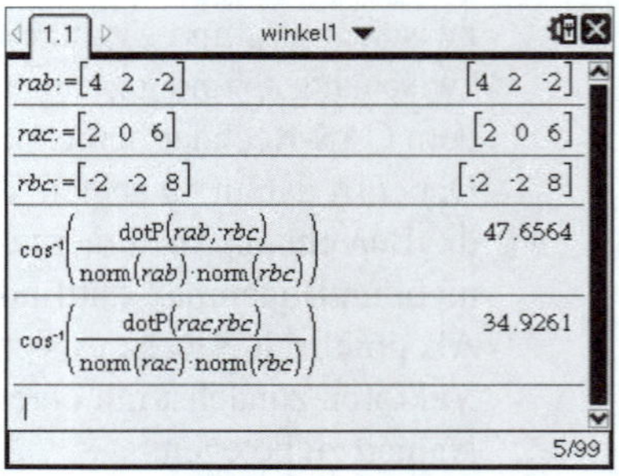


**Aufgabe 87.** Gegeben sind die drei Punkte A(1 | 1 | –4), B(–13 | 5 | 2) und C(4 | 6 | –1).

a) Bestimmen Sie die Schnittwinkel der Geraden $g_{AB}$ und $g_{AC}$, der Geraden $g_{AB}$ und $g_{BC}$ sowie der Geraden $g_{AC}$ und $g_{BC}$.

b) Berechnen Sie die Innenwinkel des Dreiecks ABC.

## 7.2 Schnittwinkel zweier Ebenen

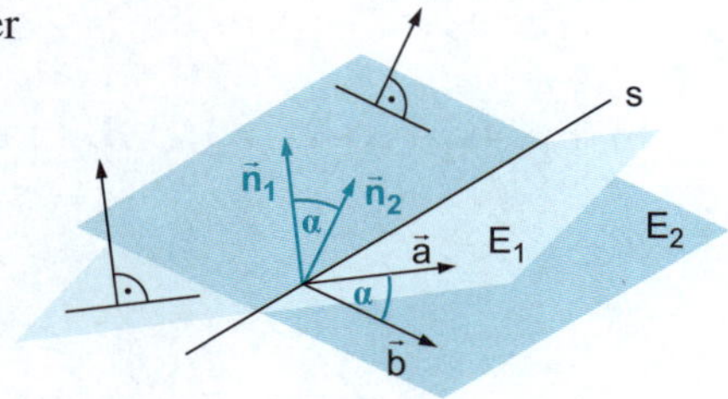


Wenn sich zwei Ebenen $E_1$ und $E_2$ in einer Schnittgeraden s schneiden, dann ergibt sich dadurch nicht natürlicherweise ein Schnittwinkel. Deshalb definiert man, dass der Schnittwinkel zwischen zwei Ebenen der spitze Winkel α zwischen den Normalenvektoren $\vec{n}_1$ und $\vec{n}_2$ der beiden Ebenen sein soll.
Dieser Winkel entspricht nämlich dem Winkel zwischen zwei Vektoren $\vec{a}$ und $\vec{b}$, die senkrecht auf der Schnittgeraden stehen und in der Ebene $E_1$ bzw. $E_2$ liegen.

Wie im vorherigen Abschnitt führt die Betragsbildung zu der Formel für die Schnittwinkelberechnung:

Regel

**Schnittwinkel zweier Ebenen**
Für den Schnittwinkel $0° \leq \alpha \leq 90°$ zweier Ebenen mit den Normalenvektoren $\vec{n}_1$ bzw. $\vec{n}_2$ gilt:

$$\cos\alpha = \frac{|\vec{n}_1 \cdot \vec{n}_2|}{|\vec{n}_1| \cdot |\vec{n}_2|}$$

Beispiel

Bestimmen Sie den Schnittwinkel der beiden Ebenen

$E_1$: $\vec{x} = \begin{pmatrix} 3 \\ 1 \\ 0 \end{pmatrix} + r \cdot \begin{pmatrix} 1 \\ -1 \\ 2 \end{pmatrix} + s \cdot \begin{pmatrix} -2 \\ -1 \\ 3 \end{pmatrix}$ und $E_2$: $2x_1 - x_2 - x_3 = 1$.

*Lösung:*

Mithilfe des Vektorproduktes erhält man aus den beiden Spannvektoren der Ebene $E_1$ einen Normalenvektor:

$$\vec{n}_1 = \begin{pmatrix} 1 \\ -1 \\ 2 \end{pmatrix} \times \begin{pmatrix} -2 \\ -1 \\ 3 \end{pmatrix} = \begin{pmatrix} -3+2 \\ -4-3 \\ -1-2 \end{pmatrix} = \begin{pmatrix} -1 \\ -7 \\ -3 \end{pmatrix}$$

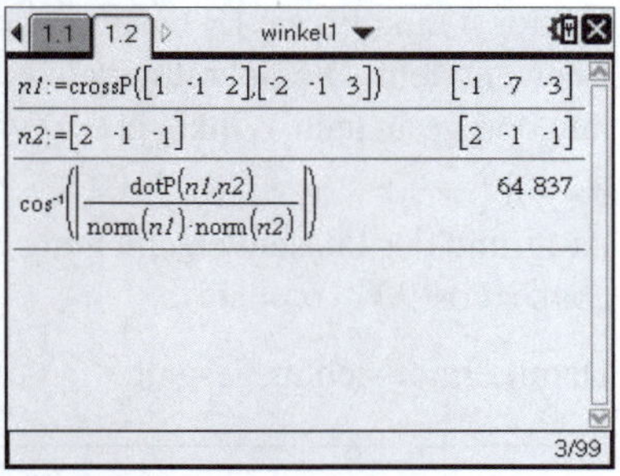


Aus der Koordinatenform der zweiten Ebene kann man den Normalenvektor direkt ablesen (vgl. S. 63):

$$\vec{n}_2 = \begin{pmatrix} 2 \\ -1 \\ -1 \end{pmatrix}$$

Hieraus ergibt sich für den Schnittwinkel α der beiden Ebenen:

$$\cos\alpha = \frac{|\vec{n}_1 \cdot \vec{n}_2|}{|\vec{n}_1| \cdot |\vec{n}_2|} = \frac{\left|\begin{pmatrix} -1 \\ -7 \\ -3 \end{pmatrix} \cdot \begin{pmatrix} 2 \\ -1 \\ -1 \end{pmatrix}\right|}{\left|\begin{pmatrix} -1 \\ -7 \\ -3 \end{pmatrix}\right| \cdot \left|\begin{pmatrix} 2 \\ -1 \\ -1 \end{pmatrix}\right|} = \frac{8}{\sqrt{354}} \quad \Rightarrow \quad \alpha \approx 64{,}8°$$

**Aufgabe** **88.** Bestimmen Sie den Winkel, unter dem sich die Ebenen $E_1$ und $E_2$ schneiden.

a) $E_1\colon\ 4x_1 - x_2 - 2x_3 = 1;\qquad E_2\colon\ \vec{x} = \begin{pmatrix}0\\1\\-2\end{pmatrix} + r\cdot\begin{pmatrix}1\\5\\1\end{pmatrix} + s\cdot\begin{pmatrix}-2\\1\\1\end{pmatrix}$

b) $E_1\colon\ 4x_1 - x_2 - 2x_3 = 1;\qquad E_2\colon\ \left(\vec{x} - \begin{pmatrix}0\\1\\2\end{pmatrix}\right)\cdot\begin{pmatrix}2\\-1\\-1\end{pmatrix} = 0$

## 7.3 Schnittwinkel zwischen Ebene und Gerade

Schneidet eine Gerade g eine Ebene E, dann haben Gerade und Ebene einen Punkt S gemeinsam. Dieser Punkt bildet wieder den Scheitelpunkt des Schnittwinkels. Setzt man in diesem Punkt S den Richtungsvektor $\vec{r}$ der Geraden an, so ist ein Schenkel des gesuchten Winkels festgelegt. Der zweite Schenkel wird durch den Normalenvektor $\vec{n}$ der Ebene bestimmt.

Berechnet man allerdings den spitzen Winkel zwischen $\vec{r}$ und $\vec{n}$ mithilfe der Formel $\cos\beta = \frac{|\vec{r}\cdot\vec{n}|}{|\vec{r}|\cdot|\vec{n}|}$, dann erhält man die Größe des Winkels β im Bild rechts. Entsprechend der intuitiven Vorstellung wird jedoch der Komplementärwinkel α als Schnittwinkel einer Geraden mit einer Ebene festgelegt.

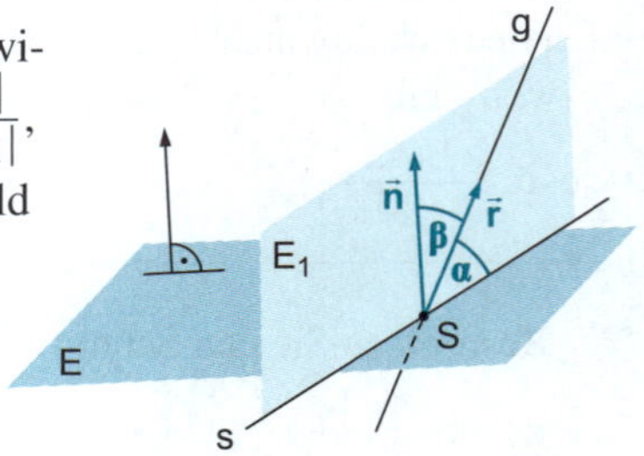


Verschiebt man nämlich den Normalenvektor $\vec{n}$ der Ebene E so, dass er im Punkt S ansetzt, dann wird durch den Vektor $\vec{r}$ und den Vektor $\vec{n}$ eine Ebene $E_1$ bestimmt, die die Gerade g enthält und senkrecht auf der Ebene E steht. Die Schnittgerade s der beiden Ebenen und der Vektor $\vec{r}$ schließen nun den gesuchten Winkel α ein (vgl. Bild).

Es gilt $\beta = 90° - \alpha$.
Aufgrund der Phasenverschiebung zwischen Kosinus und Sinus folgt also:
$\cos\beta = \cos(90° - \alpha) = \sin\alpha$

Damit ergibt sich insgesamt:

Regel

**Schnittwinkel zwischen einer Ebene und einer Geraden**
Für den Schnittwinkel $0° \le \alpha \le 90°$ zwischen einer Ebene mit dem Normalenvektor $\vec{n}$ und einer Geraden mit dem Richtungsvektor $\vec{r}$ gilt:

$$\sin\alpha = \frac{|\vec{n}\cdot\vec{r}|}{|\vec{n}|\cdot|\vec{r}|}$$

Beispiel

Bestimmen Sie den Schnittwinkel zwischen der Ebene E: $x_1 - 3x_2 = 5$ und der Geraden g, die durch die Punkte A(1 | –2 | –3) und B(–2 | 1 | 1) festgelegt ist.

*Lösung:*

Den Normalenvektor $\vec{n}$ der Ebene E kann man aus der Koordinatenform ablesen:

$$\vec{n} = \begin{pmatrix} 1 \\ -3 \\ 0 \end{pmatrix}$$

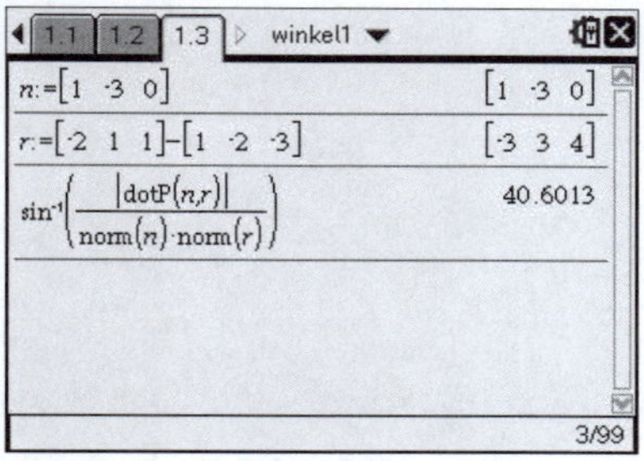


Für den Richtungsvektor der Geraden g gilt:

$$\vec{r} = \overrightarrow{AB} = \begin{pmatrix} -3 \\ 3 \\ 4 \end{pmatrix}$$

Somit ergibt sich für den Schnittwinkel α:

$$\sin\alpha = \frac{|\vec{n} \cdot \vec{r}|}{|\vec{n}| \cdot |\vec{r}|} = \frac{\left|\begin{pmatrix} 1 \\ -3 \\ 0 \end{pmatrix} \cdot \begin{pmatrix} -3 \\ 3 \\ 4 \end{pmatrix}\right|}{\left|\begin{pmatrix} 1 \\ -3 \\ 0 \end{pmatrix}\right| \cdot \left|\begin{pmatrix} -3 \\ 3 \\ 4 \end{pmatrix}\right|} = \frac{|-3-9|}{\sqrt{10} \cdot \sqrt{34}} = \frac{12}{\sqrt{340}} \quad \Rightarrow \quad \alpha \approx 40{,}6°$$

**Aufgabe 89.** Berechnen Sie den Winkel, unter dem die Gerade $g_{AB}$ durch die Punkte A(3 | 2 | –2) und B(–5 | 1 | 3) die Ebene E: $4x_1 - 3x_2 + x_3 = 5$ schneidet.

# 8 Abstandsberechnungen

Nur wenn sich zwei Geraden oder Ebenen nicht schneiden, ist es sinnvoll, von einem Abstand zwischen diesen geometrischen Objekten zu sprechen. Ausgehend von der Berechnung des Abstands eines Punktes von einer Ebene bzw. von einer Geraden lassen sich weitere Abstandsberechnungen leicht ableiten.

## 8.1 Abstand eines Punktes von einer Ebene

Bei allen Abstandsproblemen ist nach dem jeweils **kürzesten Abstand** zwischen den betrachteten geometrischen Objekten gefragt. Das bedeutet, dass bei dem Abstandsproblem Punkt–Ebene nach der Länge eines Vektors gesucht wird, der **senkrecht** auf der Ebene steht und den Punkt als End- oder Anfangspunkt besitzt.

Betrachtet wird ein Punkt P, der außerhalb der Ebene E liegt. Der Punkt A ist der Punkt in der Ebene, auf den der Ortsvektor $\vec{a}$ als Stützvektor der Ebene zeigt, und Q ist der Lotfußpunkt des Lotes von P auf die Ebene E (vgl. Bild rechts). Der Normalenvektor $\vec{n}$ der Ebene wird zwar zunächst im Punkt A angesetzt, kann aber so verschoben werden, dass er im Punkt Q steht.

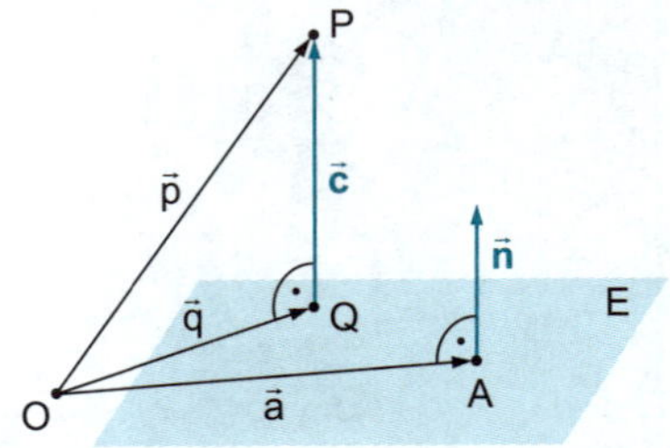


Verlängert man den Vektor $\vec{n}$ entsprechend, so erhält man den gesuchten Vektor $\vec{c}$, dessen Länge den Abstand des Punktes P zur Ebene E darstellt. Die Frage bleibt nun, um welchen Faktor man den Normalenvektor $\vec{n}$ verlängern muss, um bis zum Punkt P zu gelangen.

**Lösungsmöglichkeit 1**

Man erstellt eine Gerade, die durch den Punkt P geht und senkrecht auf der Ebene E steht (eine sogenannte Lotgerade). Eine solche Gerade ist:

$g:\ \vec{x} = \vec{p} + r \cdot \vec{n}$

Anschließend berechnet man den Schnittpunkt dieser Lotgeraden g mit der Ebene E. Dieser Schnittpunkt ist der Punkt Q. Hat man den Punkt Q, so ergibt sich der gesuchte Abstand d aus:

$d = |\vec{c}| = |\vec{p} - \vec{q}|$

Beispiel

Berechnen Sie den Abstand des Punktes P(3 | 1 | 2) von der Ebene E, die durch die Gleichung E: $2x_1 + 6x_2 - 2x_3 = 19$ gegeben ist.

*Lösung:*

Der Normalenvektor der Ebene E ist $\vec{n} = \begin{pmatrix} 2 \\ 6 \\ -2 \end{pmatrix}$. Die Lotgerade, die durch den Punkt P führt, wird beschrieben durch:

$$g:\ \vec{x} = \begin{pmatrix} 3 \\ 1 \\ 2 \end{pmatrix} + r \cdot \begin{pmatrix} 2 \\ 6 \\ -2 \end{pmatrix}$$

Zur Berechnung des Schnittpunktes der Geraden g mit der Ebene E ersetzt man die Variablen $x_1$, $x_2$ und $x_3$ in der Koordinatenform von E entsprechend dieser Geradengleichung (vgl. Abschnitt 6.3) und erhält folgende Gleichung:

$$2 \cdot (3 + 2r) + 6 \cdot (1 + 6r) - 2 \cdot (2 - 2r) = 19 \quad \Leftrightarrow \quad 44r = 11 \quad \Leftrightarrow \quad r = \tfrac{1}{4}$$

Setzt man diesen Wert in die Gleichung von g ein, erhält man den Schnittpunkt $Q\left(\frac{7}{2} \middle| \frac{5}{2} \middle| \frac{3}{2}\right)$. Der Abstand d von P zur Ebene E ergibt sich aus:

$$d = |\vec{p} - \vec{q}| = \left| \begin{pmatrix} 3 \\ 1 \\ 2 \end{pmatrix} - \begin{pmatrix} \frac{7}{2} \\ \frac{5}{2} \\ \frac{3}{2} \end{pmatrix} \right| = \left| \begin{pmatrix} -\frac{1}{2} \\ -\frac{3}{2} \\ \frac{1}{2} \end{pmatrix} \right| = \sqrt{\frac{11}{4}} = \frac{\sqrt{11}}{2}$$

CAS *Hinweise für den CAS-Einsatz:*

Der Schnittpunkt Q der Geraden g mit der Ebene E wird berechnet wie in Abschnitt 6.3 erläutert. Der Abstand d als Länge des Vektors $\vec{c} = \vec{p} - \vec{q}$ wird anschließend mit dem Befehl **norm** ermittelt.

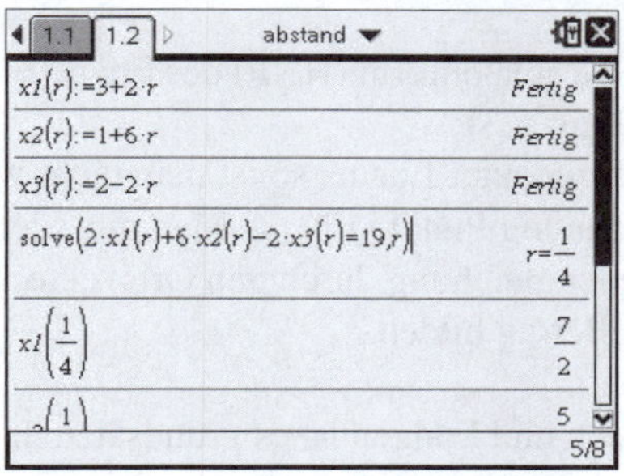


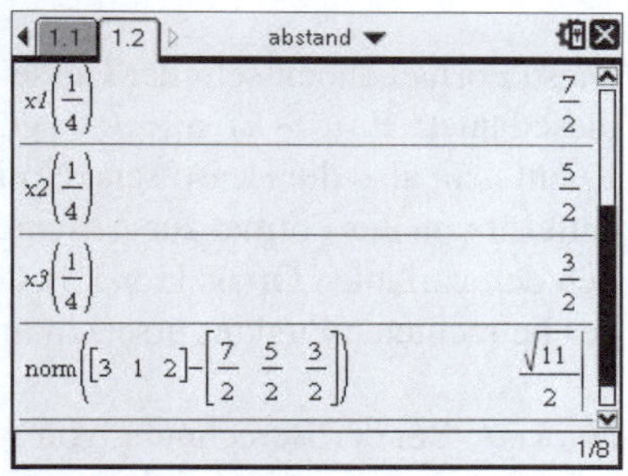


## Lösungsmöglichkeit 2

Unter der Voraussetzung, dass der Normalenvektor $\vec{n}$ und der Vektor $\vec{c} = \vec{p} - \vec{q}$ in dieselbe Richtung zeigen, gilt $\vec{c} = \vec{p} - \vec{q} = k \cdot \vec{n}$ mit positivem $k \in \mathbb{R}$. Verändert man die Länge des Normalenvektors $\vec{n}$ so, dass aus $\vec{n}$ der Normaleneinheitsvektor $\vec{n}_0$ wird (vgl. Abschnitt 5.3), dann erhält man $\vec{c} = d \cdot \vec{n}_0$. Die positive reelle Zahl d gibt dabei den gesuchten Abstand an, denn es gilt $|\vec{n}_0| = 1$ und damit $|\vec{c}| = d \cdot |\vec{n}_0| = d$.

Die drei Punkte A, P und Q bilden ein rechtwinkliges Dreieck. Mit den Bezeichnungen wie im Bild rechts gilt für die dargestellte Situation:

$\cos\varphi = \frac{d}{|\vec{v}|} \quad \Leftrightarrow \quad |\vec{v}| \cdot \cos\varphi = d$

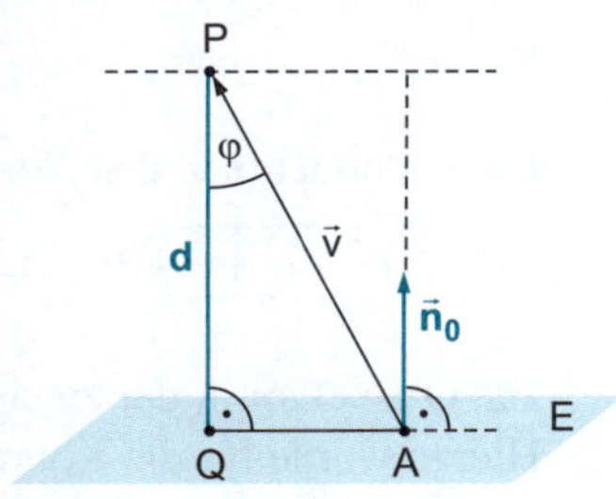


Andererseits folgt aus der alternativen Definition des Skalarproduktes (vgl. Abschnitt 4.1):

$\vec{v} \cdot \vec{n}_0 = |\vec{v}| \cdot |\vec{n}_0| \cdot \cos\varphi = |\vec{v}| \cdot \cos\varphi = d$

Zeigen $\vec{n}_0$ und $\vec{c} = \vec{p} - \vec{q}$ in entgegengesetzte Richtungen, dann gilt $\vec{c} = d \cdot (-\vec{n}_0)$. Auch jetzt gibt d den gesuchten Abstand an, aber das Skalarprodukt $\vec{v} \cdot \vec{n}_0$ wird negativ. Um auch diesen Fall zu berücksichtigen, verwendet man den Betrag des Skalarproduktes:

$|\vec{v} \cdot \vec{n}_0| = ||\vec{v}| \cdot |\vec{n}_0| \cdot \cos\varphi| = ||\vec{v}| \cdot \cos\varphi| = d$

Mit $\vec{v} = \overrightarrow{AP} = \vec{p} - \vec{a}$ folgt anschließend:

$d = |(\vec{p} - \vec{a}) \cdot \vec{n}_0|$

Man projiziert also den Vektor $\vec{p} - \vec{a}$ mithilfe des Skalarproduktes auf den Normaleneinheitsvektor $\vec{n}_0$ der Ebene.

Regel

**Abstand eines Punktes von einer Ebene**

Ein Punkt P mit dem Ortsvektor $\vec{p}$ besitzt von der Ebene E, die den Normaleneinheitsvektor $\vec{n}_0$ und den Ortsvektor $\vec{a}$ als Stützvektor hat, den Abstand

$d = |(\vec{p} - \vec{a}) \cdot \vec{n}_0|$.

Diese Formel ähnelt sehr der Hesse'schen Normalenform (HNF) der Ebene E; diese lautet: E: $(\vec{x} - \vec{a}) \cdot \vec{n}_0 = 0$ (vgl. Abschnitt 5.3)

Kennt man also die Hesse'sche Normalenform einer Ebene, so ist man nicht weit entfernt von der Formel zur Abstandsberechnung Punkt–Ebene. Man muss lediglich den variablen Ortsvektor $\vec{x}$ in der Ebenengleichung durch den Ortsvektor $\vec{p}$ des betrachteten Punktes ersetzen und den Betrag bilden.

*Hinweis:* Bei der Berechnung von Abständen und Längen ist es grundsätzlich erforderlich, die Längeneinheiten (LE) anzugeben; im Folgenden wird auf diese Angabe verzichtet.

Beispiel

Bestimmen Sie den Abstand der Punkte $P_1(5|2|2)$ und $P_2(3|2|1)$ von der Ebene E: $6x_1 - 3x_2 + 2x_3 = 14$.

*Lösung:*

Der Normalenvektor der Ebene kann an den Koeffizienten der Ebenengleichung abgelesen werden:

$$\vec{n} = \begin{pmatrix} 6 \\ -3 \\ 2 \end{pmatrix}$$

Daraus bildet man den Normaleneinheitsvektor der Ebene E:

$$|\vec{n}| = \sqrt{6^2 + (-3)^2 + 2^2} = \sqrt{49} = 7 \quad \Rightarrow \quad \vec{n}_0 = \frac{1}{7} \cdot \begin{pmatrix} 6 \\ -3 \\ 2 \end{pmatrix}$$

Ein Ortsvektor $\vec{a}$, der zu einem Punkt A der Ebene zeigt, wäre z. B. $\vec{a} = \begin{pmatrix} 0 \\ 0 \\ 7 \end{pmatrix}$.

Hierzu wurde für die Koordinaten $x_1 = 0$ und $x_2 = 0$ gewählt.

Damit die Ebenengleichung erfüllt ist, muss dann $x_3 = 7$ sein.

So lässt sich der Abstand des Punktes $P_1$ von der Ebene berechnen:

$$d_{P_1} = |(\vec{p}_1 - \vec{a}) \cdot \vec{n}_0| = \left| \left( \begin{pmatrix} 5 \\ 2 \\ 2 \end{pmatrix} - \begin{pmatrix} 0 \\ 0 \\ 7 \end{pmatrix} \right) \cdot \frac{1}{7} \begin{pmatrix} 6 \\ -3 \\ 2 \end{pmatrix} \right| = \frac{1}{7} \cdot \left| \begin{pmatrix} 5 \\ 2 \\ -5 \end{pmatrix} \cdot \begin{pmatrix} 6 \\ -3 \\ 2 \end{pmatrix} \right| = \frac{1}{7} \cdot |30 - 6 - 10| = 2$$

Für den Punkt $P_2$ ergibt sich analog:

$$d_{P_2} = |(\vec{p}_2 - \vec{a}) \cdot \vec{n}_0| = \left| \left( \begin{pmatrix} 3 \\ 2 \\ 1 \end{pmatrix} - \begin{pmatrix} 0 \\ 0 \\ 7 \end{pmatrix} \right) \cdot \frac{1}{7} \begin{pmatrix} 6 \\ -3 \\ 2 \end{pmatrix} \right| = \frac{1}{7} \cdot \left| \begin{pmatrix} 3 \\ 2 \\ -6 \end{pmatrix} \cdot \begin{pmatrix} 6 \\ -3 \\ 2 \end{pmatrix} \right| = \frac{1}{7} \cdot |18 - 6 - 12| = 0$$

Der Abstand des Punktes $P_2$ zur Ebene E ist gleich 0, das bedeutet, dass der Punkt $P_2$ in der Ebene E liegt.

CAS *Hinweise für den CAS-Einsatz:*

Mithilfe des CAS-Rechners wird die Abstandsberechnung für den Punkt $P_2$ veranschaulicht. Dabei wird hier nochmals der vollständige Rechenweg ausgehend vom Normalenvektor gezeigt. Auch hier ergibt sich der Abstand 0.

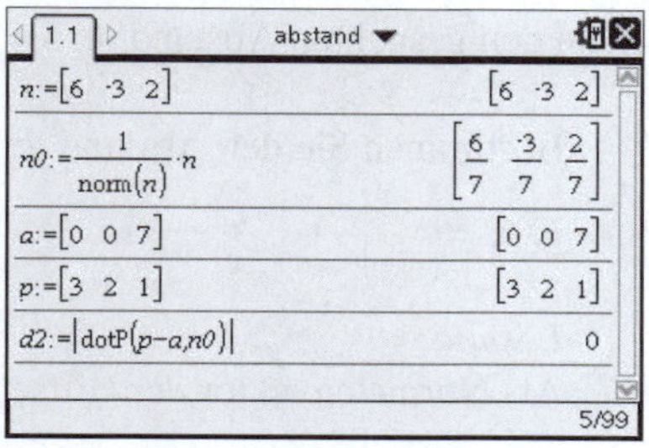


**Aufgabe 90.** Bestimmen Sie jeweils den Abstand des Punktes A(5 | 1 | 2) von der Ebene E.

a) E: $4x_1 + 2x_2 - 4x_3 = 18$

b) E: $\vec{x} = \begin{pmatrix} 1 \\ 2 \\ 1 \end{pmatrix} + r \cdot \begin{pmatrix} 2 \\ 7 \\ 8 \end{pmatrix} + s \cdot \begin{pmatrix} -2 \\ 4 \\ 3 \end{pmatrix}$

c) E: $\left( \vec{x} - \begin{pmatrix} 1 \\ 1 \\ -2 \end{pmatrix} \right) \cdot \begin{pmatrix} 2 \\ -6 \\ 3 \end{pmatrix} = 0$

d) Die Ebene E enthält die Punkte B(7 | 3 | 3), C(6 | –1 | 9) und D(9 | –1 | 0).

## 8.2 Abstand eines Punktes von einer Geraden

Zur Bestimmung des Abstands eines Punktes P von einer Geraden g gibt es mehrere Möglichkeiten. Im Bild rechts ist d der gesuchte Abstand, F der Fußpunkt des Lotes von P auf die Gerade g, $\vec{r}_g$ der Richtungsvektor der Geraden und Q ein beliebiger weiterer Punkt der Geraden.

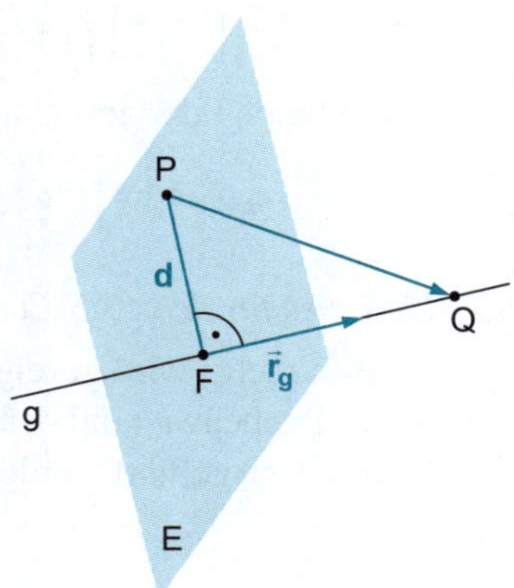


### Lösungsmöglichkeit 1

Man bestimmt die Koordinaten des Lotfußpunktes F, indem man eine Hilfsebene E bildet, die senkrecht zur Geraden g steht und in der der Punkt P liegt. Es gilt also:

E: $(\vec{x} - \vec{p}) \cdot \vec{r}_g = 0$

Man berechnet nun den Lotfußpunkt F als Schnittpunkt der Geraden mit der Ebene. Ist die Gerade g durch die Gleichung $\vec{x} = \vec{q} + t \cdot \vec{r}_g$ gegeben, so berechnet man den Parameter t, indem man die Geradengleichung in die Ebenengleichung einsetzt:
$((\vec{q} + t \cdot \vec{r}_g) - \vec{p}) \cdot \vec{r}_g = 0$
Der so ermittelte Wert für t wird in die Geradengleichung eingesetzt, sodass man den Ortsvektor zum Punkt F berechnen kann. Die Länge des Vektors $\overrightarrow{FP}$ ergibt dann den gesuchten Abstand d: $d = |\overrightarrow{FP}|$

Beispiel

Bestimmen Sie den Abstand des Punktes P(1 | 5 | –5) von der Geraden

$$g:\ \vec{x} = \begin{pmatrix} -4 \\ -3 \\ 3 \end{pmatrix} + t \cdot \begin{pmatrix} 4 \\ 3 \\ -1 \end{pmatrix}.$$

*Lösung:*

Als Normalenvektor der Hilfsebene E dient der Richtungsvektor von g:

$$\vec{n} = \vec{r}_g = \begin{pmatrix} 4 \\ 3 \\ -1 \end{pmatrix}$$

Also kann die Hilfsebene durch die Normalenform

$$E:\ \left(\vec{x} - \begin{pmatrix} 1 \\ 5 \\ -5 \end{pmatrix}\right) \cdot \begin{pmatrix} 4 \\ 3 \\ -1 \end{pmatrix} = 0$$

dargestellt werden. Wird nun die Geradengleichung eingesetzt, so erhält man:

$$\left(\begin{pmatrix} -4 \\ -3 \\ 3 \end{pmatrix} + t \cdot \begin{pmatrix} 4 \\ 3 \\ -1 \end{pmatrix} - \begin{pmatrix} 1 \\ 5 \\ -5 \end{pmatrix}\right) \cdot \begin{pmatrix} 4 \\ 3 \\ -1 \end{pmatrix} = 0$$

$$\left(\begin{pmatrix} -5 \\ -8 \\ 8 \end{pmatrix} + t \cdot \begin{pmatrix} 4 \\ 3 \\ -1 \end{pmatrix}\right) \cdot \begin{pmatrix} 4 \\ 3 \\ -1 \end{pmatrix} = 0$$

$$-52 + 26t = 0$$

$$t = 2$$

Einsetzen in die Gleichung von g ergibt den Ortsvektor zum Lotfußpunkt F:

$$\vec{f} = \begin{pmatrix} -4 \\ -3 \\ 3 \end{pmatrix} + 2 \cdot \begin{pmatrix} 4 \\ 3 \\ -1 \end{pmatrix} = \begin{pmatrix} 4 \\ 3 \\ 1 \end{pmatrix}$$

Somit beträgt der gesuchte Abstand d:

$$d = |\overrightarrow{FP}| = |\vec{p} - \vec{f}| = \left|\begin{pmatrix} 1 \\ 5 \\ -5 \end{pmatrix} - \begin{pmatrix} 4 \\ 3 \\ 1 \end{pmatrix}\right| = \left|\begin{pmatrix} -3 \\ 2 \\ -6 \end{pmatrix}\right| = 7$$

CAS

*Hinweise für den CAS-Einsatz:*

Im Bild rechts wird gezeigt, wie dieser Rechenweg mit dem CAS-Rechner ausgeführt werden kann.

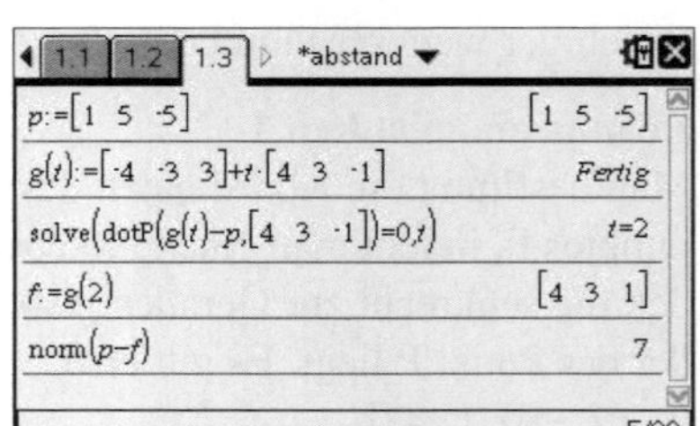

### Lösungsmöglichkeit 2 a

Man bestimmt die Länge des Vektors $\overrightarrow{PF}$ mithilfe der Bedingung, dass diese Länge minimal wird. Diese minimale Länge entspricht dann dem gesuchten Abstand d.
F ist ein Punkt auf der Geraden g, sodass für den Ortsvektor zum Punkt F gilt:
$\vec{f} = \vec{q} + t \cdot \vec{r}_g$

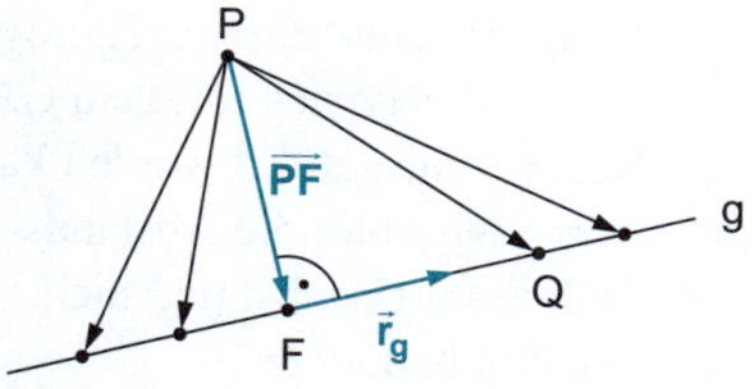


Der Vektor $\overrightarrow{PF}$ hängt damit vom Parameter t ab, sodass sich für den gesuchten Abstand d die Funktion $d(t) = |\overrightarrow{PF}|$ ergibt. Mit den Mitteln der Analysis ist dann das Minimum dieser Funktion zu bestimmen.
Nach der Formel zur Berechnung der Länge eines Vektors (vgl. Abschnitt 4.1) ist die Funktion d(t) eine Wurzelfunktion. Um einfacher rechnen zu können, untersucht man stattdessen die quadratische Funktion $q(t) = d(t)^2 = |\overrightarrow{PF}|^2$ auf ihre Minimalstelle, da diese mit der Minimalstelle der Wurzelfunktion übereinstimmt.

Beispiel

Berechnen Sie den Abstand des Punktes P(1 | 2 | 3) von der Geraden
$g\colon\ \vec{x} = \begin{pmatrix}3\\3\\1\end{pmatrix} + t \cdot \begin{pmatrix}1\\0\\2\end{pmatrix}.$

*Lösung:*
Der Ortsvektor zum Punkt F auf der Geraden g hat die Koordinaten
$\vec{f} = \begin{pmatrix}3\\3\\1\end{pmatrix} + t \cdot \begin{pmatrix}1\\0\\2\end{pmatrix}.$

Also lautet der Verbindungsvektor:
$$\overrightarrow{PF} = \vec{f} - \vec{p} = \begin{pmatrix}3\\3\\1\end{pmatrix} + t \cdot \begin{pmatrix}1\\0\\2\end{pmatrix} - \begin{pmatrix}1\\2\\3\end{pmatrix} = \begin{pmatrix}2\\1\\-2\end{pmatrix} + t \cdot \begin{pmatrix}1\\0\\2\end{pmatrix}$$

Daraus ergibt sich als Zielfunktion:
$$q(t) = d(t)^2 = |\overrightarrow{PF}|^2 = (2+t)^2 + (1+0t)^2 + (-2+2t)^2 = 5t^2 - 4t + 9$$

Bekanntlich sind nun zur Bestimmung des Minimums entweder die Koordinaten des Scheitelpunktes durch Umwandlung dieser Parabelgleichung in die Scheitelpunktform zu suchen oder die Nullstelle der ersten Ableitung:
$$\begin{aligned} q'(t) &= 0 \\ 10t - 4 &= 0 \\ t &= \tfrac{2}{5} \end{aligned}$$

Wegen $q''\left(\frac{2}{5}\right) = 10 > 0$ liegt bei $t = \frac{2}{5}$ tatsächlich das Minimum.
Das bedeutet, dass für $t = \frac{2}{5}$ der Vektor $\overrightarrow{PF}$ die kürzeste Länge hat. Diese Länge entspricht dem gesuchten Abstand d und beträgt:
$$d = d\left(\tfrac{2}{5}\right) = \sqrt{q\left(\tfrac{2}{5}\right)} = \sqrt{5 \cdot \left(\tfrac{2}{5}\right)^2 - 4 \cdot \tfrac{2}{5} + 9} = \sqrt{\tfrac{41}{5}} \approx 2{,}86$$

CAS *Hinweise für den CAS-Einsatz:*

Im Bild rechts wird gezeigt, wie dieser Rechenweg mit dem CAS-Rechner ausgeführt werden kann. Dabei wird hier die Abstandsfunktion d(t) selbst und nicht ihr Quadrat betrachtet.

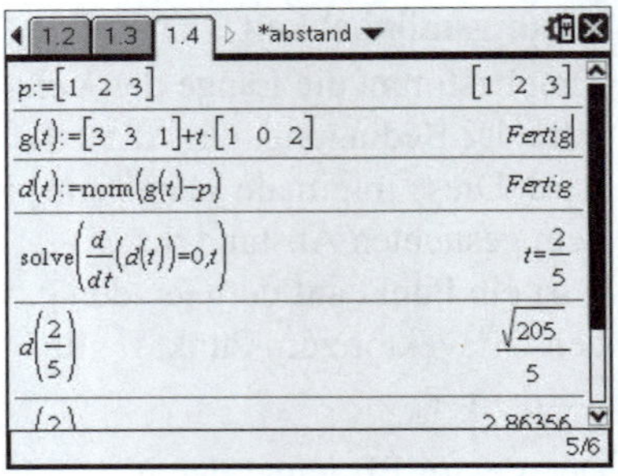


## Lösungsmöglichkeit 2 b

Wie bei Lösungsmöglichkeit 2 a soll die Länge des Vektors $\overrightarrow{PF}$ minimal werden. Allerdings nutzt man jetzt die Kenntnis aus, dass die Länge des Vektors $\overrightarrow{PF}$ genau dann minimal ist, wenn er senkrecht zur Geraden g verläuft, also senkrecht auf dem Richtungsvektor $\vec{r}_g$ der Geraden steht. Das Skalarprodukt aus diesen beiden Vektoren muss also 0 ergeben (vgl. Abschnitt 4.2):

$$\overrightarrow{PF} \cdot \vec{r}_g = 0$$

Mit $\vec{f} = \vec{q} + t \cdot \vec{r}_g$ folgt: $((\vec{q} + t \cdot \vec{r}_g) - \vec{p}) \cdot \vec{r}_g = 0$

Löst man diese Gleichung nach t auf, so erhält man einen Wert $t_0$.

Diesen setzt man für t in die Gleichung $\overrightarrow{PF} = \vec{f} - \vec{p} = \vec{q} + t \cdot \vec{r}_g - \vec{p}$ ein und erhält so den Abstand d aus $d(t_0) = |\overrightarrow{PF}|$.

Beispiel Berechnen Sie den Abstand des Punktes P(3 | 2 | 1) von der Geraden

$$g:\ \vec{x} = \begin{pmatrix} 1 \\ 0 \\ 1 \end{pmatrix} + t \cdot \begin{pmatrix} 3 \\ 1 \\ 4 \end{pmatrix}.$$

*Lösung:*

Der Ortsvektor zum Punkt F auf der Geraden g hat die Koordinaten

$$\vec{f} = \begin{pmatrix} 1 \\ 0 \\ 1 \end{pmatrix} + t \cdot \begin{pmatrix} 3 \\ 1 \\ 4 \end{pmatrix}.$$

Der Verbindungsvektor $\overrightarrow{PF}$ lautet also:

$$\overrightarrow{PF} = \vec{f} - \vec{p} = \begin{pmatrix} 1 \\ 0 \\ 1 \end{pmatrix} + t \cdot \begin{pmatrix} 3 \\ 1 \\ 4 \end{pmatrix} - \begin{pmatrix} 3 \\ 2 \\ 1 \end{pmatrix} = \begin{pmatrix} -2 \\ -2 \\ 0 \end{pmatrix} + t \cdot \begin{pmatrix} 3 \\ 1 \\ 4 \end{pmatrix}$$

Die Bedingung für das Skalarprodukt aus dem Richtungsvektor $\vec{r}_g$ der Geraden und dem Vektor $\overrightarrow{PF}$ führt auf die Gleichung:

$$\overrightarrow{PF} \cdot \vec{r}_g = 0$$

$$\left( \begin{pmatrix} -2 \\ -2 \\ 0 \end{pmatrix} + t_0 \cdot \begin{pmatrix} 3 \\ 1 \\ 4 \end{pmatrix} \right) \cdot \begin{pmatrix} 3 \\ 1 \\ 4 \end{pmatrix} = 0$$

$$-8 + 26t_0 = 0$$

$$t_0 = \frac{8}{26} = \frac{4}{13}$$

Dieser Wert wird in die Gleichung für den Vektor $\overrightarrow{PF}$ eingesetzt und anschließend wird die Länge dieses Vektors berechnet:

$$\overrightarrow{PF} = \begin{pmatrix} -2 \\ -2 \\ 0 \end{pmatrix} + \frac{4}{13} \cdot \begin{pmatrix} 3 \\ 1 \\ 4 \end{pmatrix} = \frac{1}{13} \cdot \begin{pmatrix} -14 \\ -22 \\ 16 \end{pmatrix}$$

$$d = |\overrightarrow{PF}| = \left| \frac{1}{13} \cdot \begin{pmatrix} -14 \\ -22 \\ 16 \end{pmatrix} \right| = \frac{6}{13} \cdot \sqrt{26} \approx 2{,}35$$

CAS *Hinweise für den CAS-Einsatz:*

Bei der CAS-Lösung wird der Vektor $\overrightarrow{PF}$ als Funktion in Abhängigkeit von t definiert. Dies ist praktisch, da so zum Schluss der für t errechnete Wert direkt in die Gleichung für $\overrightarrow{PF}$ eingesetzt werden kann.

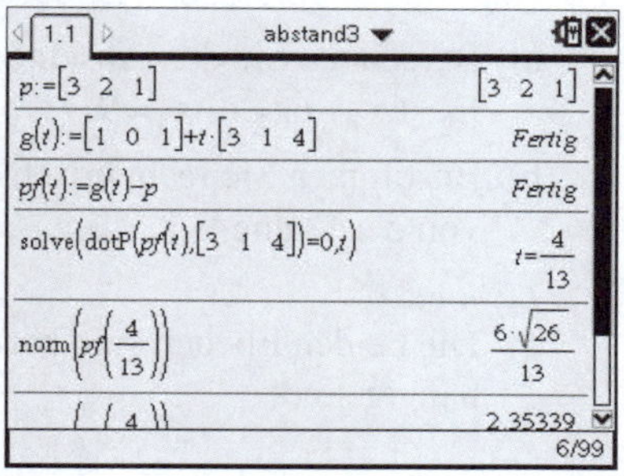


**Aufgabe 91.** Bestimmen Sie auf drei verschiedene Arten den Abstand des Punktes A(5|2|4) bzw. des Punktes B(5|−6|6) von der Geraden

$$g:\ \vec{x} = \begin{pmatrix} 1 \\ 4 \\ -2 \end{pmatrix} + r \cdot \begin{pmatrix} 2 \\ -1 \\ 3 \end{pmatrix}.$$

## 8.3 Abstand zweier Ebenen und Abstand von Gerade und Ebene

Zwei Ebenen können sich schneiden, sie können identisch sein oder echt parallel zueinander liegen. Nur im letzten Fall ist es sinnvoll, von einem Abstand zwischen den beiden Ebenen zu sprechen.

Dieses Abstandsproblem kann auf das bereits behandelte Problem „Abstand Punkt–Ebene" zurückgeführt werden: Es reicht aus, sich einen beliebigen Punkt P in einer der beiden Ebenen (z. B. $E_2$) zu suchen und dann den Abstand dieses Punktes P zur anderen Ebene (hier $E_1$) zu berechnen.

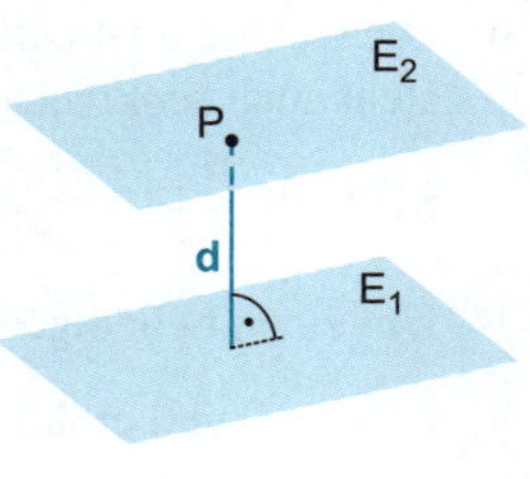

Der Abstand zwischen einer Geraden g und einer Ebene E kann ebenfalls nur dann sinnvoll berechnet werden, wenn die Gerade parallel zur Ebene verläuft. Man sucht sich auch hier einen beliebigen Punkt P der Geraden g und berechnet dann den Abstand dieses Punktes zur Ebene E.

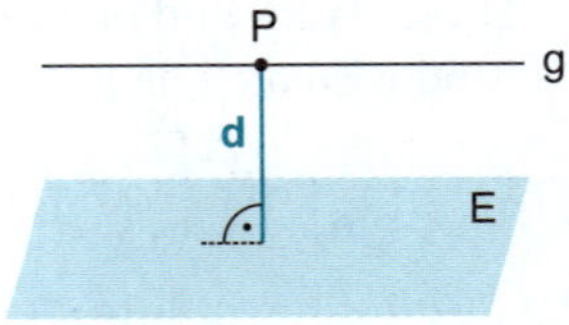


Beispiel

Gegeben ist eine Ebene $E_1$ durch $E_1$: $-4x_1+4x_2-2x_3=6$.

a) Berechnen Sie den Abstand der Ebene $E_1$ von der Ebene $E_2$: $6x_1-6x_2+3x_3=9$.

b) Bestimmen Sie rechnerisch den Abstand der Geraden g: $\vec{x}=\begin{pmatrix}1\\1\\-1\end{pmatrix}+t\cdot\begin{pmatrix}1\\1\\0\end{pmatrix}$ von der Ebene $E_1$.

*Lösung:*

a) Die beiden Ebenen sind parallel, weil ihre Normalenvektoren linear abhängig sind:

$$\vec{n}_1=\begin{pmatrix}-4\\4\\-2\end{pmatrix} \text{ und } \vec{n}_2=\begin{pmatrix}6\\-6\\3\end{pmatrix}=-\frac{3}{2}\cdot\begin{pmatrix}-4\\4\\-2\end{pmatrix}$$

Ein Normaleneinheitsvektor der beiden Ebenen lautet:

$$\vec{n}_0=\frac{1}{|\vec{n}_1|}\cdot\vec{n}_1=\frac{1}{6}\cdot\begin{pmatrix}-4\\4\\-2\end{pmatrix}=\frac{1}{3}\cdot\begin{pmatrix}-2\\2\\-1\end{pmatrix}$$

Der Punkt A(0|0|–3) ist ein Punkt der Ebene $E_1$. Ihre Hesse'sche Normalenform lautet also:

$$E_1\colon \left(\vec{x}-\begin{pmatrix}0\\0\\-3\end{pmatrix}\right)\cdot\frac{1}{3}\begin{pmatrix}-2\\2\\-1\end{pmatrix}=0$$

Um einen beliebigen Punkt der zweiten Ebene $E_2$ zu erhalten, kann man ebenso die $x_1$- und $x_2$-Koordinate gleich 0 wählen und die dritte Koordinate anhand der Ebenengleichung berechnen. Man erhält den Punkt P(0|0|3). Mit diesem Punkt lässt sich der gesuchte Abstand berechnen:

$$d=\left|\left(\begin{pmatrix}0\\0\\3\end{pmatrix}-\begin{pmatrix}0\\0\\-3\end{pmatrix}\right)\cdot\frac{1}{3}\begin{pmatrix}-2\\2\\-1\end{pmatrix}\right|=\frac{1}{3}\cdot\left|\begin{pmatrix}0\\0\\6\end{pmatrix}\cdot\begin{pmatrix}-2\\2\\-1\end{pmatrix}\right|=2$$

Der Abstand der beiden Ebenen beträgt 2.

b) Die Gerade g ist parallel zur Ebene $E_1$, denn der Normalenvektor von $E_1$ steht auch senkrecht auf g:

$$\vec{n}_1\cdot\vec{r}_g=\begin{pmatrix}-4\\4\\-2\end{pmatrix}\cdot\begin{pmatrix}1\\1\\0\end{pmatrix}=-4+4=0$$

Um einen beliebigen Punkt P auf der Geraden g zu erhalten, wählt man z. B. $t=0$ und erhält den Ortsvektor $\vec{p}=\begin{pmatrix}1\\1\\-1\end{pmatrix}$.

Mithilfe der in Teilaufgabe a bestimmten Hesse'schen Normalenform der Ebene $E_1$ erhält man den gesuchten Abstand:

$$d = \left| \left( \begin{pmatrix} 1 \\ 1 \\ -1 \end{pmatrix} - \begin{pmatrix} 0 \\ 0 \\ -3 \end{pmatrix} \right) \cdot \frac{1}{3} \begin{pmatrix} -2 \\ 2 \\ -1 \end{pmatrix} \right| = \frac{1}{3} \cdot \left| \begin{pmatrix} 1 \\ 1 \\ 2 \end{pmatrix} \cdot \begin{pmatrix} -2 \\ 2 \\ -1 \end{pmatrix} \right| = \frac{2}{3}$$

Der Abstand von g und $E_1$ beträgt $\frac{2}{3}$.

CAS *Hinweise für den CAS-Einsatz:*

Im Bild rechts wird gezeigt, wie diese Rechnung mit dem CAS-Rechner ausgeführt werden kann.

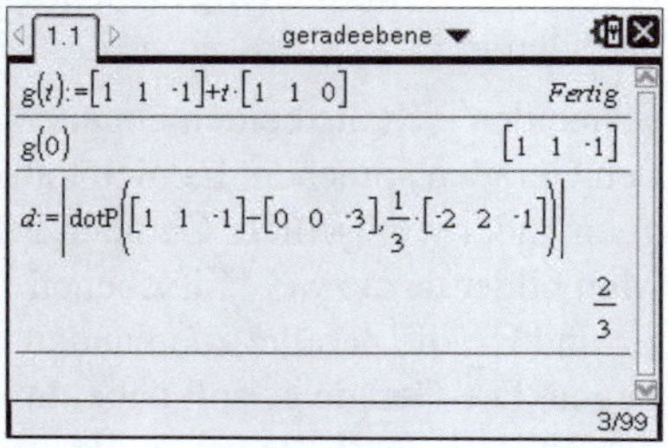


**Aufgaben** **92.** Bestimmen Sie jeweils den Abstand der beiden Ebenen.

a) $E_1$: $\vec{x} = \begin{pmatrix} 0 \\ 1 \\ -2 \end{pmatrix} + r \cdot \begin{pmatrix} 4 \\ 2 \\ 4 \end{pmatrix} + s \cdot \begin{pmatrix} -2 \\ 3 \\ 2 \end{pmatrix}$; $E_2$: $\vec{x} = \begin{pmatrix} 6 \\ 4 \\ 1 \end{pmatrix} + t \cdot \begin{pmatrix} 6 \\ 1 \\ 4 \end{pmatrix} + u \cdot \begin{pmatrix} 0 \\ 3 \\ 3 \end{pmatrix}$

b) $E_1$: $4x_1 - 3x_2 = 1$; $E_2$: $-8x_1 + 6x_2 = 12$

c) $E_1$: $\left( \vec{x} - \begin{pmatrix} 0 \\ 1 \\ 2 \end{pmatrix} \right) \cdot \begin{pmatrix} -2 \\ -6 \\ 3 \end{pmatrix} = 0$; $E_2$: $\vec{x} = \begin{pmatrix} 6 \\ 4 \\ 1 \end{pmatrix} + r \cdot \begin{pmatrix} 3 \\ 1 \\ 4 \end{pmatrix} + s \cdot \begin{pmatrix} 0 \\ 4 \\ 8 \end{pmatrix}$

**93.** Beweisen Sie, dass Gerade und Ebene jeweils parallel zueinander verlaufen, und bestimmen Sie deren Abstand.

a) g: $\vec{x} = \begin{pmatrix} -4 \\ -1 \\ 0 \end{pmatrix} + r \cdot \begin{pmatrix} 1 \\ -3 \\ 5 \end{pmatrix}$; E: $\vec{x} = \begin{pmatrix} 0 \\ 1 \\ -2 \end{pmatrix} + t \cdot \begin{pmatrix} 3 \\ 1 \\ -1 \end{pmatrix} + s \cdot \begin{pmatrix} -1 \\ -2 \\ 3 \end{pmatrix}$

b) g: $\vec{x} = \begin{pmatrix} 3 \\ 1 \\ 6 \end{pmatrix} + t \cdot \begin{pmatrix} 6 \\ 3 \\ 3 \end{pmatrix}$; E: $\left( \vec{x} - \begin{pmatrix} 0 \\ 1 \\ 2 \end{pmatrix} \right) \cdot \begin{pmatrix} -4 \\ 5 \\ 3 \end{pmatrix} = 0$

## 8.4 Abstand zweier Geraden

Die Berechnung des Abstands zweier paralleler Geraden $g_1$ und $g_2$ kann genauso behandelt werden wie das Abstandsproblem Punkt–Gerade: Man wählt z. B. einen beliebigen Punkt P, der auf der Geraden $g_1$ liegt, und berechnet nach einer der drei in Abschnitt 8.2 dargestellten Methoden den Abstand des Punktes P von der Geraden $g_2$.

Schneiden sich die beiden Geraden, kann man nicht von einem Abstand zwischen den Geraden sprechen. Es bleibt also noch zu überlegen, welchen Abstand zwei zueinander windschiefe Geraden haben.

Man bildet dazu zwei Hilfsebenen $E_1$ und $E_2$, die parallel zueinander liegen. Die Gerade $g_1$ soll dabei in der Ebene $E_1$ enthalten sein, die Gerade $g_2$ in der Ebene $E_2$ (vgl. Bild rechts).

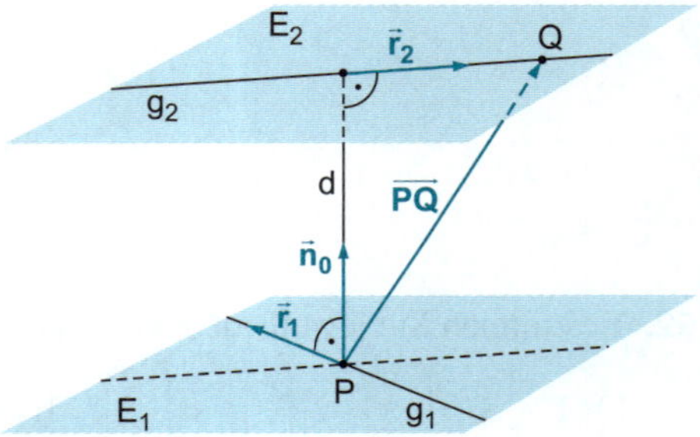


Der Abstand d der beiden windschiefen Geraden entspricht dann dem Abstand eines beliebigen Punktes auf der Geraden $g_1$ zur Ebene $E_2$.

Der Normaleneinheitsvektor $\vec{n}_0$ steht senkrecht auf $E_1$ und senkrecht auf $E_2$, also auch auf den beiden Richtungsvektoren $\vec{r}_1$ und $\vec{r}_2$ der Geraden $g_1$ und $g_2$. Damit kann man $\vec{n}_0$ wie folgt berechnen:

$$\vec{n}_0 = \frac{1}{|\vec{r}_1 \times \vec{r}_2|} \cdot (\vec{r}_1 \times \vec{r}_2)$$

Wählt man nun einen Punkt P auf der Geraden $g_1$ und einen Punkt Q auf der Geraden $g_2$, so ergibt sich entsprechend der Formel zur Berechnung des Abstands Punkt–Ebene (vgl. Abschnitt 8.1):

$$d = |(\vec{p} - \vec{q}) \cdot \vec{n}_0|$$

Regel

**Abstand zweier windschiefer Geraden**

Der Abstand der windschiefen Geraden $g_1$: $\vec{x} = \vec{p} + t \cdot \vec{r}_1$ und $g_2$: $\vec{x} = \vec{q} + s \cdot \vec{r}_2$ beträgt:

$d = |(\vec{p} - \vec{q}) \cdot \vec{n}_0|$,

wobei für $\vec{n}_0$ gilt:

$$\vec{n}_0 = \frac{1}{|\vec{r}_1 \times \vec{r}_2|} \cdot (\vec{r}_1 \times \vec{r}_2)$$

**Beispiel** Bestimmen Sie den Abstand der beiden windschiefen Geraden

$g_1\colon\ \vec{x} = \begin{pmatrix} 1 \\ 3 \\ 1 \end{pmatrix} + r \cdot \begin{pmatrix} 3 \\ 4 \\ -3 \end{pmatrix}$ und $g_2\colon\ \vec{x} = \begin{pmatrix} 5 \\ 2 \\ -2 \end{pmatrix} + s \cdot \begin{pmatrix} -2 \\ -2 \\ 3 \end{pmatrix}$.

*Lösung:*

Mithilfe des Vektorproduktes erhält man den Normalenvektor:

$$\vec{n} = \vec{r}_1 \times \vec{r}_2 = \begin{pmatrix} 3 \\ 4 \\ -3 \end{pmatrix} \times \begin{pmatrix} -2 \\ -2 \\ 3 \end{pmatrix} = \begin{pmatrix} 6 \\ -3 \\ 2 \end{pmatrix}$$

Daraus folgt als Normaleneinheitsvektor:

$$\vec{n}_0 = \frac{1}{|\vec{n}|} \cdot \begin{pmatrix} 6 \\ -3 \\ 2 \end{pmatrix} = \frac{1}{7} \cdot \begin{pmatrix} 6 \\ -3 \\ 2 \end{pmatrix}$$

Mit dem Ortsvektor $\vec{p} = \begin{pmatrix} 1 \\ 3 \\ 1 \end{pmatrix}$, der zu einem Punkt der Geraden $g_1$ zeigt, und

dem Ortsvektor $\vec{q} = \begin{pmatrix} 5 \\ 2 \\ -2 \end{pmatrix}$, der zu einem Punkt der Geraden $g_2$ zeigt, folgt:

$$d = |(\vec{p} - \vec{q}) \cdot \vec{n}_0| = \left| \left( \begin{pmatrix} 1 \\ 3 \\ 1 \end{pmatrix} - \begin{pmatrix} 5 \\ 2 \\ -2 \end{pmatrix} \right) \cdot \frac{1}{7} \begin{pmatrix} 6 \\ -3 \\ 2 \end{pmatrix} \right| = \frac{1}{7} \cdot \left| \begin{pmatrix} -4 \\ 1 \\ 3 \end{pmatrix} \cdot \begin{pmatrix} 6 \\ -3 \\ 2 \end{pmatrix} \right| = \frac{1}{7} \cdot |-21| = 3$$

Der Abstand der beiden windschiefen Geraden beträgt 3.

**CAS** *Hinweise für den CAS-Einsatz:*

Im Bild rechts wird gezeigt, wie diese Rechnung mit dem CAS-Rechner ausgeführt werden kann.

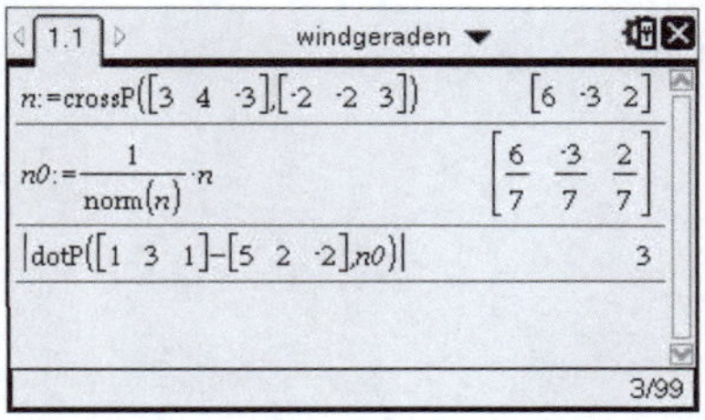


**Aufgabe 94.** Bestimmen Sie jeweils den Abstand der beiden Geraden.

a) $g\colon\ \vec{x} = \begin{pmatrix} -4 \\ -3 \\ 3 \end{pmatrix} + r \cdot \begin{pmatrix} 4 \\ 3 \\ 3 \end{pmatrix}$ und $h\colon\ \vec{x} = \begin{pmatrix} -1 \\ -3 \\ 5 \end{pmatrix} + t \cdot \begin{pmatrix} 0 \\ -3 \\ -1 \end{pmatrix}$

b) $g\colon\ \vec{x} = \begin{pmatrix} -9 \\ 1 \\ 6 \end{pmatrix} + r \cdot \begin{pmatrix} 4 \\ 6 \\ -1 \end{pmatrix}$ und $h\colon\ \vec{x} = \begin{pmatrix} -4 \\ -1 \\ 0 \end{pmatrix} + t \cdot \begin{pmatrix} -1 \\ 8 \\ 5 \end{pmatrix}$

c) $g_{AB}$ und $g_{CD}$ mit $A(3\,|\,1\,|\,-4)$, $B(4\,|\,5\,|\,-4)$, $C(6\,|\,-2\,|\,2)$ und $D(-3\,|\,-1\,|\,2)$.

# 9 Flächeninhalte und Volumina

Das Vektorprodukt ermöglicht die Berechnung der Flächeninhalte von Parallelogrammen und Dreiecken, wenn man die aufspannenden Vektoren dieser Flächen kennt. Nimmt man noch das Skalarprodukt hinzu, dann kann man sogar die Volumina eines Spats und einer Pyramide berechnen.

## 9.1 Fläche eines Parallelogramms und eines Dreiecks

Die Fläche eines Parallelogramms wird berechnet, indem man die Länge einer Seite des Parallelogramms mit der Länge der Höhe, die auf dieser Seite senkrecht steht, multipliziert:

$A_P = a \cdot h_a = b \cdot h_b$

Die Höhe $h_a$ lässt sich mit den Bezeichnungen im Bild rechts durch

$h_a = |\vec{b}| \cdot \sin\beta$

berechnen, da F der Scheitelpunkt eines rechten Winkels im Dreieck FBC ist.

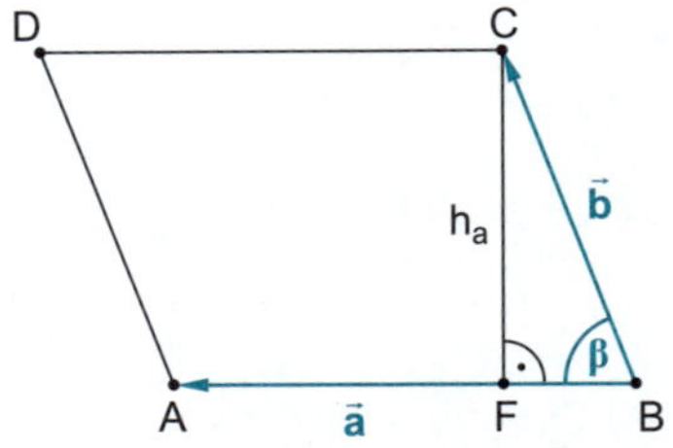


Damit ergibt sich für den Flächeninhalt des Parallelogramms:

$A_P = |\vec{a}| \cdot h_a = |\vec{a}| \cdot |\vec{b}| \cdot \sin\beta$

Es gilt $|\vec{a}| \cdot |\vec{b}| \cdot \sin\beta = |\vec{a} \times \vec{b}|$ (vgl. die Bemerkung in Abschnitt 4.3), woraus sich die nachfolgende Regel zur Flächenberechnung ergibt. Der Beweis dieser Beziehung erfolgt im Anschluss.

Regel

**Flächeninhalt eines Parallelogramms**

Der Flächeninhalt $A_P$ eines Parallelogramms, das von den Vektoren $\vec{a}$ und $\vec{b}$ aufgespannt wird, entspricht dem Betrag des Vektorproduktes dieser beiden Vektoren:

$A_P = |\vec{a} \times \vec{b}|$

*Beweis:*

Nach den obigen Darstellungen gilt für den Flächeninhalt eines Parallelogramms:

$A_P = |\vec{a}| \cdot h_a = |\vec{a}| \cdot |\vec{b}| \cdot \sin\beta$

Aus der bekannten Beziehung $\sin^2\beta + \cos^2\beta = 1$ folgt $\sin^2\beta = 1 - \cos^2\beta$, sodass sich das Quadrat des Flächeninhalts folgendermaßen berechnen lässt:

$$\begin{aligned}(A_P)^2 &= |\vec{a}|^2 \cdot |\vec{b}|^2 \cdot \sin^2\beta = |\vec{a}|^2 \cdot |\vec{b}|^2 \cdot (1 - \cos^2\beta)\\ &= |\vec{a}|^2 \cdot |\vec{b}|^2 - |\vec{a}|^2 \cdot |\vec{b}|^2 \cdot \cos^2\beta\\ &= |\vec{a}|^2 \cdot |\vec{b}|^2 - (\vec{a} \cdot \vec{b})^2\end{aligned}$$

Schreibt man die Vektoren $\vec{a}$ und $\vec{b}$ mithilfe ihrer Koordinaten $\vec{a} = \begin{pmatrix} a_1 \\ a_2 \\ a_3 \end{pmatrix}$ und $\vec{b} = \begin{pmatrix} b_1 \\ b_2 \\ b_3 \end{pmatrix}$ und multipliziert die auftretenden Skalarprodukte aus, dann erhält man nach einigen Umformungen die zu beweisende Beziehung $A_P = |\vec{a} \times \vec{b}|$.

Die Ausführung dieser Rechnung wird der Aufgabe 97 überlassen.

*Bemerkung:* Der Vektor $\vec{n} = \vec{a} \times \vec{b}$ steht senkrecht auf der Ebene, die durch zwei als linear unabhängig vorausgesetzte Vektoren $\vec{a}$ und $\vec{b}$ aufgespannt wird (vgl. Abschnitt 4.3).
Die Länge dieses Vektors entspricht zudem nach der obigen Regel der Maßzahl für den Flächeninhalt des Parallelogramms, das durch $\vec{a}$ und $\vec{b}$ gebildet wird.

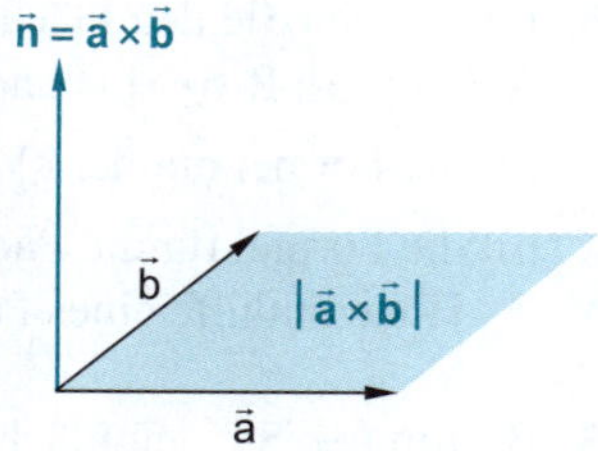


Jedes Dreieck kann zu einem Parallelogramm ergänzt werden. Das Parallelogramm besteht dann aus zwei kongruenten Dreiecken der ursprünglichen Größe. Umgekehrt ist also die Fläche eines Dreiecks halb so groß wie die Fläche des entsprechenden Parallelogramms. Deshalb gilt für die Fläche eines Dreiecks:

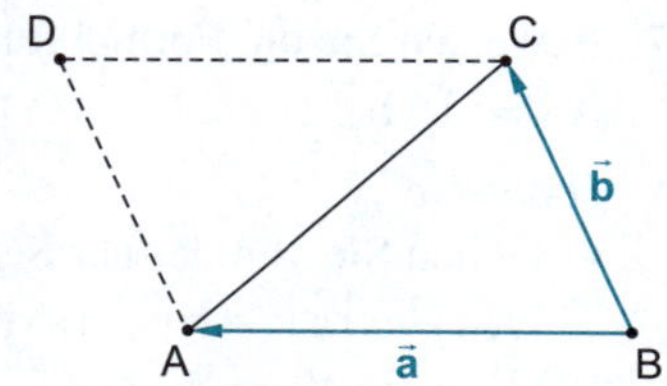


Regel

**Flächeninhalt eines Dreiecks**
Der Flächeninhalt $A_D$ eines Dreiecks, das von den Vektoren $\vec{a}$ und $\vec{b}$ aufgespannt wird, entspricht dem halben Betrag des Vektorproduktes dieser beiden Vektoren:
$A_D = \frac{1}{2} \cdot |\vec{a} \times \vec{b}|$

*Hinweis:* Bei der Berechnung von Flächeninhalten und Volumina ist es grundsätzlich erforderlich, die Einheiten (FE bzw. VE) anzugeben; im Folgenden wird auf diese Angabe verzichtet.

Beispiel

Die Punkte A(1 | 2 | −3), B(5 | 4 | −1) und C(4 | 6 | 2) sind Eckpunkte eines Parallelogramms ABCD bzw. eines Dreiecks ABC.
Bestimmen Sie jeweils den Flächeninhalt.

*Lösung:*

Mit $\vec{a} = \overrightarrow{BA} = \begin{pmatrix} -4 \\ -2 \\ -2 \end{pmatrix}$ und $\vec{b} = \overrightarrow{BC} = \begin{pmatrix} -1 \\ 2 \\ 3 \end{pmatrix}$

ergibt sich

$$A_P = |\vec{a} \times \vec{b}| = \left| \begin{pmatrix} -4 \\ -2 \\ -2 \end{pmatrix} \times \begin{pmatrix} -1 \\ 2 \\ 3 \end{pmatrix} \right| = \left| \begin{pmatrix} -2 \\ 14 \\ -10 \end{pmatrix} \right|$$

$$= \sqrt{4 + 196 + 100} = \sqrt{300} = 10\sqrt{3}$$

und

$$A_D = \frac{1}{2} \cdot |\vec{a} \times \vec{b}| = 5\sqrt{3}.$$

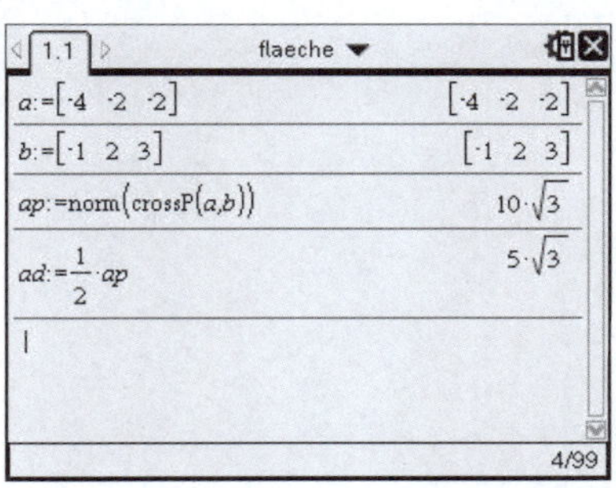

**Aufgaben**

**95.** Bestimmen Sie den Flächeninhalt eines Parallelogramms ABCD mit A(3 | 1 | –3), B(6 | 5 | 1) und C(1 | 9 | 8), indem Sie

a) die Formel mit dem Vektorprodukt anwenden,

b) die Formel für die Parallelogrammfläche $A_P = a \cdot h_a$ anwenden und die Höhe mithilfe eines Parallelogrammwinkels bestimmen.

**96.** Bestimmen Sie den Flächeninhalt des Dreiecks ABC mit A(–3 | –1 | 5), B(1 | 4 | 4) und C(–1 | 6 | 5).

* **97.** Beweisen Sie die Formel für den Flächeninhalt eines Parallelogramms: $A_P = |\vec{a} \times \vec{b}|$

*Hinweise:*

- Gehen Sie von der auf Seite 118 hergeleiteten Beziehung $(A_P)^2 = |\vec{a}|^2 \cdot |\vec{b}|^2 - (\vec{a} \cdot \vec{b})^2$ aus und schreiben Sie die Vektoren $\vec{a}$ und $\vec{b}$ mit ihren Koordinaten:
  $\vec{a} = \begin{pmatrix} a_1 \\ a_2 \\ a_3 \end{pmatrix}$ bzw. $\vec{b} = \begin{pmatrix} b_1 \\ b_2 \\ b_3 \end{pmatrix}$
- Multiplizieren Sie die auftretenden Skalarprodukte aus und vereinfachen Sie den Term.
- Bestimmen Sie nun entsprechend $|\vec{a} \times \vec{b}|^2$ und vereinfachen Sie diesen Term ebenfalls.
- Vergleichen Sie die beiden vereinfachten Terme miteinander.

## 9.2 Volumen eines Spats

Zwei linear unabhängige Vektoren können in einer Ebene eine begrenzte Fläche (Parallelogramm) festlegen, wie in Abschnitt 9.1 zu sehen ist. Drei linear unabhängige Vektoren hingegen können in einem Raum einen begrenzten Körper aufspannen (vgl. Bild rechts). Dieser Körper wird Spat genannt.

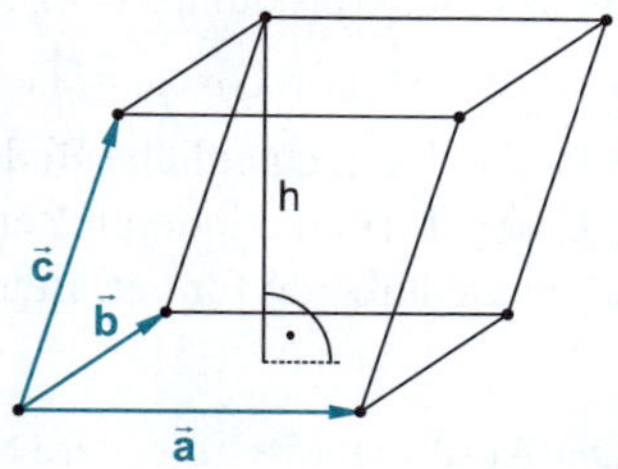


Definition

Ein **Spat** ist ein Körper mit sechs Parallelogrammen als Seitenflächen. Gegenüberliegende Flächen sind parallel und kongruent.
Ein **Quader** ist ein spezieller Spat, bei dem die Winkel zwischen benachbarten Seiten stets 90° betragen.

Einen Spat kann man sich als „schiefen Quader" vorstellen.
Das Volumen eines Spats berechnet man dementsprechend aus „Grundfläche mal Höhe", also:
$V_S = A_P \cdot h$
Für die Höhe h folgt mit den Bezeichnungen aus dem Bild rechts:
$h = |\vec{c}| \cdot \cos\varphi$
Zusammen mit den Ergebnissen aus dem vorherigen Abschnitt folgt:

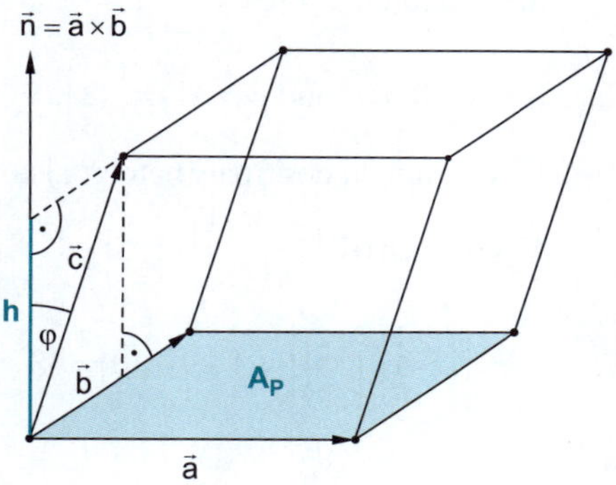


$V_S = A_P \cdot h = |\vec{a} \times \vec{b}| \cdot |\vec{h}| = |\vec{a} \times \vec{b}| \cdot |\vec{c}| \cdot \cos\varphi$
Um zu gewährleisten, dass dies eine positive reelle Zahl ergibt, kompensiert man einen möglichen stumpfen Winkel φ zwischen den Vektoren $\vec{c}$ und $\vec{n}$ durch die Bildung des Betrags:
$V_S = \left| |\vec{a} \times \vec{b}| \cdot |\vec{c}| \cdot \cos\varphi \right|$
Dass dieser Ausdruck derselbe ist wie $V_S = |(\vec{a} \times \vec{b}) \cdot \vec{c}|$, wird im Anschluss an die Regel bewiesen.

Regel

**Volumen eines Spats**
Das Volumen eines Spats, der durch die Vektoren $\vec{a}$, $\vec{b}$ und $\vec{c}$ aufgespannt wird, ist gegeben durch:
$V_S = |(\vec{a} \times \vec{b}) \cdot \vec{c}|$

*Beweis:*
Ausgehend von der obigen Darstellung erhält man mithilfe der alternativen Definition des Skalarproduktes (vgl. Abschnitt 4.1) und unter Verwendung von $\vec{n} = \vec{a} \times \vec{b}$:
$V_S = \left| \, |\vec{a} \times \vec{b}| \cdot |\vec{c}| \cdot \cos\varphi \, \right| = \left| \, |\vec{n}| \cdot |\vec{c}| \cdot \cos\varphi \, \right| = |\vec{n} \cdot \vec{c}| = |(\vec{a} \times \vec{b}) \cdot \vec{c}|$
Es ist die unterschiedliche Bedeutung der Betragsstriche zu beachten: Während im ersten Term die inneren Betragsstriche für die Länge eines Vektors stehen, stehen die äußeren für den Betrag einer Zahl.

Definition

Der Ausdruck $(\vec{a} \times \vec{b}) \cdot \vec{c}$ wird **Spatprodukt** genannt.

Beispiel

Bestimmen Sie das Volumen eines Spats, der durch die Punkte A(1 | –4 | 3), B(2 | –1 | 2), C(5 | –2 | 2) und D(0 | –1 | 6) festgelegt ist.

*Lösung:*
Der Spat wird aufgespannt durch die Vektoren $\vec{a} = \overrightarrow{AB} = \begin{pmatrix} 1 \\ 3 \\ -1 \end{pmatrix}$,
$\vec{b} = \overrightarrow{AC} = \begin{pmatrix} 4 \\ 2 \\ -1 \end{pmatrix}$ und $\vec{c} = \overrightarrow{AD} = \begin{pmatrix} -1 \\ 3 \\ 3 \end{pmatrix}$.
Das Volumen des Spats beträgt also:

$$V_S = |(\vec{a} \times \vec{b}) \cdot \vec{c}| = \left| \left( \begin{pmatrix} 1 \\ 3 \\ -1 \end{pmatrix} \times \begin{pmatrix} 4 \\ 2 \\ -1 \end{pmatrix} \right) \cdot \begin{pmatrix} -1 \\ 3 \\ 3 \end{pmatrix} \right|$$

$$= \left| \begin{pmatrix} -1 \\ -3 \\ -10 \end{pmatrix} \cdot \begin{pmatrix} -1 \\ 3 \\ 3 \end{pmatrix} \right| = |1 - 9 - 30| = 38$$

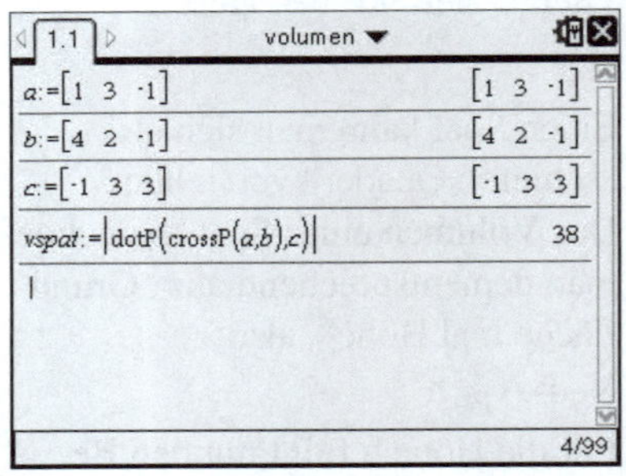


**Aufgaben** **98.** Bestimmen Sie das Volumen des Spats, der durch die Vektoren $\vec{a} = \begin{pmatrix} 3 \\ 0 \\ 2 \end{pmatrix}$, $\vec{b} = \begin{pmatrix} 4 \\ 2 \\ -3 \end{pmatrix}$ und $\vec{c} = \begin{pmatrix} -4 \\ -3 \\ 1 \end{pmatrix}$ aufgespannt wird.

**99.** Ein Spat hat die Eckpunkte A(3 | 2 | –1), B(6 | 7 | 3), C(4 | 9 | –4) und E(–2 | 7 | 4).
Bestimmen Sie das Volumen dieses Spats.

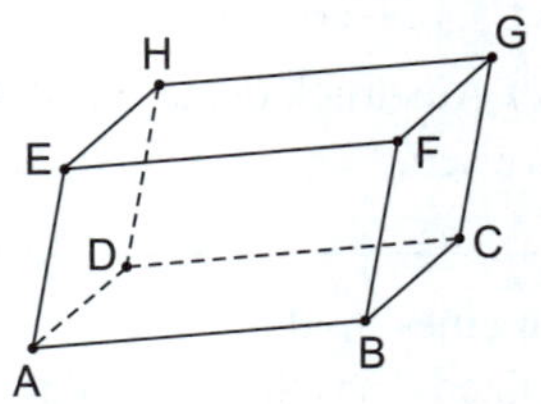

## 9.3 Volumen einer Pyramide

Für das Volumen einer Pyramide (und eines Kegels) gilt die bekannte Formel:
$V = \frac{1}{3} \cdot A_G \cdot h$.

Dabei bezeichnet $A_G$ die Grundfläche und h die zugehörige Höhe des Körpers.

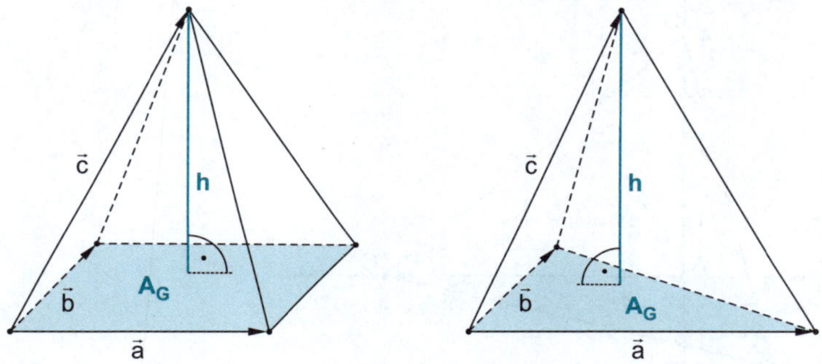


Bei einer dreiseitigen Pyramide kann man mithilfe des Spatproduktes eine Formel zur Berechnung des Volumens angeben. Dies gelingt auch bei einer vierseitigen Pyramide, falls die Grundfläche ein Parallelogramm ist. Für die Grundfläche $A_G$ ist dann jeweils die entsprechende Formel aus Abschnitt 9.1 zu verwenden.

Regel

**Volumen einer vierseitigen Pyramide mit Parallelogramm als Grundfläche**

Das Volumen einer vierseitigen Pyramide, deren parallelogrammförmige Grundfläche mit dem Inhalt $A_P$ von den Vektoren $\vec{a}$ und $\vec{b}$ aufgespannt wird und bei der $\vec{c}$ ein Seitenkanten-Vektor ist, beträgt:

$V = \frac{1}{3} \cdot A_P \cdot h = \frac{1}{3} \cdot \left|(\vec{a} \times \vec{b}) \cdot \vec{c}\right|$

Bei einer dreiseitigen Pyramide ist entsprechend $A_P$ durch $A_D = \frac{1}{2}\left|\vec{a} \times \vec{b}\right|$ zu ersetzen, wodurch sich in der Volumenformel der Faktor $\frac{1}{6}$ statt $\frac{1}{3}$ ergibt.

Regel

**Volumen einer dreiseitigen Pyramide**

Das Volumen einer dreiseitigen Pyramide, deren dreieckige Grundfläche mit dem Inhalt $A_D$ von den Vektoren $\vec{a}$ und $\vec{b}$ aufgespannt wird und bei der $\vec{c}$ ein Seitenkanten-Vektor ist, beträgt:

$V = \frac{1}{3} \cdot A_D \cdot h = \frac{1}{6} \cdot \left|(\vec{a} \times \vec{b}) \cdot \vec{c}\right|$

**Beispiel** Gegeben sind die Punkte A(0|0|0), B(3|0|0), C(0|5|0) und D(0|0|4).

a) Zeichnen Sie ein Schrägbild der Pyramide ABCD.

b) Berechnen Sie das Volumen der Pyramide.

*Lösung:*

a)

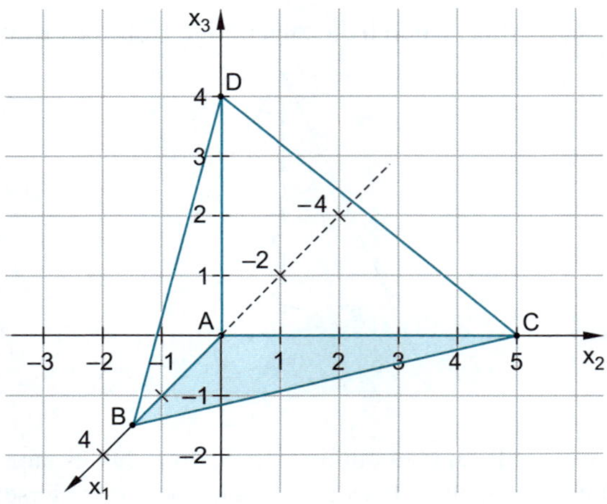


b) Wählt man z. B. das Dreieck BCD als Grundfläche, so wird die dreiseitige Pyramide ABCD aufgespannt durch die Vektoren

$\vec{a} = \overrightarrow{BC} = \begin{pmatrix} -3 \\ 5 \\ 0 \end{pmatrix}$, $\vec{b} = \overrightarrow{BD} = \begin{pmatrix} -3 \\ 0 \\ 4 \end{pmatrix}$ und $\vec{c} = \overrightarrow{BA} = \begin{pmatrix} -3 \\ 0 \\ 0 \end{pmatrix}$.

Für das Volumen der Pyramide gilt:

$$V_P = \frac{1}{6} \cdot |(\vec{a} \times \vec{b}) \cdot \vec{c}|$$

$$= \frac{1}{6} \cdot \left| \left( \begin{pmatrix} -3 \\ 5 \\ 0 \end{pmatrix} \times \begin{pmatrix} -3 \\ 0 \\ 4 \end{pmatrix} \right) \cdot \begin{pmatrix} -3 \\ 0 \\ 0 \end{pmatrix} \right|$$

$$= \frac{1}{6} \cdot \left| \begin{pmatrix} 20 \\ 12 \\ 15 \end{pmatrix} \cdot \begin{pmatrix} -3 \\ 0 \\ 0 \end{pmatrix} \right| = \frac{1}{6} \cdot |-60| = 10$$

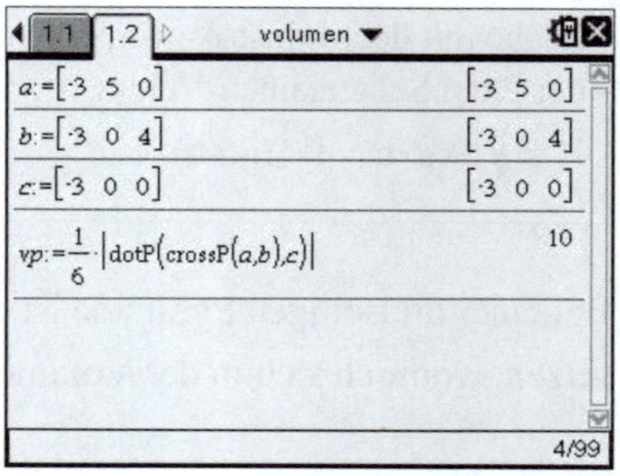


**Aufgaben** **100.** Bestimmen Sie das Volumen einer dreiseitigen Pyramide mit den Eckpunkten A(1|−4|−2), B(5|−3|0), C(4|2|1) und D(3|1|6).

**101.** Bestimmen Sie das Volumen einer vierseitigen Pyramide, deren Grundfläche ein Parallelogramm ABCD mit den Ecken A(1|2|−4), B(5|1|−3) und C(3|4|−2) ist und die die Spitze S(2|2|5) hat.

# 10 Anwendungsaufgaben und Modellierung

In diesem Kapitel werden die Kenntnisse, die Sie bisher eingeübt haben, auf anwendungsorientierte Fragestellungen angewandt und anhand abiturähnlicher Aufgaben eingeübt. Hierbei wird insbesondere der Modellierungsvorgang, also die Umsetzung einer realen Fragestellung auf ein mathematisches Modell, eingesetzt.

**Modellieren** bedeutet in der Mathematik, ein gegebenes Problem in die Sprache der Mathematik zu übersetzen, mit geeigneten mathematischen Methoden zu lösen und anschließend das Ergebnis auf die Realsituation zu übertragen. Dabei müssen im ersten Schritt für die Modellbildung evtl. einschränkende Bedingungen (Prämissen) festgelegt werden; bei der Rückübersetzung in die Realsituation müssen die Ergebnisse und die Eignung des gewählten Modells überprüft und bewertet werden.

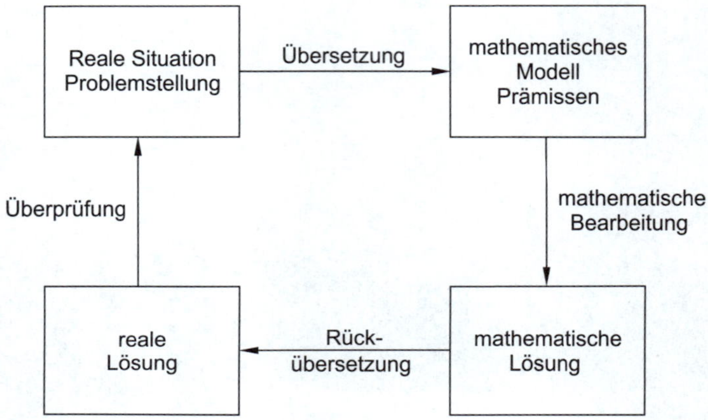


Beispiel

Ein Heißluftballon beginnt bei Windstille – ausgehend von einer Höhe von 200 m – einen Steigflug mit der Geschwindigkeit $5\,\frac{\text{m}}{\text{s}}$. Zu Beginn des Steigflugs befindet sich genau südlich vom Ballon in einer Entfernung von 2 km und in einer Höhe von 600 m ein Sportflugzeug, das mit der Geschwindigkeit von $144\,\frac{\text{km}}{\text{h}}$ genau in nördlicher Richtung fliegt und zusätzlich pro Sekunde 2 m an Höhe verliert.
Berechnen Sie, wie nahe sich die Objekte höchstens kommen, wenn sie ihren Flugverlauf unverändert beibehalten.
Überprüfen Sie, ob der Flugverlauf gefahrlos beibehalten werden kann, wenn ein Sicherheitsabstand von mindestens 400 m einzuhalten ist.

*Lösung:*

**Ansatz**

Die beiden Objekte werden in ein Koordinatensystem eingebunden und der Flug durch einen Zeitparameter t beschrieben.

**Übersetzung in ein mathematisches Modell**

Zunächst wird ein geeignetes Koordinatensystem definiert. Hier wird es so gewählt, dass die $x_1$-Achse genau nach Süden, die $x_2$-Achse nach Osten und die $x_3$-Achse nach oben zeigt; der Ursprung in der $x_1x_2$-Ebene entspricht dem Ausgangspunkt des Ballons (auf den Boden projiziert); außerdem entspricht eine Längeneinheit einem Meter: $1\text{ LE} \mathrel{\hat{=}} 1\text{ m}$

Die beiden Flugobjekte werden mithilfe der Angaben im Aufgabentext in diesem Koordinatensystem positioniert: Der Ballon befindet sich zu Beginn des Steigflugs auf 200 m Höhe, deshalb ist sein Ausgangspunkt $B(0|0|200)$; das Flugzeug befindet sich zu Beginn 2 000 m in südlicher Richtung auf 600 m Höhe, also lautet sein Ausgangspunkt $F(2\,000|0|600)$.
Aufgrund der Windstille bewegt sich der Heißluftballon beim Steigflug senkrecht nach oben; innerhalb einer Sekunde bewegt er sich hierbei um die Strecke 5 m nach oben. Das Flugzeug bewegt sich mit der Geschwindigkeit $144\,\frac{km}{h} = 40\,\frac{m}{s}$ in nördlicher Richtung und verliert pro Sekunde 2 Meter an Höhe. Pro Sekunde werden die Positionsverschiebungen der beiden Objekte beschrieben durch folgende Vektoren:

$$\vec{b} = \begin{pmatrix} 0 \\ 0 \\ 5 \end{pmatrix} \text{ (Ballon) und } \vec{f} = \begin{pmatrix} -40 \\ 0 \\ -2 \end{pmatrix} \text{ (Flugzeug)}$$

Verwendet man t als Parameter für die Zeit (in Sekunden), kann die Position des Ballons in Abhängigkeit des Zeitverlaufs beschrieben werden durch die

Gleichung $\vec{x}_B = \begin{pmatrix} 0 \\ 0 \\ 200 \end{pmatrix} + t \cdot \begin{pmatrix} 0 \\ 0 \\ 5 \end{pmatrix}$.

Für das Flugzeug ergibt sich analog in Abhängigkeit von t die Position

$$\vec{x}_F = \begin{pmatrix} 2\,000 \\ 0 \\ 600 \end{pmatrix} + t \cdot \begin{pmatrix} -40 \\ 0 \\ -2 \end{pmatrix}.$$

## Mathematische Bearbeitung

Der Verbindungsvektor zwischen der Position des Flugzeugs und der Position des Ballons zum Zeitpunkt t lautet:

$$\vec{x}_F - \vec{x}_B = \begin{pmatrix} 2\,000 \\ 0 \\ 400 \end{pmatrix} + t \cdot \begin{pmatrix} -40 \\ 0 \\ -7 \end{pmatrix}$$

Daraus ergibt sich die Zielfunktion:

$$q(t) = d(t)^2 = |\vec{x}_F - \vec{x}_B|^2 = (2\,000 - 40t)^2 + (400 - 7t)^2$$
$$= 1\,649\,t^2 - 165\,600\,t + 4\,160\,000$$

Die Minimalstelle erhält man durch die Nullstelle der ersten Ableitung:

$$q'(t) = 0 \quad \Leftrightarrow \quad 3\,298\,t - 165\,600 = 0 \quad \Leftrightarrow \quad t = \frac{82\,800}{1\,649} \approx 50{,}2$$

Da q(t) eine nach oben geöffnete Parabel beschreibt, ist der Scheitelpunkt tatsächlich ein Minimum. Man sieht auch mit der zweiten Ableitung, dass es sich um ein Minimum handelt:

$$q''\left(\frac{82\,800}{1\,649}\right) = 3\,298 > 0$$

Der minimale Abstand beträgt somit ca.

$$d\left(\frac{82\,800}{1\,649}\right) = \sqrt{q\left(\frac{82\,800}{1\,649}\right)} \approx 49{,}25.$$

CAS *Hinweise für den CAS-Einsatz:*

Der ermittelte Zeitpunkt t, an dem Sportflugzeug und Ballon die geringste Entfernung zueinander haben, wird im CAS-Rechner zunächst mit der vollen Taschenrechnergenauigkeit in die Abstandsfunktion **d(t)** eingesetzt. Das Ergebnis wurde dabei mit (enter) aus der oberen Zeile kopiert. Eine solche Zeitangabe ist im Hinblick auf den Sachzusammenhang wenig sinnvoll, da auch die Geschwindigkeitsangaben nur bis auf die Einerstelle genau angegeben werden. Das Ergebnis kann zudem nicht genauer sein als die vorgegebenen Daten. Deshalb wird der Abstand anschließend nochmals mit t = 50 s berechnet, sodass man einen Abstand von etwa 50 m erhält.

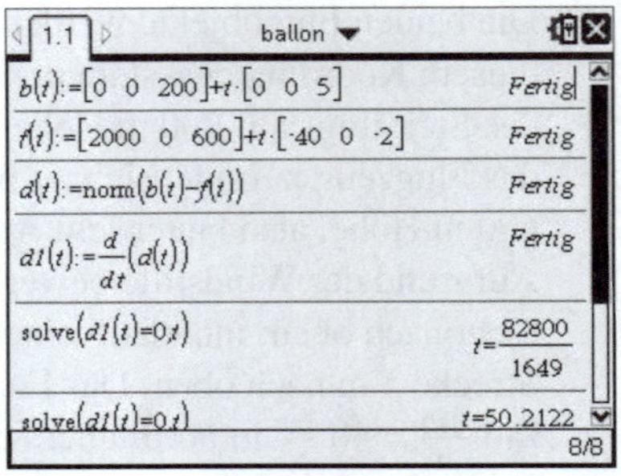


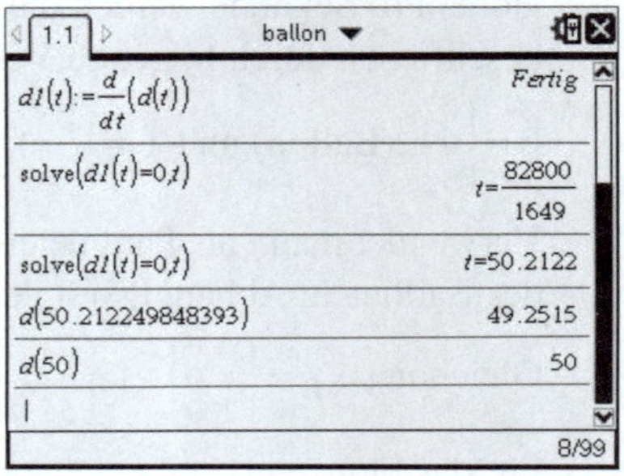


## Rückübersetzung und Überprüfung

Die beiden Flugobjekte erreichen nach ca. 50 Sekunden einen minimalen Abstand von knapp 50 m. Der Sicherheitsabstand von 400 m wird also sehr deutlich und gefährlich unterschritten, wenn keine Flugänderung erfolgt.

**Aufgaben**

**102.** Gegeben ist ein Quader mit den Eckpunkten A(1 | 1 | 2), B(3 | 5 | 6), D(–1 | 3 | 1) und E(–3 | –1 | 6).
Bestimmen Sie die fehlenden Eckpunkte und berechnen Sie die Länge der Raumdiagonalen sowie die Schnittwinkel, unter denen sich zwei Raumdiagonalen schneiden.

**103.** Eine Pyramide mit quadratischer Grundfläche der Länge 5 m besitzt die Höhe 4 m.
Bestimmen Sie den Winkel, den eine Seitenfläche mit der Grundfläche einschließt, sowie die Winkel, unter dem sich zwei zur Spitze führende Kanten schneiden.

**104.** Um einen mit 4,50 m Höhe sehr hohen Ausstellungsraum wohnlicher zu gestalten, soll in diesem ein Segeltuch zur Reduktion der gefühlten Höhe aufgespannt werden. Die Positionen der Befestigungspunkte des dreieckigen Tuches sind der Skizze zu entnehmen. Bestimmen Sie die Seitenlängen und Innenwinkel dieses Dreiecks-Segels.

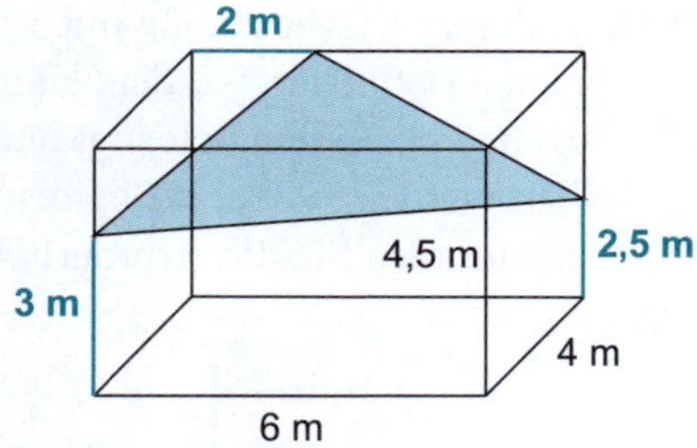


✻ **105.** In einem Würfel der Kantenlänge 4 bilden die Mittelpunkte der Seitenflächen einen einbeschriebenen Körper (Oktaeder).
Bestimmen Sie die Winkel, die zwei von einem Punkt ausgehende Kanten dieses Oktaeders bilden.
Berechnen Sie die Oberfläche und das Volumen dieses Oktaeders.
Bestimmen Sie den Winkel, den zwei Seitenflächen des Oktaeders bilden.

**106.** Um Hausdächer gegen Windkräfte zu stabilisieren, werden die Dachsparren durch Metallbänder, sogenannte Windrispen, versteift. In der Abbildung ist ein Satteldach zu sehen, das wie abgebildet durch die vier farbig gezeichneten Windrispen verstärkt werden soll. Bestimmen Sie die Länge des Metallbands, das man für die vier Windrispen insgesamt benötigt, sowie den Winkel, den zwei Rispen bei M bilden, wenn M die Mitte der Hauslänge bezeichnet.

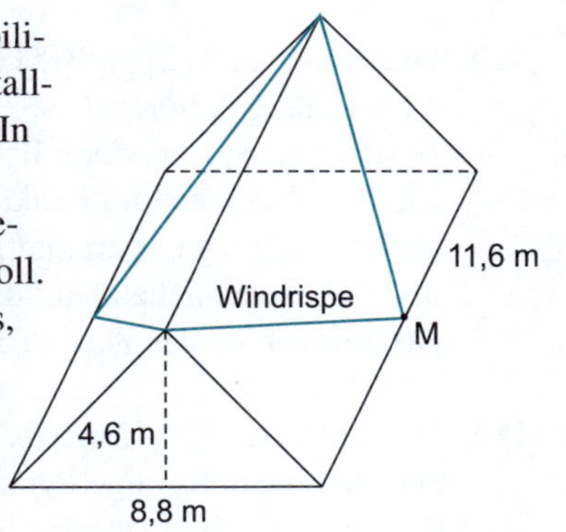


**107.** Nach einer örtlichen Vorschrift muss ein Kamin 1,20 m lotrecht (orthogonal zum Erdboden gemessen) über die Dachfläche hinausragen, um einen ungehinderten Abgasabzug zu gewährleisten.
Wie viele Schornsteinelemente mit einer Höhe von jeweils 30 cm benötigt man in der gezeichneten Situation, wenn der Kamin auf Erdbodenhöhe beginnen soll?
Welche Entfernung hat das Kaminende dann zur Dachfläche?

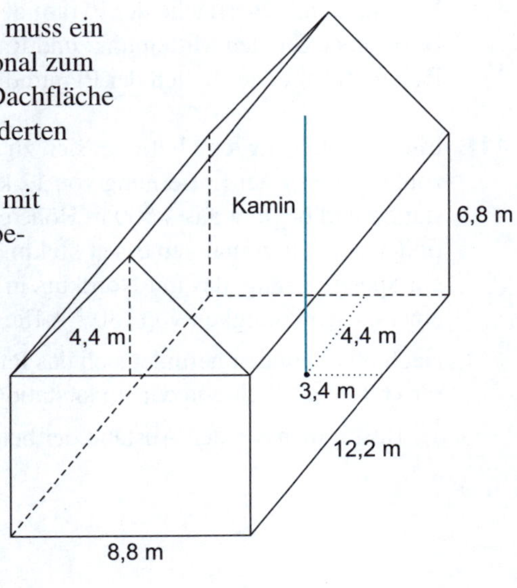

**108.** An einer Uferböschung mit 30° Steigung soll ein Fahnenmast mit drei Drahtseilen stabilisiert werden. Hierbei sollen die Drahtseile am Mast in einer Höhe von 3,90 m befestigt und an der Uferböschung wie abgebildet verankert werden, wobei die beiden unteren Drahtseile gleich lang sein sollen. Bestimmen Sie die erforderlichen Längen der drei Drahtseile.

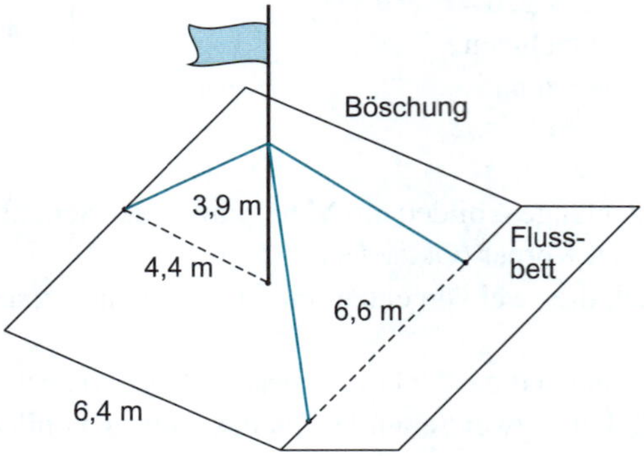


**109.** Die Punkte A(1 | 2 | 1), B(5 | 3 | 2) und D(−1 | 5 | 6) sind Eckpunkte eines rechtwinkligen Spiegels.
Bestimmen Sie die vierte Ecke des Spiegels.
Ein Laser, der sich im Punkt L(26 | −35 | 37) befindet, wird auf den Mittelpunkt des Spiegels gerichtet. Der Laserstrahl wird am Spiegel reflektiert und trifft anschließend auf die ebene Wand mit der Gleichung W: $x_3 = 50$. Bestimmen Sie den Auftreffpunkt.

**110.** Die Ebene E: $3x_1 + 2x_2 + 6x_3 = 24$ bildet zusammen mit den Koordinatenebenen eine dreiseitige Pyramide.
Zeichnen Sie die Pyramide in ein Koordinatensystem und bestimmen Sie Volumen und Oberfläche der Pyramide.
Bestimmen Sie den Mittelpunkt und Radius der Inkugel (also derjenigen Kugel, die alle vier Seiten der Pyramide berührt).

**111.** Ein Passagierflugzeug befindet sich zu Beginn der Radar-Erfassung in horizontal gemessener Entfernung von 12 km genau westlich von einer Radarstation und beginnt aus 4 500 m Höhe einen Landeanflug. Gleichzeitig befindet sich horizontal gemessen 36 km östlich von der Radarstation entfernt ein Sportflugzeug, das mit Nordkurs in einer Höhe von 2 000 m und mit einer Geschwindigkeit von 180 $\frac{\text{km}}{\text{h}}$ fliegt.
Nach 60 Sekunden befindet sich das Passagierflugzeug (horizontal gemessen) 6 km nördlich von der Radarstation auf einer Höhe von 3 900 m.

a) Bestimmen Sie den Abstand der beiden Flugbahnen.

b) Wann kommen sich die beiden Flugzeuge am nächsten?
Muss die Flugrichtung des Sportflugzeugs geändert werden, wenn ein Sicherheitsabstand von 10 km eingehalten werden muss?

**112.** Innerhalb des Erfassungsbereichs einer Radarstation werden die Positionen aller überwachten Flugobjekte registriert. Um 08.00 Uhr werden zwei Flugzeuge auf dem Radarschirm sichtbar, gemessen wird die

- Position eines Kleinflugzeugs: 12 km östlich und 4 km südlich der Radarstation auf 400 m Höhe
- Position eines Segelflugzeugs: 8 km östlich und 7 km nördlich der Radarstation auf 1 200 m Höhe

Um 08.02 Uhr werden die Positionen der beiden Flugobjekte neu gemessen.

- Kleinflugzeug: 9 km östlich, 2 km südlich auf einer Höhe von 600 m
- Segelflugzeug: 6 km östlich, 6 km nördlich auf einer Höhe von 1 100 m

a) Bestimmen Sie den Abstand der beiden Flugbahnen.

b) Wie nah kommen sich die beiden Flugzeuge, wenn sie ihre Flugrichtung beibehalten?

c) Um 08.05 Uhr soll ein Rettungshubschrauber, der 3 km westlich der Radarstation auf einer Anhöhe von 100 m stationiert ist, zu einem Rettungsflug in nordöstlicher Richtung starten, wobei eine Steiggeschwindigkeit (= Höhenzunahme pro Zeit) von 200 m/Minute eingestellt ist und der Hubschrauber in drei Minuten 3 km nördlich der Radarstation sein wird.
Prüfen Sie, ob diese Flugeinstellung den Vorschriften entspricht, wenn aus Sicherheitsgründen eine Mindestentfernung von 300 m zu anderen Flugobjekten eingehalten werden muss.

# 11 Aufgabenmix

Jetzt wird es ernst! Nun sollen Sie das Gelernte selbstständig anwenden! In diesem Kapitel finden Sie eine bunte Mischung von Aufgaben, für deren Lösung Sie die wesentlichen Ergebnisse des in diesem Band behandelten Stoffes benötigen.
Die Aufgaben in diesem Kapitel sind in Form von **Aufgabenblöcken** gruppiert. Für die Blöcke 1 bis 6 sollten Sie sich je ca. **60 Minuten Zeit** nehmen. Die Aufgaben in den Blöcken 7 und 8 sind umfangreicher und anspruchsvoller, sodass evtl. 60 Minuten als Bearbeitungszeit überschritten werden können. Vergleichen Sie am besten erst nach der vollständigen Bearbeitung eines Aufgabenblockes ihre Lösung mit den Musterlösungen.
Wenn Sie bei der einen oder anderen Aufgabe Defizite erkennen, dann arbeiten Sie die entsprechenden Kapitel des Buchs noch einmal durch.

## Aufgabenblock 1

**113.** Prüfen Sie, ob die Vektoren $\vec{a} = \begin{pmatrix} 3 \\ 1 \\ 2 \end{pmatrix}$, $\vec{b} = \begin{pmatrix} 1 \\ 1 \\ 2 \end{pmatrix}$ und $\vec{c} = \begin{pmatrix} -2 \\ 1 \\ -3 \end{pmatrix}$ linear abhängig sind.

**114.** Bestimmen Sie eine Koordinatengleichung der Ebene E durch die Punkte $A(3\,|\,2\,|\,-1)$, $B(-1\,|\,-2\,|\,0)$ und $C(1\,|\,0\,|\,3)$.

**115.** Bestimmen Sie den Schnittwinkel zwischen der Geraden $g_{AB}$ mit $A(2\,|\,1\,|\,-5)$ und $B(-1\,|\,4\,|\,-2)$ und der Ebene
$E\colon\ \vec{x} = \begin{pmatrix} 3 \\ 1 \\ 2 \end{pmatrix} + r \cdot \begin{pmatrix} 1 \\ 1 \\ 2 \end{pmatrix} + s \cdot \begin{pmatrix} -2 \\ 1 \\ -3 \end{pmatrix}$.

**116.** Ergänzen Sie die Punkte $A(3\,|\,1\,|\,-1)$, $B(6\,|\,4\,|\,-3)$ und $C(5\,|\,-1\,|\,4)$ zu einem Parallelogramm ABCD und bestimmen Sie die Innenwinkel sowie den Flächeninhalt dieses Parallelogramms.

**117.** Berechnen Sie den Abstand des Punktes $P(3\,|\,2\,|\,6)$ von der Ebene $E\colon\ 6x_1 + 2x_2 - 4x_3 = 24$.

**118.** Nebenstehend sehen Sie das Schrägbild eines Würfels mit Kantenlänge 6 cm, dessen Ecke A im Koordinatenursprung liegt.

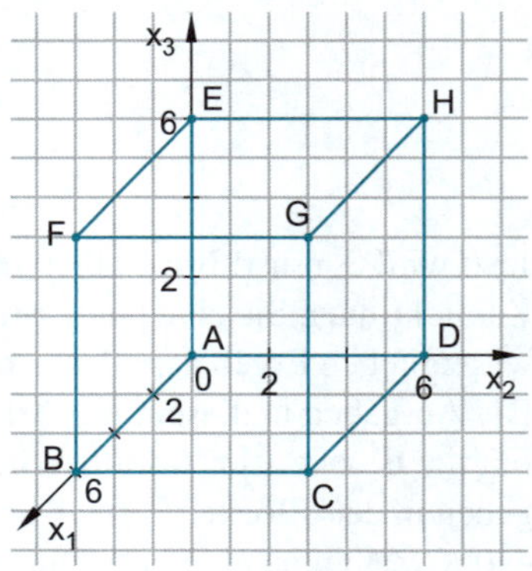


a) Geben Sie die Koordinaten der Eckpunkte des Würfels an und bestimmen Sie die Mittelpunkte der Kanten [AB], [BC], [CG], [GH], [HE] und [EA].
Zeigen Sie, dass diese Mittelpunkte in einer Ebene E liegen, und geben Sie eine Koordinatengleichung dieser Ebene an.

b) Zeigen Sie, dass das Sechseck, das durch diese Mittelpunkte gebildet wird, ein regelmäßiges Sechseck ist.

c) Bestimmen Sie den Winkel, den dieses Sechseck mit der Grundfläche des Würfels bildet.

## Aufgabenblock 2

**119.** Bestimmen Sie die Gleichungen der Spurgeraden der Ebene E durch die Punkte A(4 | 2 | 1), B(8 | 1 | –4) und C(1 | 5 | 7).
Stellen Sie die Ebene in einem Koordinatensystem dar.

**120.** a) Stellen Sie den Nullvektor als Linearkombination der Vektoren
$\vec{a} = \begin{pmatrix} 7 \\ 5 \\ 3 \end{pmatrix}$, $\vec{b} = \begin{pmatrix} 2 \\ 4 \\ 6 \end{pmatrix}$, $\vec{c} = \begin{pmatrix} 1 \\ -1 \\ -3 \end{pmatrix}$ dar.

b) Prüfen Sie, ob die Vektoren $\vec{a} = \begin{pmatrix} 2 \\ -1 \\ 3 \end{pmatrix}$, $\vec{b} = \begin{pmatrix} 3 \\ -1 \\ 3 \end{pmatrix}$, $\vec{c} = \begin{pmatrix} 1 \\ -2 \\ 1 \end{pmatrix}$ linear abhängig oder unabhängig sind.

**121.** Bestimmen Sie den Abstand der beiden Ebenen
$E_1\colon\ \vec{x} = \begin{pmatrix} 0 \\ 1 \\ -2 \end{pmatrix} + r \cdot \begin{pmatrix} 4 \\ 1 \\ 4 \end{pmatrix} + s \cdot \begin{pmatrix} 2 \\ 3 \\ 1 \end{pmatrix}$ und $E_2\colon\ \vec{x} = \begin{pmatrix} 6 \\ 4 \\ 1 \end{pmatrix} + r \cdot \begin{pmatrix} 8 \\ 7 \\ 6 \end{pmatrix} + s \cdot \begin{pmatrix} -2 \\ 7 \\ -5 \end{pmatrix}$.

**122.** Überprüfen Sie rechnerisch, ob die vier Punkte A(–3 | –4 | 7), B(9 | 8 | 9), C(4 | 8 | 4) und D(6 | 4 | 0) in einer Ebene liegen. Zeigen Sie, dass diese Punkte vom Punkt M(5 | 0 | 8) jeweils denselben Abstand haben.

**123.** Die Punkte A(4 | –2 | 0), B(4 | 2 | 0), C(–4 | 2 | 0) und D(–4 | –2 | 0) bilden die Grundfläche eines pyramidenförmigen Zeltes mit der Spitze S(0 | 0 | 6), das in ebenem Gelände aufgebaut ist (alle Koordinatenangaben in Meter).
Die Sonnenstrahlen fallen in Richtung des Vektors $\begin{pmatrix} -2 \\ 4 \\ -4 \end{pmatrix}$ auf das Zelt.

a) Zeichnen Sie ein Schrägbild des Zeltes.

b) Bestimmen Sie den Schattenpunkt der Zeltspitze auf dem Erdboden.

c) Zeichnen Sie den Schatten des Zeltes in das Schrägbild ein und bestimmen Sie die Größe dieses Zeltschattens.

## Aufgabenblock 3

**124.** In einer Ebene liegen der Punkt A(2 | –1 | –1) und die Gerade

$$g:\ \vec{x}=\begin{pmatrix}-1\\1\\3\end{pmatrix}+k\cdot\begin{pmatrix}-2\\1\\1\end{pmatrix}.$$

Bestimmen Sie eine Parametergleichung der Ebene E.

**125.** Unter welchem Winkel schneidet die Gerade $g_{AB}$ mit A(3 | –2 | 9) und B(–1 | 1 | 1) die Ebene E: $-4x_1-3x_2+2x_3=9$?

**126.** Bestimmen Sie einen Normalenvektor zu der Ebene E durch die Punkte A(1 | –1 | 3), B(–2 | 2 | –5) und C(3 | 1 | 0).

**127.** Gegeben sind die Geraden g: $\vec{x}=\begin{pmatrix}3\\-1\\-1\end{pmatrix}+r\cdot\begin{pmatrix}1\\0\\2\end{pmatrix}$ und h: $\vec{x}=\begin{pmatrix}1\\3\\1\end{pmatrix}+s\cdot\begin{pmatrix}2\\-1\\1\end{pmatrix}$.

Bestimmen Sie die gegenseitige Lage der beiden Geraden.

**128.** Bestimmen Sie den Abstand der beiden Geraden

$$g:\ \vec{x}=\begin{pmatrix}-4\\-1\\2\end{pmatrix}+t\cdot\begin{pmatrix}4\\2\\-5\end{pmatrix}\ \text{und h:}\ \vec{x}=\begin{pmatrix}-1\\3\\2\end{pmatrix}+t\cdot\begin{pmatrix}-4\\-1\\6\end{pmatrix}.$$

**129.** Auf einem Ausstellungsgelände befindet sich ein Pavillon, der als senkrechte gläserne Pyramide mit quadratischer Grundfläche und der Höhe 10 m ausgeführt ist. Die Punkte A(4 | 2 | 0), B(10 | –6 | 0) und D(12 | 8 | 0) sind Ecken der Pyramidengrundfläche.
Im Innern des Pavillons ist ein Modell der Erdkugel mit dem Durchmesser 2 m so aufgehängt, dass sich der Kugelmittelpunkt senkrecht unter der Pyramidenspitze befindet und von dieser die Entfernung 3 m hat (alle Koordinatenangaben in Meter).

a) Geben Sie die vierte Ecke C der Grundfläche, die Koordinaten der Pyramidenspitze S sowie eine Kugelgleichung für die Erdkugel an.

*Hinweis:* Die allgemeine Kugelgleichung lautet: $(\vec{x}-\overrightarrow{OM})^2=r^2$
Dabei steht $\vec{x}$ für den Ortsvektor eines beliebigen Punktes der Kugeloberfläche, $\overrightarrow{OM}$ ist der Ortsvektor zum Kugelmittelpunkt M und r ist der Radius der Kugel.

b) Weisen Sie nach, dass die Kugel die Seitenflächen der Pyramide nicht berührt oder schneidet.

*Hinweis:* Vergleichen Sie den Abstand des Kugelmittelpunktes zu einer Seitenfläche der Pyramide mit dem Kugelradius.

## Aufgabenblock 4

**130.** Bestimmen Sie die Seitenlängen des Dreiecks ABC mit A(1 | 0 | –3), B(–2 | 1 | 2), C(7 | 2 | –1).

**131.** Geben Sie die Ebene E: $\left(\vec{x} - \begin{pmatrix} 1 \\ 2 \\ 1 \end{pmatrix}\right) \cdot \begin{pmatrix} 3 \\ -1 \\ -1 \end{pmatrix} = 0$ in Parameterform an.

**132.** Bestimmen Sie den Abstand des Punktes A(5 | –2 | 1) von der Geraden
g: $\vec{x} = \begin{pmatrix} -5 \\ -1 \\ 4 \end{pmatrix} + r \cdot \begin{pmatrix} -2 \\ -1 \\ 3 \end{pmatrix}$.

**133.** Bestimmen Sie den Flächeninhalt des Dreiecks ABC mit A(3 | –2 | –5), B(2 | 1 | 1), C(–1 | 3 | –2).

**134.** Gegeben sind die Ebenen
$E_1$: $\vec{x} = \begin{pmatrix} 4 \\ 1 \\ 2 \end{pmatrix} + r_1 \cdot \begin{pmatrix} -3 \\ 1 \\ 0 \end{pmatrix} + s_1 \cdot \begin{pmatrix} 1 \\ -2 \\ 5 \end{pmatrix}$ und $E_2$: $\vec{x} = \begin{pmatrix} 2 \\ 0 \\ 7 \end{pmatrix} + r_2 \cdot \begin{pmatrix} 2 \\ 4 \\ 2 \end{pmatrix} + s_2 \cdot \begin{pmatrix} 0 \\ -7 \\ -3 \end{pmatrix}$.
Untersuchen Sie die gegenseitige Lage der beiden Ebenen.

**135.** Die nebenstehende Skizze zeigt einen Ausstellungsraum. Dabei sind die Punkte A(4 | 0 | 3), B(4 | 1 | 2,5), C(1 | 4 | 2,5), D(0 | 4 | 3) und S(0 | 0 | 5) Eckpunkte des Daches. Eine Einheit entspricht 1 Meter.

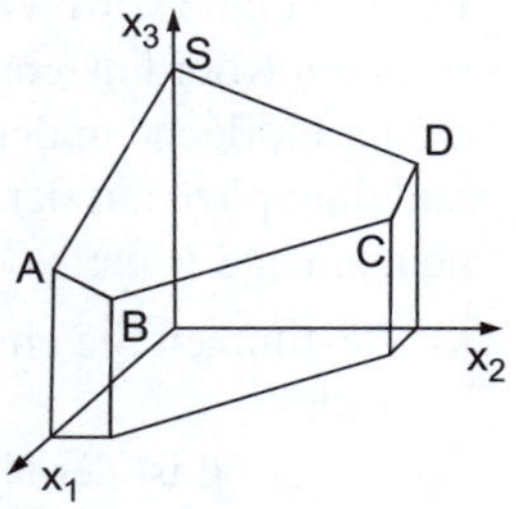


a) Zeigen Sie, dass das Dach ABCDS in einer Ebene liegt, und geben Sie eine Koordinatengleichung dieser Ebene an.

b) Bei der Montage wird die Dachfläche ABCDS durch eine Stütze gesichert, die im Punkt F(0 | 0 | 1) verankert ist und senkrecht zur Dachfläche steht. Berechnen Sie die Länge dieser Stütze.

## Aufgabenblock 5

**136.** Eine Ebene besitzt den Normalenvektor $\vec{n} = \begin{pmatrix} 1 \\ -3 \\ -1 \end{pmatrix}$ und geht durch den Punkt P(5 | –1 | 0).
Geben Sie die Gleichung der Ebene in Parameterform an.

**137.** Bestimmen Sie den Winkel, unter dem sich die Ebenen
$E_1$: $4x_1 - x_2 - x_3 = 5$ und $E_2$: $\vec{x} = \begin{pmatrix} 5 \\ 1 \\ -2 \end{pmatrix} + r \cdot \begin{pmatrix} 1 \\ 2 \\ 1 \end{pmatrix} + s \cdot \begin{pmatrix} 2 \\ 1 \\ 0 \end{pmatrix}$ schneiden.

**138.** Bestimmen Sie das Volumen einer dreiseitigen Pyramide mit den Eckpunkten A(1 | –4 | –2), B(5 | –1 | –2), C(8 | –5 | –2) und D(3 | 1 | 7).

**139.** Wandeln Sie die Ebene E: $\vec{x} = \begin{pmatrix} -1 \\ 2 \\ -2 \end{pmatrix} + r \cdot \begin{pmatrix} 1 \\ 2 \\ 0 \end{pmatrix} + s \cdot \begin{pmatrix} -1 \\ -1 \\ 3 \end{pmatrix}$ in Koordinatenform um.

**140.** Eine ägyptische Pyramide hat die Form einer senkrechten, quadratischen Pyramide. Die Seitenlänge des Quadrats beträgt 144 m, die Höhe der Pyramide 90 m. Die Pyramide wird wie in der Abbildung so in ein Koordinatensystem gelegt, dass die Grundfläche in der $x_1x_2$-Ebene liegt und die Spitze auf der $x_3$-Achse (Längeneinheit 1 Meter).

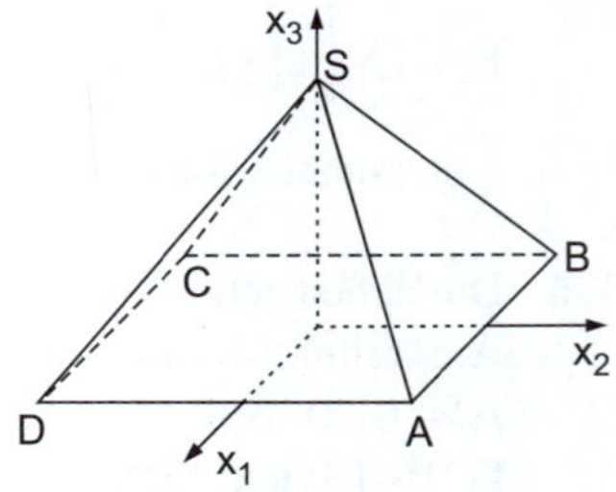


a) Bestimmen Sie eine Gleichung der Ebene $E_1$, die die Punkte A, B und S enthält.
Wie groß ist der Neigungswinkel einer Seitenfläche zur Grundfläche?

b) Die Ägypter bauten die Pyramide schichtweise. Zum Transport der Steine zur jeweiligen Schicht wurde eine Rampe benötigt. Die zum Transport der Steine benötigte Rampenfläche ist rechteckig und liegt bei einer bestimmten Bauhöhe in der Ebene $E_2$: $5x_2 + 26x_3 = 1\,350$.

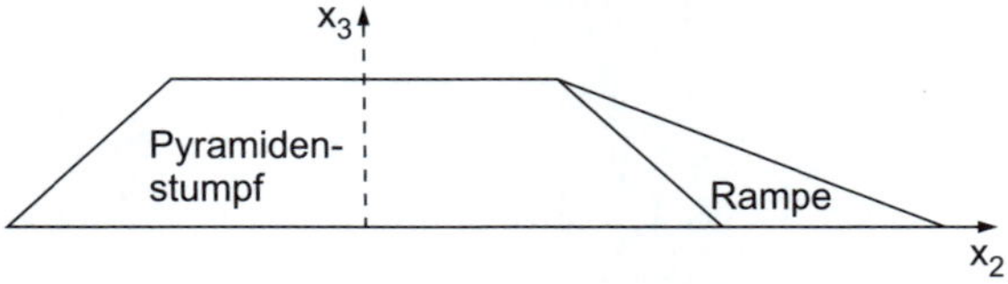


Berechnen Sie die Höhe des bisher gebauten Pyramidenstumpfes.
Wie lange ist die zum Transport der Steine benötigte Rampe?

## Aufgabenblock 6

**141.** Geben Sie die gemeinsamen Punkte der Ebene E: $2x_1 - 4x_2 - 3x_3 = 12$ mit den Koordinatenachsen an.

**142.** Gegeben sind die Ebenen $E_1$: $2x_1 + 3x_2 + 3x_3 = -6$ und
$E_2$: $\left(\vec{x} - \begin{pmatrix} 3 \\ -4 \\ 0 \end{pmatrix}\right) \cdot \begin{pmatrix} 6 \\ 3 \\ -1 \end{pmatrix} = 0$.
Bestimmen Sie eine Gleichung der Schnittgeraden der beiden Ebenen.

**143.** Bestimmen Sie die Innenwinkel des Dreiecks ABC mit $A(3\,|-1\,|\,4)$, $B(2\,|-2\,|-1)$, $C(-2\,|\,0\,|\,5)$.
Welches besondere Dreieck liegt vor?

**144.** Zwei Kugeln können so zueinander liegen, dass der Mittelpunkt der Kugel $K_1$ innerhalb der Kugel $K_2$ liegt oder dass $K_1$ vollständig außerhalb von $K_2$ liegt. Bestimmen Sie für beide genannten Fälle den Radius $r_2$ der Kugel $K_2$ so, dass sich die Kugeln $K_1$ mit dem Mittelpunkt $M_1(2\,|\,2\,|\,5)$ und dem Radius $r_1 = 1$ und $K_2$ mit Mittelpunkt $M_2(-4\,|\,5\,|\,3)$ und Radius $r_2$ berühren.
Bestimmen Sie die möglichen Berührpunkte der beiden Kugeln.
*Hinweis:* Die Berührpunkte liegen auf der Verbindungslinie zwischen den Kugelmittelpunkten.

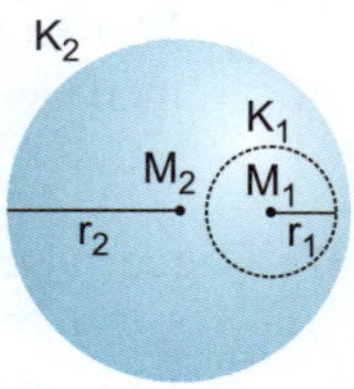


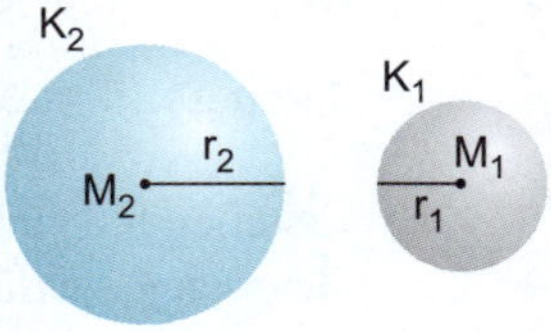


**145.** Ein Zelt hat die Form einer senkrechten quadratischen Pyramide. Die Längen der Quadratseiten und die Pyramidenhöhe betragen jeweils 3,0 m. Auf der Vorderseite befindet sich eine Zeltöffnung ABCD, die am Boden 1,50 m breit ist und bis zur Höhe von 1,50 m reicht.

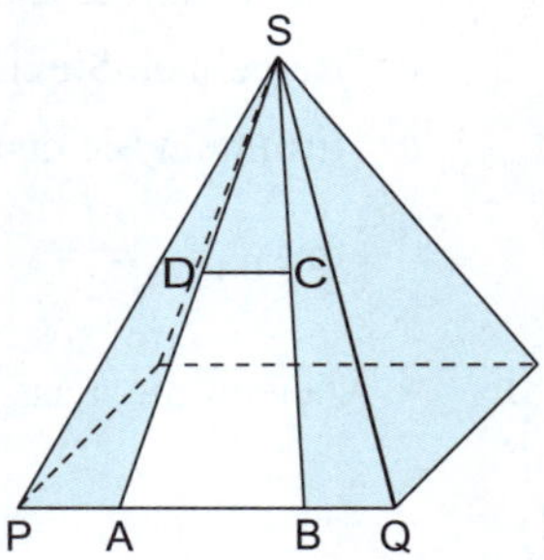


a) Benachbarte Seitenflächen bilden einen stumpfen Winkel. Bestimmen Sie diesen.
b) Berechnen Sie die Fläche des benötigten Zeltstoffs, wenn für die Zeltöffnung kein Stoff benötigt wird.
c) Zur Beleuchtung wird im Zelt eine (punktförmig gedachte) Lampe aufgehängt. Ihr Licht dringt durch die Einstiegsöffnung nach außen und beleuchtet auf dem Boden vor dem Zelt eine trapezförmige Fläche. Berechnen Sie die Größe der beleuchteten Bodenfläche, wenn sich die Lampe 75 cm unter der Zeltspitze befindet.

## Aufgabenblock 7

**146.** Gegeben ist eine Schar von Ebenen $E_t$ durch die Gleichung
$E_t\colon\ x_1 + (1-2t)x_2 - (2-t)x_3 = 4.$

a) Ermitteln Sie für $t=4$ die Spurgeraden der Ebene $E_4$. Zeichnen Sie den entsprechenden Ebenenausschnitt in ein kartesisches Koordinatensystem.

b) Bestimmen Sie rechnerisch einen Parameter $t_0$ so, dass der Punkt $A(1\,|\,1\,|\,{-1})$ in der Ebene $E_{t_0}$ liegt.

c) Die Spurpunkte der Ebenen $E_t$ bilden ein Dreieck $A_tB_tC_t$. Ermitteln Sie rechnerisch einen Parameter $t_1$ so, dass das Dreieck $A_{t_1}B_{t_1}C_{t_1}$ gleichschenklig ist.

d) Berechnen Sie den Schnittwinkel zwischen den Ebenen $E_1$ und $E_2$.

e) Weisen Sie nach, dass sich die Ebenen der Schar alle in einer gemeinsamen Geraden schneiden.

**147.** Gegeben ist eine Gerade $g_1$ durch $g_1\colon\ \vec{x} = \begin{pmatrix} 2 \\ 0 \\ 3 \end{pmatrix} + r \cdot \begin{pmatrix} 4 \\ 8 \\ 1 \end{pmatrix}$.

a) Überprüfen Sie die Lagebeziehung der Geraden $g_1$ zur Geraden $g_2$, die durch $g_2\colon\ \vec{x} = \begin{pmatrix} 1 \\ 3 \\ 4 \end{pmatrix} + s \cdot \begin{pmatrix} -1 \\ 1 \\ 1 \end{pmatrix}$ gegeben ist.

b) Erstellen Sie eine Geradengleichung für eine Gerade $g_3$, die parallel zur Geraden $g_2$ verläuft und die Gerade $g_1$ schneidet.

c) Die beiden Geraden $g_1$ und $g_3$ spannen eine Ebene E auf. Geben Sie eine Ebenengleichung für die Ebene E an.

d) Berechnen Sie den Abstand der Ebene E von der Geraden $g_2$.

e) Ermitteln Sie denjenigen Wert für den Parameter a, für den die Gerade $g_4$ mit $g_4\colon\ \vec{x} = \begin{pmatrix} 11 \\ -4 \\ \frac{77}{4} \end{pmatrix} + t \cdot \begin{pmatrix} 3a \\ -3 \\ 6a \end{pmatrix}$ senkrecht auf $g_1$ steht.

Zeigen Sie, dass sich $g_1$ und $g_4$ dann schneiden.

**148.** In einer Hausecke soll ein kleines Glas-Gewächshaus errichtet werden (siehe Planskizze). Hierzu wird eine quadratische Grundfläche AQDO mit der Seitenlänge 16 dm abgesteckt. In den Mittelpunkten B bzw. C der beiden Quadratseiten [AQ] bzw. [QD] soll eine rechteckige Glasplatte angesetzt werden, die in einer Höhe von 18 dm in den Punkten E und F an der Hauswand fixiert werden soll. Mithilfe von drei Glasdreiecken soll das Gewächshaus gegen die Hauswände abgeschlossen werden. Die Spitze G des Gewächshauses soll dabei 20 dm über dem Boden liegen.
Bestimmen Sie die benötigte Glasfläche.

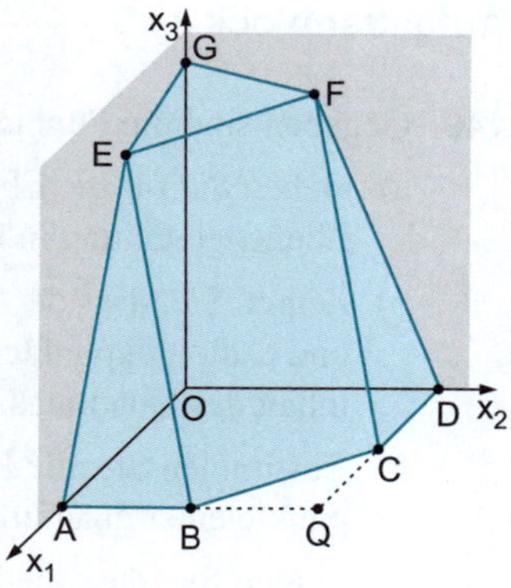

## Aufgabenblock 8

**149.** Gegeben sind die Punkte A(2|−4|4), B(5|1|8) und C(8|−4|12).

a) Geben Sie für die Ebene E, die durch A, B und C bestimmt wird, eine Ebenengleichung in Parameter- und in Koordinatenform an.

b) Zeigen Sie, dass der Punkt D(5|−9|8) ebenfalls in E liegt und mit A, B und C die Eckpunkte eines Quadrates bildet. Berechnen Sie den Flächeninhalt des Quadrates.

c) Bestimmen Sie alle Punkte S, die zusammen mit A, B, C und D die Eckpunkte einer quadratischen geraden Pyramide mit der Höhe $h = 10$ bilden.

d) Zeigen Sie, dass die Ebene $E_2$, die durch

$$E_2\colon\ \vec{x} = \begin{pmatrix} -5 \\ 0 \\ 3 \end{pmatrix} + r \cdot \begin{pmatrix} 3 \\ 2 \\ 4 \end{pmatrix} + s \cdot \begin{pmatrix} 6 \\ 7 \\ 8 \end{pmatrix}$$

gegeben ist, parallel zu E ist.

e) Berechnen Sie den Flächeninhalt des Quadrates A'B'C'D', das durch die Ebene $E_2$ aus der Pyramide ABCDS herausgeschnitten wird.

f) Prüfen Sie nach, ob der Punkt P(7|−2|6) im Innern der Pyramide ABCDS mit der Spitze S(13|−4|2) liegt.

**150.** Für $t \in \mathbb{R}$ ist die Ebenenschar $E_t$ gegeben durch $E_t\colon\ x_1 - t \cdot x_2 + (2t+1) \cdot x_3 = t$.

a) Die Ebenen der Schar schneiden sich in einer Geraden. Stellen Sie die Geradengleichung dieser Schnittgeraden auf.

b) Zeigen Sie, dass es unter allen Ebenen der Schar genau eine Ebene $E_{t_0}$ gibt, deren Abstand vom Koordinatenursprung maximal ist.

**151.** Die Ebene E: $\vec{x} \cdot \begin{pmatrix} 2 \\ -2 \\ 1 \end{pmatrix} = 18$ sei Tangentialebene an zwei Kugeln $K_1$ und $K_2$ mit dem Radius $r = 9$. Der gemeinsame Berührpunkt F der Tangentialebene mit den Kugeln sei der Fußpunkt des Lotes, das vom Koordinatenursprung auf die Ebene E gefällt wird.

a) Bestimmen Sie jeweils eine Gleichung für die beiden Kugeln $K_1$ und $K_2$.

b) Berechnen Sie die Durchstoßpunkte $D_1$ und $D_2$ der Geraden g, die durch die Punkte A(6|2|0) und B(1|2|5) verläuft, durch die Kugel K mit der Kugelgleichung K: $\left[\vec{x} - \begin{pmatrix} -2 \\ 2 \\ -1 \end{pmatrix}\right]^2 = 81$.

*Hinweise:* Die allgemeine Kugelgleichung lautet: $(\vec{x} - \overrightarrow{OM})^2 = r^2$
Dabei steht $\vec{x}$ für den Ortsvektor eines beliebigen Punktes der Kugeloberfläche, $\overrightarrow{OM}$ ist der Ortsvektor zum Kugelmittelpunkt M und r ist der Radius der Kugel.

Ähnlich wie bei Tangenten an einen Kreis kann man im dreidimensionalen Raum eine Ebene als Tangentialebene an eine Kugel legen. Hier gilt genauso wie bei der Tangente an den Kreis, dass die Tangentialebene senkrecht auf dem Kugelradius steht. Das bedeutet, dass der Vektor, der entlang des Kugelradius verläuft, gleichzeitig Normalenvektor der Tangentialebene ist.

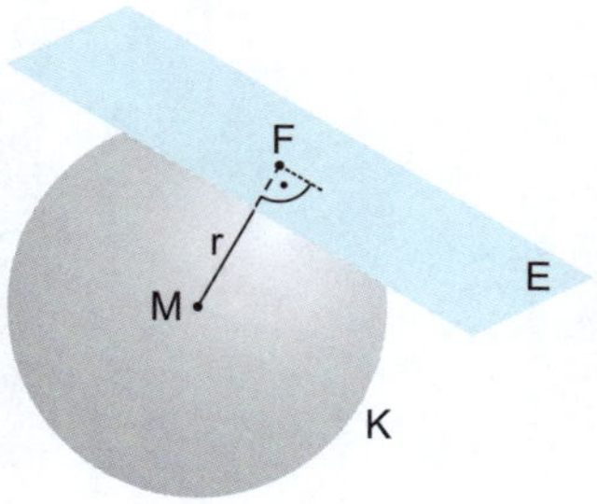


Um nun Schnittpunkte der Kugel mit einer Geraden zu berechnen, muss man genauso vorgehen wie beim Schnitt zwischen Gerade und Ebene: Man setzt für den Ortsvektor $\vec{x}$ den Term der Geraden g ein und berechnet daraus denjenigen Parameterwert t, für den die Gerade die Kugel schneidet. Um den Ortsvektor zum Schnittpunkt zu ermitteln, setzt man diesen Wert t wieder in die Geradengleichung ein.

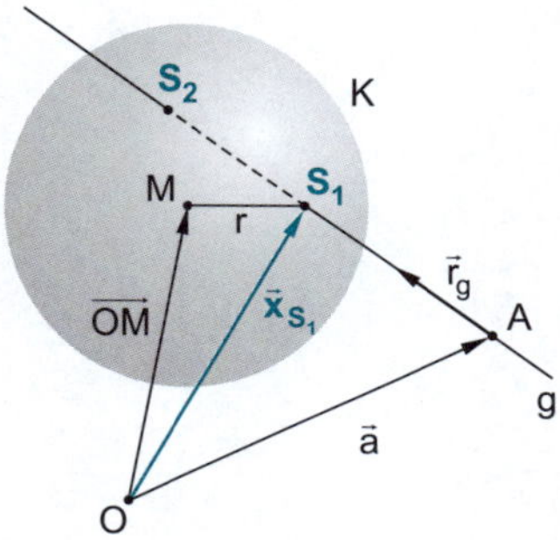


Wegen des Quadrates bei der Kugelgleichung können sich für t zwei Lösungen ergeben. Das bedeutet, dass es zwei Schnittpunkte geben kann.

# Lösungen

Auf den folgenden Seiten finden Sie vollständige Lösungen zu allen im Buch enthaltenen Übungsaufgaben. Dabei werden die durchzuführenden Rechnungen ausführlich dargestellt und erläutert.
Zusätzlich werden dort, wo es sinnvoll und hilfreich ist, auch GTR- bzw. CAS-Lösungen in Form von Screenshots angeführt und ggf. Besonderheiten oder Schwierigkeiten beim Einsatz der Rechner angesprochen.

**1.** a) Gesucht ist die Lösung des Gleichungssystems:

$$\begin{array}{ll} \text{I} & 4x_1 - 5x_2 = -6 \\ \text{II} & 3x_1 + 2x_2 = 7 \end{array}$$

Um in der zweiten Zeile die Variable $x_1$ zu eliminieren, rechnet man $3 \cdot \text{I} - 4 \cdot \text{II}$ und erhält so bereits die Stufenform des Gleichungssystems:

$$\begin{array}{ll} \text{I} & 4x_1 - 5x_2 = -6 \\ \text{III} & \phantom{4x_1} -23x_2 = -46 \end{array}$$

Aus Gleichung III ergibt sich $x_2 = 2$. Setzt man dies in die erste Zeile ein, erhält man: $4x_1 - 5 \cdot 2 = -6 \quad \Leftrightarrow \quad 4x_1 = 4 \quad \Leftrightarrow \quad x_1 = 1$

Die Lösungsmenge lautet: $\mathbb{L} = \{(1; 2)\}$

b) Gesucht ist die Lösung des Gleichungssystems:

$$\begin{array}{ll} \text{I} & 5x_1 - 4x_2 - 2x_3 = -1 \\ \text{II} & 3x_1 + 3x_2 + 3x_3 = 12 \\ \text{III} & 4x_1 - 5x_2 - 4x_3 = -7 \end{array}$$

Um in der zweiten bzw. dritten Zeile die Variable $x_1$ zu eliminieren, rechnet man z. B. $3 \cdot \text{I} - 5 \cdot \text{II}$ bzw. $4 \cdot \text{II} - 3 \cdot \text{III}$ und erhält:

$$\begin{array}{ll} \text{I} & 5x_1 - 4x_2 - 2x_3 = -1 \\ \text{IV} & \phantom{5x_1} -27x_2 - 21x_3 = -63 \\ \text{V} & \phantom{5x_1 -} 27x_2 + 24x_3 = 69 \end{array}$$

Die Stufenform ergibt sich nun durch Addition der letzten beiden Gleichungen, also IV + V:

$$\begin{array}{ll} \text{I} & 5x_1 - 4x_2 - 2x_3 = -1 \\ \text{IV} & \phantom{5x_1} -27x_2 - 21x_3 = -63 \\ \text{VI} & \phantom{5x_1 - 27x_2 -} 3x_3 = 6 \end{array}$$

Aus Gleichung VI erhält man zunächst $x_3 = 2$. Eingesetzt in IV folgt:

$-27x_2 - 21 \cdot 2 = -63 \quad \Leftrightarrow \quad -27x_2 = -21 \quad \Leftrightarrow \quad x_2 = \frac{7}{9}$

Einsetzen in Gleichung I liefert schließlich

$5x_1 - \frac{28}{9} - 4 = -1 \;\Leftrightarrow\; 5x_1 = \frac{55}{9} \;\Leftrightarrow\; x_1 = \frac{11}{9}$ und damit $\mathbb{L} = \left\{\left(\frac{11}{9}; \frac{7}{9}; 2\right)\right\}$.

c) Gesucht ist die Lösung des Gleichungssystems:

$$\begin{array}{ll} \text{I} & 2x_1 + 3x_2 - 5x_3 = 0 \\ \text{II} & 4x_1 - 3x_2 + x_3 = 0 \\ \text{III} & 3x_1 + 4x_2 - 7x_3 = 0 \end{array}$$

Um in der zweiten bzw. dritten Zeile die Variable $x_1$ zu eliminieren, rechnet man z. B. $2 \cdot \text{I} - \text{II}$ bzw. $3 \cdot \text{I} - 2 \cdot \text{III}$ und erhält:

$$\begin{array}{ll} \text{I} & 2x_1 + 3x_2 - 5x_3 = 0 \\ \text{IV} & \phantom{2x_1 +} 9x_2 - 11x_3 = 0 \\ \text{V} & \phantom{2x_1 + 3} x_2 - x_3 = 0 \end{array}$$

Durch die Rechnung IV – 9 · V wird die Variable $x_2$ in der dritten Zeile eliminiert und man erhält die Stufenform:

$$\begin{array}{lrcl} \text{I} & 2x_1 + 3x_2 - 5x_3 &=& 0 \\ \text{IV} & 9x_2 - 11x_3 &=& 0 \\ \text{VI} & -2x_3 &=& 0 \end{array}$$

Aus Gleichung VI erhält man $x_3 = 0$; Gleichung IV ergibt damit $x_2 = 0$ und aus Gleichung I erhält man $x_1 = 0$; insgesamt $\mathbb{L} = \{(0; 0; 0)\}$.

**2.** a) Gesucht ist die Lösungsmenge des Gleichungssystems:

$$\begin{array}{lrcl} \text{I} & 3x_1 - x_2 + 2x_3 &=& -2 \\ \text{II} & 2x_1 + 4x_2 - 3x_3 &=& 12 \\ \text{III} & -x_1 - 9x_2 + 8x_3 &=& 5 \end{array}$$

Mithilfe des Gauß-Verfahrens erhält man daraus:

$$\begin{array}{lrcl} \text{I} & 3x_1 - x_2 + 2x_3 &=& -2 \\ \text{IV} = 2 \cdot \text{I} - 3 \cdot \text{II} & -14x_2 + 13x_3 &=& -40 \\ \text{V} = \text{II} + 2 \cdot \text{III} & -14x_2 + 13x_3 &=& 22 \end{array}$$

$$\begin{array}{lrcl} \text{I} & 3x_1 - x_2 + 2x_3 &=& -2 \\ \text{IV} & -14x_2 + 13x_3 &=& -40 \\ \text{VI} = \text{IV} - \text{V} & 0 &=& -62 \end{array}$$

Die dritte Zeile ist nie erfüllt, es folgt $\mathbb{L} = \{\,\}$.

b) Gesucht ist die Lösungsmenge des Gleichungssystems:

$$\begin{array}{lrcl} \text{I} & 4x_1 - x_2 - 3x_3 &=& 2 \\ \text{II} & 5x_1 + 2x_2 - 2x_3 &=& 3 \\ \text{III} & -3x_1 + 4x_2 + 4x_3 &=& -1 \end{array}$$

Mithilfe des Gauß-Verfahrens erhält man daraus:

$$\begin{array}{lrcl} \text{I} & 4x_1 - x_2 - 3x_3 &=& 2 \\ \text{IV} = 5 \cdot \text{I} - 4 \cdot \text{II} & -13x_2 - 7x_3 &=& -2 \\ \text{V} = 3 \cdot \text{I} + 4 \cdot \text{III} & 13x_2 + 7x_3 &=& 2 \end{array}$$

$$\begin{array}{lrcl} \text{I} & 4x_1 - x_2 - 3x_3 &=& 2 \\ \text{IV} & -13x_2 - 7x_3 &=& -2 \\ \text{VI} = \text{IV} + \text{V} & 0 &=& 0 \end{array}$$

Gleichung VI ist immer erfüllt. Daher kann man für eine der Variablen eine beliebige Zahl wählen, z. B. $x_3 = t$ mit $t \in \mathbb{R}$, und erhält damit aus Gleichung IV:

$$-13x_2 = 7t - 2 \quad \Leftrightarrow \quad x_2 = -\tfrac{7}{13}t + \tfrac{2}{13}$$

Setzt man dies in die erste Gleichung ein, dann ergibt sich:

$$4x_1 = -\tfrac{7}{13}t + \tfrac{2}{13} + 3t + 2 = \tfrac{32}{13}t + \tfrac{28}{13} \quad \Leftrightarrow \quad x_1 = \tfrac{8}{13}t + \tfrac{7}{13}$$

Somit hat dieses Gleichungssystem die Lösungsmenge:

$$\mathbb{L} = \left\{\left(\frac{8}{13}t + \frac{7}{13}; -\frac{7}{13}t + \frac{2}{13}; t\right) \middle| \, t \in \mathbb{R}\right\}$$

c) Gesucht ist die Lösungsmenge des Gleichungssystems:

$$\begin{aligned} 8x_1 - 12x_2 + 16x_3 &= 20 \\ -10x_1 + 15x_2 - 20x_3 &= -25 \\ 2x_1 - 3x_2 + 4x_3 &= 5 \end{aligned}$$

Hier bietet es sich an, zunächst die ersten zwei Gleichungen jeweils durch den größten gemeinsamen Teiler der Koeffizienten zu dividieren, um die relativ großen Zahlen beim Rechnen zu vermeiden. Dazu teilt man die erste Gleichung durch 4 und die zweite durch 5 und erhält das neue LGS:

$$\begin{array}{ll} \text{I} & 2x_1 - 3x_2 + 4x_3 = 5 \\ \text{II} & -2x_1 + 3x_2 - 4x_3 = -5 \\ \text{III} & 2x_1 - 3x_2 + 4x_3 = 5 \end{array}$$

Mithilfe des Gauß-Verfahrens erhält man daraus:

$$\begin{array}{ll} \text{I} & 2x_1 - 3x_2 + 4x_3 = 5 \\ \text{IV} = \text{I} + \text{II} & 0 = 0 \\ \text{V} = \text{I} - \text{III} & 0 = 0 \end{array}$$

Die Gleichungen IV und V sind immer erfüllt. In Gleichung I sind daher bei drei Unbekannten zwei beliebig wählbar. Setzt man z. B. $x_2 = r$ und $x_3 = t$ mit $r, t \in \mathbb{R}$, dann folgt aus Gleichung I: $x_1 = \frac{5}{2} + \frac{3}{2}r - 2t$

Die Lösungsmenge lautet also: $\mathbb{L} = \left\{\left(\frac{5}{2} + \frac{3}{2}r - 2t; r; t\right) \middle| \, r, t \in \mathbb{R}\right\}$

**3.** Zu lösen ist ein Gleichungssystem mit einem zusätzlichen Parameter r:

$$\begin{array}{ll} \text{I} & 4x_1 - 2x_2 + x_3 = r \\ \text{II} & 5x_1 + 3x_2 - 2x_3 = r \\ \text{III} & 3x_1 - 7x_2 + 4x_3 = 2r \end{array}$$

Mithilfe des Gauß-Verfahrens wird das Gleichungssystem zunächst auf Stufenform gebracht:

$$\begin{array}{ll} \text{I} & 4x_1 - 2x_2 + x_3 = r \\ \text{IV} = 5 \cdot \text{I} - 4 \cdot \text{II} & -22x_2 + 13x_3 = r \\ \text{V} = 3 \cdot \text{I} - 4 \cdot \text{III} & 22x_2 - 13x_3 = -5r \end{array}$$

$$\begin{array}{ll} \text{I} & 4x_1 - 2x_2 + x_3 = r \\ \text{IV} & -22x_2 + 13x_3 = r \\ \text{VI} = \text{IV} + \text{V} & 0 = -4r \end{array}$$

Die Lösung des Gleichungssystems hängt nun vom Wert des Parameters r ab; hier sind bzgl. der Gleichung VI zwei Fälle zu unterscheiden:

Für $\mathbf{r=0}$ ist Gleichung VI immer erfüllt und man kann für eine der Variablen eine beliebige Zahl wählen, z. B. $x_3 = t$ mit $t \in \mathbb{R}$. Aus Gleichung IV folgt dann $-22x_2 + 13t = 0 \;\Leftrightarrow\; x_2 = \frac{13}{22}t$ und damit aus Gleichung I:

$$4x_1 - 2 \cdot \tfrac{13}{22}t + t = 0 \;\Leftrightarrow\; 4x_1 = \tfrac{2}{11}t \;\Leftrightarrow\; x_1 = \tfrac{1}{22}t$$

Es folgt: $\mathbb{L} = \left\{\left(\frac{1}{22}t;\ \frac{13}{22}t;\ t\right) \,\middle|\, t \in \mathbb{R}\right\}$

Für $\mathbf{r \neq 0}$ ergibt sich wegen der falschen Aussage in Gleichung VI: $\mathbb{L} = \{\,\}$

**4.** a) Zunächst berechnet man die Determinante der Koeffizientenmatrix:

$$\begin{vmatrix} -6 & 3 & -1 \\ 1 & -1 & -1 \\ 3 & -4 & 8 \end{vmatrix} = -6 \cdot (-1) \cdot 8 + 3 \cdot (-1) \cdot 3 + (-1) \cdot 1 \cdot (-4) - (-1) \cdot (-1) \cdot 3 - (-6) \cdot (-1) \cdot (-4) - 3 \cdot 1 \cdot 8$$

$$= 48 - 9 + 4 - 3 + 24 - 24 = 40$$

Für den Wert von $x_1$ ergibt sich dann nach der Cramer'schen Regel:

$$x_1 = \frac{1}{40} \cdot \begin{vmatrix} 0 & 3 & -1 \\ 1 & -1 & -1 \\ 2 & -4 & 8 \end{vmatrix}$$

$$= \frac{1}{40} \cdot (0 + 3 \cdot (-1) \cdot 2 + (-1) \cdot 1 \cdot (-4) - (-1) \cdot (-1) \cdot 2 - 0 - 3 \cdot 1 \cdot 8)$$

$$= \frac{1}{40} \cdot (-28) = -\frac{7}{10} = -0{,}7$$

Ebenso ergeben sich:

$$x_2 = \frac{1}{40} \cdot \begin{vmatrix} -6 & 0 & -1 \\ 1 & 1 & -1 \\ 3 & 2 & 8 \end{vmatrix} = \frac{1}{40} \cdot (-59) = -1{,}475$$

$$x_3 = \frac{1}{40} \cdot \begin{vmatrix} -6 & 3 & 0 \\ 1 & -1 & 1 \\ 3 & -4 & 2 \end{vmatrix} = \frac{1}{40} \cdot (-9) = -0{,}225$$

Das Gleichungssystem hat also die Lösungsmenge:
$\mathbb{L} = \{(-0{,}7;\ -1{,}475;\ -0{,}225)\}$

Kontrolle mithilfe des GTR:
Das Bild rechts zeigt die Eingabe der Koeffizientenmatrix A, die drei Bilder unten die Eingabe der drei Matrizen B, C und D, die für die Berechnung der Lösungen für $x_1$, $x_2$, $x_3$ verwendet werden.

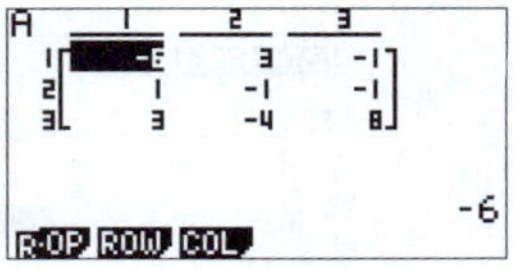


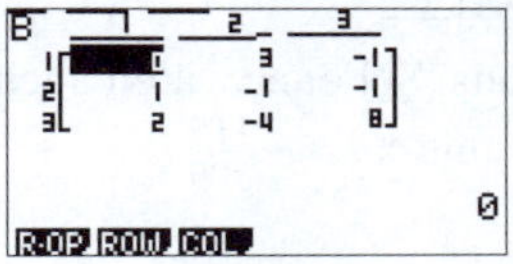


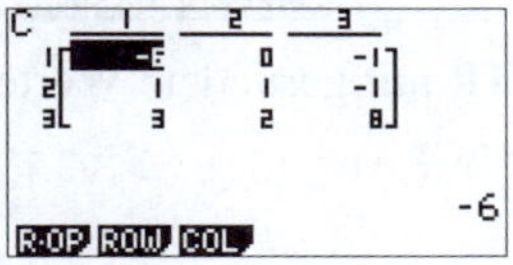


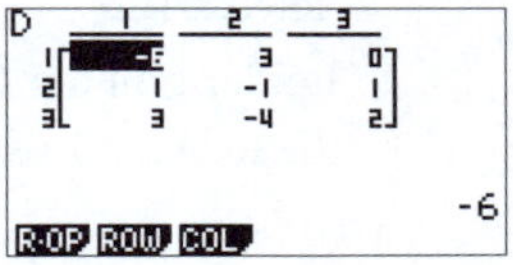

Die Lösungen erhält man anschließend als Quotienten der Determinanten:

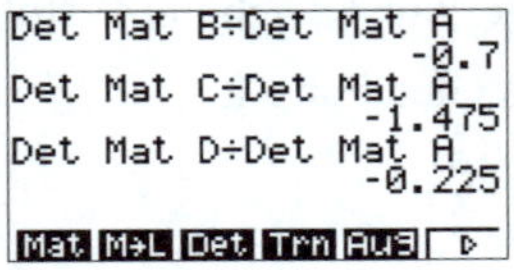


b) Zunächst berechnet man die Determinante der Koeffizientenmatrix:

$$\begin{vmatrix} 8 & -15 & 3 \\ 9 & 6 & -12 \\ 2 & -6 & -18 \end{vmatrix} = 8\cdot 6\cdot(-18)+(-15)\cdot(-12)\cdot 2+3\cdot 9\cdot(-6)$$
$$-3\cdot 6\cdot 2-8\cdot(-12)\cdot(-6)-(-15)\cdot 9\cdot(-18)$$
$$=-864+360-162-36-576-2\,430=-3\,708$$

Nach der Cramer'schen Regel erhält man für den Wert von $x_1$:

$$x_1=\frac{1}{-3\,708}\cdot\begin{vmatrix} 4 & -15 & 3 \\ 10 & 6 & -12 \\ 8 & -6 & -18 \end{vmatrix}=\frac{1}{-3\,708}\cdot(4\cdot 6\cdot(-18)+(-15)\cdot(-12)\cdot 8+3\cdot 10\cdot(-6)$$
$$-3\cdot 6\cdot 8-4\cdot(-12)\cdot(-6)-(-15)\cdot 10\cdot(-18))$$
$$=\frac{1}{-3\,708}\cdot(-2\,304)=\frac{64}{103}\approx 0{,}621$$

Ebenso ergeben sich:

$$x_2=\frac{1}{-3\,708}\cdot\begin{vmatrix} 8 & 4 & 3 \\ 9 & 10 & -12 \\ 2 & 8 & -18 \end{vmatrix}=\frac{1}{-3\,708}\cdot 36=-\frac{1}{103}\approx -0{,}00971$$

$$x_3=\frac{1}{-3\,708}\cdot\begin{vmatrix} 8 & -15 & 4 \\ 9 & 6 & 10 \\ 2 & -6 & 8 \end{vmatrix}=\frac{1}{-3\,708}\cdot 1\,380=-\frac{115}{309}\approx -0{,}372$$

Das Gleichungssystem hat die Lösungsmenge $\mathbb{L}=\left\{\left(\frac{64}{103};-\frac{1}{103};-\frac{115}{309}\right)\right\}$.

Kontrolle mithilfe des GTR:
Die Bilder unten zeigen die vier definierten Matrizen mit der anschließenden Lösung für die Variablen $x_1$, $x_2$, $x_3$.

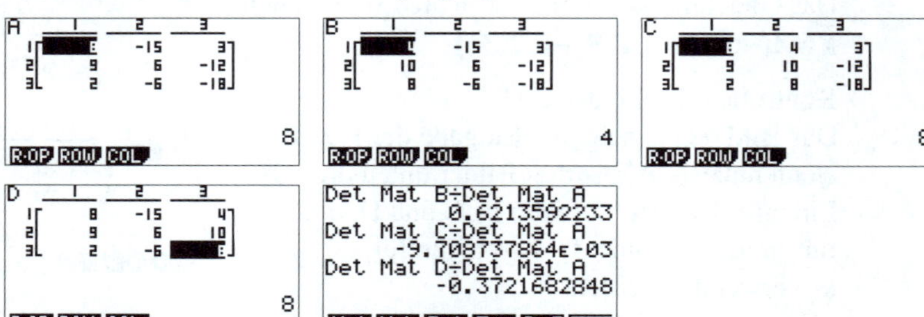


Leider gibt der GTR nur gerundete Werte aus. Schöner wären auch hier die exakten Lösungen $x_1=\frac{64}{103}$, $x_2=-\frac{1}{103}$ und $x_3=-\frac{115}{309}$.

**5.** a) Mithilfe der Funktion **linSolve()** erhält man mit dem CAS-Rechner die eindeutige Lösung:
$x = -\frac{1\,207}{419}$, $y = -\frac{1\,281}{419}$, $z = -\frac{752}{419}$

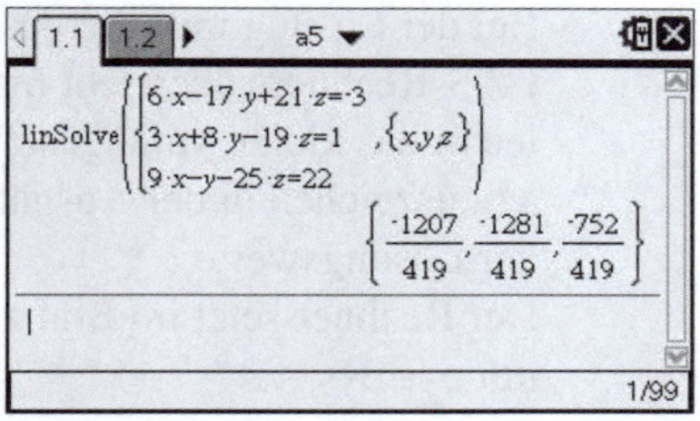


Der GTR gibt die Lösung dagegen nur als gerundete Werte an. Man kann die volle Taschenrechnergenauigkeit ablesen, wenn man mit dem Cursor die einzelnen Lösungen aufruft:

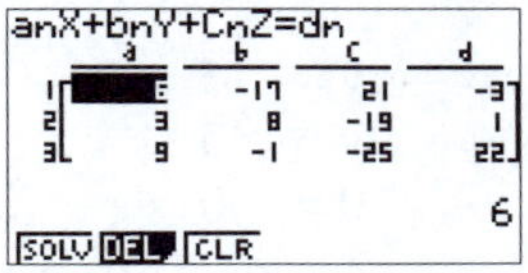


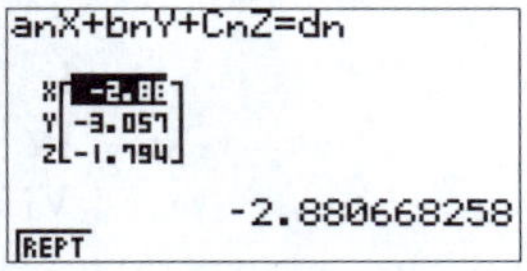


b) Beim Einsatz des CAS-Rechners brauchen Sie keine Angst vor gemeinen Brüchen zu haben; die Lösungen sehen nur etwas unhandlich aus. Die Funktion **linSolve()** liefert aber auch hier eine eindeutige Lösung:
$x = \frac{54\,166}{135\,531}$, $y = \frac{213\,515}{316\,239}$, $z = \frac{63\,400}{28\,749}$

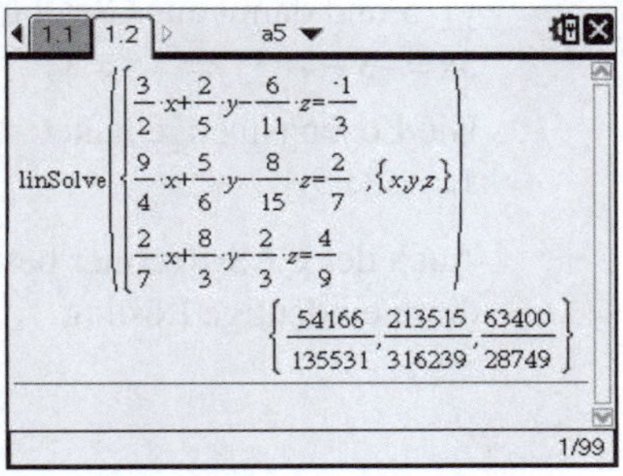


Die Eingabe erfolgt auch beim GTR als gemeiner Bruch, angezeigt werden hier jedoch nur Dezimalbrüche:

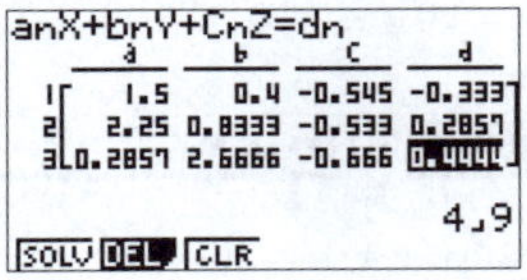

**6.** a)
$$\begin{array}{ll} \text{I} & 3x - 4y + 2z = 1 \\ \text{II} & 2x - \phantom{4}y + 3z = 4 \end{array} \quad \Leftrightarrow \quad \begin{array}{ll} \text{I} & 3x - 4y + 2z = 1 \\ \text{III} = 2 \cdot \text{I} - 3 \cdot \text{II} & -5y - 5z = -10 \end{array}$$

Da es drei Unbekannte, aber nur zwei Gleichungen gibt, kann man eine Variable beliebig wählen, z. B. $z = t$ mit $t \in \mathbb{R}$. Aus Gleichung III folgt:
$-5y = 5t - 10 \quad \Leftrightarrow \quad y = -t + 2$

Eingesetzt in Gleichung I ergibt sich:
$3x = 4 \cdot (-t + 2) - 2t + 1 = -6t + 9 \quad \Leftrightarrow \quad x = -2t + 3$

Insgesamt folgt: $\mathbb{L} = \{(-2t + 3;\ -t + 2;\ t) \mid t \in \mathbb{R}\}$

Bei der Lösung mithilfe des CAS-Rechners übersieht man leicht das kleine vorangestellte Minuszeichen in der Ausgabe der Lösungswerte.
Der Rechner setzt im Bild $z = c_2$ mit $c_2 \in \mathbb{R}$.

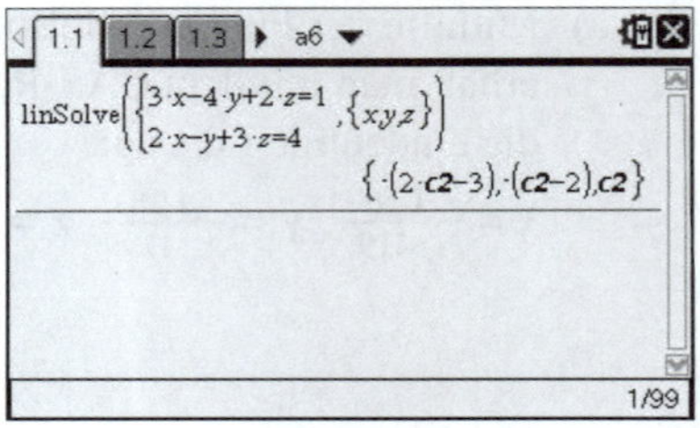


b)
$$\begin{array}{lrcl} \text{I} & 5x - 4y &=& -5 \\ \text{II} & 6x - 3y &=& 3 \\ \text{III} & 4x + 2y &=& 22 \end{array} \Leftrightarrow \begin{array}{lrcl} \text{I} & 5x - 4y &=& -5 \\ \text{IV} = 6 \cdot \text{I} - 5 \cdot \text{II} & -9y &=& -45 \\ \text{V} = 4 \cdot \text{I} - 5 \cdot \text{III} & -26y &=& -130 \end{array}$$

$$\Leftrightarrow \begin{array}{lrcl} \text{I} & 5x - 4y &=& -5 \\ \text{IV} & -9y &=& -45 \\ \text{VI} = 26 \cdot \text{IV} - 9 \cdot \text{V} & 0 &=& 0 \end{array}$$

Da Gleichung VI immer wahr ist, erhält man aus Gleichung IV den Wert $y = 5$ und damit aus Gleichung I:
$5x = -5 + 4 \cdot 5 \quad \Leftrightarrow \quad x = 3$

Die Lösungsmenge lautet:
$\mathbb{L} = \{(3; 5)\}$

Auch der CAS-Rechner bestätigt diese eindeutige Lösung.

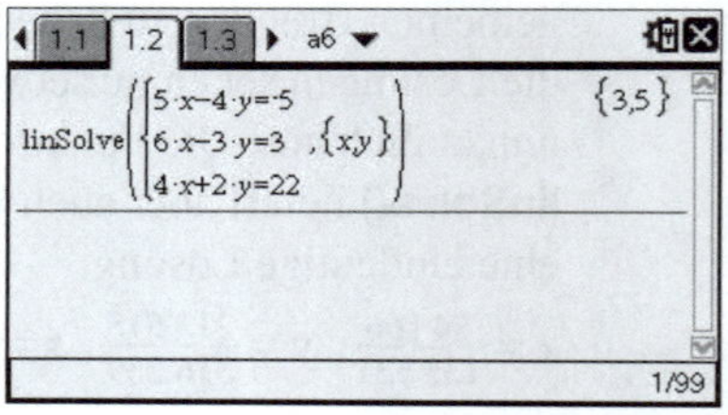


c)
$$\begin{array}{lrcl} \text{I} & 2x - 3y &=& -1 \\ \text{II} & 5x - 4y &=& 5 \\ \text{III} & 3x + 5y &=& 8 \end{array} \Leftrightarrow \begin{array}{lrcl} \text{I} & 2x - 3y &=& -1 \\ \text{IV} = 5 \cdot \text{I} - 2 \cdot \text{II} & -7y &=& -15 \\ \text{V} = 3 \cdot \text{I} - 2 \cdot \text{III} & -19y &=& -19 \end{array}$$

Aus Gleichung V ergibt sich $y = 1$; dies stellt jedoch einen Widerspruch zu Gleichung IV dar; daher ist $\mathbb{L} = \{\ \}$.

Auch der CAS-Rechner findet hier keine Lösung.

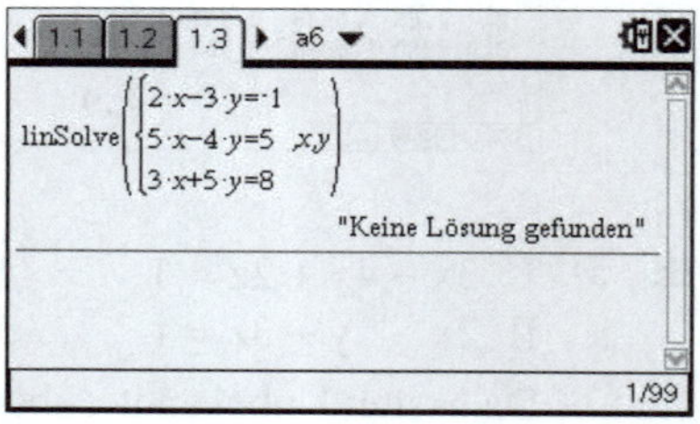


d)
$$\begin{array}{lrcl} \text{I} & 5x - 3y + 2z &=& 6 \\ \text{II} & 4x - 5y + 3z &=& 5 \\ \text{III} & 7x - 2y - 4z &=& -3 \\ \text{IV} & 4x + y - 3z &=& -1 \end{array} \Leftrightarrow \begin{array}{lrcl} \text{I} & 5x - 3y + 2z &=& 6 \\ \text{V} = 4 \cdot \text{I} - 5 \cdot \text{II} & 13y - 7z &=& -1 \\ \text{VI} = 7 \cdot \text{I} - 5 \cdot \text{III} & -11y + 34z &=& 57 \\ \text{VII} = \text{II} - \text{IV} & -6y + 6z &=& 6 \end{array}$$

$$\Leftrightarrow \begin{array}{ll} \text{I} & 5x - 3y + 2z = 6 \\ \text{V} & 13y - 7z = -1 \\ \text{VIII} = 11 \cdot \text{V} + 13 \cdot \text{VI} & 365z = 730 \\ \text{IX} = 6 \cdot \text{V} + 13 \cdot \text{VII} & 36z = 72 \end{array}$$

$$\Leftrightarrow \begin{array}{ll} \text{I} & 5x - 3y + 2z = 6 \\ \text{V} & 13y - 7z = -1 \\ \text{VIII} & 365z = 730 \\ \text{X} = 36 \cdot \text{VIII} - 365 \cdot \text{IX} & 0 = 0 \end{array}$$

Gleichung X ist immer erfüllt. Aus Gleichung VIII erhält man $z=2$; eingesetzt in Gleichung V ergibt sich $13y=-1+7\cdot 2=13 \Leftrightarrow y=1$ und damit aus Gleichung I:
$5x=6+3\cdot 1-2\cdot 2=5 \Leftrightarrow x=1$

Insgesamt folgt: $\mathbb{L}=\{(1;\ 1;\ 2)\}$

Die Rechnung mit dem CAS-Rechner bestätigt diese eindeutige Lösung.

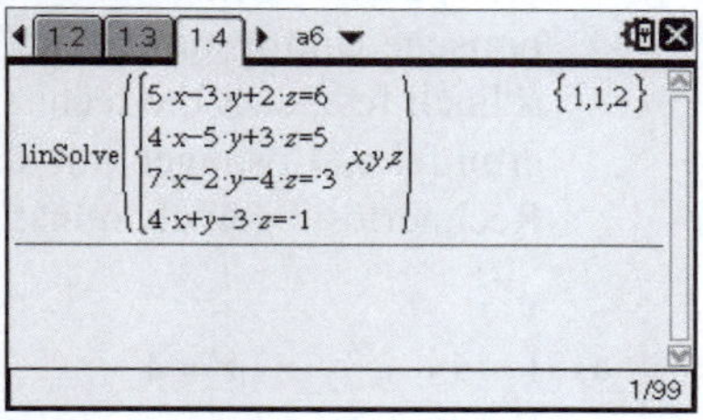


e) $$\begin{array}{ll} \text{I} & x - 2y + z = 2 \\ \text{II} & 2x + y - z = 1 \\ \text{III} & x + 2y - 2z = -1 \\ \text{IV} & x - y + 2z = 2 \end{array} \Leftrightarrow \begin{array}{ll} \text{I} & x - 2y + z = 2 \\ \text{V} = 2 \cdot \text{I} - \text{II} & -5y + 3z = 3 \\ \text{VI} = \text{I} - \text{III} & -4y + 3z = 3 \\ \text{VII} = \text{I} - \text{IV} & -y - z = 0 \end{array}$$

$$\Leftrightarrow \begin{array}{ll} \text{I} & x - 2y + z = 2 \\ \text{V} & -5y + 3z = 3 \\ \text{VIII} = \text{V} - \text{VI} & -y = 0 \\ \text{IX} = \text{V} - 5 \cdot \text{VII} & 8z = 3 \end{array}$$

Aus Gleichung VIII folgt $y=0$ und aus Gleichung IX erhält man $z=\frac{3}{8}$.
Setzt man diese Werte in Gleichung V ein, ergibt sich ein Widerspruch:
$3\cdot\frac{3}{8}=3$

Daher ist $\mathbb{L}=\{\ \}$.

Der CAS-Rechner bestätigt, dass die Lösungsmenge dieses Gleichungssystems leer ist.

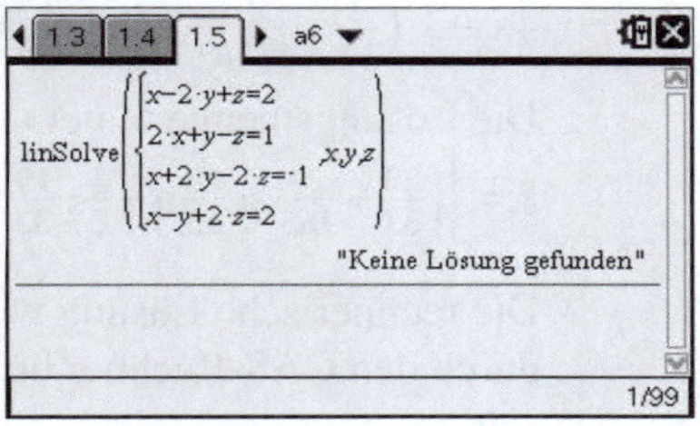

f) $\begin{array}{ll} \text{I} & 4a-3b+5c-2d=-5 \\ \text{II} & 2a+2b+3c-\phantom{2}d=\phantom{-}1 \end{array} \Leftrightarrow \begin{array}{ll} \text{I} & 4a-3b+5c-2d=-5 \\ \text{III}=\text{I}-2\cdot\text{II} & \phantom{4a}-7b-\phantom{5}c\phantom{-2d}=-7 \end{array}$

Zwei Variablen, z. B. c und d, sind frei wählbar; für b ergibt sich aus III:

$-7b=-7+c \quad \Leftrightarrow \quad b=1-\frac{1}{7}c$

Einsetzen in Gleichung I liefert:

$4a=-5+3\cdot\left(1-\frac{1}{7}c\right)-5c+2d=-2-\frac{38}{7}c+2d \quad \Leftrightarrow \quad a=-\frac{1}{2}-\frac{19}{14}c+\frac{1}{2}d$

Es folgt: $\mathbb{L}=\left\{\left(-\frac{1}{2}-\frac{19}{14}c+\frac{1}{2}d;\ 1-\frac{1}{7}c;\ c;\ d\right)\ \middle|\ c, d\in\mathbb{R}\right\}$

Der CAS-Rechner bezeichnet anstelle der Zahlen $c, d\in\mathbb{R}$ die beliebigen reellen Zahlen mit $c_1, c_2\in\mathbb{R}$. Durch einfache algebraische Umformungen stellt man schnell fest, dass die rechnerisch ermittelten Lösungen mit den Rechnerlösungen übereinstimmen.

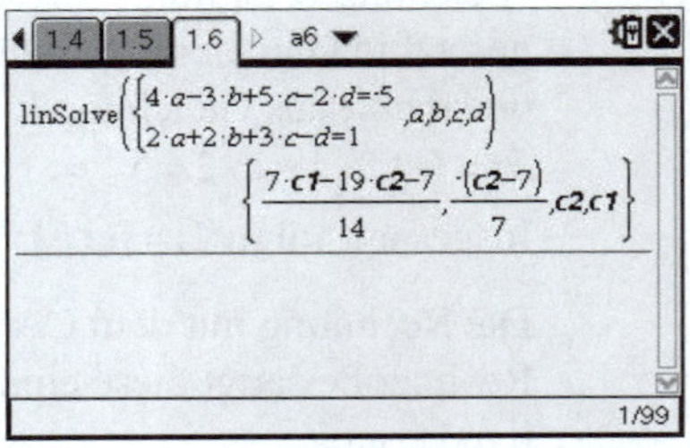


**7.** a) $\begin{array}{ll} \text{I} & 4x-3y+\phantom{6}z=4 \\ \text{II} & 2x+5y+6z=3 \\ \text{III} & 3x+2y-2z=a \end{array} \Leftrightarrow \begin{array}{ll} \text{I} & 4x-\phantom{1}3y+\phantom{22}z=\phantom{-}4 \\ \text{IV}=\text{I}-2\cdot\text{II} & \phantom{4x}-13y-11z=-2 \\ \text{V}=3\cdot\text{II}-2\cdot\text{III} & \phantom{4x-}11y+22z=\phantom{-}9-2a \end{array}$

$\Leftrightarrow \begin{array}{ll} \text{I} & 4x-\phantom{1}3y+\phantom{11}z=\phantom{-}4 \\ \text{IV} & \phantom{4x}-13y-11z=-2 \\ \text{VI}=2\cdot\text{IV}+\text{V} & \phantom{4x}-15y\phantom{-11z}=\phantom{-}5-2a \end{array}$

Hier wurde im letzten Schritt der Einfachheit halber in der letzten Zeile die Variable z anstatt y eliminiert. Dies ist zwar nicht die eigentliche Stufenform, aber auch hier lassen sich die Unbekannten der Reihe nach bestimmen.

Gleichung VI führt zu $y=\frac{2}{15}a-\frac{1}{3}$. Eingesetzt in Gleichung IV erhält man:

$-13\cdot\left(\frac{2}{15}a-\frac{1}{3}\right)-11z=-2 \quad \Leftrightarrow \quad z=\frac{2}{11}-\frac{13}{11}\cdot\left(\frac{2}{15}a-\frac{1}{3}\right)=\frac{19}{33}-\frac{26}{165}a$

Aus Gleichung I folgt damit:

$4x-3\cdot\left(\frac{2}{15}a-\frac{1}{3}\right)+\frac{19}{33}-\frac{26}{165}a=4 \quad \Leftrightarrow \quad x=\frac{20}{33}+\frac{23}{165}a$

Die Lösungsmenge lautet:

$\mathbb{L}=\left\{\left(\frac{20}{33}+\frac{23}{165}a;\ \frac{2}{15}a-\frac{1}{3};\ \frac{19}{33}-\frac{26}{165}a\right)\right\}$

Die rechnerische Lösung wird durch den CAS-Rechner bestätigt.

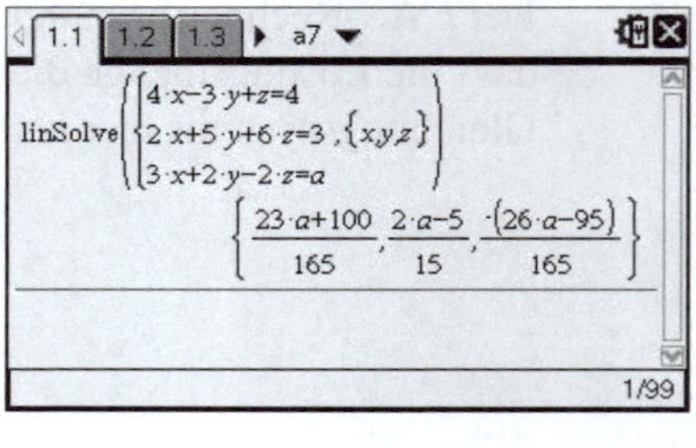

b)
$$\begin{array}{lrcl} \text{I} & 2x+3y-2z=3 & & \text{I} & 2x+\ 3y-\ 2z=3 \\ \text{II} & 3x-2y+3z=1 & \Leftrightarrow & \text{IV}=3\cdot\text{I}-2\cdot\text{II} & 13y-12z=7 \\ \text{III} & 8x-\ y+4z=a & & \text{V}=4\cdot\text{I}-\text{III} & 13y-12z=12-a \end{array}$$

$$\begin{array}{clr} & \text{I} & 2x+\ 3y-\ 2z=\ 3 \\ \Leftrightarrow & \text{IV} & 13y-12z=\ 7 \\ & \text{VI}=\text{IV}-\text{V} & 0=-5+a \end{array}$$

Nun gibt es zwei verschiedene Möglichkeiten.

*1. Fall:* **a = 5**

Dann lautet die letzte Zeile $0=0$, ist also immer erfüllt. In diesem Fall lassen sich die Unbekannten y und x mithilfe der beliebig wählbaren Variablen z ausdrücken und es gibt unendlich viele Lösungen.
Aus Gleichung IV folgt:

$$13y=7+12z \quad \Leftrightarrow \quad y=\frac{7}{13}+\frac{12}{13}z$$

Setzt man dies in Gleichung I ein, erhält man:

$$2x+3\cdot\left(\frac{7}{13}+\frac{12}{13}z\right)-2z=3 \quad \Leftrightarrow \quad 2x=3-3\cdot\left(\frac{7}{13}+\frac{12}{13}z\right)+2z=\frac{18}{13}-\frac{10}{13}z$$

$$\Leftrightarrow \quad x=\frac{9}{13}-\frac{5}{13}z$$

Für $a=5$ ergibt sich somit die Lösungsmenge:

$$\mathbb{L}=\left\{\left(\frac{9}{13}-\frac{5}{13}z;\ \frac{7}{13}+\frac{12}{13}z;\ z\right)\,\middle|\, z\in\mathbb{R}\right\}$$

*2. Fall:* **a ≠ 5**

Für den Fall $a\neq 5$ ist Gleichung VI eine falsche Aussage und es gibt keine Lösung, d. h. $\mathbb{L}=\{\ \}$.

Der CAS-Rechner zeigt ebenfalls an, dass es eine Lösung nur für $a=5$ gibt.
Diese Lösung stimmt mit der rechnerisch ermittelten überein.

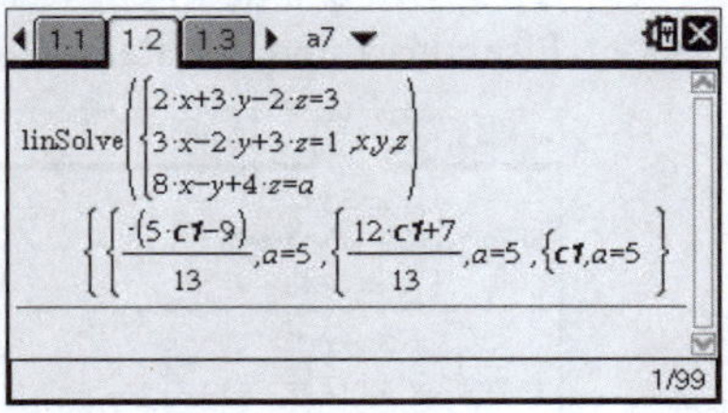


c)
$$\begin{array}{lrcl} \text{I} & 3x-3y+\ \ z=\ 1 & & \text{I} & 3x-3y+\ \ z=\ 1 \\ \text{II} & 2x-4y+\ 7z=\ 5 & \Leftrightarrow & \text{IV}=2\cdot\text{I}-3\cdot\text{II} & 6y-\ 19z=-13 \\ \text{III} & -x+5y+a\cdot z=-9 & & \text{V}=\text{II}+2\cdot\text{III} & 6y+(7+2a)\cdot z=-13 \end{array}$$

$$\begin{array}{clr} & \text{I} & 3x-3y+\ \ z=\ 1 \\ \Leftrightarrow & \text{IV} & 6y-\ 19z=-13 \\ & \text{VI}=\text{IV}-\text{V} & -(26+2a)\cdot z=\ 0 \end{array}$$

Auch hier sind zwei verschiedene Fälle möglich.

*1. Fall:* **a = –13**

Gleichung VI lautet in diesem Fall $0=0$ und ist immer erfüllt.

Aus Gleichung IV folgt mit der frei wählbaren Variablen z:

$6y = 19z - 13 \quad \Leftrightarrow \quad y = \frac{19}{6}z - \frac{13}{6}$

Eingesetzt in Gleichung I ergibt sich:

$3x = 3 \cdot \left(\frac{19}{6}z - \frac{13}{6}\right) - z + 1 \quad \Leftrightarrow \quad x = \frac{19}{6}z - \frac{13}{6} - \frac{1}{3}z + \frac{1}{3} = \frac{17}{6}z - \frac{11}{6}$

Für $a = -13$ erhält man die Lösungsmenge:

$\mathbb{L} = \left\{\left(\frac{17}{6}z - \frac{11}{6};\ \frac{19}{6}z - \frac{13}{6};\ z\right) \,\middle|\, z \in \mathbb{R}\right\}$

*2. Fall:* **$a \neq -13$**

In diesem Fall ist der Klammerterm in Gleichung VI ungleich 0, und man erhält nach Division durch diesen Klammerterm: $z = 0$

Eingesetzt in Gleichung IV folgt $6y = -13 \Leftrightarrow y = -\frac{13}{6}$ und anschließend aus Gleichung I:

$3x = 3 \cdot \left(-\frac{13}{6}\right) - 0 + 1 = -\frac{11}{2} \quad \Leftrightarrow \quad x = -\frac{11}{6}$

Für $a \neq -13$ erhält man die Lösungsmenge: $\mathbb{L} = \left\{\left(-\frac{11}{6};\ -\frac{13}{6};\ 0\right)\right\}$

Verwendet man hier die Funktion **linSolve()**, dann zeigt der CAS-Rechner nur die eindeutige Lösung $\left(-\frac{11}{6};\ -\frac{13}{6};\ 0\right)$ an.
Dadurch bleibt verborgen, dass es im Fall $a = -13$ auch (unendlich viele) weitere Lösungen gibt.

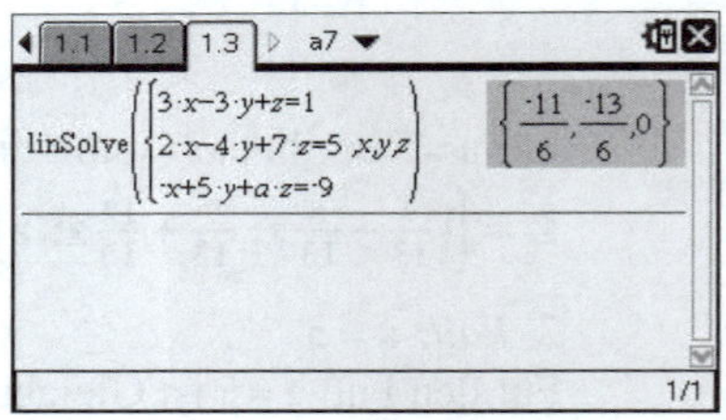


Dies wird erst deutlich, wenn man das LGS durch die Funktion **solve()** lösen lässt und den Parameter a mit als Lösungsvariable angibt:

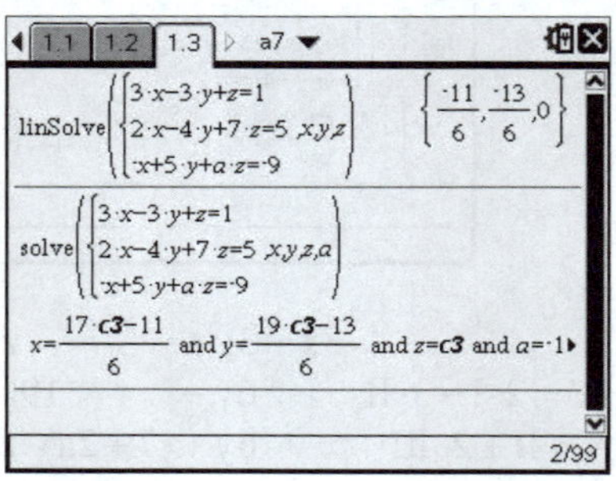


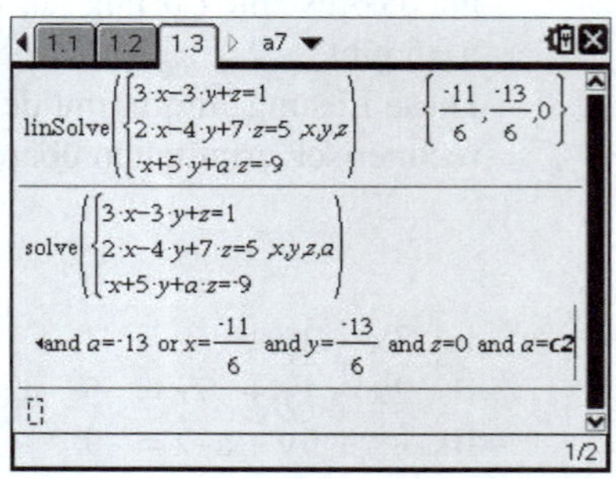


**8.** Ansatz: Man verwendet a kg der Sorte A, b kg der Sorte B und c kg der Sorte C.

Eine Mischung aus diesen drei Sorten hat einen Eisengehalt von:

$\frac{70}{100}a + \frac{80}{100}b + \frac{60}{100}c \ \ [\text{kg}]$

Da der Eisengehalt in der Mischung 72 % betragen und eine Tonne davon hergestellt werden soll, muss sie $1000\text{ kg} \cdot \frac{72}{100} = 720\text{ kg}$ Eisen enthalten.

Die entstehende erste Gleichung lautet also:

$$\frac{70}{100}a + \frac{80}{100}b + \frac{60}{100}c = 720 \quad\Leftrightarrow\quad 7a + 8b + 6c = 7\,200$$

Entsprechend ergibt sich für die Chrommenge:

$$\frac{20}{100}a + \frac{15}{100}b + \frac{30}{100}c = \frac{20}{100} \cdot 1000 \quad\Leftrightarrow\quad 20a + 15b + 30c = 20\,000$$
$$\Leftrightarrow\quad 4a + 3b + 6c = 4\,000$$

Schließlich ergibt sich für die Nickelmenge die Gleichung:

$$\frac{10}{100}a + \frac{5}{100}b + \frac{10}{100}c = \frac{8}{100} \cdot 1000 \quad\Leftrightarrow\quad 10a + 5b + 10c = 8\,000$$
$$\Leftrightarrow\quad 2a + b + 2c = 1\,600$$

Das zugehörige Gleichungssystem wird gelöst:

$$\begin{array}{ll} \text{I} & 7a + 8b + 6c = 7\,200 \\ \text{II} & 4a + 3b + 6c = 4\,000 \\ \text{III} & 2a + b + 2c = 1600 \end{array} \;\Leftrightarrow\; \begin{array}{lr} \text{I} & 7a + 8b + 6c = 7\,200 \\ \text{IV} = 4 \cdot \text{I} - 7 \cdot \text{II} & 11b - 18c = 800 \\ \text{V} = \text{II} - 2 \cdot \text{III} & b + 2c = 800 \end{array}$$

$$\Leftrightarrow\; \begin{array}{lr} \text{I} & 7a + 8b + 6c = 7\,200 \\ \text{IV} & 11b - 18c = 800 \\ \text{VI} = \text{IV} - 11 \cdot \text{V} & -40c = -8\,000 \end{array}$$

Der letzten Zeile entnimmt man $\mathbf{c = 200}$; eingesetzt in IV erhält man
$11b - 18 \cdot 200 = 800 \;\Leftrightarrow\; 11b = 4\,400 \;\Leftrightarrow\; \mathbf{b = 400}$
und schließlich aus I:
$7a + 8 \cdot 400 + 6 \cdot 200 = 7\,200 \;\Leftrightarrow\; 7a = 7\,200 - 3\,200 - 1\,200 = 2\,800 \;\Leftrightarrow\; \mathbf{a = 400}$

Man muss also jeweils 400 kg der Sorten A und B sowie 200 kg der Sorte C mischen.

**9.** Ansatz: Da hier nur nach dem Verhältnis der Mischung gesucht wird und keine bestimmte Menge vorgegeben ist, können die Anteile der Stoffe für z. B. 1 000 g der Mischung berechnet werden, um anschließend daraus das Mischungsverhältnis zu bestimmen.

Bei k Gramm der Sorte K, s Gramm der Sorte S und p Gramm der Sorte P ergeben sich folgende Gleichungen für 1 000 Gramm Mischung:

Kaliummenge: $0{,}6k + 0{,}2s + 0{,}2p = 0{,}4 \cdot 1\,000$
Stickstoffmenge: $0{,}3k + 0{,}6s + 0{,}3p = 0{,}4 \cdot 1\,000$
Phosphormenge: $0{,}1k + 0{,}2s + 0{,}5p = 0{,}2 \cdot 1\,000$

Das zugehörige Gleichungssystem wird gelöst:

$$\begin{array}{ll} \text{I} & 6k + 2s + 2p = 4\,000 \\ \text{II} & 3k + 6s + 3p = 4\,000 \\ \text{III} & k + 2s + 5p = 2\,000 \end{array} \;\Leftrightarrow\; \begin{array}{lr} \text{I} & 6k + 2s + 2p = 4\,000 \\ \text{IV} = \text{I} - 2 \cdot \text{II} & -10s - 4p = -4\,000 \\ \text{V} = \text{II} - 3 \cdot \text{III} & -12p = -2\,000 \end{array}$$

Aus Gleichung V erhält man $p = \frac{500}{3}$ und damit aus Gleichung IV:

$-10s = -4\,000 + 4 \cdot \frac{500}{3} = -\frac{10\,000}{3} \quad \Leftrightarrow \quad s = \frac{1\,000}{3}$

Schließlich folgt aus Gleichung I:

$6k = 4\,000 - 2 \cdot \frac{1\,000}{3} - 2 \cdot \frac{500}{3} = 3\,000 \quad \Leftrightarrow \quad k = 500$

Die Sorten **K, S und P** müssen also im Verhältnis

$k : s : p = 500 : \frac{1\,000}{3} : \frac{500}{3} = 1\,500 : 1\,000 : 500 = \mathbf{3 : 2 : 1}$ gemischt werden.

**10.** Der Ansatz $p(x) = ax^3 + bx^2 + cx + d$ liefert mit den vier gegebenen Parabelpunkten vier Gleichungen:

$$\begin{array}{llcl} \text{A:} & p(-1) = -5 & & -a + b - c + d = -5 \\ \text{B:} & p(1) = -1 & \Leftrightarrow & a + b + c + d = -1 \\ \text{C:} & p(2) = 1 & & 8a + 4b + 2c + d = 1 \\ \text{D:} & p(3) = 11 & & 27a + 9b + 3c + d = 11 \end{array}$$

Bei diesem Gleichungssystem ist es einfacher, zunächst den Parameter d zu eliminieren, da dessen Koeffizienten kleiner sind:

$$\begin{array}{llcll} \text{I} & -a + b - c + d = -5 & & \text{I} & -a + b - c + d = -5 \\ \text{II} & a + b + c + d = -1 & \Leftrightarrow & \text{V} = \text{II} - \text{I} & 2a + 2c = 4 \\ \text{III} & 8a + 4b + 2c + d = 1 & & \text{VI} = \text{III} - \text{I} & 9a + 3b + 3c = 6 \\ \text{IV} & 27a + 9b + 3c + d = 11 & & \text{VII} = \text{IV} - \text{I} & 28a + 8b + 4c = 16 \end{array}$$

$$\Leftrightarrow \begin{array}{ll} \text{I} & -a + b - c + d = -5 \\ \text{V} & 2a + 2c = 4 \\ \text{VIII} = 2 \cdot \text{VI} - 3 \cdot \text{V} & 12a + 6b = 0 \\ \text{IX} = \text{VII} - 2 \cdot \text{V} & 24a + 8b = 8 \end{array}$$

$$\Leftrightarrow \begin{array}{ll} \text{I} & -a + b - c + d = -5 \\ \text{V} & 2a + 2c = 4 \\ \text{VIII} & 12a + 6b = 0 \\ \text{X} = \text{IX} - 2 \cdot \text{VIII} & -4b = 8 \end{array}$$

Aus Gleichung X erhält man $b = -2$ und damit aus Gleichung VIII: $a = 1$

Aus Gleichung V folgt $c = 1$ und Gleichung I liefert schließlich $d = -1$.

Die Gleichung der kubischen Parabel lautet also $\mathbf{p(x) = x^3 - 2x^2 + x - 1}$.

**11.**

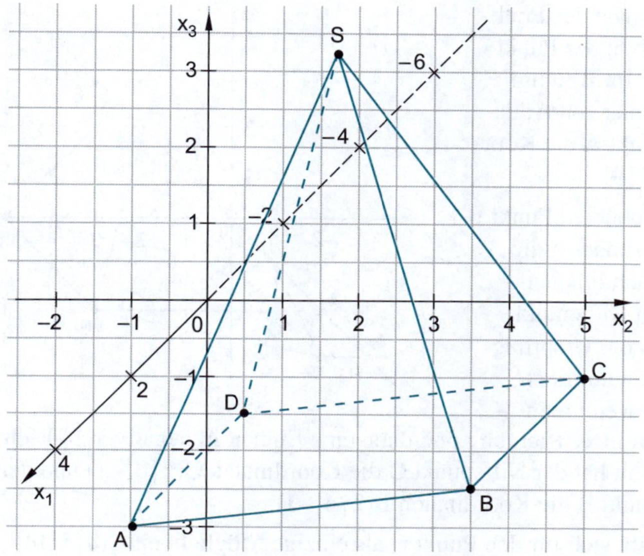


**12.** Das Haus wird so dargestellt, dass die Länge in $x_1$-Richtung zeigt, die Breite in $x_2$-Richtung und die Höhe in $x_3$-Richtung, wobei die Bodenfläche bei $x_3 = 0$ liegt und der Koordinatenursprung in der Mitte der Bodenfläche liegt. Die vordere Giebelseite des Hauses hat im Koordinatensystem dann die Eckpunkte A(4|−3|0), B(4|3|0), C(4|3|4), D(4|0|6) und E(4|−3|4); die hintere Giebelseite Ecken mit jeweils um 8 kleineren $x_1$-Koordinaten: F(−4|−3|0), G(−4|3|0), H(−4|3|4), J(−4|0|6) und K(−4|−3|4).

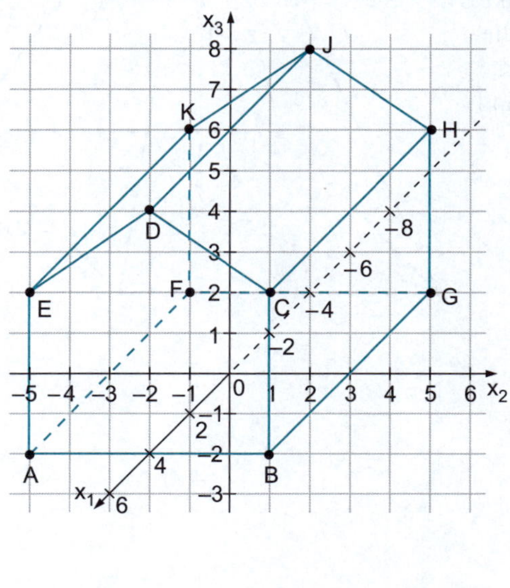

**13.** Die $x_1$-Koordinate des Punktes A ist gleich 6; der Punkt P(6 | 0 | 0) liegt im Bild um eine Einheit links von A; daher hat der Punkt A die Koordinaten **A(6 | 1 | 0)**.

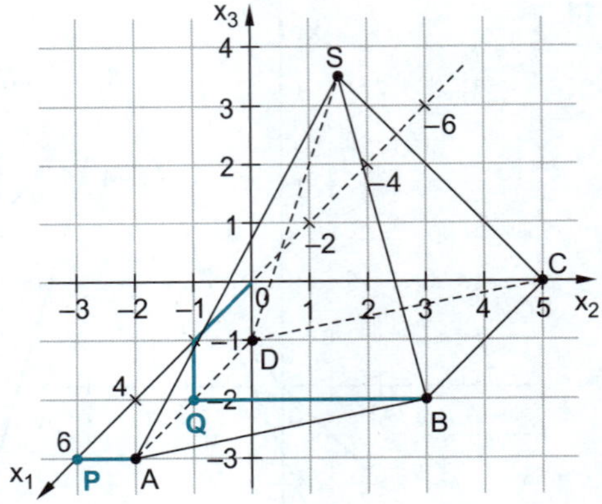


Vom eingezeichneten Punkt B aus geht man zunächst die 4 Einheiten nach links und erhält dort den Hilfspunkt $Q(b_1 | 0 | b_2)$. Vom Ursprung aus kommt man nur dann zum Punkt Q, wenn man zwei Einheiten in $x_1$-Richtung und dann eine Einheit in negativer $x_3$-Richtung geht. Somit hat der Hilfspunkt Q die Koordinaten Q(2 | 0 | –1) und demzufolge der Punkt B die Koordinaten **B(2 | 4 | –1)**.

Mit $c_1 = 0$ ergibt sich für den Punkt C als einzige Möglichkeit **C(0 | 5 | 0)**.

Analog ergeben sich für D und S die Koordinaten **D(4 | 2 | 1)** und **S(3 | 3 | 5)**.

**14.** Die eine Quadratseite kann unverzerrt gezeichnet werden, die andere wird um den Faktor $\sqrt{0,5}$ verkleinert und unter einem Winkel von 45° angetragen.

Um die Höhe übertragen zu können, muss zunächst der Lotfußpunkt L als Schnittpunkt der Quadratdiagonalen eingezeichnet werden; anschließend kann die Höhe in L angetragen werden.

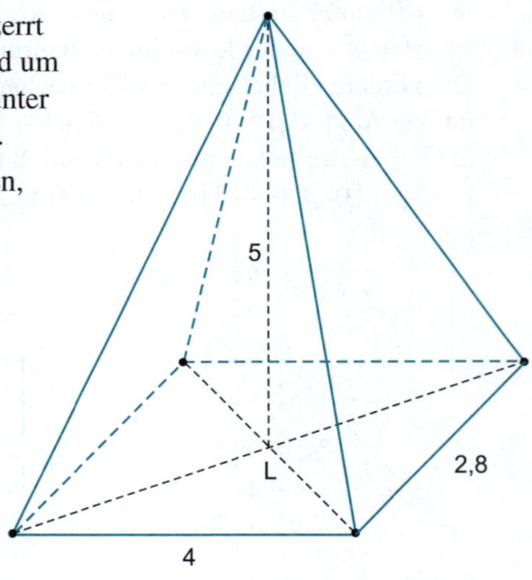

**15.** Die in der Dreitafelprojektion rechts farbig getönten Rechtecke gehören zu einem kleinen Quader, der rechts neben einem größeren Quader steht:

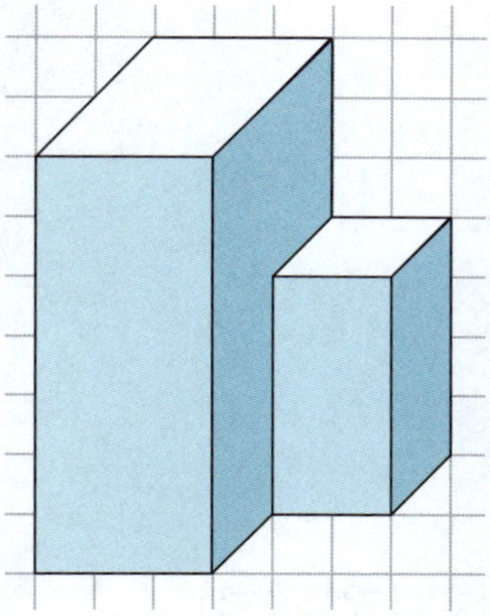

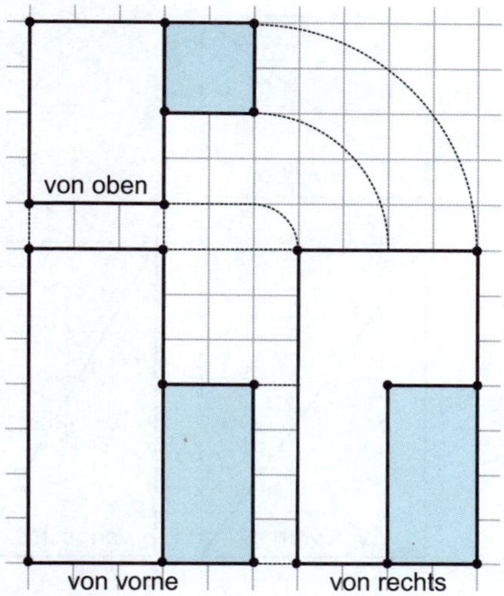


**16.** Von der Giebelseite betrachtet sieht das Haus folgendermaßen aus:

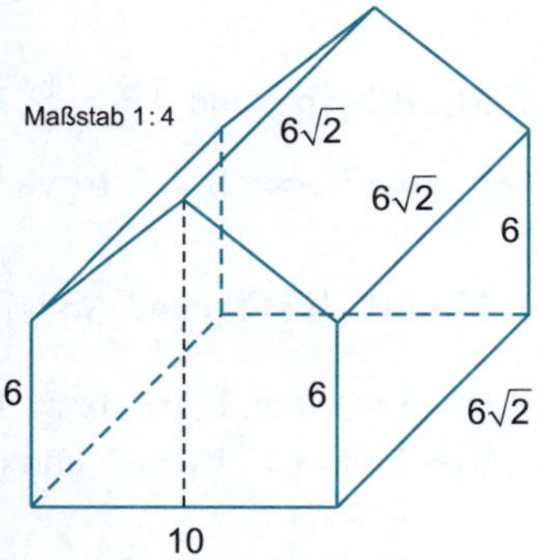


Von der Seite gesehen ergibt sich nebenstehendes Schrägbild:

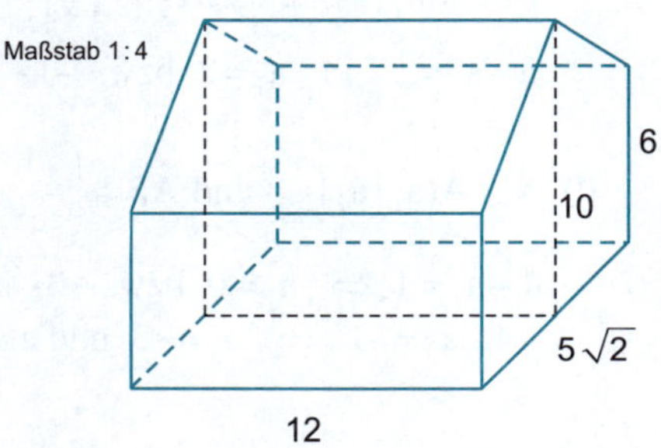

**17.**

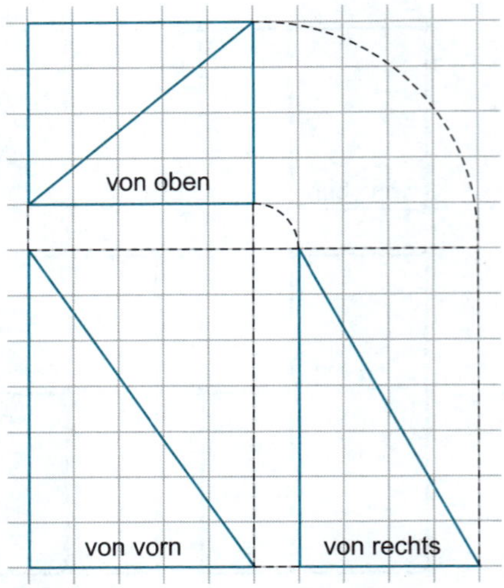


**18.** a) $\overrightarrow{AB} = \begin{pmatrix} 7-4 \\ -3-1 \end{pmatrix} = \begin{pmatrix} 3 \\ -4 \end{pmatrix}$  b) $\overrightarrow{AB} = \begin{pmatrix} 1-5 \\ 2-2 \\ -3-(-7) \end{pmatrix} = \begin{pmatrix} -4 \\ 0 \\ 4 \end{pmatrix}$

**19.** a) Mit $B(b_1 | b_2)$ und $\overrightarrow{AB} = \begin{pmatrix} b_1-4 \\ b_2-1 \end{pmatrix} = \begin{pmatrix} 3 \\ 2 \end{pmatrix}$ erhält man:

$b_1 - 4 = 3 \Leftrightarrow b_1 = 7$ bzw. $b_2 - 1 = 2 \Leftrightarrow b_2 = 3$ und somit **B(7 | 3)**.

b) Mit $B(b_1 | b_2 | b_3)$ und $\overrightarrow{AB} = \begin{pmatrix} b_1-3 \\ b_2-2 \\ b_3-(-3) \end{pmatrix} = \begin{pmatrix} 0 \\ -2 \\ 1 \end{pmatrix}$ folgt:

$b_1 - 3 = 0 \Leftrightarrow b_1 = 3$ bzw. $b_2 - 2 = -2 \Leftrightarrow b_2 = 0$ bzw.
$b_3 + 3 = 1 \Leftrightarrow b_3 = -2$ und damit **B(3 | 0 | –2)**.

c) Mit $A(a_1 | a_2)$ und $\overrightarrow{AB} = \begin{pmatrix} 3-a_1 \\ -1-a_2 \end{pmatrix} = \begin{pmatrix} 1 \\ 5 \end{pmatrix}$ folgt:

$3 - a_1 = 1 \Leftrightarrow a_1 = 2$ bzw. $-1 - a_2 = 5 \Leftrightarrow a_2 = -6$ und damit **A(2 | –6)**.

d) Mit $A(a_1 | a_2 | a_3)$ und $\overrightarrow{AB} = \begin{pmatrix} 1-a_1 \\ -3-a_2 \\ -4-a_3 \end{pmatrix} = \begin{pmatrix} 1 \\ 2 \\ -1 \end{pmatrix}$ erhält man:

$1 - a_1 = 1 \Leftrightarrow a_1 = 0$ bzw. $-3 - a_2 = 2 \Leftrightarrow a_2 = -5$ bzw.
$-4 - a_3 = -1 \Leftrightarrow a_3 = -3$ und als Ergebnis **A(0 | –5 | –3)**.

**20.** a) $\vec{a} + \vec{b} = \begin{pmatrix} 1 \\ 4 \end{pmatrix} + \begin{pmatrix} -1 \\ 3 \end{pmatrix} = \begin{pmatrix} 1-1 \\ 4+3 \end{pmatrix} = \begin{pmatrix} 0 \\ 7 \end{pmatrix}$

$\vec{a} - \vec{c} = \begin{pmatrix} 1 \\ 4 \end{pmatrix} - \begin{pmatrix} -3 \\ -1 \end{pmatrix} = \begin{pmatrix} 1-(-3) \\ 4-(-1) \end{pmatrix} = \begin{pmatrix} 1+3 \\ 4+1 \end{pmatrix} = \begin{pmatrix} 4 \\ 5 \end{pmatrix}$

b) $\vec{a}+\vec{c}-\vec{b}=\begin{pmatrix}1\\4\end{pmatrix}+\begin{pmatrix}-3\\-1\end{pmatrix}-\begin{pmatrix}-1\\3\end{pmatrix}=\begin{pmatrix}1-3+1\\4-1-3\end{pmatrix}=\begin{pmatrix}-1\\0\end{pmatrix}$

$2\vec{a}+3\vec{c}=2\cdot\begin{pmatrix}1\\4\end{pmatrix}+3\cdot\begin{pmatrix}-3\\-1\end{pmatrix}=\begin{pmatrix}2\cdot 1+3\cdot(-3)\\2\cdot 4+3\cdot(-1)\end{pmatrix}=\begin{pmatrix}2-9\\8-3\end{pmatrix}=\begin{pmatrix}-7\\5\end{pmatrix}$

c) $\vec{u}+\vec{w}=\begin{pmatrix}-2\\1\\5\end{pmatrix}+\begin{pmatrix}1\\-2\\3\end{pmatrix}=\begin{pmatrix}-2+1\\1-2\\5+3\end{pmatrix}=\begin{pmatrix}-1\\-1\\8\end{pmatrix}$

$\vec{u}-\vec{w}+\vec{v}=\begin{pmatrix}-2\\1\\5\end{pmatrix}-\begin{pmatrix}1\\-2\\3\end{pmatrix}+\begin{pmatrix}-3\\4\\1\end{pmatrix}=\begin{pmatrix}-2-1-3\\1+2+4\\5-3+1\end{pmatrix}=\begin{pmatrix}-6\\7\\3\end{pmatrix}$

d) $\vec{u}+2\vec{w}=\begin{pmatrix}-2\\1\\5\end{pmatrix}+2\cdot\begin{pmatrix}1\\-2\\3\end{pmatrix}=\begin{pmatrix}-2+2\\1-4\\5+6\end{pmatrix}=\begin{pmatrix}0\\-3\\11\end{pmatrix}$

$3\vec{w}-2\vec{v}+2\vec{u}=3\cdot\begin{pmatrix}1\\-2\\3\end{pmatrix}-2\cdot\begin{pmatrix}-3\\4\\1\end{pmatrix}+2\cdot\begin{pmatrix}-2\\1\\5\end{pmatrix}=\begin{pmatrix}3+6-4\\-6-8+2\\9-2+10\end{pmatrix}=\begin{pmatrix}5\\-12\\17\end{pmatrix}$

**21.** a) $\begin{pmatrix}3\\1\end{pmatrix}+\vec{c}=\begin{pmatrix}1\\5\end{pmatrix} \Leftrightarrow \vec{c}=\begin{pmatrix}1\\5\end{pmatrix}-\begin{pmatrix}3\\1\end{pmatrix}=\begin{pmatrix}-2\\4\end{pmatrix}$

b) $\begin{pmatrix}5\\1\end{pmatrix}-2\vec{a}=\begin{pmatrix}1\\7\end{pmatrix} \Leftrightarrow 2\vec{a}=\begin{pmatrix}5\\1\end{pmatrix}-\begin{pmatrix}1\\7\end{pmatrix}=\begin{pmatrix}4\\-6\end{pmatrix} \Leftrightarrow \vec{a}=\begin{pmatrix}2\\-3\end{pmatrix}$

c) $\begin{pmatrix}2\\1\end{pmatrix}+\vec{x}=\begin{pmatrix}8\\-5\end{pmatrix}-2\vec{x} \Leftrightarrow 3\vec{x}=\begin{pmatrix}8\\-5\end{pmatrix}-\begin{pmatrix}2\\1\end{pmatrix}=\begin{pmatrix}6\\-6\end{pmatrix} \Leftrightarrow \vec{x}=\begin{pmatrix}2\\-2\end{pmatrix}$

d) $\begin{pmatrix}4\\1\\1\end{pmatrix}+\vec{v}=\begin{pmatrix}1\\0\\2\end{pmatrix} \Leftrightarrow \vec{v}=\begin{pmatrix}1\\0\\2\end{pmatrix}-\begin{pmatrix}4\\1\\1\end{pmatrix}=\begin{pmatrix}-3\\-1\\1\end{pmatrix}$

e) $\begin{pmatrix}3\\1\\2\end{pmatrix}+\vec{d}-\begin{pmatrix}1\\0\\4\end{pmatrix}=\begin{pmatrix}7\\2\\3\end{pmatrix} \Leftrightarrow \vec{d}=\begin{pmatrix}7\\2\\3\end{pmatrix}-\begin{pmatrix}3\\1\\2\end{pmatrix}+\begin{pmatrix}1\\0\\4\end{pmatrix}=\begin{pmatrix}5\\1\\5\end{pmatrix}$

f) $\begin{pmatrix}1\\4\\-2\end{pmatrix}+\vec{a}=\begin{pmatrix}5\\-4\\6\end{pmatrix}-3\vec{a} \Leftrightarrow 4\vec{a}=\begin{pmatrix}5\\-4\\6\end{pmatrix}-\begin{pmatrix}1\\4\\-2\end{pmatrix}=\begin{pmatrix}4\\-8\\8\end{pmatrix} \Leftrightarrow \vec{a}=\begin{pmatrix}1\\-2\\2\end{pmatrix}$

g) $\begin{pmatrix}3\\1\\5\end{pmatrix}-\vec{b}+\begin{pmatrix}-1\\2\\1\end{pmatrix}=\vec{b}-\begin{pmatrix}-2\\-3\\-6\end{pmatrix} \Leftrightarrow -2\vec{b}=-\begin{pmatrix}-2\\-3\\-6\end{pmatrix}-\begin{pmatrix}3\\1\\5\end{pmatrix}-\begin{pmatrix}-1\\2\\1\end{pmatrix}=\begin{pmatrix}0\\0\\0\end{pmatrix} \Rightarrow \vec{b}=\begin{pmatrix}0\\0\\0\end{pmatrix}$

**22.** a) Ansatz: $\vec{a} = r \cdot \vec{b} + s \cdot \vec{c}$ bzw. $\begin{pmatrix} 5 \\ 7 \end{pmatrix} = r \cdot \begin{pmatrix} 3 \\ 1 \end{pmatrix} + s \cdot \begin{pmatrix} -2 \\ 2 \end{pmatrix}$

Dies führt auf folgendes LGS:

$$\begin{array}{ll} \text{I} & 3r - 2s = 5 \\ \text{II} & r + 2s = 7 \end{array}$$

$$\Leftrightarrow \begin{array}{lr} \text{I} & 3r - 2s = 5 \\ \text{III} = 3 \cdot \text{II} - \text{I} & 8s = 16 \end{array}$$

Es ergibt sich $s = 2$ und $r = 3$.

Somit ist $\mathbf{\vec{a} = 3 \cdot \vec{b} + 2 \cdot \vec{c}}$.

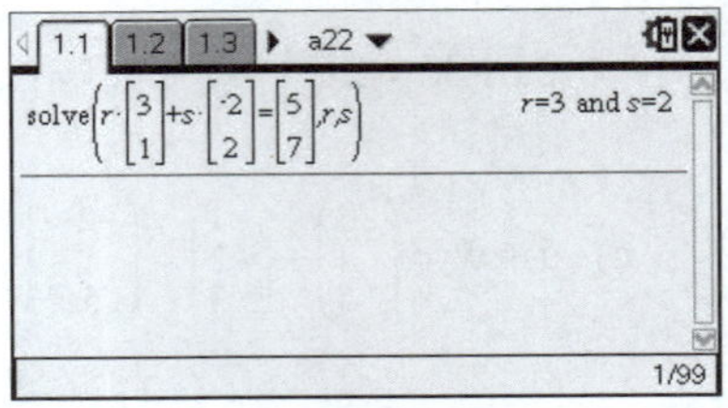


b) Ansatz: $\vec{a} = r \cdot \vec{b} + s \cdot \vec{c} + t \cdot \vec{d}$ bzw. $\begin{pmatrix} 1 \\ 8 \\ -1 \end{pmatrix} = r \cdot \begin{pmatrix} 2 \\ -1 \\ 2 \end{pmatrix} + s \cdot \begin{pmatrix} 1 \\ 3 \\ 0 \end{pmatrix} + t \cdot \begin{pmatrix} 4 \\ 0 \\ 3 \end{pmatrix}$

$$\begin{array}{ll} \text{I} & 2r + s + 4t = 1 \\ \text{II} & -r + 3s = 8 \\ \text{III} & 2r + 3t = -1 \end{array}$$

$$\Leftrightarrow \begin{array}{lr} \text{I} & 2r + s + 4t = 1 \\ \text{IV} = \text{I} + 2 \cdot \text{II} & 7s + 4t = 17 \\ \text{V} = \text{I} - \text{III} & s + t = 2 \end{array}$$

$$\Leftrightarrow \begin{array}{lr} \text{I} & 2r + s + 4t = 1 \\ \text{IV} & 7s + 4t = 17 \\ \text{VI} = \text{IV} - 7 \cdot \text{V} & -3t = 3 \end{array}$$

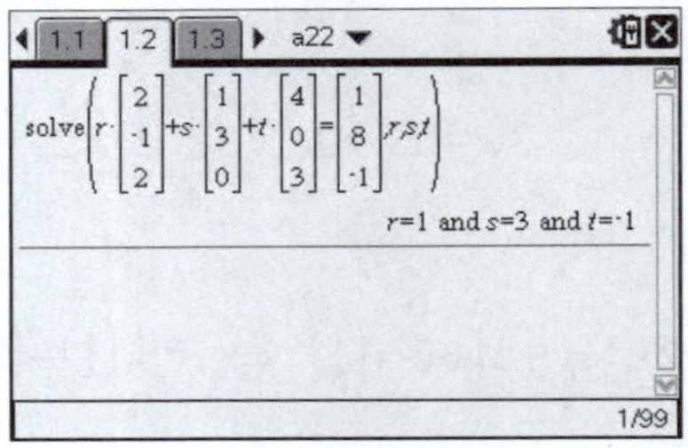


Hieraus folgt $t = -1$, $s = 3$, $r = 1$ und daher $\mathbf{\vec{a} = \vec{b} + 3 \cdot \vec{c} - \vec{d}}$.

c) Ansatz: $\vec{a} = r \cdot \vec{b} + s \cdot \vec{c} + t \cdot \vec{d}$ bzw. $\begin{pmatrix} 4 \\ 7 \end{pmatrix} = r \cdot \begin{pmatrix} 3 \\ 1 \end{pmatrix} + s \cdot \begin{pmatrix} -2 \\ 2 \end{pmatrix} + t \cdot \begin{pmatrix} 3 \\ 4 \end{pmatrix}$

$$\begin{array}{ll} \text{I} & 3r - 2s + 3t = 4 \\ \text{II} & r + 2s + 4t = 7 \end{array} \Leftrightarrow \begin{array}{lr} \text{I} & 3r - 2s + 3t = 4 \\ \text{III} = 3 \cdot \text{II} - \text{I} & 8s + 9t = 17 \end{array}$$

Man kann eine Variable, z. B. t, beliebig wählen. Aus Gleichung III folgt:

$8s + 9t = 17 \Leftrightarrow s = \frac{17}{8} - \frac{9}{8}t$ und damit aus I:

$$3r - 2 \cdot \left(\frac{17}{8} - \frac{9}{8}t\right) + 3t = 4 \Leftrightarrow 3r = 4 + \frac{17}{4} - \frac{9}{4}t - 3t = \frac{33}{4} - \frac{21}{4}t$$

$$\Leftrightarrow r = \frac{11}{4} - \frac{7}{4}t$$

Man kann den Vektor $\vec{a}$ also auf unendlich viele Arten darstellen:

$$\mathbf{\vec{a} = \left(\frac{11}{4} - \frac{7}{4}t\right) \cdot \vec{b} + \left(\frac{17}{8} - \frac{9}{8}t\right) \cdot \vec{c} + t \cdot \vec{d};\ t \in \mathbb{R}}$$

Der CAS-Rechner liefert dasselbe Ergebnis: Die Lösungen für die Variablen sind von der reellen Zahl **c1** abhängig. Es gibt also unendlich viele Lösungen.

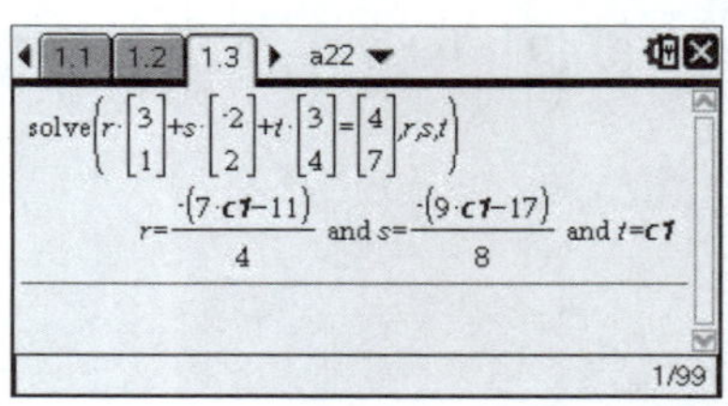

d) Ansatz:

$\vec{a} = r\cdot\vec{b} + s\cdot\vec{c} + t\cdot\vec{d} + u\cdot\vec{e}$ bzw. $\begin{pmatrix}0\\2\\-2\end{pmatrix} = r\cdot\begin{pmatrix}2\\-1\\2\end{pmatrix} + s\cdot\begin{pmatrix}1\\1\\0\end{pmatrix} + t\cdot\begin{pmatrix}-1\\-1\\2\end{pmatrix} + u\cdot\begin{pmatrix}1\\-2\\-1\end{pmatrix}$

$$\begin{array}{ll} \text{I} & 2r + s - t + u = 0 \\ \text{II} & -r + s - t - 2u = 2 \\ \text{III} & 2r + 2t - u = -2 \end{array} \Leftrightarrow \begin{array}{ll} \text{I} & 2r + s - t + u = 0 \\ \text{IV} = \text{I} + 2\cdot\text{II} & 3s - 3t - 3u = 4 \\ \text{V} = \text{I} - \text{III} & s - 3t + 2u = 2 \end{array}$$

$$\Leftrightarrow \begin{array}{ll} \text{I} & 2r + s - t + u = 0 \\ \text{IV} & 3s - 3t - 3u = 4 \\ \text{VI} = \text{IV} - 3\cdot\text{V} & 6t - 9u = -2 \end{array}$$

Man kann z. B. die Variable u beliebig wählen. Aus Gleichung VI folgt:

$6t = -2 + 9u \quad \Leftrightarrow \quad t = -\frac{1}{3} + \frac{3}{2}u$ und damit aus IV:

$3s = 4 + 3\cdot\left(-\frac{1}{3} + \frac{3}{2}u\right) + 3u = 3 + \frac{15}{2}u \quad \Leftrightarrow \quad s = 1 + \frac{5}{2}u$

Eingesetzt in I erhält man schließlich:

$2r + \left(1 + \frac{5}{2}u\right) - \left(-\frac{1}{3} + \frac{3}{2}u\right) + u = 0$

$\Leftrightarrow \quad 2r = -1 - \frac{5}{2}u - \frac{1}{3} + \frac{3}{2}u - u = -\frac{4}{3} - 2u$

$\Leftrightarrow \quad r = -\frac{2}{3} - u$

Der Vektor $\vec{a}$ lässt sich auf unendlich viele Arten ausdrücken:

$\mathbf{\vec{a} = \left(-\frac{2}{3} - u\right)\cdot\vec{b} + \left(1 + \frac{5}{2}u\right)\cdot\vec{c} + \left(-\frac{1}{3} + \frac{3}{2}u\right)\cdot\vec{d} + u\cdot\vec{e};\ u \in \mathbb{R}}$

Der CAS-Rechner liefert dasselbe Ergebnis: Hier sind die Lösungen für die Variablen von der reellen Zahl **c2** abhängig mit **u = c2**. Somit hat das Gleichungssystem unendlich viele Lösungen.

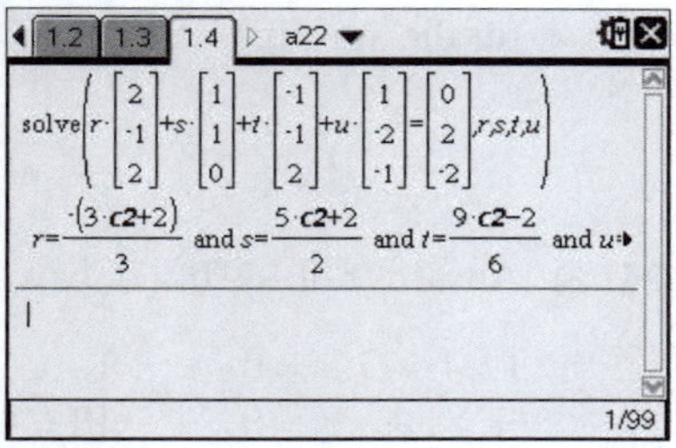


**23.** a) Ansatz: $\vec{a} = r\cdot\vec{b} + s\cdot\vec{c}$ bzw. $\begin{pmatrix}4\\1\end{pmatrix} = r\cdot\begin{pmatrix}6\\-3\end{pmatrix} + s\cdot\begin{pmatrix}-4\\2\end{pmatrix}$

Das zugehörige Gleichungssystem lautet:

$$\begin{array}{ll} \text{I} & 6r - 4s = 4 \\ \text{II} & -3r + 2s = 1 \end{array} \Leftrightarrow \begin{array}{ll} \text{I} & 6r - 4s = 4 \\ \text{III} = 2\cdot\text{II} + \text{I} & 0 = 6 \end{array}$$

Dieses Gleichungssystem besitzt keine Lösung, da Gleichung III nie erfüllt ist. Der Vektor $\vec{a}$ lässt sich also nicht als Linearkombination der anderen beiden Vektoren darstellen.

b) Ansatz: $\vec{a} = r \cdot \vec{b} + s \cdot \vec{c}$ bzw. $\begin{pmatrix} 1 \\ 0 \\ -1 \end{pmatrix} = r \cdot \begin{pmatrix} 2 \\ -1 \\ 0 \end{pmatrix} + s \cdot \begin{pmatrix} 1 \\ -1 \\ 2 \end{pmatrix}$

$$\begin{array}{lrcl} \text{I} & 2r + s & = & 1 \\ \text{II} & -r - s & = & 0 \\ \text{III} & 2s & = & -1 \end{array} \quad \Leftrightarrow \quad \begin{array}{lrcl} \text{I} & 2r + s & = & 1 \\ \text{IV} = \text{I} + 2 \cdot \text{II} & -s & = & 1 \\ \text{V} = 2 \cdot \text{IV} + \text{III} & 0 & = & 1 \end{array}$$

Gleichung V stellt einen Widerspruch dar; der Vektor $\vec{a}$ lässt sich also nicht als Linearkombination der anderen beiden Vektoren darstellen.

c) Ansatz: $\vec{a} = r \cdot \vec{b} + s \cdot \vec{c} + t \cdot \vec{d}$ bzw. $\begin{pmatrix} 1 \\ 2 \\ -1 \end{pmatrix} = r \cdot \begin{pmatrix} 2 \\ 1 \\ 0 \end{pmatrix} + s \cdot \begin{pmatrix} 1 \\ -1 \\ 2 \end{pmatrix} + t \cdot \begin{pmatrix} 4 \\ -1 \\ 4 \end{pmatrix}$

$$\begin{array}{lrcl} \text{I} & 2r + s + 4t & = & 1 \\ \text{II} & r - s - t & = & 2 \\ \text{III} & 2s + 4t & = & -1 \end{array} \quad \Leftrightarrow \quad \begin{array}{lrcl} \text{I} & 2r + s + 4t & = & 1 \\ \text{IV} = \text{I} - 2 \cdot \text{II} & 3s + 6t & = & -3 \\ \text{V} = 2 \cdot \text{IV} - 3 \cdot \text{III} & 0 & = & -3 \end{array}$$

Wegen des Widerspruchs in Gleichung V ist die Darstellung des Vektors $\vec{a}$ als Linearkombination der anderen Vektoren nicht möglich.

Beispielhaft werden im CAS-Rechner hier die Vektoren als Zeilenvektoren eingegeben, indem man die Koordinaten durch ein Komma trennt: **[1, 2, –1]**

(Die Lösung wird in zwei Bildern dargestellt, da die Eingabe zu lang für die Anzeige ist.)

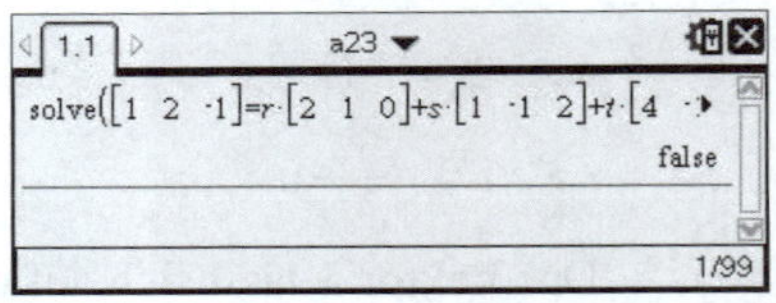


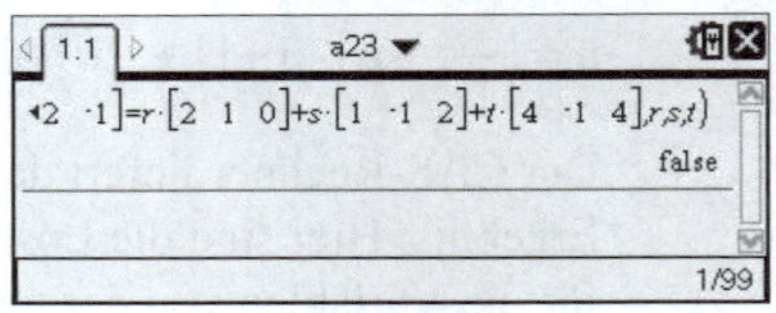


**24.** a) Ansatz: $r \cdot \vec{a} + s \cdot \vec{b} = \vec{o}$ bzw. $r \cdot \begin{pmatrix} 4 \\ -1 \end{pmatrix} + s \cdot \begin{pmatrix} -12 \\ 3 \end{pmatrix} = \begin{pmatrix} 0 \\ 0 \end{pmatrix}$

$$\begin{array}{lrcl} \text{I} & 4r - 12s & = & 0 \\ \text{II} & -r + 3s & = & 0 \end{array} \quad \Leftrightarrow \quad \begin{array}{lrcl} \text{I} & 4r - 12s & = & 0 \\ \text{III} = 4 \cdot \text{II} + \text{I} & 0 & = & 0 \end{array}$$

Der Parameter s ist beliebig wählbar und aus Gleichung I folgt:
$4r = 12s \quad \Leftrightarrow \quad r = 3s$

Der Nullvektor lässt sich auf unendlich viele Möglichkeiten darstellen:
$\mathbf{\vec{o} = 3s \cdot \vec{a} + s \cdot \vec{b} = s \cdot (3\vec{a} + \vec{b});\ s \in \mathbb{R}}$

b) Ansatz: $r \cdot \vec{a} + s \cdot \vec{b} = \vec{o}$ bzw. $r \cdot \begin{pmatrix} 4 \\ 1 \end{pmatrix} + s \cdot \begin{pmatrix} 2 \\ 3 \end{pmatrix} = \begin{pmatrix} 0 \\ 0 \end{pmatrix}$

$$\begin{array}{lrcl} \text{I} & 4r + 2s & = & 0 \\ \text{II} & r + 3s & = & 0 \end{array} \quad \Leftrightarrow \quad \begin{array}{lrcl} \text{I} & 4r + 2s & = & 0 \\ \text{III} = 4 \cdot \text{II} - \text{I} & 10s & = & 0 \end{array}$$

Hieraus ergibt sich $s = 0$ und anschließend $r = 0$. Es ist also nur die (triviale) Darstellung $\mathbf{\vec{o} = 0 \cdot \vec{a} + 0 \cdot \vec{b}}$ möglich.

c) Ansatz: $r \cdot \vec{a} + s \cdot \vec{b} + t \cdot \vec{c} = \vec{o}$ bzw. $r \cdot \begin{pmatrix} 2 \\ 1 \\ -1 \end{pmatrix} + s \cdot \begin{pmatrix} -3 \\ 1 \\ 2 \end{pmatrix} + t \cdot \begin{pmatrix} 1 \\ 3 \\ 4 \end{pmatrix} = \begin{pmatrix} 0 \\ 0 \\ 0 \end{pmatrix}$

I $2r - 3s + t = 0$
II $r + s + 3t = 0$
III $-r + 2s + 4t = 0$

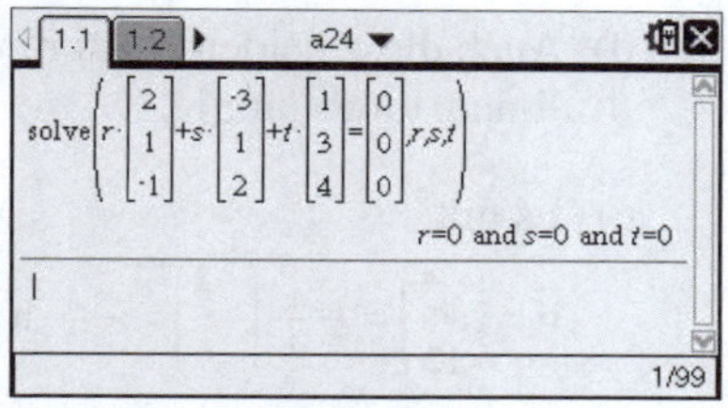


Stufenform nach Gauß-Verfahren:

I $2r - 3s + t = 0$
IV $-5s - 5t = 0$
VI $20t = 0$

Aus Gleichung VI folgt $t = 0$. Eingesetzt in IV ergibt sich $s = 0$ und Gleichung I liefert $r = 0$. Es ist also nur die (triviale) Linearkombination $\vec{o} = 0 \cdot \vec{a} + 0 \cdot \vec{b} + 0 \cdot \vec{c}$ möglich.

d) Ansatz: $r \cdot \vec{a} + s \cdot \vec{b} + t \cdot \vec{c} = \vec{o}$ bzw. $r \cdot \begin{pmatrix} 2 \\ 1 \\ -3 \end{pmatrix} + s \cdot \begin{pmatrix} -3 \\ -1 \\ 2 \end{pmatrix} + t \cdot \begin{pmatrix} 1 \\ 1 \\ -4 \end{pmatrix} = \begin{pmatrix} 0 \\ 0 \\ 0 \end{pmatrix}$

I $2r - 3s + t = 0$
II $r - s + t = 0$
III $-3r + 2s - 4t = 0$

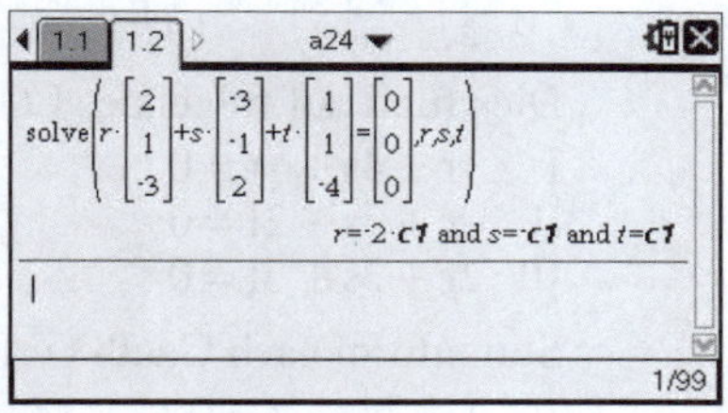


Stufenform nach Gauß-Verfahren:

I $2r - 3s + t = 0$
IV $-s - t = 0$
VI $0 = 0$

Aus Gleichung IV ergibt sich mit t als frei wählbare Variable: $s = -t$
Aus Gleichung I erhält man damit:
$2r + 3t + t = 0 \;\Leftrightarrow\; 2r = -4t \;\Leftrightarrow\; r = -2t$
Für den Nullvektor ergeben sich unendlich viele Linearkombinationen:
$\vec{o} = -2t \cdot \vec{a} - t \cdot \vec{b} + t \cdot \vec{c};\; t \in \mathbb{R}$

**25.** a) Der Vektor $\vec{b}$ ist das Dreifache des Vektors $\vec{a}$:

$\vec{b} = \begin{pmatrix} 9 \\ 3 \end{pmatrix} = 3 \cdot \begin{pmatrix} 3 \\ 1 \end{pmatrix} = 3 \cdot \vec{a}$

Der Vektor $\vec{b}$ ist also als Linearkombination des Vektors $\vec{a}$ darstellbar. Die Vektoren $\vec{a}$ und $\vec{b}$ sind damit **linear abhängig**.

b) Der Vektor $\vec{b}$ ist kein Vielfaches des Vektors $\vec{a}$, und umgekehrt ist damit auch $\vec{a}$ kein Vielfaches von $\vec{b}$, denn: Der Ansatz

$\vec{a} = k \cdot \vec{b} \;\Leftrightarrow\; \begin{pmatrix} 3 \\ 5 \end{pmatrix} = k \cdot \begin{pmatrix} -3 \\ 5 \end{pmatrix} \;\Leftrightarrow\;$ I $3 = -3k$; II $5 = 5k$

führt in der ersten Zeile auf $k = -1$ und in der zweiten Zeile auf $k = 1$ und somit zu einem Widerspruch. Die beiden Vektoren sind also **linear unabhängig**.

c) Die beiden Vektoren sind keine Vielfachen voneinander (analoge Überlegung wie in Teilaufgabe b); sie sind **linear unabhängig**.

d) Auch diese beiden Vektoren sind keine Vielfachen voneinander, sie sind **linear unabhängig**.

e) Es gilt:

$$\vec{b} = \begin{pmatrix} -4 \\ -8 \\ 12 \end{pmatrix} = -\frac{4}{3} \cdot \begin{pmatrix} 3 \\ 6 \\ -9 \end{pmatrix} = -\frac{4}{3} \cdot \vec{a}$$

Die Vektoren $\vec{a}$ und $\vec{b}$ sind also **linear abhängig**.

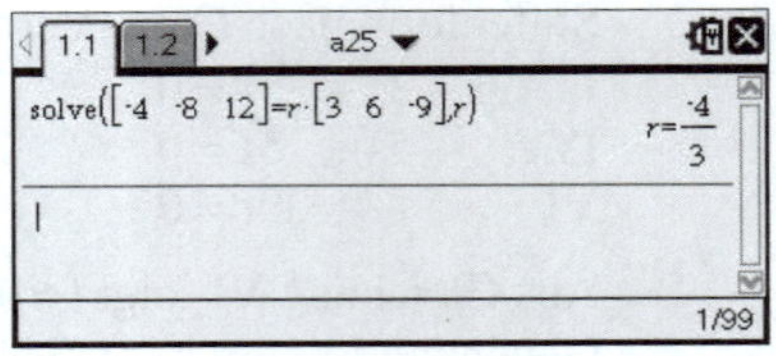


f) Bei drei oder mehr Vektoren wird die Definition der linearen Unabhängigkeit zugrunde gelegt und untersucht, wie sich der Nullvektor als Linearkombination dieser Vektoren darstellen lässt. Der Ansatz lautet:

$$r \cdot \begin{pmatrix} 1 \\ -1 \\ 2 \end{pmatrix} + s \cdot \begin{pmatrix} 4 \\ 1 \\ 3 \end{pmatrix} + t \cdot \begin{pmatrix} 1 \\ 2 \\ 3 \end{pmatrix} = \begin{pmatrix} 0 \\ 0 \\ 0 \end{pmatrix}$$

Dies führt auf folgendes LGS:

$$\begin{array}{ll} \text{I} & r + 4s + t = 0 \\ \text{II} & -r + s + 2t = 0 \\ \text{III} & 2r + 3s + 3t = 0 \end{array}$$

Stufenform nach Gauß-Verfahren:

$$\begin{array}{ll} \text{I} & r + 4s + t = 0 \\ \text{IV} & 5s + 3t = 0 \\ \text{VI} & 4t = 0 \end{array}$$

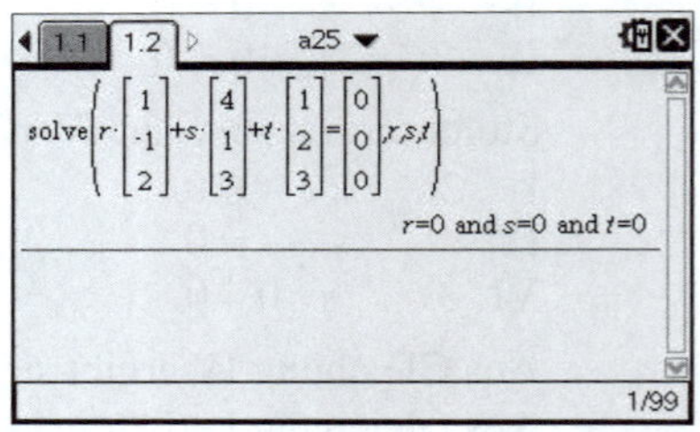


Schrittweise folgt von unten nach oben $t = 0$, $s = 0$ und $r = 0$. Es ist nur die triviale Darstellung des Nullvektors möglich, d. h.: $0 \cdot \vec{a} + 0 \cdot \vec{b} + 0 \cdot \vec{c} = \vec{o}$
Die Vektoren sind **linear unabhängig**.

g) Da $\vec{c}$ der Nullvektor ist, kann man ihn sofort als Linearkombination der anderen Vektoren darstellen: $\vec{c} = 0 \cdot \vec{a} + 0 \cdot \vec{b}$
Die drei Vektoren sind folglich **linear abhängig**.

*Alternativ:* Die Gleichung $r \cdot \vec{a} + s \cdot \vec{b} + t \cdot \vec{c} = \vec{o}$ hat z. B. auch die nichttriviale Lösung $r = 0$, $s = 0$ und $t = 1$. Damit sind die drei Vektoren linear abhängig.

h) Ansatz: $r \cdot \begin{pmatrix} 1 \\ 0 \\ 0 \end{pmatrix} + s \cdot \begin{pmatrix} 0 \\ -1 \\ 0 \end{pmatrix} + t \cdot \begin{pmatrix} 0 \\ 0 \\ 2 \end{pmatrix} = \begin{pmatrix} 0 \\ 0 \\ 0 \end{pmatrix} \Leftrightarrow \begin{array}{ll} \text{I} & r = 0 \\ \text{II} & -s = 0 \\ \text{III} & 2t = 0 \end{array}$

Hier folgt sofort $t = 0$, $s = 0$ und $r = 0$. Damit ist nur die triviale Darstellung des Nullvektors als Linearkombination der Vektoren $\vec{a}$, $\vec{b}$ und $\vec{c}$ möglich, also $0 \cdot \vec{a} + 0 \cdot \vec{b} + 0 \cdot \vec{c} = \vec{o}$. Die drei Vektoren sind **linear unabhängig**.

**26.** a) Die Vektoren $\vec{a}$ und $\vec{b}$ sind linear abhängig, wenn sie ein Vielfaches voneinander sind, d. h., wenn es eine reelle Zahl k gibt, sodass $\vec{b} = k \cdot \vec{a}$ ist:

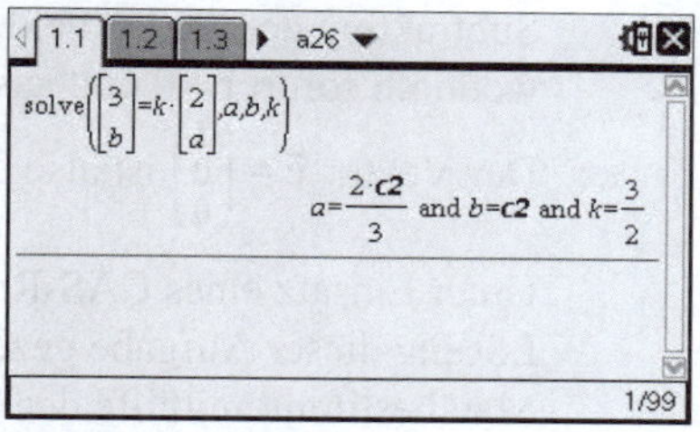


$$\vec{b} = k \cdot \vec{a} \quad \Leftrightarrow \quad \begin{pmatrix} 3 \\ b \end{pmatrix} = k \cdot \begin{pmatrix} 2 \\ a \end{pmatrix}$$
$$\Leftrightarrow \quad k = \frac{3}{2} \text{ und } b = \frac{3}{2} \cdot a$$

Der Wert von **a** ist also **beliebig wählbar** und für b muss $\mathbf{b = \frac{3}{2} \cdot a}$ gelten.

b) Ansatz: $\vec{b} = k \cdot \vec{a}$

$$\begin{pmatrix} -2 \\ 8 \\ b \end{pmatrix} = k \cdot \begin{pmatrix} 3 \\ a \\ -6 \end{pmatrix} \quad \Leftrightarrow \quad \begin{array}{ll} \text{I} & -2 = k \cdot 3 \\ \text{II} & 8 = k \cdot a \\ \text{III} & b = k \cdot (-6) \end{array}$$

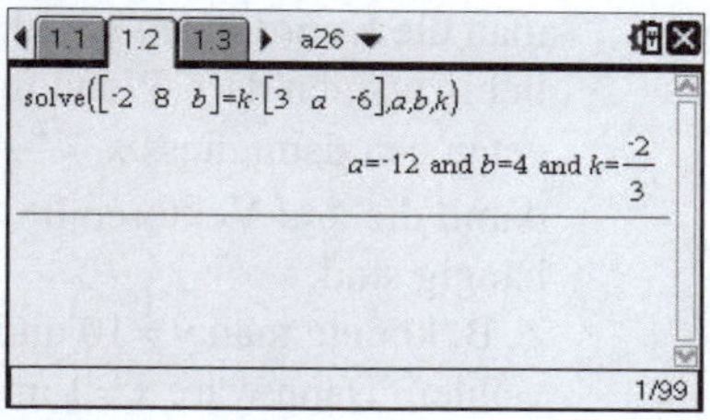


Aus Gleichung I folgt $k = -\frac{2}{3}$ und damit aus II und III:

$$8 = -\frac{2}{3} \cdot a \quad \Leftrightarrow \quad a = -12$$

bzw. $b = -\frac{2}{3} \cdot (-6) = 4$

Nur für **a = −12** und **b = 4** sind die Vektoren linear abhängig.

c) Ansatz: $\vec{b} = k \cdot \vec{a}$

$$\begin{pmatrix} 3 \\ b \\ 10 \end{pmatrix} = k \cdot \begin{pmatrix} 1 \\ a \\ 5 \end{pmatrix} \quad \Leftrightarrow \quad \begin{array}{ll} \text{I} & 3 = k \cdot 1 \\ \text{II} & b = k \cdot a \\ \text{III} & 10 = k \cdot 5 \end{array}$$

Aus Gleichung I folgt k = 3, aus Gleichung III dagegen k = 2. Diese beiden Vektoren sind also **immer linear unabhängig**.

Die Rückmeldung **false** im CAS-Rechner bedeutet, dass dieser keine Lösung finden kann, sodass es keine Werte für a, b und k gibt, die die beiden Vektoren linear abhängig werden lassen könnten.

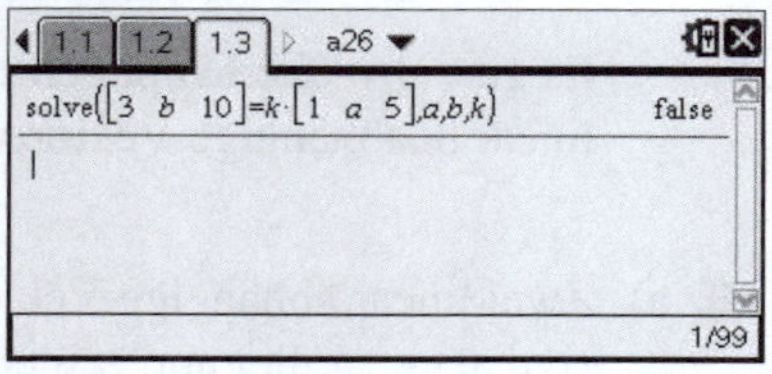


**27.** a) Eine Möglichkeit, einen linear unabhängigen Vektor $\vec{c}$ zu finden, ist, dass man einen solchen Vektor errät und anschließend die Vektoren $\vec{a}$, $\vec{b}$ und $\vec{c}$ auf ihre tatsächliche lineare Unabhängigkeit überprüft.

Man wählt also einen Vektor $\vec{c}$ beliebig, z. B. $\vec{c} = \begin{pmatrix} 1 \\ 0 \\ 0 \end{pmatrix}$, und prüft, ob dieser eine geeignete Wahl darstellt:

$$r \cdot \vec{a} + s \cdot \vec{b} + t \cdot \vec{c} = \vec{o} \quad \Leftrightarrow \quad r \cdot \begin{pmatrix} 1 \\ 2 \\ 4 \end{pmatrix} + s \cdot \begin{pmatrix} 0 \\ 2 \\ 2 \end{pmatrix} + t \cdot \begin{pmatrix} 1 \\ 0 \\ 0 \end{pmatrix} = \begin{pmatrix} 0 \\ 0 \\ 0 \end{pmatrix} \quad \Leftrightarrow \quad \begin{array}{l} r + t = 0 \\ 2r + 2s = 0 \\ 4r + 2s = 0 \end{array}$$

Subtraktion der letzten beiden Gleichungen liefert die Gleichung $-2r = 0$, wodurch sofort $r = 0$ und anschließend $s = 0$ und dann $t = 0$ folgt.

Der Vektor $\vec{c} = \begin{pmatrix} 1 \\ 0 \\ 0 \end{pmatrix}$ ist also eine geeignete Wahl gewesen.

Unter Einsatz eines CAS-Rechners wird eine zweite Möglichkeit zur Lösung dieser Aufgabe gezeigt:
Man bestimmt mithilfe der Gleichung $\vec{c} = r \cdot \vec{a} + s \cdot \vec{b}$ einen Vektor $\vec{c}$ so, dass die drei Vektoren $\vec{a}$, $\vec{b}$ und $\vec{c}$ linear abhängig sind. Damit weiß man, welchen Zusammenhang die Koordinaten des gesuchten Vektors $\vec{c}$ nicht haben dürfen.
Im Bild rechts ist zu sehen, dass man die Koordinaten y und z beliebig wählen darf. Wenn man das getan hat, dann muss $x = \frac{z-y}{2}$ sein, damit die drei Vektoren linear abhängig sind.
Z. B. könnte man $y = 10$ und $z = 12$ wählen. Dann wäre $x = 1$ und der Vektor $\vec{c} = \begin{pmatrix} 1 \\ 10 \\ 12 \end{pmatrix}$ von den Vektoren $\vec{a}$ und $\vec{b}$ linear abhängig (siehe die zweite Eingabe im Bild).

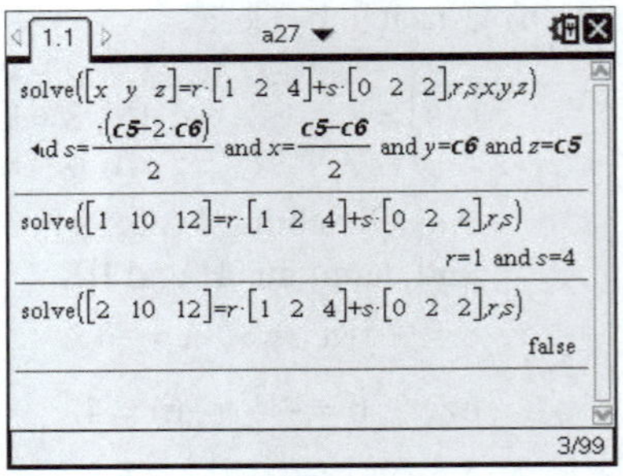


Der Vektor $\vec{c} = \begin{pmatrix} 2 \\ 10 \\ 12 \end{pmatrix}$ wäre aber beispielsweise von $\vec{a}$ und $\vec{b}$ linear unabhängig, wie die dritte Eingabe im Bild beweist.

b) Die beiden Vektoren $\vec{a}$ und $\vec{b}$ sind schon linear abhängig, denn es gilt:
$\vec{b} = -\frac{1}{2} \cdot \vec{a}$
Es gibt also überhaupt keinen Vektor $\vec{c}$, der zusammen mit $\vec{a}$ und $\vec{b}$ drei linear unabhängige Vektoren ergeben könnte.

**28.** a) Zwei linear abhängige Vektoren sind immer Vielfache voneinander; sie sind also parallel und zeigen in dieselbe oder entgegengesetzte Richtung.

b) Von drei linear abhängigen Vektoren im dreidimensionalen Raum muss sich einer von ihnen als Linearkombination der beiden anderen Vektoren darstellen lassen. Die drei Vektoren liegen somit in einer Ebene.

c) Mit zwei linear unabhängigen Vektoren lässt sich jeder zweidimensionale Vektor als Linearkombination dieser beiden Vektoren darstellen. Daher sind drei Vektoren immer linear abhängig.

d) Vier dreidimensionale Vektoren sind immer linear abhängig.

**29.** a) $\begin{pmatrix}3\\2\end{pmatrix}\cdot\begin{pmatrix}-1\\2\end{pmatrix}=3\cdot(-1)+2\cdot 2=-3+4=\mathbf{1}$

b) $\begin{pmatrix}r\\s\end{pmatrix}\cdot\begin{pmatrix}-s\\r\end{pmatrix}=r\cdot(-s)+s\cdot r=-rs+rs=\mathbf{0}$

c) $\begin{pmatrix}3\\-1\\0\end{pmatrix}\cdot\begin{pmatrix}2\\5\\-4\end{pmatrix}=3\cdot 2+(-1)\cdot 5+0\cdot(-4)=6-5+0=\mathbf{1}$

d) $\begin{pmatrix}a\\b\\c\end{pmatrix}\cdot\begin{pmatrix}-b\\a\\1\end{pmatrix}=a\cdot(-b)+b\cdot a+c\cdot 1=-ab+ab+c=\mathbf{c}$

**30.** a) $\begin{pmatrix}3\\a\\2\end{pmatrix}\cdot\begin{pmatrix}a\\-2\\5\end{pmatrix}=8 \;\Leftrightarrow\; 3a-2a+10=8$

$\Leftrightarrow\; a+10=8$

$\Leftrightarrow\; \mathbf{a=-2}$

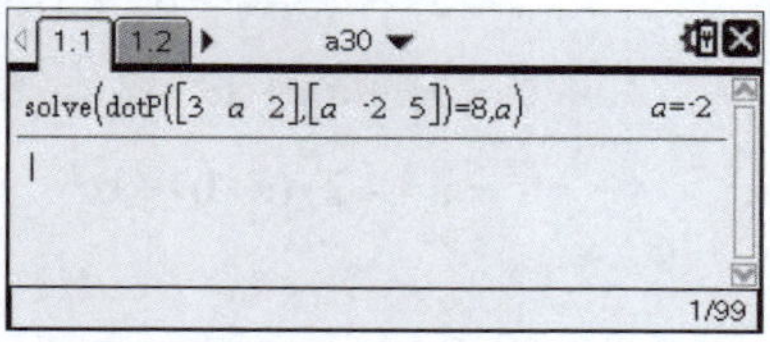


b) $\begin{pmatrix}a\\a\\2\end{pmatrix}\cdot\begin{pmatrix}a\\-2\\3\end{pmatrix}=6 \;\Leftrightarrow\; a^2-2a+6=6$

$\Leftrightarrow\; a^2-2a=0$

$\Leftrightarrow\; a\cdot(a-2)=0$

$\Leftrightarrow\; \mathbf{a=0 \text{ oder } a=2}$

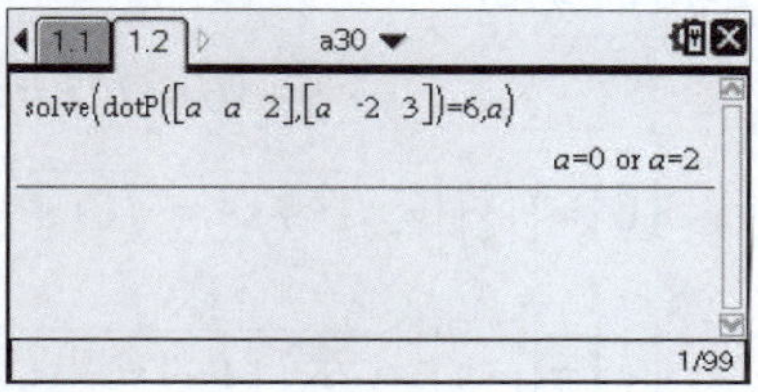


**31.** Das Skalarprodukt $\vec{b}\cdot\vec{c}$ ist eine reelle Zahl; daher ist $\vec{a}\cdot(\vec{b}\cdot\vec{c})$ ein Vielfaches des Vektors $\vec{a}$. Andererseits ist $\vec{a}\cdot\vec{b}$ ebenfalls eine reelle Zahl und somit $(\vec{a}\cdot\vec{b})\cdot\vec{c}$ ein Vielfaches des Vektors $\vec{c}$.
Wenn die Vektoren $\vec{a}$ und $\vec{c}$ linear unabhängig sind, dann können somit Vielfache dieser Vektoren nicht gleich sein; damit kann die Gleichung nicht richtig sein.

**32.** a) $\vec{a}\cdot(\vec{b}-\vec{c})+\vec{c}\cdot(\vec{a}-\vec{b})-\vec{b}\cdot(\vec{a}-\vec{c})=\vec{a}\cdot\vec{b}-\vec{a}\cdot\vec{c}+\vec{c}\cdot\vec{a}-\vec{c}\cdot\vec{b}-\vec{b}\cdot\vec{a}+\vec{b}\cdot\vec{c}$

$=\vec{a}\cdot\vec{b}-\vec{a}\cdot\vec{c}+\vec{a}\cdot\vec{c}-\vec{b}\cdot\vec{c}-\vec{a}\cdot\vec{b}+\vec{b}\cdot\vec{c}=\mathbf{\vec{o}}$

b) $(\vec{a}+\vec{b})\cdot(\vec{a}-\vec{b})=\vec{a}\cdot\vec{a}-\vec{a}\cdot\vec{b}+\vec{b}\cdot\vec{a}-\vec{b}\cdot\vec{b}=\vec{a}\cdot\vec{a}-\vec{a}\cdot\vec{b}+\vec{a}\cdot\vec{b}-\vec{b}\cdot\vec{b}$

$=\vec{a}\cdot\vec{a}-\vec{b}\cdot\vec{b}=\mathbf{\vec{a}^2-\vec{b}^2}$

**33.** $(\vec{a}+\vec{b})^2 = (\vec{a}+\vec{b})\cdot(\vec{a}+\vec{b}) = \begin{pmatrix} a_1+b_1 \\ a_2+b_2 \\ a_3+b_3 \end{pmatrix} \cdot \begin{pmatrix} a_1+b_1 \\ a_2+b_2 \\ a_3+b_3 \end{pmatrix}$

$= (a_1+b_1)\cdot(a_1+b_1)+(a_2+b_2)\cdot(a_2+b_2)+(a_3+b_3)\cdot(a_3+b_3)$

$= a_1^2+2a_1b_1+b_1^2+a_2^2+2a_2b_2+b_2^2+a_3^2+2a_3b_3+b_3^2$

$= a_1^2+a_2^2+a_3^2+2\cdot(a_1b_1+a_2b_2+a_3b_3)+b_1^2+b_2^2+b_3^2$

$= \mathbf{\vec{a}^2+2\cdot(\vec{a}\cdot\vec{b})+\vec{b}^2}$

$(\vec{a}-\vec{b})^2 = (\vec{a}-\vec{b})\cdot(\vec{a}-\vec{b}) = \begin{pmatrix} a_1-b_1 \\ a_2-b_2 \\ a_3-b_3 \end{pmatrix} \cdot \begin{pmatrix} a_1-b_1 \\ a_2-b_2 \\ a_3-b_3 \end{pmatrix}$

$= (a_1-b_1)\cdot(a_1-b_1)+(a_2-b_2)\cdot(a_2-b_2)+(a_3-b_3)\cdot(a_3-b_3)$

$= a_1^2-2a_1b_1+b_1^2+a_2^2-2a_2b_2+b_2^2+a_3^2-2a_3b_3+b_3^2$

$= a_1^2+a_2^2+a_3^2-2\cdot(a_1b_1+a_2b_2+a_3b_3)+b_1^2+b_2^2+b_3^2$

$= \mathbf{\vec{a}^2-2\cdot(\vec{a}\cdot\vec{b})+\vec{b}^2}$

**34.** $|\vec{a}| = \left|\begin{pmatrix} 3 \\ -4 \end{pmatrix}\right| = \sqrt{3^2+(-4)^2}$

$= \sqrt{9+16} = \sqrt{25} = \mathbf{5}$

$|\vec{b}| = \left|\begin{pmatrix} 1 \\ s \end{pmatrix}\right| = \sqrt{1^2+s^2} = \mathbf{\sqrt{1+s^2}}$

$|\vec{c}| = \left|\begin{pmatrix} 8 \\ -4 \\ 1 \end{pmatrix}\right| = \sqrt{8^2+(-4)^2+1^2}$

$= \sqrt{64+16+1} = \sqrt{81} = \mathbf{9}$

$|\vec{d}| = \left|\begin{pmatrix} r \\ -4 \\ 3 \end{pmatrix}\right| = \sqrt{r^2+(-4)^2+3^2}$

$= \sqrt{r^2+16+9} = \mathbf{\sqrt{r^2+25}}$

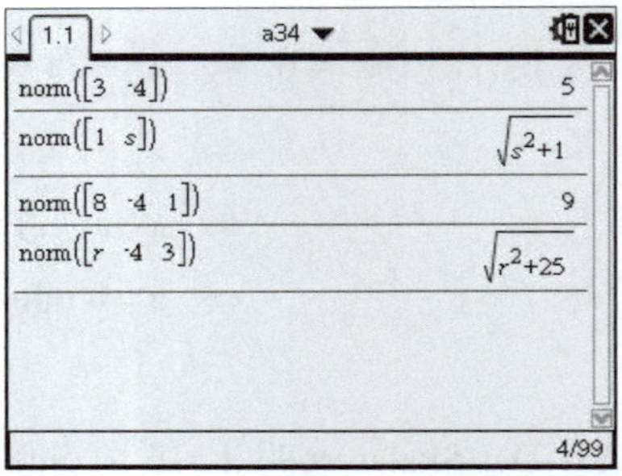


**35.** Drückt man die Seiten des Dreiecks durch die entsprechenden Vektoren aus, erhält man:

$\overrightarrow{AB} = \begin{pmatrix} 2-1 \\ 6-2 \\ 5-(-3) \end{pmatrix} = \begin{pmatrix} 1 \\ 4 \\ 8 \end{pmatrix}$

$\Rightarrow \quad \mathbf{c} = |\overrightarrow{AB}| = \sqrt{1^2+4^2+8^2} = \sqrt{1+16+64} = \sqrt{81} = \mathbf{9}$

$\overrightarrow{BC} = \begin{pmatrix} 7-2 \\ -4-6 \\ -6-5 \end{pmatrix} = \begin{pmatrix} 5 \\ -10 \\ -11 \end{pmatrix}$

$\Rightarrow \quad \mathbf{a} = |\overrightarrow{BC}| = \sqrt{5^2+(-10)^2+(-11)^2} = \sqrt{25+100+121} = \mathbf{\sqrt{246} \approx 15{,}7}$

$$\overrightarrow{AC} = \begin{pmatrix} 7-1 \\ -4-2 \\ -6-(-3) \end{pmatrix} = \begin{pmatrix} 6 \\ -6 \\ -3 \end{pmatrix}$$

$$\Rightarrow \quad \mathbf{b} = |\overrightarrow{AC}| = \sqrt{6^2+(-6)^2+(-3)^2} = \sqrt{36+36+9} = \sqrt{81} = \mathbf{9}$$

Bei der Berechnung mit dem CAS-Rechner ist es sinnvoll, wie im Bild rechts zu sehen, zunächst die drei Ortsvektoren zu den Punkten A, B und C festzulegen als a, b und c. Damit vereinfacht man sich die Tipparbeit bei der Berechnung der Seitenlängen.

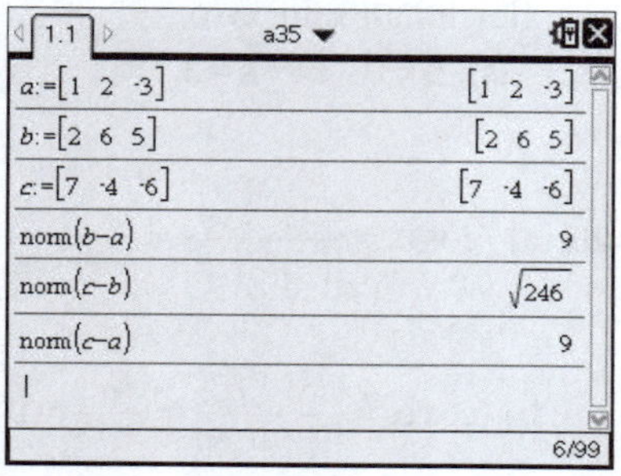


**36.** Die Bedingung für $\vec{a}$ lautet:

$$\begin{pmatrix} a_1 \\ a_2 \\ a_3 \end{pmatrix} \cdot \begin{pmatrix} 1 \\ 2 \\ 3 \end{pmatrix} = a_1 + 2a_2 + 3a_3 = 10$$

Für diese Gleichung gibt es unendlich viele Lösungen, mögliche Vektoren $\vec{a}$ sind z. B.:

$\vec{a} = \begin{pmatrix} 8 \\ 1 \\ 0 \end{pmatrix}$; $\vec{a} = \begin{pmatrix} 5 \\ 1 \\ 1 \end{pmatrix}$; $\vec{a} = \begin{pmatrix} 0 \\ 5 \\ 0 \end{pmatrix}$; $\vec{a} = \begin{pmatrix} 1 \\ 0 \\ 3 \end{pmatrix}$ oder viele andere.

Die Lösung mit dem CAS-Rechner zeigt, dass man die Koordinaten $a_2$ und $a_3$ beliebig wählen darf, dann aber $a_1 = -(3a_3 + 2(a_2 - 5))$ gelten muss. Also kann man beispielsweise $a_2 = 0$ und $a_3 = 0$ wählen. Dann ist $a_1 = 10$, sodass also auch der Vektor $\vec{a} = \begin{pmatrix} 10 \\ 0 \\ 0 \end{pmatrix}$ eine Lösung wäre.

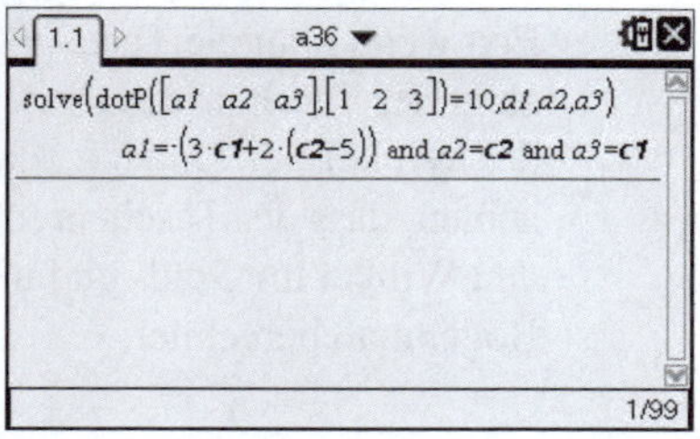


Oder man wählt $a_3 = 2$ und $a_2 = 3$, dann ist $a_1 = -(3 \cdot 2 + 2 \cdot (3-5)) = -2$, sodass sich $\vec{a} = \begin{pmatrix} -2 \\ 3 \\ 2 \end{pmatrix}$ ergibt.

**37.** $\vec{a} \cdot \vec{b} = \begin{pmatrix} 1 \\ r \\ s \end{pmatrix} \cdot \begin{pmatrix} -s \\ 0 \\ 1 \end{pmatrix} = -s + 0 + s = 0$

Das Skalarprodukt ist für alle Werte von s und r stets null; daher sind die Vektoren $\vec{a}$ und $\vec{b}$ in jedem Fall orthogonal zueinander.

**38.** $\begin{pmatrix}1\\s\\3\end{pmatrix}\cdot\begin{pmatrix}s\\-3\\2\end{pmatrix}=s-3s+6=-2s+6$

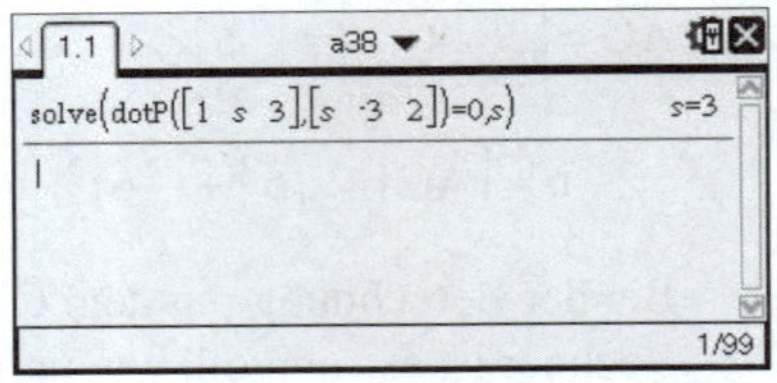


Damit die beiden Vektoren orthogonal sind, muss das Skalarprodukt gleich null sein, also:

$-2s+6=0 \;\Leftrightarrow\; \mathbf{s=3}$

**39.** a) $\cos\alpha=\dfrac{\begin{pmatrix}5\\-2\end{pmatrix}\cdot\begin{pmatrix}1\\-2\end{pmatrix}}{\left|\begin{pmatrix}5\\-2\end{pmatrix}\right|\cdot\left|\begin{pmatrix}1\\-2\end{pmatrix}\right|}=\dfrac{9}{\sqrt{29}\cdot\sqrt{5}} \;\Leftrightarrow\; \boldsymbol{\alpha\approx 41{,}6^\circ}$

b) $\cos\alpha=\dfrac{\begin{pmatrix}4\\3\end{pmatrix}\cdot\begin{pmatrix}-9\\12\end{pmatrix}}{\left|\begin{pmatrix}4\\3\end{pmatrix}\right|\cdot\left|\begin{pmatrix}-9\\12\end{pmatrix}\right|}=\dfrac{0}{5\cdot 15}=0 \;\Leftrightarrow\; \boldsymbol{\alpha=90^\circ}$

c) $\cos\alpha=\dfrac{\begin{pmatrix}5\\1\\-3\end{pmatrix}\cdot\begin{pmatrix}3\\2\\0\end{pmatrix}}{\left|\begin{pmatrix}5\\1\\-3\end{pmatrix}\right|\cdot\left|\begin{pmatrix}3\\2\\0\end{pmatrix}\right|}=\dfrac{17}{\sqrt{35}\cdot\sqrt{13}} \;\Leftrightarrow\; \boldsymbol{\alpha\approx 37{,}2^\circ}$

Exemplarisch wird die Lösung von Teilaufgabe c auch mit dem CAS-Rechner gezeigt. Die exakte Lösung $\sin^{-1}\left(\dfrac{\sqrt{75\,530}}{455}\right)$ liefert nicht das erhoffte Ergebnis. Erst wenn man die Taste [≈] drückt, zeigt der Taschenrechner den Wert des Winkels an. Dabei ist darauf zu achten, dass der Taschenrechner den Winkel im Grad- und nicht im Bogenmaß berechnet.

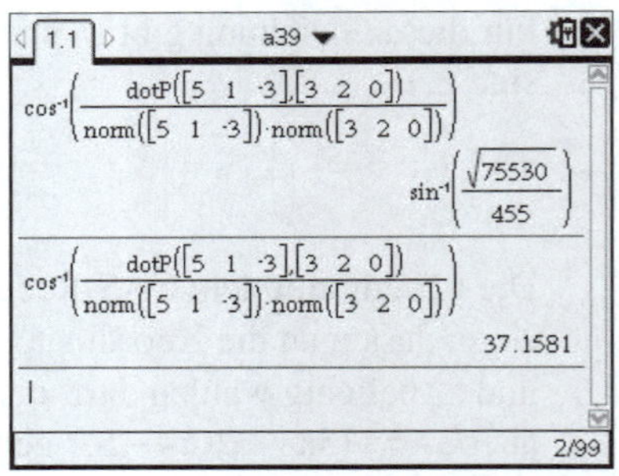


d) $\cos\alpha=\dfrac{\begin{pmatrix}5\\2\\-1\end{pmatrix}\cdot\begin{pmatrix}-2\\3\\-4\end{pmatrix}}{\left|\begin{pmatrix}5\\2\\-1\end{pmatrix}\right|\cdot\left|\begin{pmatrix}-2\\3\\-4\end{pmatrix}\right|}=\dfrac{0}{\sqrt{30}\cdot\sqrt{29}}=0 \;\Leftrightarrow\; \boldsymbol{\alpha=90^\circ}$

e) $\cos\alpha=\dfrac{\begin{pmatrix}-4\\6\\-10\end{pmatrix}\cdot\begin{pmatrix}6\\-9\\15\end{pmatrix}}{\left|\begin{pmatrix}-4\\6\\-10\end{pmatrix}\right|\cdot\left|\begin{pmatrix}6\\-9\\15\end{pmatrix}\right|}=\dfrac{-228}{\sqrt{152}\cdot\sqrt{342}}=-1 \;\Leftrightarrow\; \boldsymbol{\alpha=180^\circ}$

f) $\cos\alpha=\dfrac{\begin{pmatrix}12\\-4\\8\end{pmatrix}\cdot\begin{pmatrix}9\\-3\\6\end{pmatrix}}{\left|\begin{pmatrix}12\\-4\\8\end{pmatrix}\right|\cdot\left|\begin{pmatrix}9\\-3\\6\end{pmatrix}\right|}=\dfrac{168}{\sqrt{224}\cdot\sqrt{126}}=1 \;\Leftrightarrow\; \boldsymbol{\alpha=0^\circ}$

**40.** a) Zur Bestimmung des Winkels α verwendet man die Vektoren
$\overrightarrow{AB} = \begin{pmatrix} 4 \\ 3 \end{pmatrix}$ und $\overrightarrow{AC} = \begin{pmatrix} -3 \\ 4 \end{pmatrix}$.

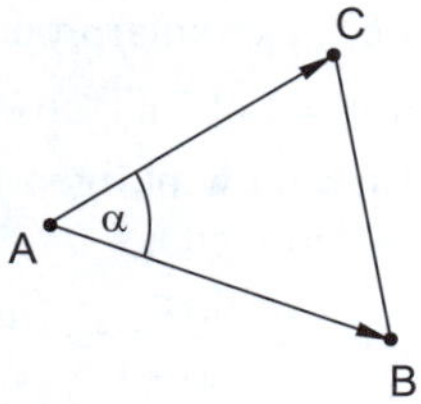


$$\cos\alpha = \frac{\overrightarrow{AB} \cdot \overrightarrow{AC}}{|\overrightarrow{AB}| \cdot |\overrightarrow{AC}|} = \frac{\begin{pmatrix} 4 \\ 3 \end{pmatrix} \cdot \begin{pmatrix} -3 \\ 4 \end{pmatrix}}{\left|\begin{pmatrix} 4 \\ 3 \end{pmatrix}\right| \cdot \left|\begin{pmatrix} -3 \\ 4 \end{pmatrix}\right|} = \frac{0}{5 \cdot 5} = 0$$

$\Rightarrow$ **$\alpha = 90°$**

Für β benötigt man die Vektoren
$\overrightarrow{BA} = \begin{pmatrix} -4 \\ -3 \end{pmatrix}$ und $\overrightarrow{BC} = \begin{pmatrix} -7 \\ 1 \end{pmatrix}$.

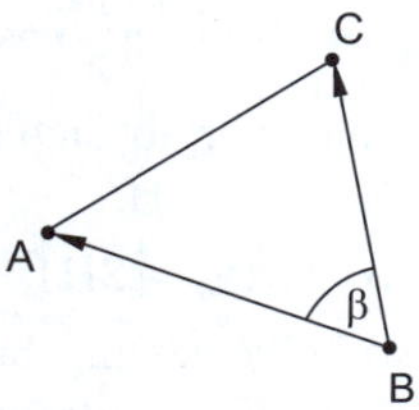


$$\cos\beta = \frac{\overrightarrow{BA} \cdot \overrightarrow{BC}}{|\overrightarrow{BA}| \cdot |\overrightarrow{BC}|} = \frac{\begin{pmatrix} -4 \\ -3 \end{pmatrix} \cdot \begin{pmatrix} -7 \\ 1 \end{pmatrix}}{\left|\begin{pmatrix} -4 \\ -3 \end{pmatrix}\right| \cdot \left|\begin{pmatrix} -7 \\ 1 \end{pmatrix}\right|} = \frac{25}{5 \cdot \sqrt{50}} = \frac{1}{\sqrt{2}}$$

$\Rightarrow$ **$\beta = 45°$**

Zum Winkel γ gelangt man entweder über die Winkelsumme im Dreieck oder mithilfe von
$\overrightarrow{CA} = \begin{pmatrix} 3 \\ -4 \end{pmatrix}$ und $\overrightarrow{CB} = \begin{pmatrix} 7 \\ -1 \end{pmatrix}$.

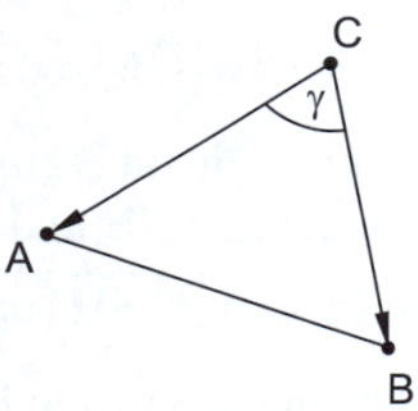


$$\cos\gamma = \frac{\overrightarrow{CA} \cdot \overrightarrow{CB}}{|\overrightarrow{CA}| \cdot |\overrightarrow{CB}|} = \frac{\begin{pmatrix} 3 \\ -4 \end{pmatrix} \cdot \begin{pmatrix} 7 \\ -1 \end{pmatrix}}{\left|\begin{pmatrix} 3 \\ -4 \end{pmatrix}\right| \cdot \left|\begin{pmatrix} 7 \\ -1 \end{pmatrix}\right|} = \frac{25}{5 \cdot \sqrt{50}} = \frac{1}{\sqrt{2}}$$

$\Rightarrow$ **$\gamma = 45°$**

Das Dreieck ABC ist damit rechtwinklig und gleichschenklig.

b) Analoge Vorgehensweise liefert für die dreidimensionalen Vektoren:

$$\cos\alpha = \frac{\overrightarrow{AB} \cdot \overrightarrow{AC}}{|\overrightarrow{AB}| \cdot |\overrightarrow{AC}|} = \frac{\begin{pmatrix} 2 \\ -2 \\ 1 \end{pmatrix} \cdot \begin{pmatrix} -4 \\ 1 \\ 3 \end{pmatrix}}{\left|\begin{pmatrix} 2 \\ -2 \\ 1 \end{pmatrix}\right| \cdot \left|\begin{pmatrix} -4 \\ 1 \\ 3 \end{pmatrix}\right|} = \frac{-7}{3 \cdot \sqrt{26}} \quad \Leftrightarrow \quad \boldsymbol{\alpha \approx 117{,}2°}$$

$$\cos\beta = \frac{\overrightarrow{BA} \cdot \overrightarrow{BC}}{|\overrightarrow{BA}| \cdot |\overrightarrow{BC}|} = \frac{\begin{pmatrix} -2 \\ 2 \\ -1 \end{pmatrix} \cdot \begin{pmatrix} -6 \\ 3 \\ 2 \end{pmatrix}}{\left|\begin{pmatrix} -2 \\ 2 \\ -1 \end{pmatrix}\right| \cdot \left|\begin{pmatrix} -6 \\ 3 \\ 2 \end{pmatrix}\right|} = \frac{16}{3 \cdot 7} = \frac{16}{21} \quad \Leftrightarrow \quad \boldsymbol{\beta \approx 40{,}4°}$$

$$\cos\gamma = \frac{\overrightarrow{CA} \cdot \overrightarrow{CB}}{|\overrightarrow{CA}| \cdot |\overrightarrow{CB}|} = \frac{\begin{pmatrix} 4 \\ -1 \\ -3 \end{pmatrix} \cdot \begin{pmatrix} 6 \\ -3 \\ -2 \end{pmatrix}}{\left|\begin{pmatrix} 4 \\ -1 \\ -3 \end{pmatrix}\right| \cdot \left|\begin{pmatrix} 6 \\ -3 \\ -2 \end{pmatrix}\right|}$$

$$= \frac{33}{\sqrt{26} \cdot 7} \quad \Leftrightarrow \quad \boldsymbol{\gamma \approx 22{,}4°}$$

Nach vorhergehender Definition der Ortsvektoren wird die Eingabe zur Winkelberechnung im CAS-Rechner einfacher.

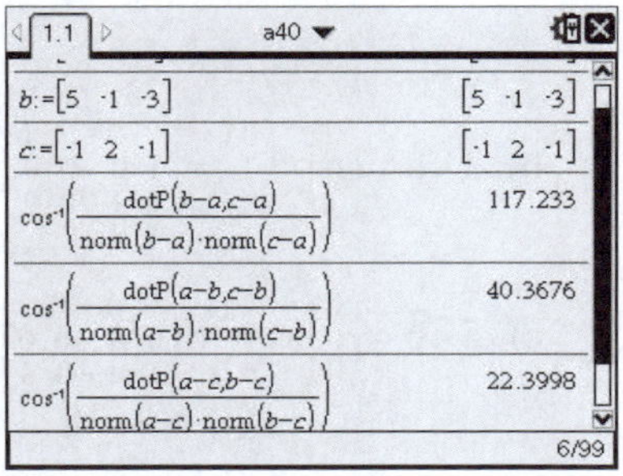

**41.** Für das Skalarprodukt $\vec{a} \cdot \vec{n}$ gilt:

$\vec{a} \cdot \vec{n} = |\vec{a}| \cdot |\vec{n}| \cdot \cos\gamma$

Im rechtwinkligen Dreieck ASH gilt andererseits:

$\cos\gamma = \frac{|\overrightarrow{SH}|}{|\vec{a}|} \quad \Leftrightarrow \quad |\vec{a}| \cdot \cos\gamma = |\overrightarrow{SH}|$

Insgesamt folgt:

$\boldsymbol{\vec{a} \cdot \vec{n}} = |\vec{a}| \cdot |\vec{n}| \cdot \cos\gamma \boldsymbol{= |\vec{n}| \cdot |\overrightarrow{SH}|}$

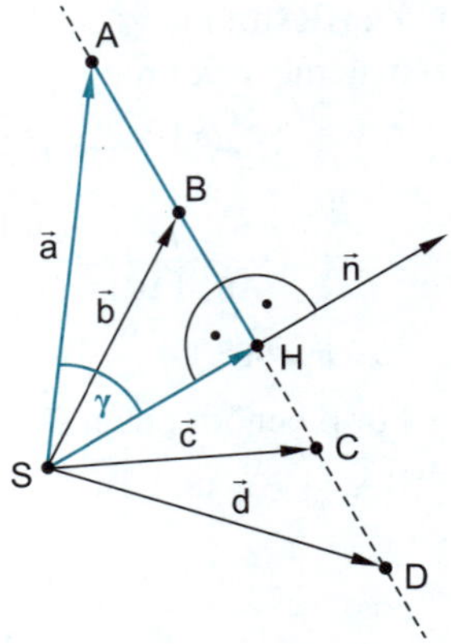


Analog ergibt sich im rechtwinkligen Dreieck BSH:

$|\vec{b}| \cdot \cos\gamma' = |\overrightarrow{SH}|,$

wobei $\gamma'$ der zugehörige Dreieckswinkel bei S ist.

Demzufolge gilt für dieses Skalarprodukt:

$\boldsymbol{\vec{b} \cdot \vec{n}} = |\vec{b}| \cdot |\vec{n}| \cdot \cos\gamma' \boldsymbol{= |\vec{n}| \cdot |\overrightarrow{SH}|}$

Entsprechend ergibt sich für die anderen beiden Skalarprodukte über die Dreiecke SCH und SDH:

$\boldsymbol{\vec{c} \cdot \vec{n} = |\vec{n}| \cdot |\overrightarrow{SH}|}$ und $\boldsymbol{\vec{d} \cdot \vec{n} = |\vec{n}| \cdot |\overrightarrow{SH}|}$

Da die senkrechte Projektion der Vektoren $\vec{a}$, $\vec{b}$, $\vec{c}$ und $\vec{d}$ auf den Vektor $\vec{n}$ jeweils gleich dem Vektor $\overrightarrow{SH}$ ist, ergibt sich folgender Satz: Das Skalarprodukt zweier Vektoren ist gleich dem Produkt der Länge des einen Vektors und der Länge der senkrechten Projektion des anderen Vektors auf diesen.

*Anmerkung:* Wenn der eingeschlossene Winkel stumpf ist, dann ergibt sich als Skalarprodukt das entsprechende negative Produkt.

**42.** a) $\vec{a} \times \vec{b} = \begin{pmatrix} 1 \\ 2 \\ 1 \end{pmatrix} \times \begin{pmatrix} 1 \\ 3 \\ 2 \end{pmatrix} = \begin{pmatrix} 2 \cdot 2 - 1 \cdot 3 \\ 1 \cdot 1 - 1 \cdot 2 \\ 1 \cdot 3 - 2 \cdot 1 \end{pmatrix} = \boldsymbol{\begin{pmatrix} 1 \\ -1 \\ 1 \end{pmatrix}}$

Exemplarisch wird die Lösung von Teilaufgabe a auch mit dem CAS-Rechner gezeigt.

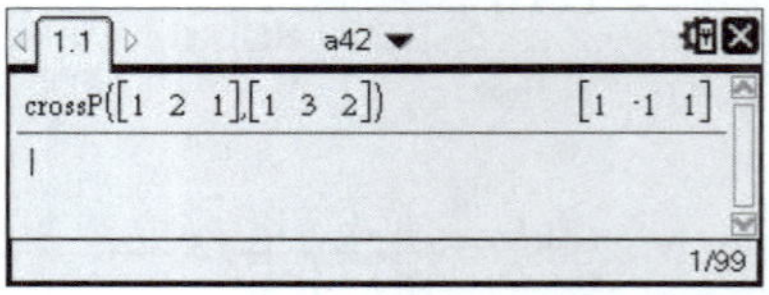


b) $\vec{a} \times \vec{b} = \begin{pmatrix} 0 \\ 0 \\ 1 \end{pmatrix} \times \begin{pmatrix} 0 \\ 1 \\ 0 \end{pmatrix} = \begin{pmatrix} 0 \cdot 0 - 1 \cdot 1 \\ 1 \cdot 0 - 0 \cdot 0 \\ 0 \cdot 1 - 0 \cdot 0 \end{pmatrix} = \boldsymbol{\begin{pmatrix} -1 \\ 0 \\ 0 \end{pmatrix}}$

c) $\vec{a} \times \vec{b} = \begin{pmatrix} 0 \\ 0 \\ 0 \end{pmatrix} \times \begin{pmatrix} 4 \\ 1 \\ 6 \end{pmatrix} = \begin{pmatrix} 0 \cdot 6 - 0 \cdot 1 \\ 0 \cdot 4 - 0 \cdot 6 \\ 0 \cdot 1 - 0 \cdot 4 \end{pmatrix} = \boldsymbol{\begin{pmatrix} 0 \\ 0 \\ 0 \end{pmatrix}}$

**43.** $\vec{a}\times\vec{b}=\begin{pmatrix}1\\3\\5\end{pmatrix}\times\begin{pmatrix}-1\\1\\-1\end{pmatrix}=\begin{pmatrix}3\cdot(-1)-5\cdot 1\\5\cdot(-1)-1\cdot(-1)\\1\cdot 1-3\cdot(-1)\end{pmatrix}=\begin{pmatrix}\mathbf{-8}\\\mathbf{-4}\\\mathbf{4}\end{pmatrix}$

**44.** Man berechnet:

$$\vec{b}\cdot(\vec{a}\times\vec{b})=\begin{pmatrix}b_1\\b_2\\b_3\end{pmatrix}\cdot\begin{pmatrix}a_2b_3-a_3b_2\\a_3b_1-a_1b_3\\a_1b_2-a_2b_1\end{pmatrix}$$

$$=b_1\cdot(a_2b_3-a_3b_2)+b_2\cdot(a_3b_1-a_1b_3)+b_3\cdot(a_1b_2-a_2b_1)$$

$$=b_1a_2b_3-b_1a_3b_2+b_2a_3b_1-b_2a_1b_3+b_3a_1b_2-b_3a_2b_1=0$$

Damit ist $\vec{b}\cdot(\vec{a}\times\vec{b})=0$. Nach der Regel zur Überprüfung der Orthogonalität mithilfe des Skalarproduktes steht also der Vektor $\vec{b}$ senkrecht auf dem Vektorprodukt $\vec{a}\times\vec{b}$.

**45.** Wenn die Vektoren $\vec{a}$ und $\vec{b}$ parallel zueinander liegen, dann gilt $\vec{a}=r\cdot\vec{b}$ für ein $r\in\mathbb{R}$, weil sich die beiden Vektoren dann nur bezüglich der Länge unterscheiden. Zeigt der Vektor $\vec{a}$ im Vergleich zu $\vec{b}$ genau in die entgegengesetzte Richtung, dann ist $r<0$.
Somit folgt:

$$\vec{a}\times\vec{b}=(r\cdot\vec{b})\times\vec{b}=\begin{pmatrix}rb_2b_3-rb_3b_2\\rb_3b_1-rb_1b_3\\rb_1b_2-rb_2b_1\end{pmatrix}=\begin{pmatrix}0\\0\\0\end{pmatrix}=\vec{o}$$

**46.** Skizze:

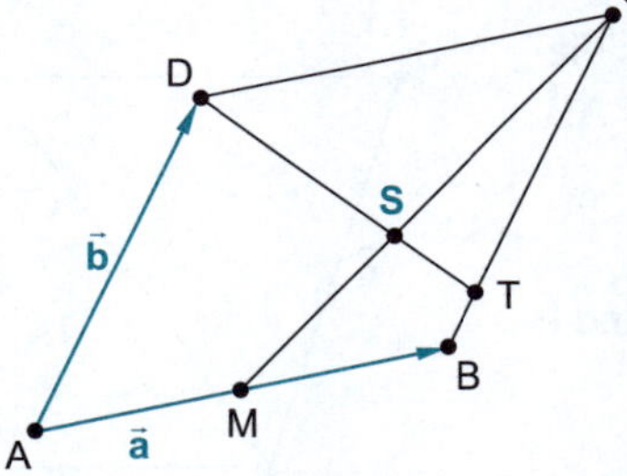


Es gilt:

$\overrightarrow{AM}=\frac{1}{2}\cdot\overrightarrow{AB}$

$\overrightarrow{TC}=5\cdot\overrightarrow{BT}\ \Rightarrow\ \overrightarrow{BT}=\frac{1}{6}\cdot\overrightarrow{BC}$

Das Parallelogramm wird durch die linear unabhängigen Vektoren $\vec{a}=\overrightarrow{AB}$ und $\vec{b}=\overrightarrow{AD}$ aufgespannt. Betrachtet wird der geschlossene Vektorzug:

$\overrightarrow{ST}+\overrightarrow{TC}+\overrightarrow{CS}=\vec{o}$

Für die drei darin auftretenden Vektoren gilt:

$\overrightarrow{ST}=x\cdot\overrightarrow{DT}=x\cdot\left(-\vec{b}+\vec{a}+\frac{1}{6}\vec{b}\right)=x\cdot\left(\vec{a}-\frac{5}{6}\vec{b}\right)=x\cdot\vec{a}-\frac{5}{6}x\cdot\vec{b}$

$\overrightarrow{TC}=\frac{5}{6}\vec{b}$

$\overrightarrow{CS}=y\cdot\overrightarrow{CM}=y\cdot\left(-\vec{b}-\frac{1}{2}\vec{a}\right)=-\frac{y}{2}\cdot\vec{a}-y\cdot\vec{b}$

Setzt man diese drei Vektoren zum Nullvektor zusammen, erhält man:

$$\overrightarrow{ST}+\overrightarrow{TC}+\overrightarrow{CS}=\vec{o}$$

$$\Leftrightarrow \quad x\cdot\vec{a}-\tfrac{5}{6}x\cdot\vec{b}+\tfrac{5}{6}\vec{b}-\tfrac{y}{2}\cdot\vec{a}-y\cdot\vec{b}=\vec{o}$$

$$\Leftrightarrow \quad x\cdot\vec{a}-\tfrac{y}{2}\cdot\vec{a}-\tfrac{5}{6}x\cdot\vec{b}+\tfrac{5}{6}\vec{b}-y\cdot\vec{b}=\vec{o}$$

$$\Leftrightarrow \quad \left(x-\tfrac{y}{2}\right)\cdot\vec{a}+\left(-\tfrac{5}{6}x+\tfrac{5}{6}-y\right)\cdot\vec{b}=\vec{o}$$

Da die Vektoren $\vec{a}$ und $\vec{b}$ linear unabhängig sind, ist die Darstellung des Nullvektors nur möglich, wenn die Koeffizienten dieser Linearkombination beide gleich 0 sind. Daher muss gelten: $x-\frac{y}{2}=0$ und $-\frac{5}{6}x+\frac{5}{6}-y=0$

Daraus erhält man folgendes lineares Gleichungssystem:

$$\begin{array}{ll} \text{I} & x-\tfrac{y}{2}=0 \\ \text{II} & -\tfrac{5}{6}x-y=-\tfrac{5}{6} \end{array}$$

Dieses hat die Lösung:

$x=\frac{5}{17}$ und $y=\frac{10}{17}$

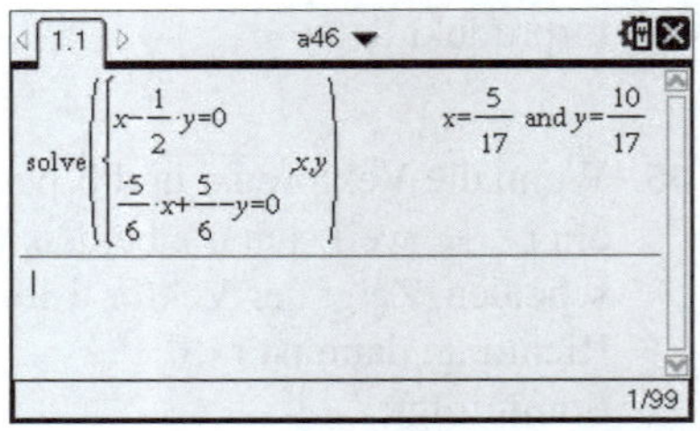


Der Ansatz $\overrightarrow{ST}=x\cdot\overrightarrow{DT}$ liefert schließlich: $\overrightarrow{ST}=\frac{5}{17}\cdot\overrightarrow{DT}$

Daher teilt S bzw. die Strecke [MC] die Strecke [DT] im Verhältnis **12 : 5**.

**47.** Die Raute wird aufgespannt durch die linear unabhängigen Vektoren $\vec{a}=\overrightarrow{AB}$ und $\vec{b}=\overrightarrow{AD}$, für die gilt:

$|\vec{a}|=|\vec{b}|$

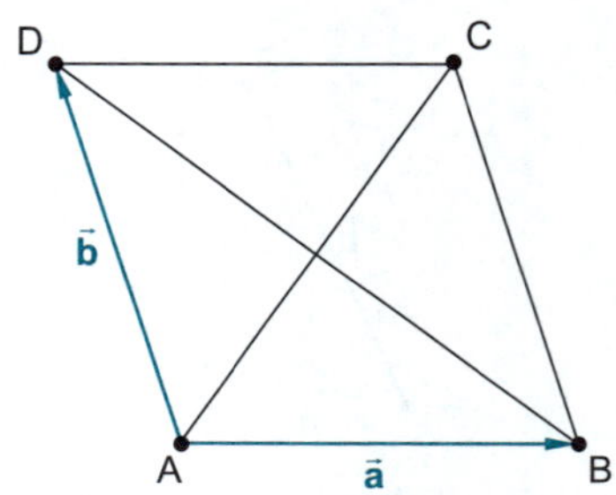


Die Diagonalen werden durch $\vec{a}$ und $\vec{b}$ ausgedrückt:

$\overrightarrow{AC}=\vec{a}+\vec{b}$ und $\overrightarrow{BD}=-\vec{a}+\vec{b}$

Zu zeigen ist, dass diese beiden Vektoren orthogonal zueinander sind.

Dazu bestimmt man das Skalarprodukt:

$\overrightarrow{AC}\cdot\overrightarrow{BD}=(\vec{a}+\vec{b})\cdot(-\vec{a}+\vec{b})=-\vec{a}^2+\vec{b}^2$

Wegen der Voraussetzung $|\vec{a}|=|\vec{b}|$ gilt $\vec{a}^2=\vec{b}^2$ und damit $-\vec{a}^2+\vec{b}^2=0$.

Die Vektoren $\overrightarrow{AC}$ und $\overrightarrow{BD}$ und damit die beiden Diagonalen der Raute stehen also senkrecht aufeinander.

**48.** Das Dreieck ABC wird durch die Vektoren $\vec{c} = \overrightarrow{AB}$ und $\vec{b} = \overrightarrow{AC}$ aufgespannt (siehe nebenstehende Skizze).

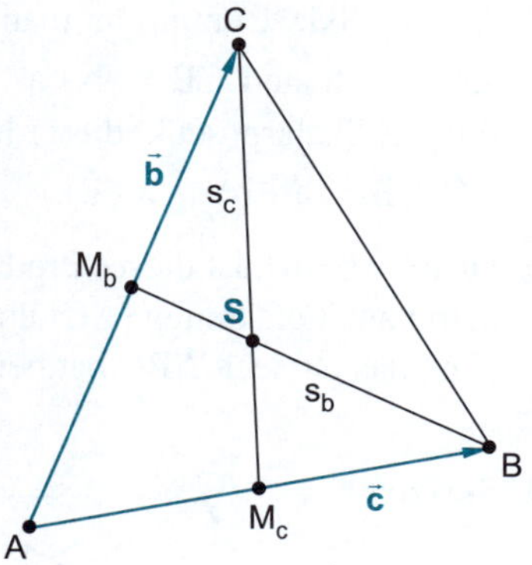


Man bildet eine geschlossene Vektorkette, z. B.

$\overrightarrow{M_cB} + \overrightarrow{BS} + \overrightarrow{SM_c} = \vec{o}$,

und drückt die drei darin auftretenden Vektoren durch $\vec{a}$ und $\vec{b}$ aus:

$\overrightarrow{M_cB} = \frac{1}{2}\vec{c}$

$\overrightarrow{BS} = x \cdot \overrightarrow{BM_b} = x \cdot \left(-\vec{c} + \frac{1}{2}\vec{b}\right)$

$\overrightarrow{SM_c} = y \cdot \overrightarrow{CM_c} = y \cdot \left(-\vec{b} + \frac{1}{2}\vec{c}\right)$

Addition der drei Vektoren ergibt:

$\overrightarrow{M_cB} + \overrightarrow{BS} + \overrightarrow{SM_c} = \frac{1}{2}\vec{c} + x \cdot \left(-\vec{c} + \frac{1}{2}\vec{b}\right) + y \cdot \left(-\vec{b} + \frac{1}{2}\vec{c}\right) = \vec{o}$

$\Leftrightarrow \; \frac{1}{2}\vec{c} - x \cdot \vec{c} + \frac{x}{2} \cdot \vec{b} - y \cdot \vec{b} + \frac{y}{2} \cdot \vec{c} = \vec{o} \;\; \Leftrightarrow \;\; \left(\frac{1}{2} - x + \frac{y}{2}\right) \cdot \vec{c} + \left(\frac{x}{2} - y\right) \cdot \vec{b} = \vec{o}$

Wegen der linearen Unabhängigkeit der Vektoren $\vec{c}$ und $\vec{b}$ erhält man daraus folgendes LGS:

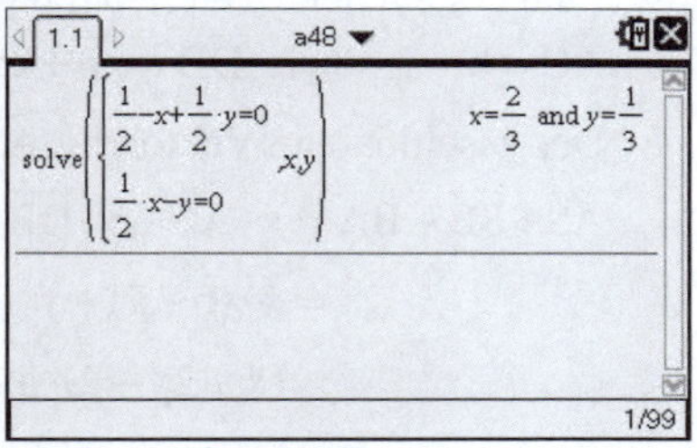


I $\quad -x + \frac{y}{2} = -\frac{1}{2}$

II $\quad \frac{x}{2} - y = \quad 0$

Dieses hat die Lösung:

$x = \frac{2}{3}$ und $y = \frac{1}{3}$

Die Seitenhalbierenden teilen sich also im Verhältnis **1 : 2**.

**49.** Skizze:

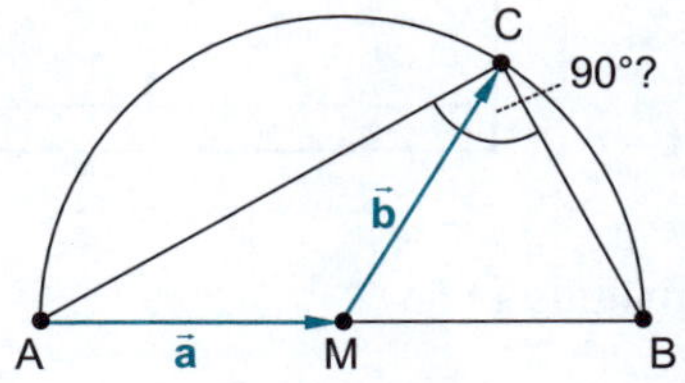


Die linear unabhängigen Vektoren $\vec{a} = \overrightarrow{AM} = \overrightarrow{MB}$ und $\vec{b} = \overrightarrow{MC}$ sind beides Radien des Kreises, also gilt:

$|\vec{a}| = |\vec{b}|$ und damit auch $\vec{a}^2 = \vec{b}^2$

Zu zeigen ist $\overrightarrow{AC} \perp \overrightarrow{CB}$, d. h. $\overrightarrow{AC} \cdot \overrightarrow{CB} = 0$.

Aus der Skizze entnimmt man:
$\overrightarrow{AC} = \vec{a} + \vec{b}$ und $\overrightarrow{CB} = -\vec{b} + \vec{a}$
Für das Skalarprodukt dieser beiden Vektoren erhält man:
$\overrightarrow{AC} \cdot \overrightarrow{CB} = (\vec{a} + \vec{b}) \cdot (-\vec{b} + \vec{a}) = -\vec{b}^2 + \vec{a}^2$

Da $\vec{a}^2 = \vec{b}^2$ ist, ist dieses Produkt gleich 0. Die Vektoren $\overrightarrow{AC}$ und $\overrightarrow{CB}$ und damit auch die Seiten [AC] und [BC] stehen also orthogonal aufeinander, d. h., das Dreieck ABC hat bei C einen rechten Winkel.

**50.** Skizze:

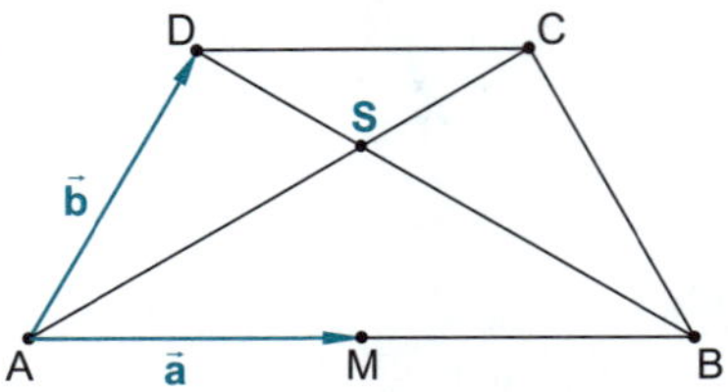


Es gilt:
$|AD| = |BC|$
$\overrightarrow{AB} = 2 \cdot \overrightarrow{DC}$
$\overrightarrow{AM} = \frac{1}{2} \cdot \overrightarrow{AB}$

Geht man von den linear unabhängigen Vektoren $\vec{a} = \overrightarrow{AM}$ und $\vec{b} = \overrightarrow{AD}$ aus, dann erhält man wegen der Parallelität der Seiten [AB] und [CD] und der Längengleichheit von [AM] und [CD]:
$\overrightarrow{AC} = \vec{b} + \vec{a}$ sowie $\overrightarrow{DB} = -\vec{b} + 2\vec{a}$

Der geschlossene Vektorzug $\overrightarrow{AS} + \overrightarrow{SB} + \overrightarrow{BA} = \vec{o}$ lässt sich somit darstellen als:

$$\begin{aligned} \overrightarrow{AS} + \overrightarrow{SB} + \overrightarrow{BA} &= x \cdot \overrightarrow{AC} + y \cdot \overrightarrow{DB} - 2\vec{a} \\ &= x \cdot (\vec{b} + \vec{a}) + y \cdot (-\vec{b} + 2\vec{a}) - 2\vec{a} \\ &= (x + 2y - 2) \cdot \vec{a} + (x - y) \cdot \vec{b} = \vec{o} \end{aligned}$$

Wegen der linearen Unabhängigkeit der Vektoren $\vec{a}$ und $\vec{b}$ erhält man daraus folgendes LGS:

I $\quad x + 2y = 2$
II $\quad x - \phantom{2}y = 0$

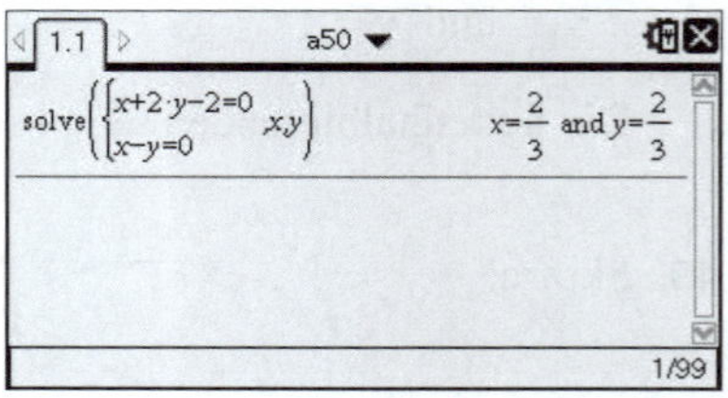


Dieses hat die Lösung:
$x = \frac{2}{3}$ und $y = \frac{2}{3}$

Die Diagonalen teilen sich im Verhältnis **1 : 2**.

**51.** a) Stützvektor $\vec{a} = \overrightarrow{OA} = \begin{pmatrix} 3 \\ -2 \end{pmatrix}$; Richtungsvektor $\vec{r} = \overrightarrow{AB} = \begin{pmatrix} 0 \\ 1 \end{pmatrix}$

Die Gleichung der Geraden $g_{AB}$ durch die Punkte A und B lautet:

$\mathbf{g_{AB}}$: $\vec{x} = \begin{pmatrix} 3 \\ -2 \end{pmatrix} + k \cdot \begin{pmatrix} 0 \\ 1 \end{pmatrix}$

b) Stützvektor $\vec{a} = \overrightarrow{OA} = \begin{pmatrix} -1 \\ -3 \\ 2 \end{pmatrix}$; Richtungsvektor $\vec{r} = \overrightarrow{AB} = \begin{pmatrix} 2 \\ 0 \\ -3 \end{pmatrix}$

Die Gleichung der Geraden $g_{AB}$ durch die Punkte A und B lautet:

$$\mathbf{g_{AB}: \vec{x} = \begin{pmatrix} -1 \\ -3 \\ 2 \end{pmatrix} + k \cdot \begin{pmatrix} 2 \\ 0 \\ -3 \end{pmatrix}}$$

**52.** a) $k=0: \quad \vec{x} = \begin{pmatrix} 3 \\ -2 \end{pmatrix} + 0 \cdot \begin{pmatrix} 3 \\ -1 \end{pmatrix} = \begin{pmatrix} 3 \\ -2 \end{pmatrix}$; **A(3|–2)**

$k=1: \quad \vec{x} = \begin{pmatrix} 3 \\ -2 \end{pmatrix} + 1 \cdot \begin{pmatrix} 3 \\ -1 \end{pmatrix} = \begin{pmatrix} 6 \\ -3 \end{pmatrix}$; **B(6|–3)**

$k=2: \quad \vec{x} = \begin{pmatrix} 3 \\ -2 \end{pmatrix} + 2 \cdot \begin{pmatrix} 3 \\ -1 \end{pmatrix} = \begin{pmatrix} 9 \\ -4 \end{pmatrix}$; **C(9|–4)**

$k=-1: \quad \vec{x} = \begin{pmatrix} 3 \\ -2 \end{pmatrix} - 1 \cdot \begin{pmatrix} 3 \\ -1 \end{pmatrix} = \begin{pmatrix} 0 \\ -1 \end{pmatrix}$; **D(0|–1)**

b) $k=0: \quad \vec{x} = \begin{pmatrix} -1 \\ -3 \\ 2 \end{pmatrix} + 0 \cdot \begin{pmatrix} 1 \\ -3 \\ -1 \end{pmatrix} = \begin{pmatrix} -1 \\ -3 \\ 2 \end{pmatrix}$; **A(–1|–3|2)**

$k=1: \quad \vec{x} = \begin{pmatrix} -1 \\ -3 \\ 2 \end{pmatrix} + 1 \cdot \begin{pmatrix} 1 \\ -3 \\ -1 \end{pmatrix} = \begin{pmatrix} 0 \\ -6 \\ 1 \end{pmatrix}$; **B(0|–6|1)**

$k=2: \quad \vec{x} = \begin{pmatrix} -1 \\ -3 \\ 2 \end{pmatrix} + 2 \cdot \begin{pmatrix} 1 \\ -3 \\ -1 \end{pmatrix} = \begin{pmatrix} 1 \\ -9 \\ 0 \end{pmatrix}$; **C(1|–9|0)**

$k=-3: \quad \vec{x} = \begin{pmatrix} -1 \\ -3 \\ 2 \end{pmatrix} - 3 \cdot \begin{pmatrix} 1 \\ -3 \\ -1 \end{pmatrix} = \begin{pmatrix} -4 \\ 6 \\ 5 \end{pmatrix}$; **D(–4|6|5)**

**53.** a) Ansatz: $\begin{pmatrix} 3 \\ 2 \end{pmatrix} + k \cdot \begin{pmatrix} -2 \\ 3 \end{pmatrix} = \begin{pmatrix} 7 \\ -4 \end{pmatrix}$

$$\begin{aligned} 3 - 2k &= 7 \\ 2 + 3k &= -4 \end{aligned} \quad \Leftrightarrow \quad \begin{aligned} -2k &= 4 \\ 3k &= -6 \end{aligned} \quad \Leftrightarrow \quad \begin{aligned} k &= -2 \\ k &= -2 \end{aligned}$$

Für **k = –2** wird der Punkt C erreicht.

b) Ansatz: $\begin{pmatrix} 1 \\ 2 \\ 5 \end{pmatrix} + k \cdot \begin{pmatrix} 1 \\ -2 \\ 1 \end{pmatrix} = \begin{pmatrix} 5 \\ -6 \\ 9 \end{pmatrix}$

$$\begin{aligned} 1 + k &= 5 \\ 2 - 2k &= -6 \\ 5 + k &= 9 \end{aligned} \quad \Leftrightarrow \quad \begin{aligned} k &= 4 \\ k &= 4 \\ k &= 4 \end{aligned}$$

Für **k = 4** wird der Punkt C erreicht.

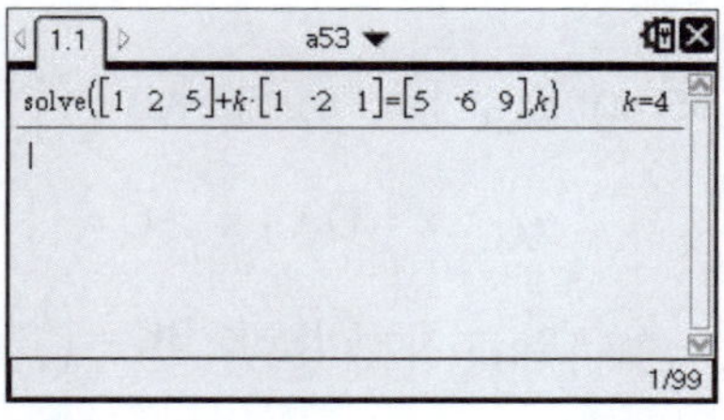

**54.** a) $\begin{pmatrix}4\\-1\end{pmatrix}+k\cdot\begin{pmatrix}-3\\2\end{pmatrix}=\begin{pmatrix}1\\1\end{pmatrix} \Leftrightarrow \begin{matrix}4-3k=1\\-1+2k=1\end{matrix} \Leftrightarrow \begin{matrix}-3k=-3\\2k=2\end{matrix} \Leftrightarrow \begin{matrix}k=1\\k=1\end{matrix}$

A liegt auf der Geraden g.

$\begin{pmatrix}4\\-1\end{pmatrix}+k\cdot\begin{pmatrix}-3\\2\end{pmatrix}=\begin{pmatrix}-5\\5\end{pmatrix} \Leftrightarrow \begin{matrix}4-3k=-5\\-1+2k=5\end{matrix} \Leftrightarrow \begin{matrix}-3k=-9\\2k=6\end{matrix} \Leftrightarrow \begin{matrix}k=3\\k=3\end{matrix}$

B liegt auch auf der Geraden g.

$\begin{pmatrix}4\\-1\end{pmatrix}+k\cdot\begin{pmatrix}-3\\2\end{pmatrix}=\begin{pmatrix}7\\2\end{pmatrix} \Leftrightarrow \begin{matrix}4-3k=7\\-1+2k=2\end{matrix} \Leftrightarrow \begin{matrix}-3k=3\\2k=3\end{matrix} \Leftrightarrow \begin{matrix}k=-1\\k=\frac{3}{2}\end{matrix}$

C liegt **nicht** auf der Geraden g.

b) $\begin{pmatrix}-2\\-1\\4\end{pmatrix}+k\cdot\begin{pmatrix}3\\-1\\-2\end{pmatrix}=\begin{pmatrix}7\\-4\\-2\end{pmatrix} \Leftrightarrow \begin{matrix}-2+3k=7\\-1-k=-4\\4-2k=-2\end{matrix} \Leftrightarrow \begin{matrix}3k=9\\-k=-3\\-2k=-6\end{matrix} \Leftrightarrow \begin{matrix}k=3\\k=3\\k=3\end{matrix}$

A liegt auf der Geraden g.

$\begin{pmatrix}-2\\-1\\4\end{pmatrix}+k\cdot\begin{pmatrix}3\\-1\\-2\end{pmatrix}=\begin{pmatrix}-8\\1\\8\end{pmatrix} \Leftrightarrow \begin{matrix}-2+3k=-8\\-1-k=1\\4-2k=8\end{matrix} \Leftrightarrow \begin{matrix}3k=-6\\-k=2\\-2k=4\end{matrix} \Leftrightarrow \begin{matrix}k=-2\\k=-2\\k=-2\end{matrix}$

B liegt auch auf der Geraden g.

$\begin{pmatrix}-2\\-1\\4\end{pmatrix}+k\cdot\begin{pmatrix}3\\-1\\-2\end{pmatrix}=\begin{pmatrix}3\\1\\3\end{pmatrix} \Leftrightarrow \begin{matrix}-2+3k=3\\-1-k=1\\4-2k=3\end{matrix} \Leftrightarrow \begin{matrix}3k=5\\-k=2\\-2k=-1\end{matrix} \Leftrightarrow \begin{matrix}k=\frac{5}{3}\\k=-2\\k=\frac{1}{2}\end{matrix}$

C liegt **nicht** auf der Geraden g.

Bei der Lösung mit dem CAS-Rechner wurde im Bild rechts zuerst die Geradengleichung als **e(k)** definiert, um die Eingabe zu vereinfachen und die Übersichtlichkeit zu erhöhen. Dass der Punkt C nicht auf der Geraden liegt, wird durch **false** bestätigt.

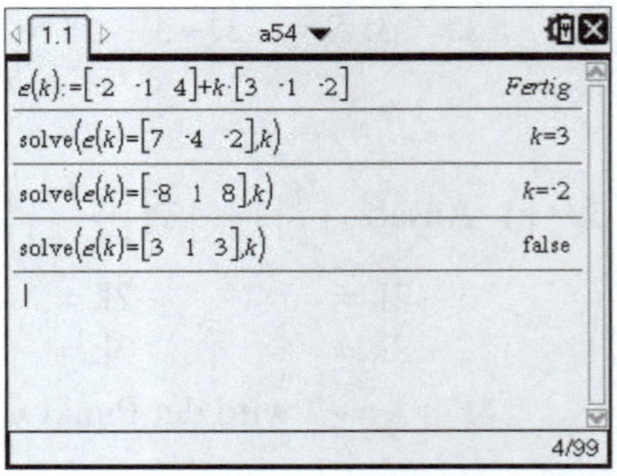


**55.** a) $g_{AB}$: $\vec{x}=\overrightarrow{OA}+k\cdot\overrightarrow{AB}=\begin{pmatrix}1\\1\end{pmatrix}+k\cdot\begin{pmatrix}5\\1\end{pmatrix}$

$g_{AC}$: $\vec{x}=\overrightarrow{OA}+k\cdot\overrightarrow{AC}=\begin{pmatrix}1\\1\end{pmatrix}+k\cdot\begin{pmatrix}4\\3\end{pmatrix}$

$g_{BC}$: $\vec{x}=\overrightarrow{OB}+k\cdot\overrightarrow{BC}=\begin{pmatrix}6\\2\end{pmatrix}+k\cdot\begin{pmatrix}-1\\2\end{pmatrix}$

b) $g_{AB}$: $\vec{x} = \overrightarrow{OA} + k \cdot \overrightarrow{AB} = \begin{pmatrix} 1 \\ -1 \\ 2 \end{pmatrix} + k \cdot \begin{pmatrix} 6 \\ 5 \\ 3 \end{pmatrix}$

$g_{AC}$: $\vec{x} = \overrightarrow{OA} + k \cdot \overrightarrow{AC} = \begin{pmatrix} 1 \\ -1 \\ 2 \end{pmatrix} + k \cdot \begin{pmatrix} 2 \\ -4 \\ -3 \end{pmatrix}$

$g_{BC}$: $\vec{x} = \overrightarrow{OB} + k \cdot \overrightarrow{BC} = \begin{pmatrix} 7 \\ 4 \\ 5 \end{pmatrix} + k \cdot \begin{pmatrix} -4 \\ -9 \\ -6 \end{pmatrix}$

**56.** a) Auf g liegen die Punkte A(3 | –2) und B(–1 | 0) (für k = 0 bzw. k = 1). Wenn die beiden Geraden identisch sind, dann müssen A und B auch auf h liegen:

$$\begin{pmatrix} 7 \\ -4 \end{pmatrix} + m \cdot \begin{pmatrix} 8 \\ 4 \end{pmatrix} = \begin{pmatrix} 3 \\ -2 \end{pmatrix} \Leftrightarrow \begin{matrix} 7 + 8m = 3 \\ -4 + 4m = -2 \end{matrix} \Leftrightarrow \begin{matrix} 8m = -4 \\ 4m = 2 \end{matrix} \Leftrightarrow \begin{matrix} m = -0{,}5 \\ m = 0{,}5 \end{matrix}$$

Da bereits A nicht auf h liegt, sind die beiden Geraden **nicht identisch**.

b) Auf g liegen die Punkte A(–2 | 2 | 3) und B(4 | 0 | 7) (für k = 0 bzw. k = 1). Man prüft, ob diese Punkte auch auf der Geraden h liegen:

$$\begin{pmatrix} 4 \\ 0 \\ 7 \end{pmatrix} + m \cdot \begin{pmatrix} -3 \\ 1 \\ -2 \end{pmatrix} = \begin{pmatrix} -2 \\ 2 \\ 3 \end{pmatrix} \Leftrightarrow \begin{matrix} 4 - 3m = -2 \\ m = 2 \\ 7 - 2m = 3 \end{matrix} \Leftrightarrow \begin{matrix} -3m = -6 \\ m = 2 \\ -2m = -4 \end{matrix} \Leftrightarrow \begin{matrix} m = 2 \\ m = 2 \\ m = 2 \end{matrix}$$

A liegt also auch auf h.

Der Punkt B(4 | 0 | 7) ist Stützpunkt der Geraden h (erkennbar an der Geradengleichung für m = 0), liegt also auch auf h; somit sind die beiden Geraden g und h **identisch**.

*Anmerkung:* Um allgemein die Lagebeziehung zwischen zwei Geraden zu bestimmen bzw. zu überprüfen, setzt man die Gleichungen der beiden Geraden gleich und löst das entstehende lineare Gleichungssystem (vgl. hierzu Kapitel 6).

**57.** Man verwendet z. B. den Vektor $\vec{p} = \overrightarrow{OA}$ als Stützvektor und die Vektoren $\vec{r}_1 = \overrightarrow{AB}$ und $\vec{r}_2 = \overrightarrow{AC}$ als Spannvektoren:

a) **E:** $\vec{x} = \begin{pmatrix} 5 \\ 2 \\ 1 \end{pmatrix} + k_1 \cdot \begin{pmatrix} -4 \\ -1 \\ 2 \end{pmatrix} + k_2 \cdot \begin{pmatrix} -8 \\ -1 \\ 2 \end{pmatrix}$

b) **E:** $\vec{x} = \begin{pmatrix} 6 \\ -1 \\ -3 \end{pmatrix} + k_1 \cdot \begin{pmatrix} -3 \\ -2 \\ 4 \end{pmatrix} + k_2 \cdot \begin{pmatrix} -6 \\ 2 \\ 3 \end{pmatrix}$

**58.** a) r = 1; s = 0: $\vec{x}_1 = \begin{pmatrix}5\\0\\3\end{pmatrix} + 1 \cdot \begin{pmatrix}2\\1\\-1\end{pmatrix} + 0 \cdot \begin{pmatrix}1\\0\\2\end{pmatrix} = \begin{pmatrix}7\\1\\2\end{pmatrix} \Rightarrow$ **$P_1(7|1|2)$**

r = 0; s = 1: $\vec{x}_2 = \begin{pmatrix}5\\0\\3\end{pmatrix} + 0 \cdot \begin{pmatrix}2\\1\\-1\end{pmatrix} + 1 \cdot \begin{pmatrix}1\\0\\2\end{pmatrix} = \begin{pmatrix}6\\0\\5\end{pmatrix} \Rightarrow$ **$P_2(6|0|5)$**

r = 0; s = 0: $\vec{x}_3 = \begin{pmatrix}5\\0\\3\end{pmatrix} + 0 \cdot \begin{pmatrix}2\\1\\-1\end{pmatrix} + 0 \cdot \begin{pmatrix}1\\0\\2\end{pmatrix} = \begin{pmatrix}5\\0\\3\end{pmatrix} \Rightarrow$ **$P_3(5|0|3)$**

r = −1; s = 1: $\vec{x}_4 = \begin{pmatrix}5\\0\\3\end{pmatrix} - 1 \cdot \begin{pmatrix}2\\1\\-1\end{pmatrix} + 1 \cdot \begin{pmatrix}1\\0\\2\end{pmatrix} = \begin{pmatrix}4\\-1\\6\end{pmatrix} \Rightarrow$ **$P_4(4|-1|6)$**

b) r = 1; s = 0: $\vec{x}_1 = \begin{pmatrix}-1\\3\\0\end{pmatrix} + 1 \cdot \begin{pmatrix}1\\3\\1\end{pmatrix} + 0 \cdot \begin{pmatrix}0\\2\\2\end{pmatrix} = \begin{pmatrix}0\\6\\1\end{pmatrix} \Rightarrow$ **$P_1(0|6|1)$**

r = 0; s = −1: $\vec{x}_2 = \begin{pmatrix}-1\\3\\0\end{pmatrix} + 0 \cdot \begin{pmatrix}1\\3\\1\end{pmatrix} - 1 \cdot \begin{pmatrix}0\\2\\2\end{pmatrix} = \begin{pmatrix}-1\\1\\-2\end{pmatrix} \Rightarrow$ **$P_2(-1|1|-2)$**

r = 2; s = 1: $\vec{x}_3 = \begin{pmatrix}-1\\3\\0\end{pmatrix} + 2 \cdot \begin{pmatrix}1\\3\\1\end{pmatrix} + 1 \cdot \begin{pmatrix}0\\2\\2\end{pmatrix} = \begin{pmatrix}1\\11\\4\end{pmatrix} \Rightarrow$ **$P_3(1|11|4)$**

r = −1; s = −1: $\vec{x}_4 = \begin{pmatrix}-1\\3\\0\end{pmatrix} - 1 \cdot \begin{pmatrix}1\\3\\1\end{pmatrix} - 1 \cdot \begin{pmatrix}0\\2\\2\end{pmatrix} = \begin{pmatrix}-2\\-2\\-3\end{pmatrix} \Rightarrow$ **$P_4(-2|-2|-3)$**

**59.** a) Ansatz: $\begin{pmatrix}1\\-4\\-2\end{pmatrix} + r \cdot \begin{pmatrix}1\\-1\\2\end{pmatrix} + s \cdot \begin{pmatrix}-2\\0\\1\end{pmatrix} = \begin{pmatrix}9\\-6\\-1\end{pmatrix}$

$$\begin{array}{lrcl} \text{I} & r - 2s + 1 &=& 9 \\ \text{II} & -r \qquad - 4 &=& -6 \\ \text{III} & 2r + s - 2 &=& -1 \end{array} \Leftrightarrow \begin{array}{lrcl} \text{I} & r - 2s &=& 8 \\ \text{II} & -r &=& -2 \\ \text{III} & 2r + s &=& 1 \end{array}$$

Aus Gleichung II ergibt sich **r = 2**; eingesetzt in Gleichung III erhält man **s = −3**. In Gleichung I ergibt sich mit diesen Werten von r und s eine wahre Aussage: $2 - 2 \cdot (-3) = 2 + 6 = 8$

b) Ansatz: $\begin{pmatrix}1\\0\\5\end{pmatrix} + r \cdot \begin{pmatrix}1\\-2\\1\end{pmatrix} + s \cdot \begin{pmatrix}1\\-1\\-3\end{pmatrix} = \begin{pmatrix}-1\\5\\-1\end{pmatrix}$

$$\begin{array}{lrcl} \text{I} & r + s + 1 &=& -1 \\ \text{II} & -2r - s &=& 5 \\ \text{III} & r - 3s + 5 &=& -1 \end{array}$$

$$\Leftrightarrow \begin{array}{lrcl} \text{I} & r + s &=& -2 \\ \text{IV} = 2 \cdot \text{I} + \text{II} & s &=& 1 \\ \text{V} = \text{I} - \text{III} & 4s &=& 4 \end{array}$$

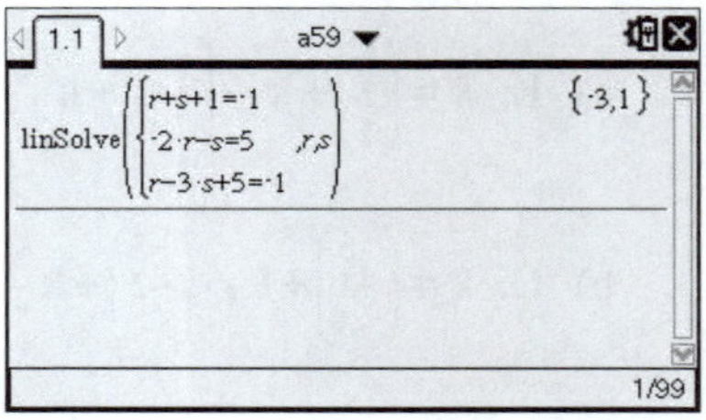


Aus den Gleichungen IV und V folgt jeweils **s = 1**, eingesetzt in Gleichung I folgt **r = −3**.

**60.** Punktprobe für A ergibt:

$$\begin{pmatrix}-1\\-2\\0\end{pmatrix}+r\cdot\begin{pmatrix}2\\1\\-4\end{pmatrix}+s\cdot\begin{pmatrix}-2\\2\\1\end{pmatrix}=\begin{pmatrix}1\\1\\1\end{pmatrix}\quad\Leftrightarrow\quad\begin{array}{ll}\text{I} & 2r-2s=2\\ \text{II} & r+2s=3\\ \text{III} & -4r+s=1\end{array}$$

$$\Leftrightarrow\quad\begin{array}{lr}\text{I} & 2r-2s=2\\ \text{IV}=\text{I}-2\cdot\text{II} & -6s=-4\\ \text{V}=2\cdot\text{I}+\text{III} & -3s=5\end{array}$$

Gleichung IV erzwingt $s=\frac{2}{3}$, während sich aus Gleichung V der Wert $s=-\frac{5}{3}$ ergibt. Wegen dieses Widerspruchs liegt A **nicht** in der Ebene E.

Punktprobe für B ergibt:

$$\begin{pmatrix}-1\\-2\\0\end{pmatrix}+r\cdot\begin{pmatrix}2\\1\\-4\end{pmatrix}+s\cdot\begin{pmatrix}-2\\2\\1\end{pmatrix}=\begin{pmatrix}-5\\2\\2\end{pmatrix}\quad\Leftrightarrow\quad\begin{array}{ll}\text{I} & 2r-2s=-4\\ \text{II} & r+2s=4\\ \text{III} & -4r+s=2\end{array}$$

$$\Leftrightarrow\quad\begin{array}{lr}\text{I} & 2r-2s=-4\\ \text{IV}=\text{I}-2\cdot\text{II} & -6s=-12\\ \text{V}=2\cdot\text{I}+\text{III} & -3s=-6\end{array}$$

Aus den Gleichungen IV und V folgt jeweils $s=2$; eingesetzt in I erhält man $2r-4=-4 \Leftrightarrow r=0$. Der Punkt B liegt somit in der Ebene E.

Punktprobe für C ergibt:

$$\begin{pmatrix}-1\\-2\\0\end{pmatrix}+r\cdot\begin{pmatrix}2\\1\\-4\end{pmatrix}+s\cdot\begin{pmatrix}-2\\2\\1\end{pmatrix}=\begin{pmatrix}7\\2\\1\end{pmatrix}\quad\Leftrightarrow\quad\begin{array}{ll}\text{I} & 2r-2s=8\\ \text{II} & r+2s=4\\ \text{III} & -4r+s=1\end{array}$$

$$\Leftrightarrow\quad\begin{array}{lr}\text{I} & 2r-2s=8\\ \text{IV}=\text{I}-2\cdot\text{II} & -6s=0\\ \text{V}=2\cdot\text{I}+\text{III} & -3s=17\end{array}$$

Gleichung IV erzwingt $s=0$, während sich aus Gleichung V der Wert $s=-\frac{17}{3}$ ergibt. Wegen dieses Widerspruchs liegt C **nicht** in der Ebene E.

Bei der Lösung mit dem CAS-Rechner wird die Ebene E als Funktion **e(r, s)** definiert, also eine Funktion, die von den beiden Variablen r und s abhängt. Das Bild rechts bestätigt, dass die Punkte A und C nicht in der Ebene E liegen, während B ein Element der Ebene ist.

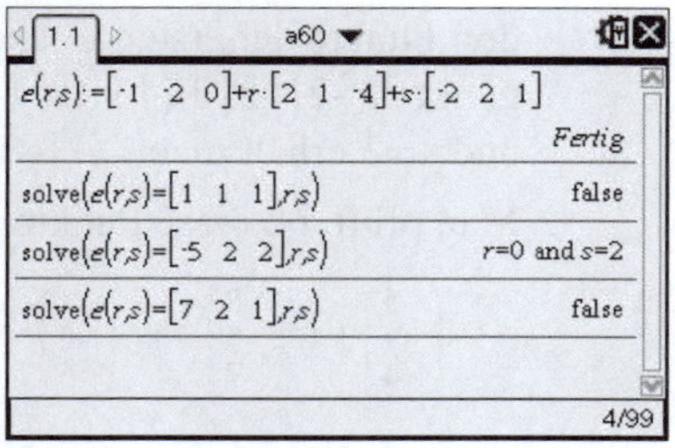


**61.** a) Der Punkt A(1 | 1 | −1) und der Stützpunkt B(−1 | 0 | 3) der Geraden g liegen in der Ebene E. Daher kann man A als Stützpunkt der Ebene E verwenden und den Vektor $\overrightarrow{AB}$ sowie den Richtungsvektor der Geraden g als Spannvektoren. Eine Gleichung der Ebene E lautet somit:

$$\textbf{E: }\vec{x}=\begin{pmatrix}1\\1\\-1\end{pmatrix}+s\cdot\begin{pmatrix}-2\\-1\\4\end{pmatrix}+t\cdot\begin{pmatrix}2\\1\\0\end{pmatrix}$$

b) Der Punkt P(3 | 2 | 3) liegt auf der Geraden g, denn:

$$\vec{x}_P = \begin{pmatrix} 3 \\ 2 \\ 3 \end{pmatrix} = \begin{pmatrix} -1 \\ 0 \\ 3 \end{pmatrix} + 2 \cdot \begin{pmatrix} 2 \\ 1 \\ 0 \end{pmatrix}$$

Da es unendlich viele Ebenen gibt, die die Gerade g und damit auch den Punkt P enthalten, ist die Ebene nicht eindeutig bestimmt. Zur eindeutigen Festlegung einer dieser Ebenen bräuchte man einen Punkt der Ebene, der nicht auf der Geraden g liegt.

**62.** Man wählt z. B. A als Stützpunkt der Ebene und $\overrightarrow{AB} = \begin{pmatrix} -6 \\ -1 \\ -1 \end{pmatrix}$ als einen der Spannvektoren. Der zweite Spannvektor ist beliebig. Es ergeben sich beispielsweise folgende Ebenen als mögliche Lösungen der Fragestellung:

$$\mathbf{E_1: \vec{x} = \begin{pmatrix} 3 \\ 1 \\ 2 \end{pmatrix} + r \cdot \begin{pmatrix} -6 \\ -1 \\ -1 \end{pmatrix} + s \cdot \begin{pmatrix} 1 \\ 0 \\ 0 \end{pmatrix}} \quad \text{oder} \quad \mathbf{E_2: \vec{x} = \begin{pmatrix} 3 \\ 1 \\ 2 \end{pmatrix} + r \cdot \begin{pmatrix} -6 \\ -1 \\ -1 \end{pmatrix} + s \cdot \begin{pmatrix} 1 \\ 1 \\ 1 \end{pmatrix}}$$

**63.** Für die Überprüfung der Identität zweier Ebenen gibt es mehrere Möglichkeiten. Man kann z. B. prüfen, ob drei Punkte einer Ebene, die ein Dreieck bilden, auch in der anderen Ebene liegen. Alternativ lässt sich eine Identität nachweisen, wenn man zeigt, dass der Stützpunkt der einen Ebene in der anderen Ebene liegt und die beiden Spannvektoren der einen Ebene jeweils eine Linearkombination der Spannvektoren der anderen Ebene sind.

*Anmerkung:* Um allgemein die Lagebeziehung zwischen zwei Ebenen zu bestimmen bzw. zu überprüfen, setzt man die Gleichungen der beiden Ebenen gleich und löst das entstehende lineare Gleichungssystem (vgl. Kapitel 6).

a) Für diese Teilaufgabe wird die erste Möglichkeit verwendet: Man wählt drei Punkte der ersten Ebene $E_1$ aus: Mit r = s = 0 erhält man den Stützpunkt A(–2 | –2 | 0); für r = 1 und s = 0 ergibt sich B(3 | –1 | –1) und für r = 0 und s = 1 erhält man C(1 | –3 | 2).

Man prüft, ob diese Punkte auch in der Ebene $E_2$ liegen:

$$\text{A:} \begin{pmatrix} 5 \\ 1 \\ -4 \end{pmatrix} + t \cdot \begin{pmatrix} 9 \\ 5 \\ -7 \end{pmatrix} + u \cdot \begin{pmatrix} 1 \\ -3 \\ 5 \end{pmatrix} = \begin{pmatrix} -2 \\ -2 \\ 0 \end{pmatrix} \Leftrightarrow \begin{array}{ll} \text{I} & 5 + 9t + u = -2 \\ \text{II} & 1 + 5t - 3u = -2 \\ \text{III} & -4 - 7t + 5u = 0 \end{array}$$

$$\Leftrightarrow \begin{array}{ll} \text{I} & 9t + u = -7 \\ \text{II} & 5t - 3u = -3 \\ \text{III} & -7t + 5u = 4 \end{array} \Leftrightarrow \begin{array}{ll} \text{I} & 9t + u = -7 \\ \text{IV} = 5 \cdot \text{I} - 9 \cdot \text{II} & 32u = -8 \\ \text{V} = 7 \cdot \text{II} + 5 \cdot \text{III} & 4u = -1 \end{array}$$

Aus den Gleichungen IV und V folgt jeweils $u = -\frac{1}{4}$ und aus Gleichung I anschließend $t = -\frac{3}{4}$. A liegt also auch in der zweiten Ebene.

B: $\begin{pmatrix}5\\1\\-4\end{pmatrix}+t\cdot\begin{pmatrix}9\\5\\-7\end{pmatrix}+u\cdot\begin{pmatrix}1\\-3\\5\end{pmatrix}=\begin{pmatrix}3\\-1\\-1\end{pmatrix} \Leftrightarrow \begin{array}{ll}\text{I} & 5+9t+u=3\\ \text{II} & 1+5t-3u=-1\\ \text{III} & -4-7t+5u=-1\end{array}$

$\Leftrightarrow \begin{array}{ll}\text{I} & 9t+u=-2\\ \text{II} & 5t-3u=-2\\ \text{III} & -7t+5u=3\end{array} \Leftrightarrow \begin{array}{ll}\text{I} & 9t+u=-2\\ \text{IV}=5\cdot\text{I}-9\cdot\text{II} & 32u=8\\ \text{V}=7\cdot\text{II}+5\cdot\text{III} & 4u=1\end{array}$

Aus den Gleichungen IV und V ergibt sich jeweils $u=\frac{1}{4}$ und aus Gleichung I folgt anschließend $t=-\frac{1}{4}$. B liegt ebenfalls in der Ebene $E_2$.

C: $\begin{pmatrix}5\\1\\-4\end{pmatrix}+t\cdot\begin{pmatrix}9\\5\\-7\end{pmatrix}+u\cdot\begin{pmatrix}1\\-3\\5\end{pmatrix}=\begin{pmatrix}1\\-3\\2\end{pmatrix} \Leftrightarrow \begin{array}{ll}\text{I} & 5+9t+u=1\\ \text{II} & 1+5t-3u=-3\\ \text{III} & -4-7t+5u=2\end{array}$

$\Leftrightarrow \begin{array}{ll}\text{I} & 9t+u=-4\\ \text{II} & 5t-3u=-4\\ \text{III} & -7t+5u=6\end{array} \Leftrightarrow \begin{array}{ll}\text{I} & 9t+u=-4\\ \text{IV}=5\cdot\text{I}-9\cdot\text{II} & 32u=16\\ \text{V}=7\cdot\text{II}+5\cdot\text{III} & 4u=2\end{array}$

Wie bei den anderen Punkten ergeben sich auch hier eindeutige Werte für t und u ($u=\frac{1}{2}$; $t=-\frac{1}{2}$); also liegt auch C in der zweiten Ebene und die beiden Ebenen sind damit **identisch**.

b) Hier wird die zweite Methode angewendet.
Zunächst prüft man, ob der Stützpunkt $A(1\,|\,-9\,|\,1)$ der ersten Ebene $E_1$ in der zweiten Ebene $E_2$ liegt:

$\begin{pmatrix}-1\\-4\\-1\end{pmatrix}+t\cdot\begin{pmatrix}2\\1\\-4\end{pmatrix}+u\cdot\begin{pmatrix}-2\\2\\1\end{pmatrix}=\begin{pmatrix}1\\-9\\1\end{pmatrix} \Leftrightarrow \begin{array}{ll}\text{I} & -1+2t-2u=1\\ \text{II} & -4+t+2u=-9\\ \text{III} & -1-4t+u=1\end{array}$

$\Leftrightarrow \begin{array}{ll}\text{I} & 2t-2u=2\\ \text{II} & t+2u=-5\\ \text{III} & -4t+u=2\end{array} \Leftrightarrow \begin{array}{ll}\text{I} & 2t-2u=2\\ \text{IV}=\text{I}-2\cdot\text{II} & -6u=12\\ \text{V}=2\cdot\text{I}+\text{III} & -3u=6\end{array}$

Dieses Gleichungssystem besitzt eine eindeutige Lösung ($u=-2$; $t=-1$); der Stützpunkt A der ersten Ebene liegt also auch in der zweiten Ebene.

Anschließend überprüft man, ob die Spannvektoren $\begin{pmatrix}2\\4\\-7\end{pmatrix}$, $\begin{pmatrix}2\\1\\-4\end{pmatrix}$ und $\begin{pmatrix}-2\\2\\1\end{pmatrix}$ linear abhängig sind:

$r\cdot\begin{pmatrix}2\\4\\-7\end{pmatrix}+s\cdot\begin{pmatrix}2\\1\\-4\end{pmatrix}+t\cdot\begin{pmatrix}-2\\2\\1\end{pmatrix}=\begin{pmatrix}0\\0\\0\end{pmatrix} \Leftrightarrow \begin{array}{ll}\text{I} & 2r+2s-2t=0\\ \text{II} & 4r+s+2t=0\\ \text{III} & -7r-4s+t=0\end{array}$

$\Leftrightarrow \begin{array}{ll}\text{I} & 2r+2s-2t=0\\ \text{IV}=2\cdot\text{I}-\text{II} & 3s-6t=0\\ \text{V}=7\cdot\text{I}+2\cdot\text{III} & 6s-12t=0\end{array} \Leftrightarrow \begin{array}{ll}\text{I} & 2r+2s-2t=0\\ \text{IV} & 3s-6t=0\\ \text{VI}=2\cdot\text{IV}-\text{V} & 0=0\end{array}$

Da Gleichung VI immer erfüllt ist, ist eine Variable beliebig wählbar und das Gleichungssystem besitzt nicht nur die triviale Lösung; die geprüften Vektoren sind linear abhängig.

Dieselbe Prüfung wird für die Spannvektoren $\begin{pmatrix}-1\\0\\1\end{pmatrix}$, $\begin{pmatrix}2\\1\\-4\end{pmatrix}$ und $\begin{pmatrix}-2\\2\\1\end{pmatrix}$ durchgeführt:

$$r\cdot\begin{pmatrix}-1\\0\\1\end{pmatrix}+s\cdot\begin{pmatrix}2\\1\\-4\end{pmatrix}+t\cdot\begin{pmatrix}-2\\2\\1\end{pmatrix}=\begin{pmatrix}0\\0\\0\end{pmatrix} \Leftrightarrow \begin{array}{ll}\text{I} & -r+2s-2t=0\\ \text{II} & s+2t=0\\ \text{III} & r-4s+t=0\end{array}$$

$$\Leftrightarrow \begin{array}{ll}\text{I} & -r+2s-2t=0\\ \text{II} & s+2t=0\\ \text{IV}=\text{I}+\text{III} & -2s-t=0\end{array} \Leftrightarrow \begin{array}{ll}\text{I} & -r+2s-2t=0\\ \text{II} & s+2t=0\\ \text{V}=2\cdot\text{II}+\text{IV} & 3t=0\end{array}$$

Hier besitzt das Gleichungssystem nur die triviale Lösung $(t=s=r=0)$; die geprüften Vektoren sind linear unabhängig.

Der Spannvektor $\begin{pmatrix}-1\\0\\1\end{pmatrix}$ der Ebene $E_1$ „ragt" also aus der Ebene $E_2$ heraus, und die beiden Ebenen sind somit **nicht identisch**.

**64.** Zunächst wird ein Normalenvektor der Ebene bestimmt:

$$\vec{n}=\begin{pmatrix}3\\-1\\-4\end{pmatrix}\times\begin{pmatrix}1\\5\\-3\end{pmatrix}=\begin{pmatrix}23\\5\\16\end{pmatrix}$$

Mit dem Stützpunkt $P(1\,|\,2\,|\,-5)$ erhält man als Normalenform der Ebene:

$$\mathbf{E:}\ \left(\vec{x}-\begin{pmatrix}1\\2\\-5\end{pmatrix}\right)\cdot\begin{pmatrix}23\\5\\16\end{pmatrix}=0$$

**65.** Als Stützpunkt der Ebene kann man $P(1\,|\,4\,|\,7)$ verwenden. Die Spannvektoren der Ebene müssen orthogonal zu $\vec{n}$ stehen, also $\vec{n}\cdot\vec{v}=0$ erfüllen:

$$\vec{n}\cdot\vec{v}=\begin{pmatrix}3\\1\\-4\end{pmatrix}\cdot\vec{v}=0 \Leftrightarrow 3v_1+v_2-4v_3=0$$

Zwei geeignete Vektoren sind z. B. $\vec{v}_1=\begin{pmatrix}0\\4\\1\end{pmatrix}$ und $\vec{v}_2=\begin{pmatrix}1\\-3\\0\end{pmatrix}$.

Damit lautet eine mögliche Parameterform der Ebene:

$$\mathbf{E:}\ \vec{x}=\begin{pmatrix}1\\4\\7\end{pmatrix}+r\cdot\begin{pmatrix}0\\4\\1\end{pmatrix}+s\cdot\begin{pmatrix}1\\-3\\0\end{pmatrix}$$

**66.** Alle Punkte, die in der Ebene liegen, müssen ihre Gleichung erfüllen.

Punktprobe mit A:

$$\left(\begin{pmatrix}2\\-4\\1\end{pmatrix}-\begin{pmatrix}-2\\2\\3\end{pmatrix}\right)\cdot\begin{pmatrix}5\\2\\4\end{pmatrix}=0 \Leftrightarrow \begin{pmatrix}4\\-6\\-2\end{pmatrix}\cdot\begin{pmatrix}5\\2\\4\end{pmatrix}=0 \Leftrightarrow 20-12-8=0 \Leftrightarrow 0=0$$

A liegt in der Ebene E.

Punktprobe mit B:

$$\left(\begin{pmatrix}3\\1\\2\end{pmatrix}-\begin{pmatrix}-2\\2\\3\end{pmatrix}\right)\cdot\begin{pmatrix}5\\2\\4\end{pmatrix}=0 \iff \begin{pmatrix}5\\-1\\-1\end{pmatrix}\cdot\begin{pmatrix}5\\2\\4\end{pmatrix}=0 \iff 25-2-4=0 \iff 19=0$$

B liegt **nicht** in der Ebene E.

Punktprobe mit C:

$$\left(\begin{pmatrix}0\\1\\2\end{pmatrix}-\begin{pmatrix}-2\\2\\3\end{pmatrix}\right)\cdot\begin{pmatrix}5\\2\\4\end{pmatrix}=0 \iff \begin{pmatrix}2\\-1\\-1\end{pmatrix}\cdot\begin{pmatrix}5\\2\\4\end{pmatrix}=0 \iff 10-2-4=0 \iff 4=0$$

C liegt **nicht** in der Ebene E.

Punktprobe mit D:

$$\left(\begin{pmatrix}-2\\-2\\5\end{pmatrix}-\begin{pmatrix}-2\\2\\3\end{pmatrix}\right)\cdot\begin{pmatrix}5\\2\\4\end{pmatrix}=0 \iff \begin{pmatrix}0\\-4\\2\end{pmatrix}\cdot\begin{pmatrix}5\\2\\4\end{pmatrix}=0 \iff -8+8=0 \iff 0=0$$

D liegt in der Ebene E.

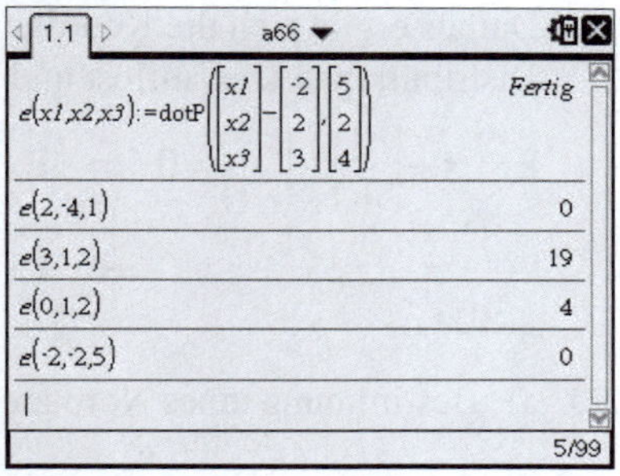


Bei der Lösung mit dem CAS-Rechner wird im Bild rechts die Ebene **e(x1, x2, x3)** über das Skalarprodukt

$$\left(\vec{x}-\begin{pmatrix}-2\\2\\3\end{pmatrix}\right)\cdot\begin{pmatrix}5\\2\\4\end{pmatrix}$$

definiert. Setzt man dann für die Koordinaten $x_1$, $x_2$ und $x_3$ des Vektors $\vec{x}$ die Koordinaten des Ortsvektors zu einem Punkt ein und erhält als Lösung den Wert 0, dann weiß man, dass der Punkt in der Ebene liegt.
So bestätigt der Rechner, dass die Punkte A und D in der Ebene liegen, während B und C keine Elemente der Ebene sind.

**67.** Für die Parameterform von E wählt man z. B. A als Stützpunkt und die Vektoren $\overrightarrow{AB}$ und $\overrightarrow{AC}$ als Spannvektoren:

$$\mathbf{E:}\ \vec{x}=\begin{pmatrix}2\\-4\\1\end{pmatrix}+r\cdot\begin{pmatrix}1\\5\\1\end{pmatrix}+s\cdot\begin{pmatrix}-2\\5\\1\end{pmatrix}$$

Ein Normalenvektor von E ergibt sich durch:

$$\vec{n}=\begin{pmatrix}1\\5\\1\end{pmatrix}\times\begin{pmatrix}-2\\5\\1\end{pmatrix}=\begin{pmatrix}0\\-3\\15\end{pmatrix}$$

Damit erhält man als Normalenform der Ebene:

$$\mathbf{E:}\ \left(\vec{x}-\begin{pmatrix}2\\-4\\1\end{pmatrix}\right)\cdot\begin{pmatrix}0\\-3\\15\end{pmatrix}=0$$

**68.** Man braucht für die Normalenform der Ebene einen Stützvektor und zwei Spannvektoren, um mit den Spannvektoren den Normalenvektor der Ebene berechnen zu können.

Es sei $\vec{p} = \overrightarrow{OA}$ der Stützvektor. Dann kann man $\overrightarrow{AB} = \begin{pmatrix} -4 \\ -1 \\ 1 \end{pmatrix}$ als einen Spannvektor und $\overrightarrow{AC} = \begin{pmatrix} -3 \\ -1 \\ 6 \end{pmatrix}$ als den zweiten Spannvektor wählen.

Der Normalenvektor berechnet sich zu:

$\vec{n} = \overrightarrow{AB} \times \overrightarrow{AC} = \begin{pmatrix} -4 \\ -1 \\ 1 \end{pmatrix} \times \begin{pmatrix} -3 \\ -1 \\ 6 \end{pmatrix} = \begin{pmatrix} -5 \\ 21 \\ 1 \end{pmatrix}$

Die Normalenform der Ebene lautet also:

$\mathbf{E\colon \left(\vec{x} - \begin{pmatrix} 1 \\ 2 \\ -1 \end{pmatrix}\right) \cdot \begin{pmatrix} -5 \\ 21 \\ 1 \end{pmatrix} = 0}$

Daraus ergibt sich die Koordinatenform, wenn man die Klammer mithilfe des Distributivgesetzes auflöst und die Skalarprodukte berechnet:

$\text{E: } \left(\vec{x} - \begin{pmatrix} 1 \\ 2 \\ -1 \end{pmatrix}\right) \cdot \begin{pmatrix} -5 \\ 21 \\ 1 \end{pmatrix} = 0 \quad \Leftrightarrow \quad \text{E: } \begin{pmatrix} x_1 \\ x_2 \\ x_3 \end{pmatrix} \cdot \begin{pmatrix} -5 \\ 21 \\ 1 \end{pmatrix} = \begin{pmatrix} 1 \\ 2 \\ -1 \end{pmatrix} \cdot \begin{pmatrix} -5 \\ 21 \\ 1 \end{pmatrix}$

$\Leftrightarrow \quad \mathbf{E\colon -5x_1 + 21x_2 + x_3 = 36}$

**69.** a) Bestimmung eines Normalenvektors von E:

$\vec{n} = \begin{pmatrix} 1 \\ -2 \\ -1 \end{pmatrix} \times \begin{pmatrix} -2 \\ 1 \\ -4 \end{pmatrix} = \begin{pmatrix} 9 \\ 6 \\ -3 \end{pmatrix}$

Verwendet man $\frac{1}{3} \cdot \vec{n} = \begin{pmatrix} 3 \\ 2 \\ -1 \end{pmatrix}$ als Normalenvektor der Ebene (um mit kleineren Zahlen rechnen zu können), lautet die Koordinatenform der Ebene:

E: $3x_1 + 2x_2 - x_3 = c$

Um c zu bestimmen, setzt man den Stützpunkt (–5 | –2 | –1) der Ebene in diese Gleichung ein:

$3 \cdot (-5) + 2 \cdot (-2) - (-1) = c \quad \Leftrightarrow \quad c = -15 - 4 + 1 = -18$

Die Koordinatenform der Ebene lautet also:

$\mathbf{E\colon 3x_1 + 2x_2 - x_3 = -18}$

b) Man multipliziert das Skalarprodukt in der Normalenform aus:

$\left(\vec{x} - \begin{pmatrix} -1 \\ -2 \\ 4 \end{pmatrix}\right) \cdot \begin{pmatrix} 5 \\ -2 \\ 4 \end{pmatrix} = 0 \quad \Leftrightarrow \quad \begin{pmatrix} x_1 \\ x_2 \\ x_3 \end{pmatrix} \cdot \begin{pmatrix} 5 \\ -2 \\ 4 \end{pmatrix} = \begin{pmatrix} -1 \\ -2 \\ 4 \end{pmatrix} \cdot \begin{pmatrix} 5 \\ -2 \\ 4 \end{pmatrix}$

$\Leftrightarrow \quad 5x_1 - 2x_2 + 4x_3 = 15$

Die Koordinatenform der Ebene lautet $\mathbf{E\colon 5x_1 - 2x_2 + 4x_3 = 15}$.

**70.** Ein Normalenvektor der Ebene kann direkt aus der Koordinatenform abgelesen werden, z. B. $\vec{n} = \begin{pmatrix} 2 \\ 1 \\ -3 \end{pmatrix}$.

Einen Punkt auf der Ebene findet man mithilfe der Ebenengleichung durch Wahl zweier Koordinaten, z. B. P(0 | −8 | 0). Somit lautet die Normalenform:

$$\mathbf{E:}\ \left(\vec{x} - \begin{pmatrix} 0 \\ -8 \\ 0 \end{pmatrix}\right) \cdot \begin{pmatrix} 2 \\ 1 \\ -3 \end{pmatrix} = 0$$

Zwei zu $\vec{n}$ orthogonale Spannvektoren sind z. B. $\vec{v}_1 = \begin{pmatrix} 1 \\ -2 \\ 0 \end{pmatrix}$ und $\vec{v}_2 = \begin{pmatrix} 0 \\ 3 \\ 1 \end{pmatrix}$, sodass sich als Parameterform der Ebene ergibt:

$$\mathbf{E:}\ \vec{x} = \begin{pmatrix} 0 \\ -8 \\ 0 \end{pmatrix} + r \cdot \begin{pmatrix} 1 \\ -2 \\ 0 \end{pmatrix} + s \cdot \begin{pmatrix} 0 \\ 3 \\ 1 \end{pmatrix}$$

**71.** Ein Normalenvektor der Ebene kann direkt aus den Koeffizienten der Koordinatenform abgelesen werden, ein Punkt der Ebene muss die Ebenengleichung erfüllen, also z. B.:

$\vec{n} = \begin{pmatrix} 5 \\ 3 \\ -4 \end{pmatrix}$ und **P(0 | 0 | 2)**

**72.** Punktprobe mit A ergibt: $2 \cdot 2 + 3 \cdot 3 - 1 = 6 \;\Leftrightarrow\; 12 = 6$

$\Rightarrow$ A liegt **nicht** in E.

Punktprobe mit B ergibt: $2 \cdot 1 + 3 \cdot 1 - (-1) = 6 \;\Leftrightarrow\; 6 = 6$

$\Rightarrow$ B liegt in E.

Punktprobe mit C ergibt: $2 \cdot 5 + 3 \cdot (-2) - (-2) = 6 \;\Leftrightarrow\; 6 = 6$

$\Rightarrow$ C liegt ebenfalls in E.

Bei dem CAS-Rechner wird im Bild rechts zuerst eine Funktion **e(x1, x2, x3) = 2x1 + 3x2 − x3** definiert. Setzt man die Koordinaten der Ortsvektoren zu einem Punkt ein und erhält als Ergebnis 6, dann liegt der Punkt in der Ebene E, ansonsten liegt er außerhalb der Ebene.

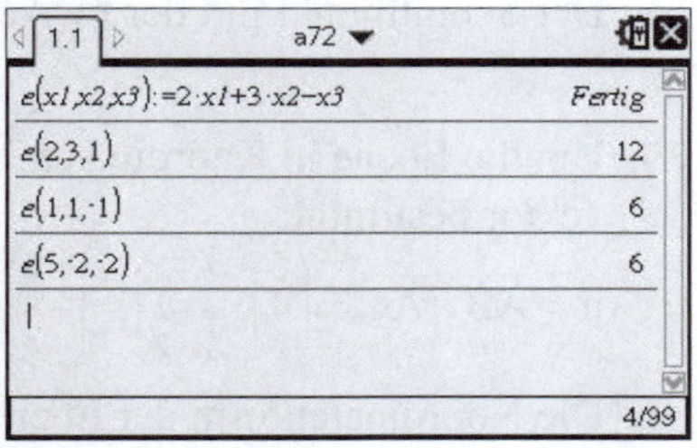


**73.** Für einen Punkt $P(p_1 \,|\, p_2 \,|\, p_3)$, der die Vorgabe erfüllt, muss gelten:

$$|\overrightarrow{AP}| = |\overrightarrow{BP}| \;\Leftrightarrow\; \left|\begin{pmatrix} p_1 - 1 \\ p_2 - 3 \\ p_3 - 5 \end{pmatrix}\right| = \left|\begin{pmatrix} p_1 - 3 \\ p_2 + 5 \\ p_3 - 3 \end{pmatrix}\right|$$

$$\Leftrightarrow\; (p_1 - 1)^2 + (p_2 - 3)^2 + (p_3 - 5)^2 = (p_1 - 3)^2 + (p_2 + 5)^2 + (p_3 - 3)^2$$

$$\begin{aligned} \Leftrightarrow\quad & p_1^2 - 2p_1 + 1 + p_2^2 - 6p_2 + 9 + p_3^2 - 10p_3 + 25 \\ & = p_1^2 - 6p_1 + 9 + p_2^2 + 10p_2 + 25 + p_3^2 - 6p_3 + 9 \\ \Leftrightarrow\quad & -2p_1 - 6p_2 - 10p_3 + 35 = -6p_1 + 10p_2 - 6p_3 + 43 \\ \Leftrightarrow\quad & 4p_1 - 16p_2 - 4p_3 = 8 \end{aligned}$$

Alle diese Punkte liegen in einer **Ebene**, deren Gleichung lautet:
**E: $4x_1 - 16x_2 - 4x_3 = 8$**

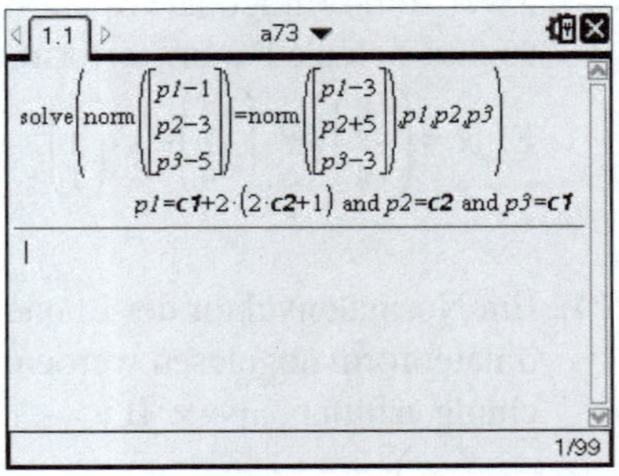


Die Taschenrechnerlösung im Bild rechts muss man richtig lesen:
Die Koordinaten $p_2$ und $p_3$ sind frei wählbar. Für $p_1$ erhält man:
$p_1 = p_3 + 2(2p_2 + 1) = p_3 + 4p_2 + 2$
Formt man um und ersetzt jeweils p durch x, so erhält man:
$x_1 - 4x_2 - x_3 = 2$
Dies entspricht der schriftlich ermittelten Lösung.

**74.** Jeder Punkt auf der $x_1$-Achse besitzt die $x_2$- und $x_3$-Koordinate 0, also Koordinaten der Form $A(a|0|0)$. Aus der Ebenengleichung ergibt sich:
$2 \cdot a - 3 \cdot 0 + 0 = 6 \quad \Leftrightarrow \quad a = 3$
Der Schnittpunkt mit der $x_1$-Achse lautet **A(3|0|0)**.

Der Ansatz $B(0|b|0)$ liefert: $2 \cdot 0 - 3 \cdot b + 0 = 6 \quad \Leftrightarrow \quad b = -2$
Der Schnittpunkt mit der $x_2$-Achse lautet **B(0|−2|0)**.

Der Ansatz $C(0|0|c)$ liefert: $2 \cdot 0 - 3 \cdot 0 + c = 6 \quad \Leftrightarrow \quad c = 6$
Der Schnittpunkt mit der $x_3$-Achse lautet **C(0|0|6)**.

**75.** Um die Ebene in Koordinatenform darzustellen, wird zunächst ein Normalenvektor bestimmt:
$$\vec{n} = \overrightarrow{AB} \times \overrightarrow{AC} = \begin{pmatrix} 2 \\ 0 \\ 2 \end{pmatrix} \times \begin{pmatrix} -2 \\ -2 \\ 2 \end{pmatrix} = \begin{pmatrix} 4 \\ -8 \\ -4 \end{pmatrix}$$

Die Koordinatenform der Ebene E lautet also $4x_1 - 8x_2 - 4x_3 = c$, wobei c durch Einsetzen des Punktes A bestimmt werden kann:
$4 \cdot 3 - 8 \cdot 3 - 4 \cdot (-1) = c \quad \Leftrightarrow \quad c = -8$

Mithilfe der Koordinatenform der Ebene E: $4x_1 - 8x_2 - 4x_3 = -8$ können die Spurpunkte bestimmt werden:
$x_2 = x_3 = 0$ liefert $x_1 = -2 \quad \Rightarrow$ **$S_1(-2|0|0)$**
$x_3 = x_1 = 0$ liefert $x_2 = 1 \quad \Rightarrow$ **$S_2(0|1|0)$**
$x_1 = x_2 = 0$ liefert $x_3 = 2 \quad \Rightarrow$ **$S_3(0|0|2)$**

Die Spurgeraden lauten demzufolge:

$$g_1\colon \vec{x} = \overrightarrow{OS_1} + t \cdot \overrightarrow{S_1S_2} = \begin{pmatrix} -2 \\ 0 \\ 0 \end{pmatrix} + t \cdot \begin{pmatrix} 2 \\ 1 \\ 0 \end{pmatrix} \text{ bzw.}$$

$$g_2\colon \vec{x} = \overrightarrow{OS_2} + t \cdot \overrightarrow{S_2S_3} = \begin{pmatrix} 0 \\ 1 \\ 0 \end{pmatrix} + t \cdot \begin{pmatrix} 0 \\ -1 \\ 2 \end{pmatrix} \text{ bzw.}$$

$$g_3\colon \vec{x} = \overrightarrow{OS_3} + t \cdot \overrightarrow{S_3S_1} = \begin{pmatrix} 0 \\ 0 \\ 2 \end{pmatrix} + t \cdot \begin{pmatrix} -2 \\ 0 \\ -2 \end{pmatrix}$$

**76.** Setzt man für den Vektor $\vec{x}$ den Ortsvektor zum Punkt A ein, so ergibt sich die Gleichung:

$$\begin{pmatrix} 1 \\ 2 \\ -1 \end{pmatrix} = \begin{pmatrix} 3 \\ 1 \\ 0 \end{pmatrix} + k \cdot \begin{pmatrix} 4 \\ 0 \\ 1 \end{pmatrix}$$

Vereinfacht man diese Gleichung, so erhält man:

$$\begin{pmatrix} -2 \\ 1 \\ -1 \end{pmatrix} = k \cdot \begin{pmatrix} 4 \\ 0 \\ 1 \end{pmatrix}$$

Dass diese Gleichung nicht lösbar ist, sieht man daran, dass die zweite Gleichung im dazupassenden Gleichungssystem eine falsche Aussage darstellt:

I $\quad -2 = 4k$
II $\quad 1 = 0$
III $\quad -1 = k$

Der Punkt A liegt also **nicht** auf der Geraden g.

**77.** Für die Koordinaten $x_1$, $x_2$ und $x_3$ müssen die entsprechenden Koordinaten des Ortsvektors zum Punkt A eingesetzt werden. Wenn sich dann eine wahre Aussage ergibt, liegt der Punkt A in der Ebene E:

$$\frac{3}{2} \cdot \frac{2}{3} + \frac{1}{4} \cdot 6 - \frac{3}{8} \cdot \frac{16}{3} = 1 + \frac{3}{2} - 2 = \frac{1}{2}$$

Dies ist eine **wahre Aussage**, also liegt der Punkt A in der Ebene E.

**78.** a) Man setzt für den Vektor $\vec{x}$ in der Ebenengleichung den Ortsvektor zum Punkt A ein und überprüft, ob das Skalarprodukt 0 ergibt. Ist dies der Fall, liegt A in der Ebene E:

$$\left(\begin{pmatrix} -1 \\ 2 \\ -2 \end{pmatrix} - \begin{pmatrix} 3 \\ 1 \\ -3 \end{pmatrix}\right) \cdot \begin{pmatrix} 4 \\ -5 \\ -1 \end{pmatrix} = \begin{pmatrix} -4 \\ 1 \\ 1 \end{pmatrix} \cdot \begin{pmatrix} 4 \\ -5 \\ -1 \end{pmatrix}$$

$$= -22 \neq 0$$

Der Punkt A liegt also **nicht** in der Ebene E.

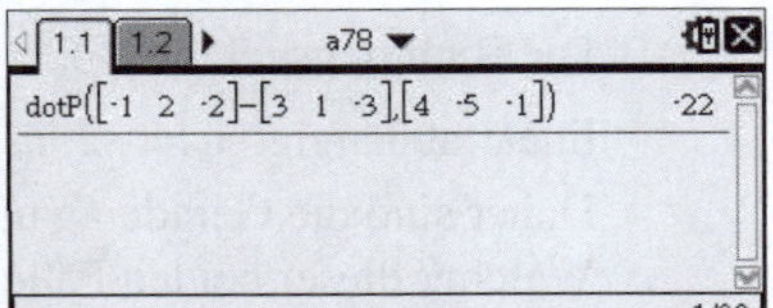

b) Nach der Taschenrechnerlösung sind die Koordinaten $x_2$ und $x_3$ frei wählbar. Es sei also z. B. $x_2 = 1$ und $x_3 = 1$. Dann ist:

$$x_1 = \frac{1+5\cdot(1+2)}{4} = 4$$

Also ist **B(4 | 1 | 1)** ein Punkt, der in der Ebene liegt. Dies wird durch die Punktprobe bestätigt (vgl. 2. Zeile im Bild rechts).

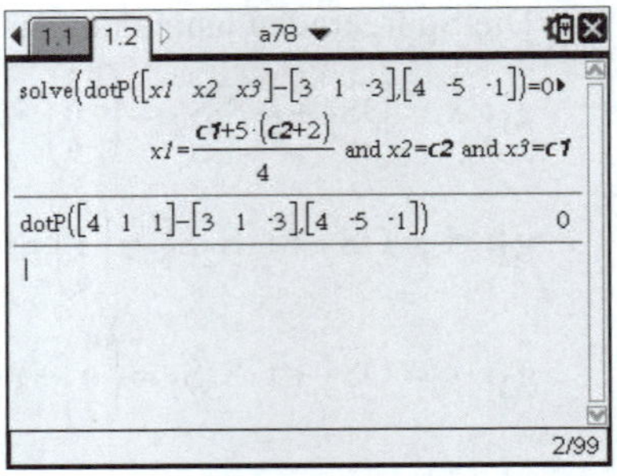


**79.** a) Gemeinsame Punkte von g und h:

$$\begin{pmatrix}3\\-2\\1\end{pmatrix}+r\cdot\begin{pmatrix}1\\-1\\2\end{pmatrix}=\begin{pmatrix}4\\-2\\-2\end{pmatrix}+s\cdot\begin{pmatrix}3\\-2\\1\end{pmatrix} \Leftrightarrow \begin{array}{lrl} \text{I} & r-3s = & 1\\ \text{II} & -r+2s = & 0\\ \text{III} & 2r-s = & -3\end{array}$$

$$\Leftrightarrow \begin{array}{lrl} \text{I} & r-3s = & 1\\ \text{IV}=\text{I}+\text{II} & -s = & 1\\ \text{V}=2\cdot\text{I}-\text{III} & -5s = & 5\end{array} \Leftrightarrow \begin{array}{lrl} \text{I} & r-3s = & 1\\ \text{IV} & -s = & 1\\ \text{VI}=5\cdot\text{IV}-\text{V} & 0 = & 0\end{array}$$

Aus Gleichung IV ergibt sich $s=-1$ und Gleichung I liefert dann $r=-2$.

Setzt man $s=-1$ in die Gleichung der Geraden h ein (bzw. $r=-2$ in die Gleichung der Geraden g), dann folgt:

$$\vec{s}=\begin{pmatrix}4\\-2\\-2\end{pmatrix}+(-1)\cdot\begin{pmatrix}3\\-2\\1\end{pmatrix}=\begin{pmatrix}1\\0\\-3\end{pmatrix}$$

Die beiden Geraden **g und h schneiden sich im Punkt S(1 | 0 | −3)**.

b) Gemeinsame Punkte von g und k:

$$\begin{pmatrix}3\\-2\\1\end{pmatrix}+r\cdot\begin{pmatrix}1\\-1\\2\end{pmatrix}=\begin{pmatrix}-1\\2\\-7\end{pmatrix}+t\cdot\begin{pmatrix}-2\\2\\-4\end{pmatrix} \Leftrightarrow \begin{array}{lrl} \text{I} & r+2t = & -4\\ \text{II} & -r-2t = & 4\\ \text{III} & 2r+4t = & -8\end{array}$$

$$\Leftrightarrow \begin{array}{lrl} \text{I} & r+2t = & -4\\ \text{IV}=\text{I}+\text{II} & 0 = & 0\\ \text{V}=2\cdot\text{I}-\text{III} & 0 = & 0\end{array}$$

Der Parameter t bzw. r ist beliebig wählbar; die beiden Geraden **g und k sind identisch**.

*Alternativer Lösungsweg:*

Die Richtungsvektoren $\vec{r}_g=\begin{pmatrix}1\\-1\\2\end{pmatrix}$ und $\vec{r}_k=\begin{pmatrix}-2\\2\\-4\end{pmatrix}$ der Geraden g bzw. k sind linear abhängig: $\vec{r}_k=-2\cdot\vec{r}_g$

Daher sind die Geraden g und k entweder echt parallel oder identisch. Welcher dieser beiden Fälle vorliegt, lässt sich anhand einer Punktprobe entscheiden: Wenn der Stützpunkt G(3 | −2 | 1) der Geraden g auf der Geraden k liegt, dann sind die Geraden identisch, andernfalls echt parallel:

$$\begin{pmatrix}3\\-2\\1\end{pmatrix}=\begin{pmatrix}-1\\2\\-7\end{pmatrix}+t\cdot\begin{pmatrix}-2\\2\\-4\end{pmatrix} \Leftrightarrow \begin{array}{ll}\text{I} & 4=-2t\\ \text{II} & -4=\phantom{-}2t\\ \text{III} & 8=-4t\end{array}$$

In allen drei Gleichungen ergibt sich $t=-2$; der Stützpunkt G liegt also auf k. Die beiden Geraden sind identisch.

c) Gemeinsame Punkte von g und $\ell$:

$$\begin{pmatrix}3\\-2\\1\end{pmatrix}+r\cdot\begin{pmatrix}1\\-1\\2\end{pmatrix}=\begin{pmatrix}2\\3\\5\end{pmatrix}+u\cdot\begin{pmatrix}-3\\3\\-6\end{pmatrix} \Leftrightarrow \begin{array}{ll}\text{I} & r+3u=-1\\ \text{II} & -r-3u=\phantom{-}5\\ \text{III} & 2r+6u=\phantom{-}4\end{array}$$

$$\Leftrightarrow \begin{array}{lr}\text{I} & r+3u=-1\\ \text{IV}=\text{I}+\text{II} & 0=\phantom{-}4\\ \text{V}=2\cdot\text{I}-\text{III} & 0=-6\end{array}$$

Die Gleichungen IV und V stellen Widersprüche dar; die beiden Geraden haben keine gemeinsamen Punkte.

Die Richtungsvektoren der beiden Geraden sind Vielfache voneinander:

$$\begin{pmatrix}-3\\3\\-6\end{pmatrix}=(-3)\cdot\begin{pmatrix}1\\-1\\2\end{pmatrix}$$

Somit sind sie linear abhängig und die Geraden **g und $\ell$ sind parallel**.

*Alternativer Lösungsweg:*

Analog zu Teilaufgabe b kann man wegen der linearen Abhängigkeit der Richtungsvektoren

$$\vec{r}_g=\begin{pmatrix}1\\-1\\2\end{pmatrix} \text{ und } \vec{r}_\ell=\begin{pmatrix}-3\\3\\-6\end{pmatrix}=-3\cdot\vec{r}_g$$

wieder eine Punktprobe mit dem Stützpunkt G(3 | –2 | 1) der Geraden g und der Geraden $\ell$ durchführen:

$$\begin{pmatrix}3\\-2\\1\end{pmatrix}=\begin{pmatrix}2\\3\\5\end{pmatrix}+u\cdot\begin{pmatrix}-3\\3\\-6\end{pmatrix} \Leftrightarrow \begin{array}{ll}\text{I} & 1=-3u\\ \text{II} & -5=\phantom{-}3u\\ \text{III} & -4=-6u\end{array}$$

Dieses LGS hat keine Lösung; daher sind die Geraden g und $\ell$ echt parallel.

d) Gemeinsame Punkte von h und $\ell$:

$$\begin{pmatrix}4\\-2\\-2\end{pmatrix}+s\cdot\begin{pmatrix}3\\-2\\1\end{pmatrix}=\begin{pmatrix}2\\3\\5\end{pmatrix}+u\cdot\begin{pmatrix}-3\\3\\-6\end{pmatrix} \Leftrightarrow \begin{array}{ll}\text{I} & 3s+3u=-2\\ \text{II} & -2s-3u=\phantom{-}5\\ \text{III} & s+6u=\phantom{-}7\end{array}$$

$$\Leftrightarrow \begin{array}{lr}\text{I} & 3s+3u=-2\\ \text{IV}=2\cdot\text{I}+3\cdot\text{II} & -3u=11\\ \text{V}=\text{I}-3\cdot\text{III} & -15u=-23\end{array} \Leftrightarrow \begin{array}{lr}\text{I} & 3s+3u=-2\\ \text{IV} & -3u=11\\ \text{VI}=5\cdot\text{IV}-\text{V} & 0=78\end{array}$$

Wegen des Widerspruchs in Gleichung VI besitzen die beiden Geraden keine gemeinsamen Punkte. Ihre Richtungsvektoren sind keine Vielfachen voneinander und somit linear unabhängig; daher sind die Geraden **h und $\ell$ windschief**.

Die beiden nachfolgenden Bilder der Lösungen mit dem CAS-Rechner zeigen,

- dass sich die Geraden g und h in einem Punkt schneiden, weil es eine Lösung der Gleichung g(r) = h(s) gibt,
- dass die Geraden g und k identisch sind, weil ein Parameter frei wählbar ist und es somit unendlich viele Lösungen der Gleichung g(r) = k(t) gibt,
- dass die Geraden g und $\ell$ echt parallel sind, weil die Gleichung g(r) = $\ell$(u) keine Lösung hat, aber die Richtungsvektoren linear abhängig sind,
- dass die Geraden h und $\ell$ windschief zueinander stehen, weil die Gleichung h(s) = $\ell$(u) keine Lösung besitzt und die Richtungsvektoren linear unabhängig sind.

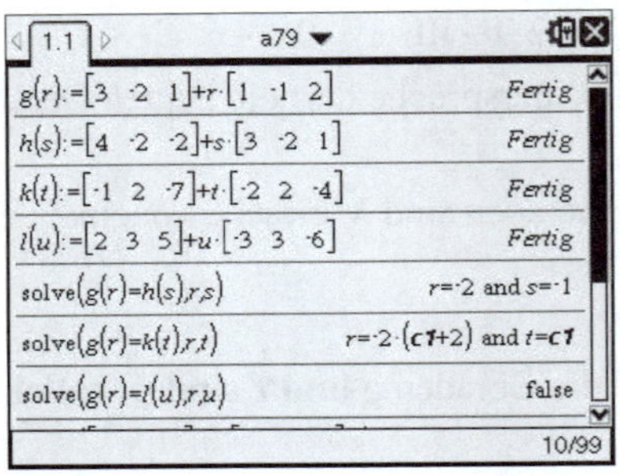


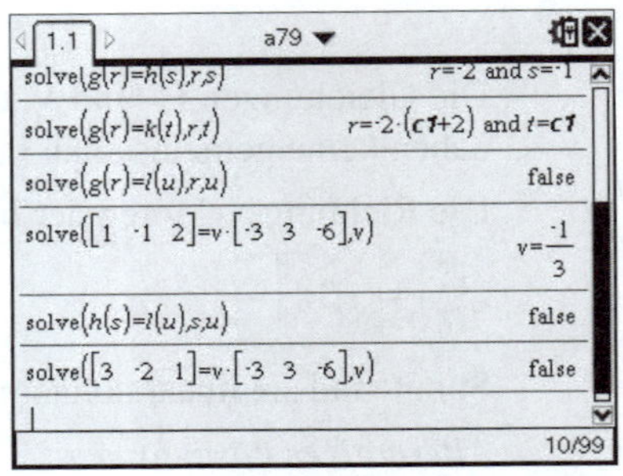


**80.** Gleichung der Ebene E: $\vec{x} = \begin{pmatrix}3\\1\\1\end{pmatrix} + r\cdot\begin{pmatrix}2\\4\\-4\end{pmatrix} + s\cdot\begin{pmatrix}-2\\0\\-2\end{pmatrix}$

**Gemeinsame Punkte von E und g:**

$$\begin{pmatrix}3\\1\\1\end{pmatrix} + r\cdot\begin{pmatrix}2\\4\\-4\end{pmatrix} + s\cdot\begin{pmatrix}-2\\0\\-2\end{pmatrix} = \begin{pmatrix}5\\1\\-8\end{pmatrix} + t\cdot\begin{pmatrix}1\\1\\5\end{pmatrix} \Leftrightarrow \begin{array}{lr} \text{I} & 2r - 2s - t = 2 \\ \text{II} & 4r \quad\quad - t = 0 \\ \text{III} & -4r - 2s - 5t = -9 \end{array}$$

$$\Leftrightarrow \begin{array}{lr} \text{I} & 2r - 2s - t = 2 \\ \text{IV} = 2\cdot\text{I} - \text{II} & -4s - t = 4 \\ \text{V} = \text{II} + \text{III} & -2s - 6t = -9 \end{array} \Leftrightarrow \begin{array}{lr} \text{I} & 2r - 2s - t = 2 \\ \text{IV} & -4s - t = 4 \\ \text{VI} = \text{IV} - 2\cdot\text{V} & 11t = 22 \end{array}$$

Das Gleichungssystem besitzt eine eindeutige Lösung ($t = 2$, $s = -\frac{3}{2}$, $r = \frac{1}{2}$); setzt man t = 2 in die Geradengleichung von g ein, erhält man:

$$\vec{s} = \begin{pmatrix}5\\1\\-8\end{pmatrix} + 2\cdot\begin{pmatrix}1\\1\\5\end{pmatrix} = \begin{pmatrix}7\\3\\2\end{pmatrix}$$

Die Gerade **g schneidet die Ebene E im Punkt S(7 | 3 | 2)**.

**Gemeinsame Punkte von E und h:**

$$\begin{pmatrix}3\\1\\1\end{pmatrix} + r\cdot\begin{pmatrix}2\\4\\-4\end{pmatrix} + s\cdot\begin{pmatrix}-2\\0\\-2\end{pmatrix} = \begin{pmatrix}3\\-2\\1\end{pmatrix} + t\cdot\begin{pmatrix}4\\2\\1\end{pmatrix} \Leftrightarrow \begin{array}{lr} \text{I} & 2r - 2s - 4t = 0 \\ \text{II} & 4r \quad\quad - 2t = -3 \\ \text{III} & -4r - 2s - t = 0 \end{array}$$

$$\begin{array}{llcll} & \text{I} & 2r-2s-4t=\ \ 0 & & \text{I} & 2r-2s-4t=0\\ \Leftrightarrow & \text{IV}=2\cdot\text{I}-\text{II} & -4s-6t=\ \ 3 & \Leftrightarrow & \text{IV} & -4s-6t=3\\ & \text{V}=\text{II}+\text{III} & -2s-3t=-3 & & \text{VI}=\text{IV}-2\cdot\text{V} & 0=9\end{array}$$

Das Gleichungssystem besitzt keine Lösung; die Gerade **h ist parallel zur Ebene E**.

**Gemeinsame Punkte von E und k:**

$$\begin{pmatrix}3\\1\\1\end{pmatrix}+r\cdot\begin{pmatrix}2\\4\\-4\end{pmatrix}+s\cdot\begin{pmatrix}-2\\0\\-2\end{pmatrix}=\begin{pmatrix}5\\-1\\6\end{pmatrix}+t\cdot\begin{pmatrix}-5\\-6\\4\end{pmatrix}\Leftrightarrow\begin{array}{ll}\text{I} & 2r-2s+5t=\ \ 2\\ \text{II} & 4r\qquad\ \ +6t=-2\\ \text{III} & -4r-2s-4t=\ \ 5\end{array}$$

$$\begin{array}{llcll} & \text{I} & 2r-2s+5t=2 & & \text{I} & 2r-2s+5t=2\\ \Leftrightarrow & \text{IV}=2\cdot\text{I}-\text{II} & -4s+4t=6 & \Leftrightarrow & \text{IV} & -4s+4t=6\\ & \text{V}=\text{II}+\text{III} & -2s+2t=3 & & \text{VI}=\text{IV}-2\cdot\text{V} & 0=0\end{array}$$

Die Gleichung VI ist immer erfüllt, das Gleichungssystem besitzt unendlich viele Lösungen; die Variable t ist beliebig wählbar. Daher **liegt die Gerade k in der Ebene E**.

**81.** a) Man setzt jeweils die Geradengleichung in die Ebenengleichung ein.

**Gerade g:**

$$-2\cdot(1-5t)-(-6+3t)-4\cdot(0+t)=7\ \Leftrightarrow\ -2+10t+6-3t-4t=7$$
$$\Leftrightarrow\ 3t=3\ \Leftrightarrow\ t=1$$

Die Gerade g schneidet die Ebene E in einem Punkt S; diesen **Schnittpunkt** erhält man, indem man $t=1$ in die Gleichung von g einsetzt:

$$\vec{s}=\begin{pmatrix}1\\-6\\0\end{pmatrix}+1\cdot\begin{pmatrix}-5\\3\\1\end{pmatrix}=\begin{pmatrix}-4\\-3\\1\end{pmatrix};\quad \mathbf{S(-4\,|\,-3\,|\,1)}$$

**Gerade h:**

$$-2\cdot(1-4t)-(-6+4t)-4\cdot(0+t)=7\ \Leftrightarrow\ -2+8t+6-4t-4t=7\ \Leftrightarrow\ 4=7$$

Wegen des Widerspruchs haben die Gerade h und die Ebene E **keine gemeinsamen Punkte**; die Gerade **h ist parallel zur Ebene E**.

b) Die Ebene E wird zunächst in Koordinatenform umgewandelt:

$$\text{E: }\left(\vec{x}-\begin{pmatrix}-9\\0\\2\end{pmatrix}\right)\cdot\begin{pmatrix}2\\3\\1\end{pmatrix}=0\ \Leftrightarrow\ \text{E: }(x_1+9)\cdot 2+x_2\cdot 3+(x_3-2)\cdot 1=0$$
$$\Leftrightarrow\ \text{E: }2x_1+3x_2+x_3=-16$$

Anschließend werden die Geradengleichungen von g bzw. h in diese Koordinatenform eingesetzt.

**Gerade g:**

$$2\cdot(1-5t)+3\cdot(-6+3t)+(0+t)=-16\ \Leftrightarrow\ 2-10t-18+9t+t=-16$$
$$\Leftrightarrow\ -16=-16$$

Diese Gleichung ist für alle Werte von t erfüllt; die Gerade **g liegt in der Ebene E** (und entspricht somit der Schnittmenge von g und E).

**Gerade h:**

$$2 \cdot (1-4t) + 3 \cdot (-6+4t) + (0+t) = -16 \iff 2 - 8t - 18 + 12t + t = -16$$
$$\iff 5t = 0 \iff t = 0$$

Die Gerade h schneidet die Ebene E in einem Punkt S; dieser **Schnittpunkt** entspricht dem Stützpunkt der Geraden h: **S(1 | −6 | 0)**

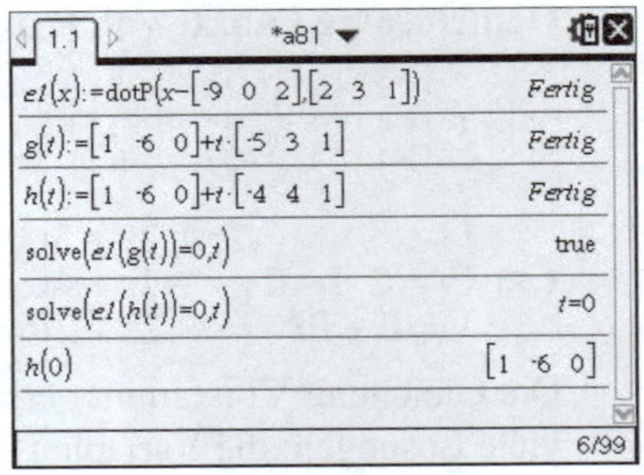


Bei der Lösung mit dem CAS-Rechner im Bild rechts wird die Funktion **e1(x)** als Skalarprodukt

$$\left(\vec{x} - \begin{pmatrix} -9 \\ 0 \\ 2 \end{pmatrix}\right) \cdot \begin{pmatrix} 2 \\ 3 \\ 1 \end{pmatrix}$$

definiert. Die Funktionsvariable x ist hier als Vektor zu verstehen. Die Lösung der Gleichung **e1(g(t)) = 0** liefert das Ergebnis **true**, d. h., dass es unendlich viele t gibt, für die die Gleichung erfüllt ist. Demnach liegt die Gerade g in der Ebene E.

Die Gleichung **e1(h(t)) = 0** hat hingegen die Lösung t = 0, d. h., dass sich Gerade und Ebene nur für t = 0 schneiden. Der Ortsvektor zum Schnittpunkt wird durch **h(0)** ermittelt.

**82.** Im Folgenden werden zwei verschiedene Lösungswege dargestellt.

*1. Möglichkeit:* Zu überlegen ist, für welchen Wert von a der Richtungsvektor $\vec{u}_g = \begin{pmatrix} -4 \\ 4 \\ 1 \end{pmatrix}$ der Geraden g und die Spannvektoren $\vec{v}_1 = \begin{pmatrix} 2 \\ 0 \\ -3 \end{pmatrix}$ und $\vec{v}_2 = \begin{pmatrix} -1 \\ -3 \\ a \end{pmatrix}$ der Ebene $E_a$ linear abhängig sind. Mithilfe des zweiten Kriteriums für die lineare Abhängigkeit von Vektoren (vgl. Abschnitt 3.3) wird die Gleichung

$$r \cdot \begin{pmatrix} 2 \\ 0 \\ -3 \end{pmatrix} + t \cdot \begin{pmatrix} -4 \\ 4 \\ 1 \end{pmatrix} = \begin{pmatrix} -1 \\ -3 \\ a \end{pmatrix}$$

aufgestellt. Diese Gleichung enthält nur 3 Unbekannte.

Würde man dagegen die eigentliche Definition der linearen Abhängigkeit zur Überprüfung verwenden, dann enthielte die Gleichung 4 Variablen. Dies führt bei der Lösung mit dem CAS-Rechner auf eine nicht eindeutige Lösung (das zweite Bild zeigt den zweiten Teil der Lösung):

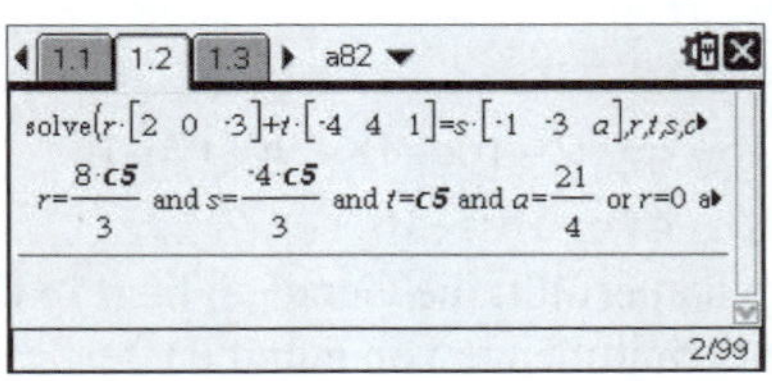


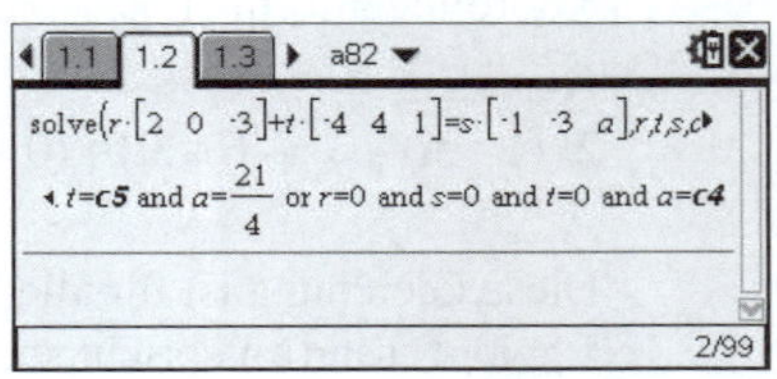

Als Lösung der Gleichung mit den 3 Unbekannten erhält man mit dem CAS-Rechner den Wert $a = \frac{21}{4}$. Für diesen Wert sind die drei Vektoren also linear abhängig, sodass die Gerade **g parallel zur Ebene $E_{\frac{21}{4}}$** verläuft.
Die letzte Zeile im Bild rechts zeigt, dass die Gerade g und die Ebene $E_{\frac{21}{4}}$ **sogar echt parallel** sind.

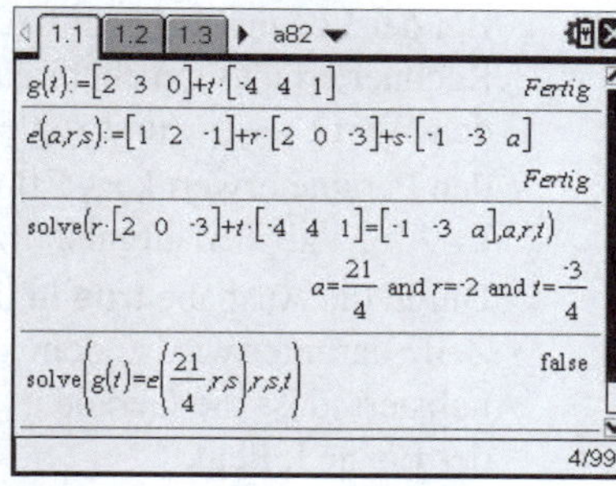


*2. Möglichkeit:* Man überprüft mithilfe des Skalarproduktes, für welchen Wert $a_0$ der Normalenvektor $\vec{n}$ der Ebene $E_{a_0}$ senkrecht zum Richtungsvektor $\vec{u}_g$ der Geraden liegt.
Es ist also die Gleichung $\vec{n} \cdot \vec{u}_g = 0$ bezüglich der Variablen a zu lösen. Der CAS-Rechner gibt als Lösung erneut $a = \frac{21}{4}$ an und bestätigt in der darauffolgenden Zeile, dass die Gerade **g und die Ebene $E_{\frac{21}{4}}$ echt parallel** sind.

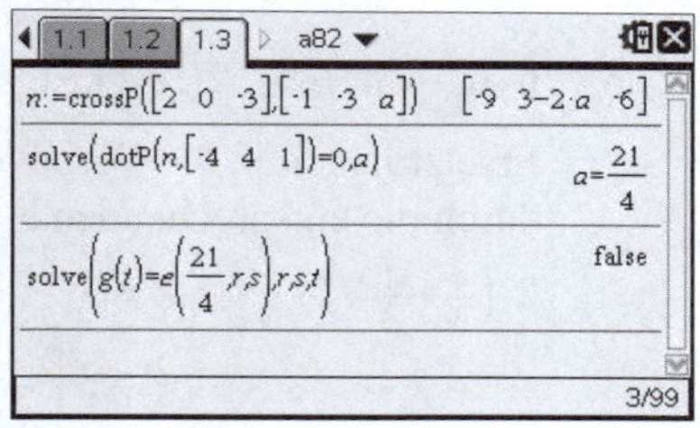


**83.** a) Ob es eine Gerade der Geradenschar $g_t$ gibt, die parallel zur Ebene E liegt, erfährt man am schnellsten dadurch, dass man die Variablen $x_1$ und $x_3$ in der Koordinatenform von E durch die entsprechenden Koordinaten der Geradenschar $g_t$ ersetzt. Dies führt zu folgender Gleichung:

$$2 \cdot (2 + t + k \cdot (1 + t)) + 1 + t + k \cdot t = 3$$

$$\Leftrightarrow \quad 5 + 3t + 2k + 3kt = 3$$

Auflösen nach t führt zu:

$$3t + 3kt = -2 - 2k$$

$$t(3 + 3k) = -2 - 2k$$

$$t = \frac{-2 - 2k}{3 + 3k}$$

$$\mathbf{t} = \frac{-2(1 + k)}{3(1 + k)} = \mathbf{-\frac{2}{3}}$$

Die Variable t ist nicht mehr abhängig vom Parameter k. Da also die ursprüngliche Gleichung für alle Werte von k erfüllt ist, liegt die Gerade $g_{-\frac{2}{3}}$ sogar in der Ebene E.
Durch die Deutung des rechnerischen Ergebnisses sind beide Arbeitsaufträge in Teilaufgabe a gleichzeitig erledigt: Die Gerade $g_{-\frac{2}{3}}$ liegt parallel zur Ebene E, aber **nicht echt parallel**.

Bei der Lösung mit dem CAS-Rechner erhält man ebenfalls den Wert $t = -\frac{2}{3}$ (und zugleich den Parameterwert $k = -1$ für $t \neq -\frac{2}{3}$, vgl. Teilaufgabe b). Durch die Ausgabe **true** in der Zeile darunter wird zudem signalisiert, dass die Gerade $g_{-\frac{2}{3}}$ in der Ebene E liegt.

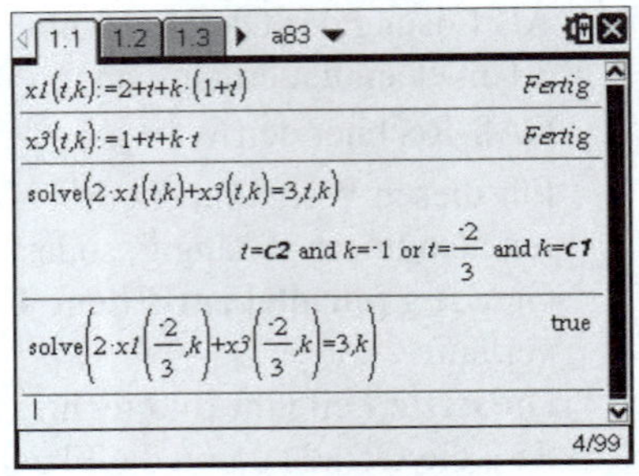


*Alternativ* kann man mithilfe des Skalarproduktes überprüfen, für welchen Wert von t der Normalenvektor $\vec{n} = \begin{pmatrix} 2 \\ 0 \\ 1 \end{pmatrix}$ der Ebene E senkrecht auf dem Richtungsvektor $\vec{u}_{g_t} = \begin{pmatrix} 1+t \\ 1-t \\ t \end{pmatrix}$ steht. Daraus ergibt sich:

$\vec{n} \cdot \vec{u}_{g_t} = 0 \quad \Leftrightarrow \quad 2(1+t)+t = 0 \quad \Leftrightarrow \quad \mathbf{t = -\frac{2}{3}}$

Ersetzt man nun die Variablen $x_1$ und $x_3$ in der Koordinatenform von E durch die entsprechenden Koordinaten der Geraden $g_{-\frac{2}{3}}$, erhält man:

$$2 \cdot \left(\frac{4}{3} + \frac{1}{3}k\right) + \frac{1}{3} - \frac{2}{3}k = 3$$

$$\frac{9}{3} = 3$$

Dies ist eine wahre Aussage, sodass die Gleichung für alle $k \in \mathbb{R}$ gelöst wird. Die Gerade $g_{-\frac{2}{3}}$ liegt also in der Ebene E und ist somit **nicht echt parallel** zu E.

Bei der CAS-Lösung erhält man ebenfalls den Wert $t = -\frac{2}{3}$. Zudem wird gezeigt, dass das Einsetzen der Koordinaten $x_1$ und $x_3$ der Geraden $g_{-\frac{2}{3}}$ in die Ebenengleichung immer den Wert 3 ergibt. Die Gleichung ist also unabhängig von k erfüllt, sodass $g_{-\frac{2}{3}}$ in der Ebene E liegt.

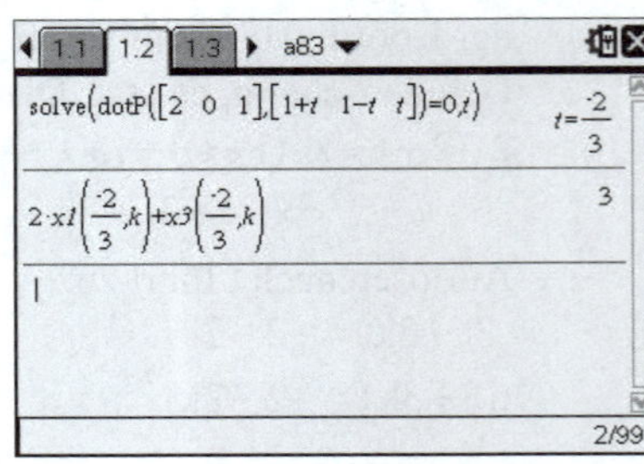


b) Wenn $t \neq -\frac{2}{3}$ ist, dann gibt es nur einen Schnittpunkt der Geraden $g_t$ mit der Ebene E. Dieser ergibt sich für den Parameterwert $k = -1$, denn: Löst man die Gleichung

$5 + 3t + 2k + 3kt = 3$

nach k auf, so ergibt sich für $t \neq -\frac{2}{3}$:

$$k(2+3t) = -2-3t$$

$$k = -1$$

Der allgemeine Ortsvektor zum Schnittpunkt $S_t$ lässt sich ermitteln, indem man in der Geradengleichung von $g_t$ für den Parameter k den Wert –1 einsetzt. Es ergeben sich die Koordinaten $\mathbf{S_t(1\,|\,t\,|\,1)}$.

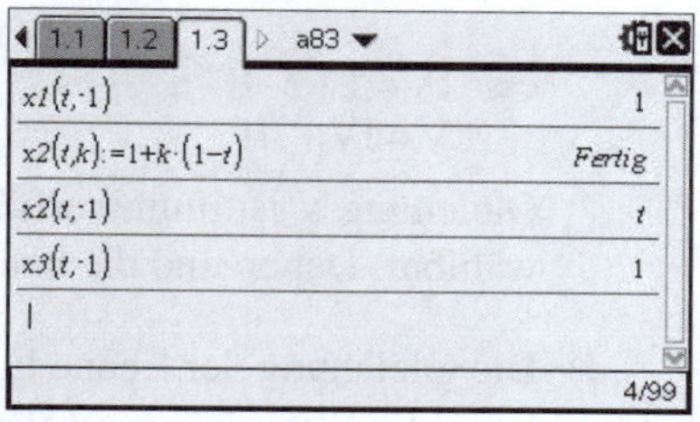


**84.** a) Lage der Ebenen $E_1$ und $E_2$:

$$\begin{pmatrix}4\\1\\2\end{pmatrix}+r\cdot\begin{pmatrix}-3\\1\\0\end{pmatrix}+s\cdot\begin{pmatrix}1\\-2\\5\end{pmatrix}=\begin{pmatrix}3\\1\\-2\end{pmatrix}+t\cdot\begin{pmatrix}7\\-4\\5\end{pmatrix}+u\cdot\begin{pmatrix}-4\\3\\-5\end{pmatrix}$$

$$\begin{array}{lll} & \text{I} & -3r+s-7t+4u=-1\\ \Leftrightarrow & \text{II} & r-2s+4t-3u=0\\ & \text{III} & 5s-5t+5u=-4\end{array}\quad\Leftrightarrow\quad\begin{array}{ll}\text{I} & -3r+s-7t+4u=-1\\ \text{IV}=\text{I}+3\cdot\text{II} & -5s+5t-5u=-1\\ \text{V}=\text{IV}+\text{III} & 0=-5\end{array}$$

Gleichung V enthält einen Widerspruch; die Ebenen **$E_1$ und $E_2$ sind parallel**.

b) Lage der Ebenen $E_1$ und $E_3$:

$$\begin{pmatrix}4\\1\\2\end{pmatrix}+r\cdot\begin{pmatrix}-3\\1\\0\end{pmatrix}+s\cdot\begin{pmatrix}1\\-2\\5\end{pmatrix}=\begin{pmatrix}2\\4\\1\end{pmatrix}+t\cdot\begin{pmatrix}-1\\-2\\1\end{pmatrix}+u\cdot\begin{pmatrix}1\\-1\\-4\end{pmatrix}$$

$$\begin{array}{lll} & \text{I} & -3r+s+t-u=-2\\ \Leftrightarrow & \text{II} & r-2s+2t+u=3\\ & \text{III} & 5s-t+4u=-1\end{array}\quad\Leftrightarrow\quad\begin{array}{ll}\text{I} & -3r+s+t-u=-2\\ \text{IV}=\text{I}+3\cdot\text{II} & -5s+7t+2u=7\\ \text{V}=\text{IV}+\text{III} & 6t+6u=6\end{array}$$

Aus Gleichung V folgt: $t=1-u$
Somit schneiden sich die Ebenen $E_1$ und $E_3$ in einer **Schnittgeraden s**, deren Gleichung bestimmt werden kann, indem man $t=1-u$ in die Gleichung der Ebene $E_3$ einsetzt:

$$\mathbf{s:}\ \vec{x}=\begin{pmatrix}2\\4\\1\end{pmatrix}+(1-u)\cdot\begin{pmatrix}-1\\-2\\1\end{pmatrix}+u\cdot\begin{pmatrix}1\\-1\\-4\end{pmatrix}=\begin{pmatrix}\mathbf{1}\\\mathbf{2}\\\mathbf{2}\end{pmatrix}+\mathbf{u}\cdot\begin{pmatrix}\mathbf{2}\\\mathbf{1}\\\mathbf{-5}\end{pmatrix}$$

c) Zunächst wird die Gleichung der Ebene $E_4$ aufgestellt:

$$E_4:\ \vec{x}=\begin{pmatrix}2\\0\\7\end{pmatrix}+k\cdot\begin{pmatrix}6\\-2\\0\end{pmatrix}+m\cdot\begin{pmatrix}-5\\5\\-10\end{pmatrix}$$

Lage der Ebenen $E_1$ und $E_4$:

$$\begin{pmatrix}4\\1\\2\end{pmatrix}+r\cdot\begin{pmatrix}-3\\1\\0\end{pmatrix}+s\cdot\begin{pmatrix}1\\-2\\5\end{pmatrix}=\begin{pmatrix}2\\0\\7\end{pmatrix}+k\cdot\begin{pmatrix}6\\-2\\0\end{pmatrix}+m\cdot\begin{pmatrix}-5\\5\\-10\end{pmatrix}$$

$$\begin{array}{lll} & \text{I} & -3r+s-6k+5m=-2\\ \Leftrightarrow & \text{II} & r-2s+2k-5m=-1\\ & \text{III} & 5s+10m=5\end{array}$$

$$\begin{array}{llr} & \text{I} & -3r + s - 6k + 5m = -2 \\ \Leftrightarrow & \text{IV} = \text{I} + 3 \cdot \text{II} & -5s \quad - 10m = -5 \\ & \text{V} = \text{IV} + \text{III} & 0 = 0 \end{array}$$

Gleichung V ist immer erfüllt und die Variablen k und m sind frei wählbar. Daher sind die beiden Ebenen **$E_1$ und $E_4$ identisch**.

d) Die Gleichung der Ebene $E_4$ wurde in Teilaufgabe c aufgestellt.

Lage der Ebenen $E_3$ und $E_4$:

$$\begin{pmatrix} 2 \\ 4 \\ 1 \end{pmatrix} + t \cdot \begin{pmatrix} -1 \\ -2 \\ 1 \end{pmatrix} + u \cdot \begin{pmatrix} 1 \\ -1 \\ -4 \end{pmatrix} = \begin{pmatrix} 2 \\ 0 \\ 7 \end{pmatrix} + k \cdot \begin{pmatrix} 6 \\ -2 \\ 0 \end{pmatrix} + m \cdot \begin{pmatrix} -5 \\ 5 \\ -10 \end{pmatrix}$$

$$\begin{array}{lll} & \text{I} & -t + u - 6k + 5m = 0 \\ \Leftrightarrow & \text{II} & -2t - u + 2k - 5m = -4 \\ & \text{III} & t - 4u + 10m = 6 \end{array} \quad \begin{array}{lll} & \text{I} & -t + u - 6k + 5m = 0 \\ \Leftrightarrow & \text{IV} = 2 \cdot \text{I} - \text{II} & 3u - 14k + 15m = 4 \\ & \text{V} = \text{I} + \text{III} & -3u - 6k + 15m = 6 \end{array}$$

$$\begin{array}{lll} & \text{I} & -t + u - 6k + 5m = 0 \\ \Leftrightarrow & \text{IV} & 3u - 14k + 15m = 4 \\ & \text{VI} = \text{IV} + \text{V} & -20k + 30m = 10 \end{array}$$

Die Variable m ist frei wählbar, und für k ergibt sich aus Gleichung VI:

$$-20k = 10 - 30m \quad \Leftrightarrow \quad k = -\tfrac{1}{2} + \tfrac{3}{2}m$$

Setzt man diesen Wert in die Gleichung der Ebene $E_4$ ein, erhält man:

$$\vec{x} = \begin{pmatrix} 2 \\ 0 \\ 7 \end{pmatrix} + \left(-\tfrac{1}{2} + \tfrac{3}{2}m\right) \cdot \begin{pmatrix} 6 \\ -2 \\ 0 \end{pmatrix} + m \cdot \begin{pmatrix} -5 \\ 5 \\ -10 \end{pmatrix} = \begin{pmatrix} 2 \\ 0 \\ 7 \end{pmatrix} - \tfrac{1}{2} \cdot \begin{pmatrix} 6 \\ -2 \\ 0 \end{pmatrix} + \tfrac{3}{2}m \cdot \begin{pmatrix} 6 \\ -2 \\ 0 \end{pmatrix} + m \cdot \begin{pmatrix} -5 \\ 5 \\ -10 \end{pmatrix}$$

$$= \begin{pmatrix} 2 \\ 0 \\ 7 \end{pmatrix} + \begin{pmatrix} -3 \\ 1 \\ 0 \end{pmatrix} + m \cdot \begin{pmatrix} 9 \\ -3 \\ 0 \end{pmatrix} + m \cdot \begin{pmatrix} -5 \\ 5 \\ -10 \end{pmatrix} = \begin{pmatrix} -1 \\ 1 \\ 7 \end{pmatrix} + m \cdot \begin{pmatrix} 4 \\ 2 \\ -10 \end{pmatrix}$$

Die **Schnittgerade s** der Ebenen $E_3$ und $E_4$ hat also die Gleichung:

$$\mathbf{s:}\ \vec{x} = \begin{pmatrix} -1 \\ 1 \\ 7 \end{pmatrix} + m \cdot \begin{pmatrix} 4 \\ 2 \\ -10 \end{pmatrix}$$

Für die Lösung mit dem CAS-Rechner werden zunächst alle vier Ebenengleichungen definiert. Für die Ebene $E_4$ wurden dabei die Ortsvektoren zu den gegebenen Punkten verwendet:

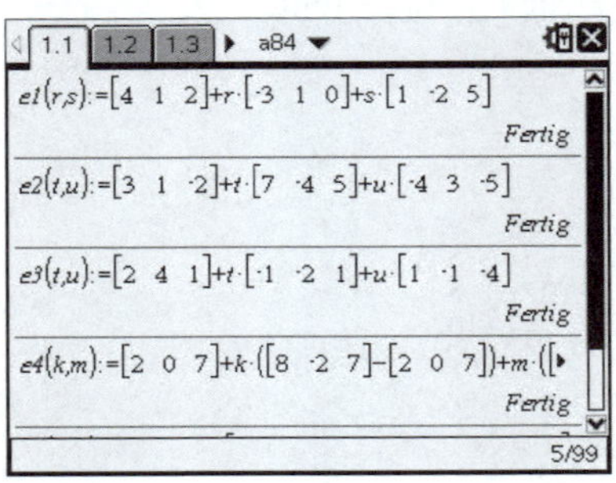


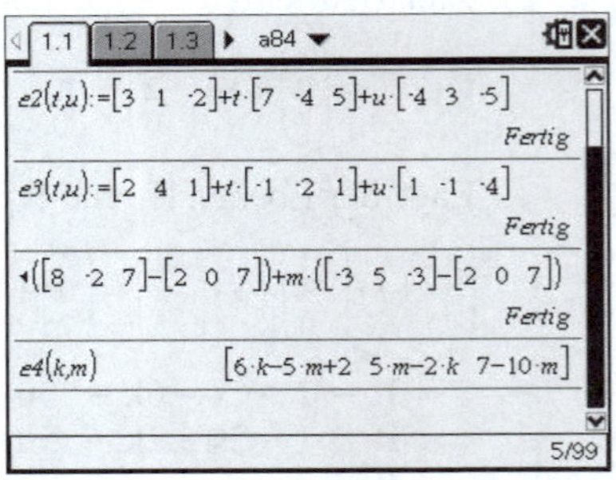

Durch die Rückmeldung **false** bei der Lösung der Gleichung zu Teilaufgabe a wird deutlich, dass es keinen Schnittpunkt zwischen $E_1$ und $E_2$ gibt, die Ebenen liegen also parallel zueinander.

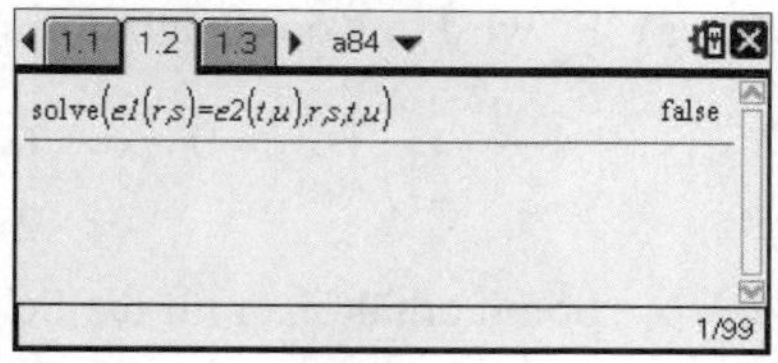


Die Lösung der Gleichung zu Teilaufgabe b zeigt, dass der Parameter t von u abhängt. Ebenso hängen r und s von u ab. Berücksichtigt man diese Abhängigkeiten in den Argumenten von $E_3$ und $E_1$, so ergibt sich in der Vektorschreibweise die Geradengleichung

$$g:\ \vec{x} = \begin{pmatrix} 2u+1 \\ u+2 \\ 2-5u \end{pmatrix}$$

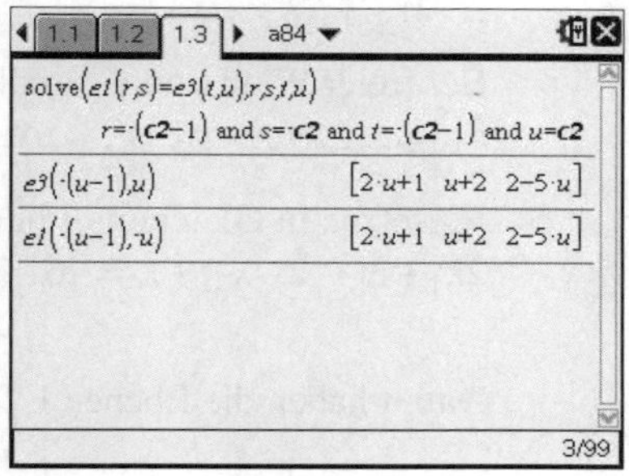


Schreibt man diesen Vektor als Summe von zwei Vektoren mit u als Faktor, so erhält man die rechnerisch ermittelte Geradengleichung.

Bei der Lösung der Gleichung zu Teilaufgabe c sind sowohl k als auch m frei wählbare Parameter. Das bedeutet, dass der Schnitt der beiden Ebenen $E_1$ und $E_4$ selbst wieder eine Ebene ist, die beiden Ebenen sind also identisch.

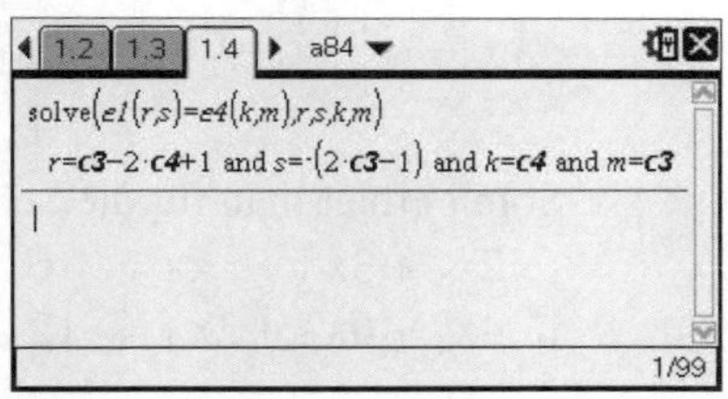


Für die Gleichung zu Teilaufgabe d erhält man wie bei der Lösung von Teilaufgabe b eine Schnittgerade, die im Bild rechts zur Kontrolle sowohl mit der Ebenengleichung $E_3$ als auch mit $E_4$ erstellt wurde.

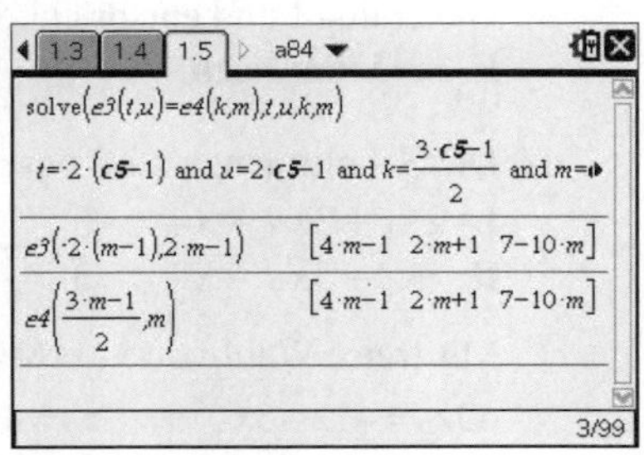

**85.** a) $E_2$ wird in Koordinatenform umgewandelt:

$$\left(\vec{x}-\begin{pmatrix}2\\-4\\2\end{pmatrix}\right)\cdot\begin{pmatrix}2\\1\\-1\end{pmatrix}=0 \quad\Leftrightarrow\quad (x_1-2)\cdot 2+(x_2+4)\cdot 1+(x_3-2)\cdot(-1)=0$$
$$\Leftrightarrow\quad 2x_1+x_2-x_3=-2$$

Somit erhält man für die Schnittmenge folgendes Gleichungssystem:

$$\begin{array}{ll} \text{I} & 2x_1+3x_2+x_3=-6 \\ \text{II} & 2x_1+x_2-x_3=-2 \end{array} \quad\Leftrightarrow\quad \begin{array}{ll} \text{I} & 2x_1+3x_2+x_3=-6 \\ \text{III}=\text{I}-\text{II} & 2x_2+2x_3=-4 \end{array}$$

Bei freier Wahl von $x_3$ erhält man aus Gleichung III:

$$2x_2=-4-2x_3 \quad\Leftrightarrow\quad x_2=-2-x_3$$

Einsetzen in Gleichung I liefert:

$$2x_1+3\cdot(-2-x_3)+x_3=-6 \quad\Leftrightarrow\quad 2x_1-6-3x_3+x_3=-6$$
$$\Leftrightarrow\quad 2x_1=2x_3 \quad\Leftrightarrow\quad x_1=x_3$$

Damit haben die Ebenen $E_1$ und $E_2$ die **Schnittgerade**:

$$\mathbf{g:}\ \vec{x}=\begin{pmatrix}x_1\\x_2\\x_3\end{pmatrix}=\begin{pmatrix}x_3\\-2-x_3\\x_3\end{pmatrix}=\begin{pmatrix}0\\-2\\0\end{pmatrix}+r\cdot\begin{pmatrix}1\\-1\\1\end{pmatrix}$$

b) Umwandlung von $E_3$ in Koordinatenform:

$$\left(\vec{x}-\begin{pmatrix}-1\\-3\\5\end{pmatrix}\right)\cdot\begin{pmatrix}4\\6\\2\end{pmatrix}=0 \quad\Leftrightarrow\quad (x_1+1)\cdot 4+(x_2+3)\cdot 6+(x_3-5)\cdot 2=0$$
$$\Leftrightarrow\quad 4x_1+6x_2+2x_3=-12$$

Somit erhält man für die Schnittmenge folgendes Gleichungssystem:

$$\begin{array}{ll} \text{I} & 2x_1+3x_2+x_3=-6 \\ \text{II} & 4x_1+6x_2+2x_3=-12 \end{array} \quad\Leftrightarrow\quad \begin{array}{ll} \text{I} & 2x_1+3x_2+x_3=-6 \\ \text{III}=2\cdot\text{I}-\text{II} & 0=0 \end{array}$$

Die Gleichung III ist immer erfüllt; die Schnittmenge ist gegeben durch Gleichung I und entspricht der Ebene $E_1$, d. h., die beiden Ebenen $E_1$ und $E_3$ sind **identisch**.

c) Die Schnittmenge wird bestimmt durch folgendes Gleichungssystem:

$$\begin{array}{ll} \text{I} & 2x_1+3x_2+x_3=-6 \\ \text{II} & x_1+3x_2-x_3=3 \end{array} \quad\Leftrightarrow\quad \begin{array}{ll} \text{I} & 2x_1+3x_2+x_3=-6 \\ \text{III}=\text{I}-2\cdot\text{II} & -3x_2+3x_3=-12 \end{array}$$

Mit freier Wahl von $x_3$ erhält man aus Gleichung III:

$$-3x_2=-12-3x_3 \quad\Leftrightarrow\quad x_2=4+x_3$$

Einsetzen in Gleichung I liefert damit:

$$2x_1+3\cdot(4+x_3)+x_3=-6 \quad\Leftrightarrow\quad 2x_1=-18-4x_3 \quad\Leftrightarrow\quad x_1=-9-2x_3$$

Die Gleichung der **Schnittgeraden** von $E_1$ und $E_4$ lautet somit:

$$\mathbf{g:}\ \vec{x}=\begin{pmatrix}x_1\\x_2\\x_3\end{pmatrix}=\begin{pmatrix}-9-2x_3\\4+x_3\\x_3\end{pmatrix}=\begin{pmatrix}-9\\4\\0\end{pmatrix}+r\cdot\begin{pmatrix}-2\\1\\1\end{pmatrix}$$

d) Die Koordinaten der Ebene $E_5$ werden in die Gleichung von $E_1$ eingesetzt:

$2 \cdot (-5 + r - 2s) + 3 \cdot (2 - 2r + s) + (-2 + 4r + s) = -6$

$\Leftrightarrow \quad -10 + 2r - 4s + 6 - 6r + 3s - 2 + 4r + s = -6$

$\Leftrightarrow \quad -6 = -6$

Die Aussage ist wahr, d. h., die beiden Ebenen $E_1$ und $E_5$ sind **identisch**.

Für die Lösung mit dem CAS-Rechner wurde im Bild rechts vorab die Ebene $E_1$ definiert, allerdings in der Form $2x_1 + 3x_2 + x_3 + 6$. Dadurch besteht die Möglichkeit, diese Ebenengleichung mit den über die Normalenform definierten Ebenen gleichzusetzen. Dabei ist allerdings Vorsicht geboten.

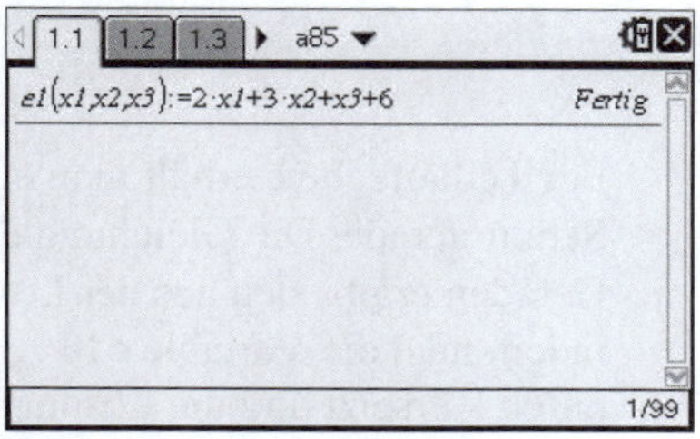


Für Teilaufgabe a wurde die Ebene $E_2$ als das Skalarprodukt

$$\left(\begin{pmatrix} x_1 \\ x_2 \\ x_3 \end{pmatrix} - \begin{pmatrix} 2 \\ -4 \\ 2 \end{pmatrix}\right) \cdot \begin{pmatrix} 2 \\ 1 \\ -1 \end{pmatrix}$$

definiert. Die zweite Zeile zeigt, dass der CAS-Rechner dieses Skalarprodukt in die Koordinatenform umgewandelt hat.

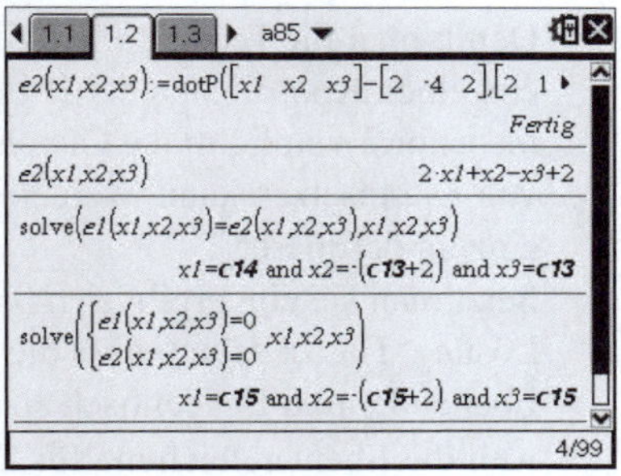


Vorsicht: Will man nun wie bei den CAS-Lösungen zu Aufgabe 84 die Ebenengleichungen gleichsetzen, so gibt der CAS-Rechner an, man dürfe sowohl $x_1$ als auch $x_3$ unabhängig voneinander beliebig wählen, wodurch sich eine Schnittebene ergeben würde (s. 3. Zeile im Bild).

Bei dieser Lösung wird aber nicht berücksichtigt, dass die Ebenengleichungen jeweils auf $= 0$ enden. Berücksichtigt man dies (s. letzte Zeile), so erhält man als Lösung eine Schnittgerade, weil $x_1$ und $x_2$ von $x_3$ abhängen.

Aus der Lösung liest man die Geradengleichung ab:

$$\begin{pmatrix} x_1 \\ x_2 \\ x_3 \end{pmatrix} = \begin{pmatrix} 0 \\ -2 \\ 0 \end{pmatrix} + k \cdot \begin{pmatrix} 1 \\ -1 \\ 1 \end{pmatrix}$$

Entsprechend erhält man für Teilaufgabe b folgendes Ergebnis:

Die beiden Ebenen $E_1$ und $E_3$ sind identisch, weil zwei Variablen unabhängig voneinander frei wählbar sind.

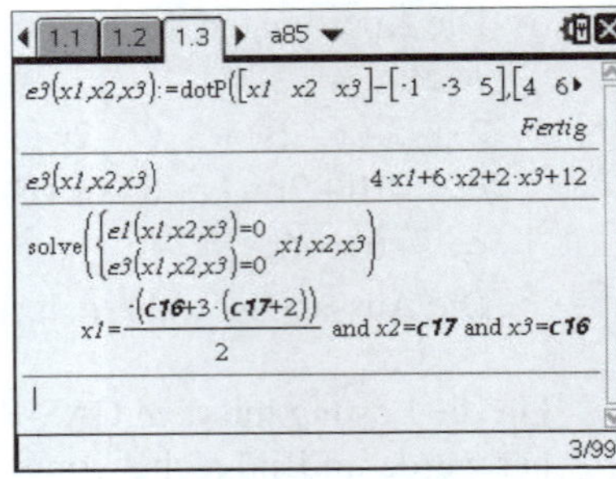


Für Teilaufgabe c erhält man eine Schnittgerade. Die Gleichung dieser Geraden ergibt sich aus der Lösung, indem man die Variable **c18** z. B. durch k ersetzt und die Lösung in Vektorschreibweise wie in Teilaufgabe a zusammenfasst.

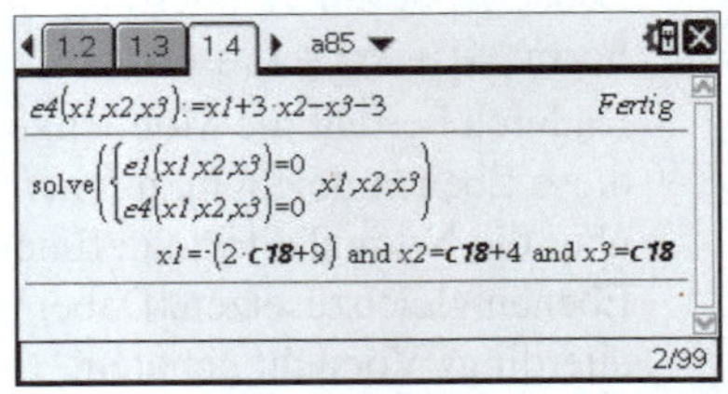


Damit man für Teilaufgabe d die einzelnen Koordinaten der Parameterform von $E_5$ in die Gleichung von $E_1$ einsetzen kann, werden sie einzeln definiert.
Setzt man sie ein, ergibt sich 0 als Lösung. Das bedeutet, dass die Ebenen $E_1$ und $E_5$ identisch sind, weil die Ebenengleichung für $E_1$ unabhängig von einer Belegung der Parameter r und s in der Gleichung von $E_5$ immer erfüllt ist.

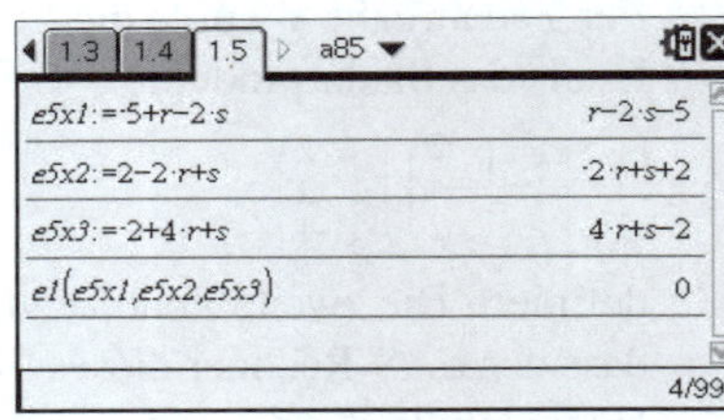


**86.** a) $E_1\colon 3x_1+4x_2+5x_3=15$

Die Spurpunkte von $E_1$ sind $S_1(5|0|0)$, $S_2\left(0\,\middle|\,\frac{15}{4}\,\middle|\,0\right)$ und $S_3(0|0|3)$.

Daraus ergeben sich die Spurgeraden:

$$s_1\colon\ \vec{x}=\overrightarrow{OS_1}+r\cdot\overrightarrow{S_1S_2}=\begin{pmatrix}5\\0\\0\end{pmatrix}+r\cdot\begin{pmatrix}-5\\\frac{15}{4}\\0\end{pmatrix}=\begin{pmatrix}5\\0\\0\end{pmatrix}+t\cdot\begin{pmatrix}-4\\3\\0\end{pmatrix}$$

$$s_2\colon\ \vec{x}=\overrightarrow{OS_2}+r\cdot\overrightarrow{S_2S_3}=\begin{pmatrix}0\\\frac{15}{4}\\0\end{pmatrix}+r\cdot\begin{pmatrix}0\\-\frac{15}{4}\\3\end{pmatrix}=\begin{pmatrix}0\\\frac{15}{4}\\0\end{pmatrix}+t\cdot\begin{pmatrix}0\\-5\\4\end{pmatrix}$$

$$s_3\colon\ \vec{x}=\overrightarrow{OS_3}+t\cdot\overrightarrow{S_3S_1}=\begin{pmatrix}0\\0\\3\end{pmatrix}+t\cdot\begin{pmatrix}5\\0\\-3\end{pmatrix}$$

Zeichnung:

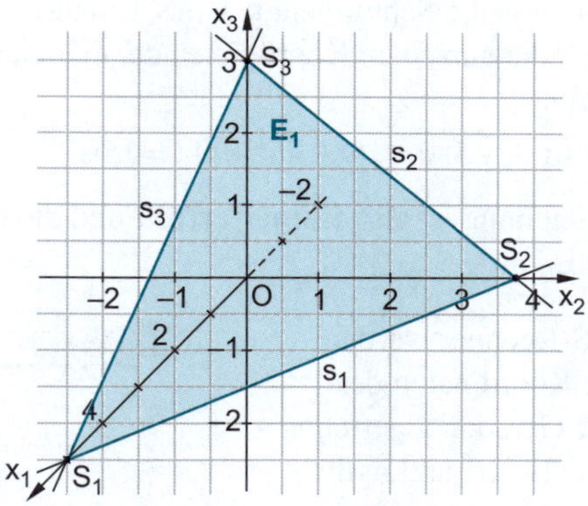


Mit dem CAS-Rechner kann man die Ebene in einem 3-D-Koordinatensystem darstellen, das man mithilfe der Cursortasten rotieren kann. Im Bild unten rechts ist die „z-Spur“ sichtbar, die die x-y-Ebene hervorhebt, sodass die Lage der Ebene deutlicher sichtbar wird. Das erste Bild unten zeigt die Definition der Ebenengleichung, sodass sie im Koordinatensystem darstellbar ist:

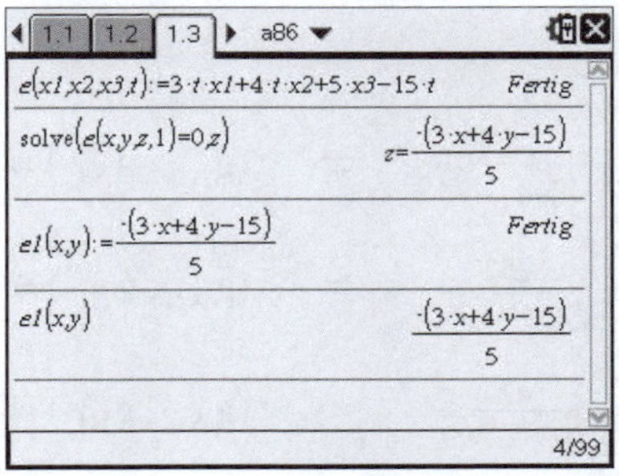


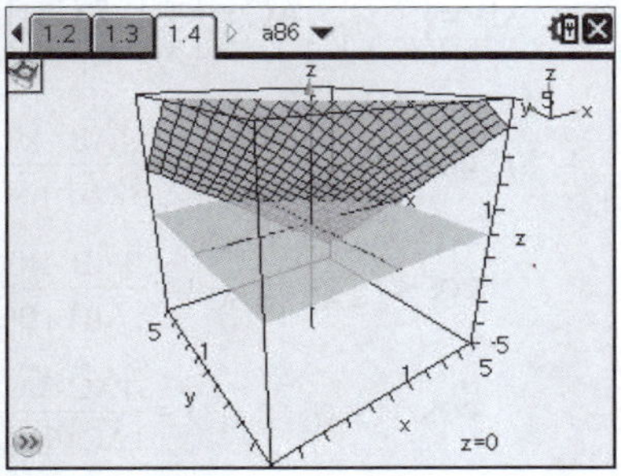


b) $E_1$: $3x_1 + 4x_2 + 5x_3 = 15$ und $E_0$: $5x_3 = 0$

Aus dem Gleichungssystem

I $3x_1 + 4x_2 + 5x_3 = 15$

II $5x_3 = 0$

erhält man: $x_3 = 0$; $x_1 = 5 - \frac{4}{3}x_2$

Setzt man $x_2 = k$, so ergibt sich die Gleichung für die Schnittgerade der Ebenen $E_1$ und $E_0$:

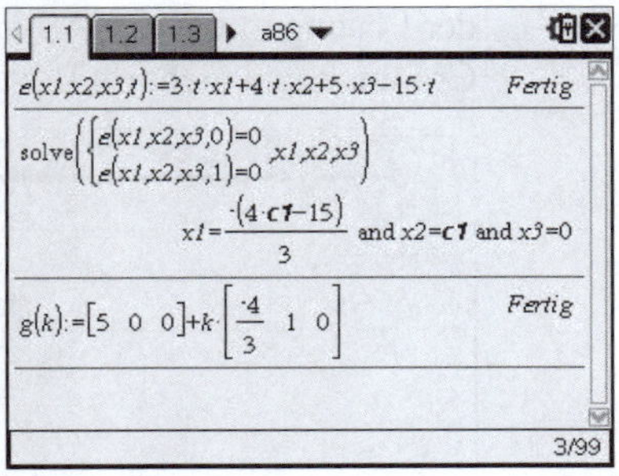


**g:** $\vec{x} = \begin{pmatrix} 5 \\ 0 \\ 0 \end{pmatrix} + k \cdot \begin{pmatrix} -\frac{4}{3} \\ 1 \\ 0 \end{pmatrix}$

Die Schnittgerade der Ebenen $E_1$ und $E_0$ entspricht der Spurgeraden $s_1$ der Ebene $E_1$ (vgl. Teilaufgabe a).

c) Um zu zeigen, dass die Schnittgerade g aus Teilaufgabe b in jeder Ebene $E_t$ liegt, setzt man die einzelnen Koordinaten der Geraden in die Koordinatenform von $E_t$ ein:

$$3t\cdot\left(5-\frac{4}{3}k\right)+4t\cdot k+5\cdot 0=15t-4kt+4kt=15t$$

Die Ebenengleichung ist also **immer erfüllt** und die Gerade liegt damit in allen Ebenen $E_t$.

Mit dem CAS-Rechner werden die einzelnen Koordinaten des x-Vektors der Geraden g getrennt voneinander definiert und in die Ebenengleichung eingesetzt. Die Gleichung von $E_t$ ist unabhängig von k und t immer erfüllt, sodass die Gerade für alle $t \in \mathbb{R}$ in der Ebene $E_t$ liegt.

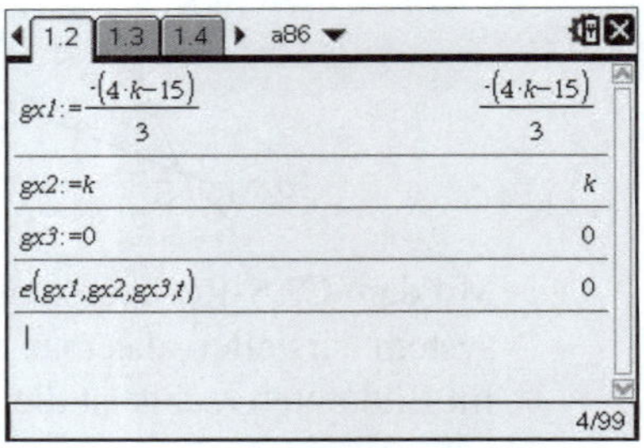


**87.** $\overrightarrow{AB}=\begin{pmatrix}-14\\4\\6\end{pmatrix}$; $\overrightarrow{AC}=\begin{pmatrix}3\\5\\3\end{pmatrix}$; $\overrightarrow{BC}=\begin{pmatrix}17\\1\\-3\end{pmatrix}$

a) $\cos\sphericalangle(g_{AB}, g_{AC})=\frac{|\overrightarrow{AB}\cdot\overrightarrow{AC}|}{|\overrightarrow{AB}|\cdot|\overrightarrow{AC}|}=\frac{4}{\sqrt{248}\cdot\sqrt{43}} \quad\Rightarrow\quad$ $\boldsymbol{\sphericalangle(g_{AB}, g_{AC})\approx 87{,}78°}$

$\cos\sphericalangle(g_{AB}, g_{BC})=\frac{|\overrightarrow{AB}\cdot\overrightarrow{BC}|}{|\overrightarrow{AB}|\cdot|\overrightarrow{BC}|}=\frac{252}{\sqrt{248}\cdot\sqrt{299}} \quad\Rightarrow\quad$ $\boldsymbol{\sphericalangle(g_{AB}, g_{BC})\approx 22{,}27°}$

$\cos\sphericalangle(g_{AC}, g_{BC})=\frac{|\overrightarrow{AC}\cdot\overrightarrow{BC}|}{|\overrightarrow{AC}|\cdot|\overrightarrow{BC}|}=\frac{47}{\sqrt{43}\cdot\sqrt{299}} \quad\Rightarrow\quad$ $\boldsymbol{\sphericalangle(g_{AC}, g_{BC})\approx 65{,}51°}$

Im CAS-Rechner werden zunächst die einzelnen Vektoren definiert, um die Eingabe bei der Winkelberechnung zu vereinfachen (Bild links). Bei der Lösung mit dem CAS-Rechner ist darauf zu achten, dass man im Gradmaß und nicht im Bogenmaß rechnet.

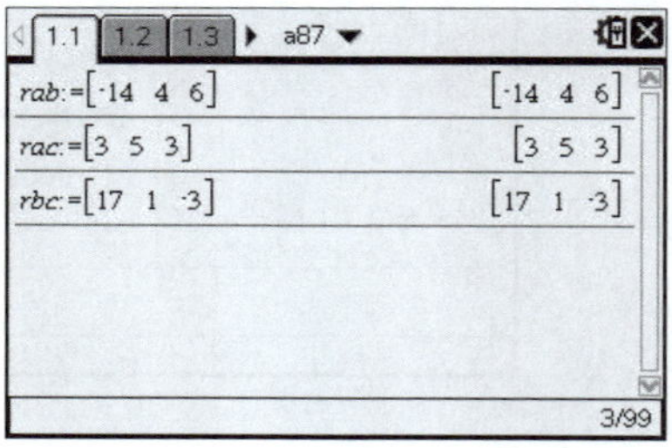


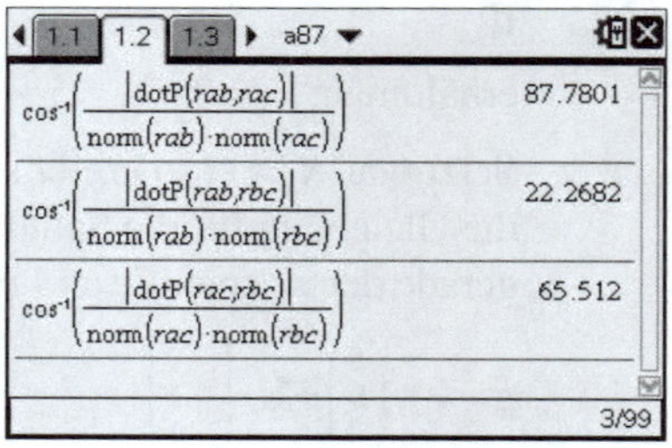

b) $\cos\alpha = \dfrac{\overrightarrow{AB}\cdot\overrightarrow{AC}}{|\overrightarrow{AB}|\cdot|\overrightarrow{AC}|} = \dfrac{-4}{\sqrt{248}\cdot\sqrt{43}} \quad \Rightarrow \quad \boldsymbol{\alpha \approx 92{,}22°}$

$\cos\beta = \dfrac{\overrightarrow{BA}\cdot\overrightarrow{BC}}{|\overrightarrow{BA}|\cdot|\overrightarrow{BC}|} = \dfrac{(-\overrightarrow{AB})\cdot\overrightarrow{BC}}{|\overrightarrow{AB}|\cdot|\overrightarrow{BC}|} = \dfrac{252}{\sqrt{248}\cdot\sqrt{299}} \quad \Rightarrow \quad \boldsymbol{\beta \approx 22{,}27°}$

$\cos\gamma = \dfrac{\overrightarrow{CA}\cdot\overrightarrow{CB}}{|\overrightarrow{CA}|\cdot|\overrightarrow{CB}|} = \dfrac{(-\overrightarrow{AC})\cdot(-\overrightarrow{BC})}{|\overrightarrow{AC}|\cdot|\overrightarrow{BC}|} = \dfrac{47}{\sqrt{43}\cdot\sqrt{299}} \quad \Rightarrow \quad \boldsymbol{\gamma \approx 65{,}51°}$

*Anmerkung:* Durch Rundung der Ergebnisse kann es sein, dass die Summe der berechneten Innenwinkel des Dreiecks ABC nicht genau 180° beträgt.

Bei der Lösung mit dem CAS-Rechner ist wieder darauf zu achten, dass man im Gradmaß und nicht im Bogenmaß rechnet.

Die vierte Zeile im Bild rechts beweist, dass die Summe der berechneten Winkel identisch ist mit der Innenwinkelsumme eines Dreiecks.

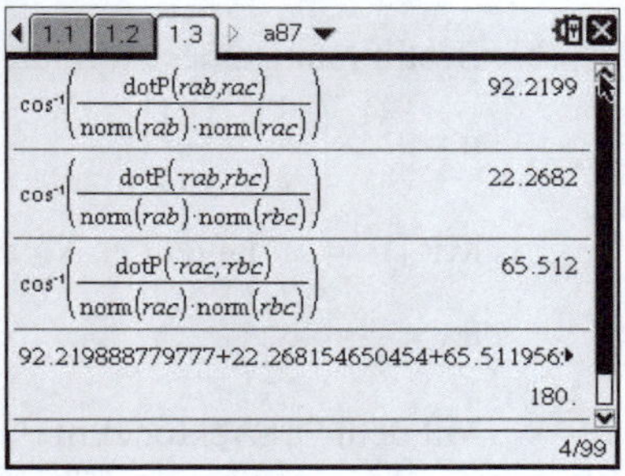


**88.** a) $\vec{n}_1 = \begin{pmatrix} 4 \\ -1 \\ -2 \end{pmatrix}$; $\vec{n}_2 = \begin{pmatrix} 1 \\ 5 \\ 1 \end{pmatrix} \times \begin{pmatrix} -2 \\ 1 \\ 1 \end{pmatrix} = \begin{pmatrix} 4 \\ -3 \\ 11 \end{pmatrix}$

$\cos\varphi = \dfrac{|\vec{n}_1\cdot\vec{n}_2|}{|\vec{n}_1|\cdot|\vec{n}_2|} = \dfrac{3}{\sqrt{21}\cdot\sqrt{146}}$

$\Rightarrow \quad \boldsymbol{\varphi \approx 86{,}9°}$

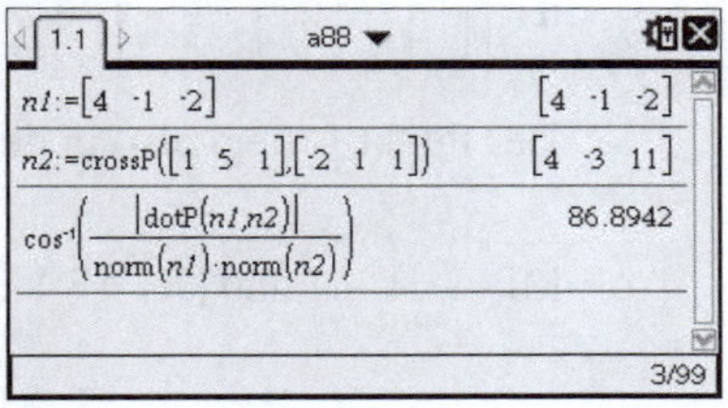


b) $\vec{n}_1 = \begin{pmatrix} 4 \\ -1 \\ -2 \end{pmatrix}$; $\vec{n}_2 = \begin{pmatrix} 2 \\ -1 \\ -1 \end{pmatrix}$

$\cos\varphi = \dfrac{|\vec{n}_1\cdot\vec{n}_2|}{|\vec{n}_1|\cdot|\vec{n}_2|} = \dfrac{11}{\sqrt{21}\cdot\sqrt{6}} \quad \Rightarrow \quad \boldsymbol{\varphi \approx 11{,}5°}$

**89.** Richtungsvektor von g:

$\vec{r}_g = \overrightarrow{AB} = \begin{pmatrix} -8 \\ -1 \\ 5 \end{pmatrix}$

Normalenvektor von E: $\vec{n} = \begin{pmatrix} 4 \\ -3 \\ 1 \end{pmatrix}$

$\sin\varphi = \dfrac{|\vec{r}_g\cdot\vec{n}|}{|\vec{r}_g|\cdot|\vec{n}|} = \dfrac{24}{\sqrt{90}\cdot\sqrt{26}}$

$\Rightarrow \quad \boldsymbol{\varphi \approx 29{,}7°}$

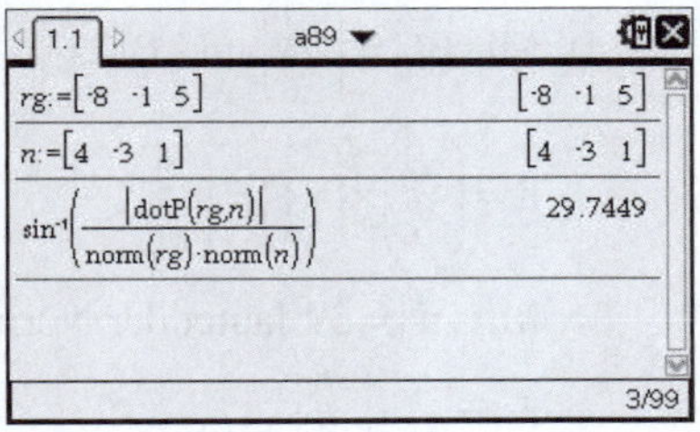

**90.** a) $P(0|9|0)$ ist ein Punkt der Ebene E und $\vec{n} = \begin{pmatrix} 4 \\ 2 \\ -4 \end{pmatrix}$ ein Normalenvektor mit der Länge $|\vec{n}| = \sqrt{16+4+16} = 6$.

Der Normaleneinheitsvektor lautet damit:

$$\vec{n}_0 = \frac{1}{6} \cdot \begin{pmatrix} 4 \\ 2 \\ -4 \end{pmatrix}$$

Der Abstand d des Punktes A von der Ebene E beträgt:

$$\mathbf{d} = \left| \left( \begin{pmatrix} 5 \\ 1 \\ 2 \end{pmatrix} - \begin{pmatrix} 0 \\ 9 \\ 0 \end{pmatrix} \right) \cdot \frac{1}{6} \begin{pmatrix} 4 \\ 2 \\ -4 \end{pmatrix} \right| = \frac{1}{6} \cdot \left| \begin{pmatrix} 5 \\ -8 \\ 2 \end{pmatrix} \cdot \begin{pmatrix} 4 \\ 2 \\ -4 \end{pmatrix} \right| = \frac{1}{6} \cdot |-4| = \mathbf{\frac{2}{3}}$$

b) Bestimmung eines Normalenvektors von E:

$$\vec{n} = \begin{pmatrix} 2 \\ 7 \\ 8 \end{pmatrix} \times \begin{pmatrix} -2 \\ 4 \\ 3 \end{pmatrix} = \begin{pmatrix} -11 \\ -22 \\ 22 \end{pmatrix}$$

Mit $|\vec{n}| = 33$ lautet der Normaleneinheitsvektor:

$$\vec{n}_0 = \frac{1}{33} \cdot \begin{pmatrix} -11 \\ -22 \\ 22 \end{pmatrix}$$

Mit dem Ortsvektor zum Punkt A und dem Stützvektor der Ebene E aus der Parameterform erhält man den gesuchten Abstand:

$$\mathbf{d} = \left| \left( \begin{pmatrix} 5 \\ 1 \\ 2 \end{pmatrix} - \begin{pmatrix} 1 \\ 2 \\ 1 \end{pmatrix} \right) \cdot \frac{1}{33} \begin{pmatrix} -11 \\ -22 \\ 22 \end{pmatrix} \right| = \frac{1}{33} \cdot \left| \begin{pmatrix} 4 \\ -1 \\ 1 \end{pmatrix} \cdot \begin{pmatrix} -11 \\ -22 \\ 22 \end{pmatrix} \right| = \frac{1}{33} \cdot 0 = \mathbf{0}$$

Der Punkt A liegt also in der Ebene E.

c) Mit $\vec{n} = \begin{pmatrix} 2 \\ -6 \\ 3 \end{pmatrix}$ und $|\vec{n}| = 7$ lautet der Normaleneinheitsvektor:

$$\vec{n}_0 = \frac{1}{7} \cdot \begin{pmatrix} 2 \\ -6 \\ 3 \end{pmatrix}$$

Damit ergibt sich der Abstand des Punktes A von der Ebene E:

$$\mathbf{d} = \left| \left( \begin{pmatrix} 5 \\ 1 \\ 2 \end{pmatrix} - \begin{pmatrix} 1 \\ 1 \\ -2 \end{pmatrix} \right) \cdot \frac{1}{7} \begin{pmatrix} 2 \\ -6 \\ 3 \end{pmatrix} \right| = \frac{1}{7} \cdot \left| \begin{pmatrix} 4 \\ 0 \\ 4 \end{pmatrix} \cdot \begin{pmatrix} 2 \\ -6 \\ 3 \end{pmatrix} \right| = \frac{1}{7} \cdot 20 = \mathbf{\frac{20}{7}}$$

d) Mit $\overrightarrow{BC} = \begin{pmatrix} -1 \\ -4 \\ 6 \end{pmatrix}$ und $\overrightarrow{BD} = \begin{pmatrix} 2 \\ -4 \\ -3 \end{pmatrix}$ als Spannvektoren erhält man:

$$\vec{n} = \begin{pmatrix} -1 \\ -4 \\ 6 \end{pmatrix} \times \begin{pmatrix} 2 \\ -4 \\ -3 \end{pmatrix} = \begin{pmatrix} 36 \\ 9 \\ 12 \end{pmatrix}$$

Mit $|\vec{n}| = 39$ lautet der Normaleneinheitsvektor:

$$\vec{n}_0 = \frac{1}{39} \cdot \begin{pmatrix} 36 \\ 9 \\ 12 \end{pmatrix}$$

Mithilfe des Ortsvektors zum Punkt B als Punkt der Ebene E erhält man den Abstand des Punktes A zur Ebene:

$$\mathbf{d} = \left| \left( \begin{pmatrix} 5 \\ 1 \\ 2 \end{pmatrix} - \begin{pmatrix} 7 \\ 3 \\ 3 \end{pmatrix} \right) \cdot \frac{1}{39} \begin{pmatrix} 36 \\ 9 \\ 12 \end{pmatrix} \right| = \frac{1}{39} \cdot \left| \begin{pmatrix} -2 \\ -2 \\ -1 \end{pmatrix} \cdot \begin{pmatrix} 36 \\ 9 \\ 12 \end{pmatrix} \right| = \frac{1}{39} \cdot |-102| = \mathbf{\frac{34}{13}}$$

Exemplarisch wird die Lösung von Teilaufgabe d auch mit dem CAS-Rechner gezeigt.

Um die Vektoren $\overrightarrow{BC}$ und $\overrightarrow{BD}$ zu berechnen, werden zunächst die Ortsvektoren zu den einzelnen Punkten definiert.

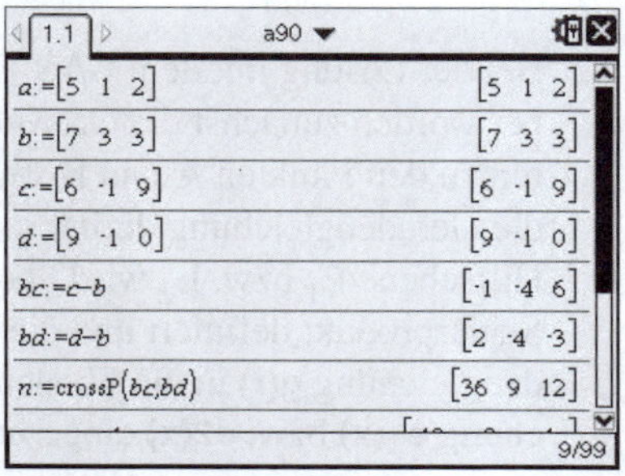


Die Hesse'sche Normalenform der Ebene E wird weder bei den handschriftlichen noch bei den CAS-Lösungen explizit angegeben. Sie findet sich aber etwas versteckt in der Formel für die Abstandsberechnung wieder.

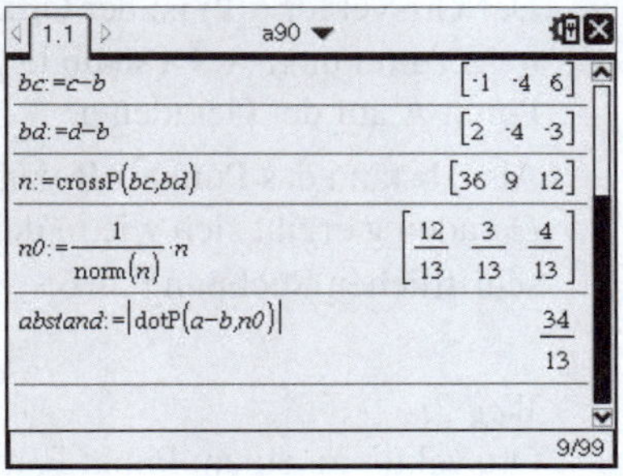


**91.** *Weg 1:*

Hilfsebene $E_1$, die orthogonal zur Geraden g verläuft und A enthält:

$$E_1: \left( \vec{x} - \begin{pmatrix} 5 \\ 2 \\ 4 \end{pmatrix} \right) \cdot \begin{pmatrix} 2 \\ -1 \\ 3 \end{pmatrix} = 0 \quad \Leftrightarrow \quad 2(x_1 - 5) - (x_2 - 2) + 3(x_3 - 4) = 0$$

$$\Leftrightarrow \quad 2x_1 - x_2 + 3x_3 = 20$$

Schnitt der Ebene $E_1$ mit der Geraden g:

$2 \cdot (1 + 2r) - (4 - r) + 3 \cdot (-2 + 3r) = 20 \quad \Leftrightarrow \quad 14r = 28 \quad \Leftrightarrow \quad r = 2$

Den Schnittpunkt S erhält man durch Einsetzen von $r = 2$ in die Geradengleichung von g: $S(5 \mid 2 \mid 4)$

Der Schnittpunkt entspricht dem Punkt A, d. h., **A liegt auf der Geraden** (und besitzt damit den Abstand $\mathbf{d = 0}$ von g).

Analog bestimmt man eine Hilfsebene $E_2$, die den Punkt B enthält:

$$E_2: \left( \vec{x} - \begin{pmatrix} 5 \\ -6 \\ 6 \end{pmatrix} \right) \cdot \begin{pmatrix} 2 \\ -1 \\ 3 \end{pmatrix} = 0 \quad \Leftrightarrow \quad 2(x_1 - 5) - (x_2 + 6) + 3(x_3 - 6) = 0$$

$$\Leftrightarrow \quad 2x_1 - x_2 + 3x_3 = 34$$

Schnitt der Ebene $E_2$ mit der Geraden g:

$2 \cdot (1+2r) - (4-r) + 3 \cdot (-2+3r) = 34 \quad \Leftrightarrow \quad 14r = 42 \quad \Leftrightarrow \quad r = 3$

Als Schnittpunkt erhält man S(7 | 1 | 7) und für den Abstand:

$$\mathbf{d} = |\overrightarrow{BS}| = \left|\begin{pmatrix} 2 \\ 7 \\ 1 \end{pmatrix}\right| = \sqrt{54} = 3\sqrt{6}$$

Bei der Lösung mit dem CAS-Rechner werden zunächst die Ortsvektoren zu den Punkten A und B sowie die Geradengleichung definiert. Die Hilfsebene $E_1$ bzw. $E_2$ wird über das Skalarprodukt definiert und die Geradengleichung **g(r)** in die Ebenengleichung **e1(x)** bzw. **e2(x)** eingesetzt.

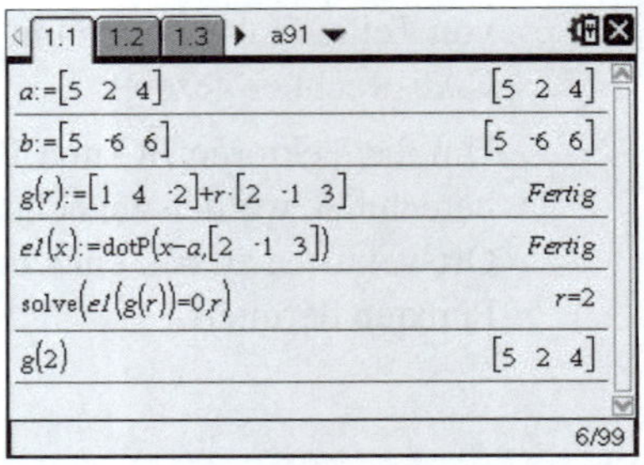


Der Ortsvektor **g(2)** ist der Ortsvektor **a** zum Punkt A. Deshalb liegt der Punkt A auf der Geraden g.

Als Abstand des Punktes B von der Geraden g ergibt sich wie in der schriftlichen Rechnung $3\sqrt{6}$.

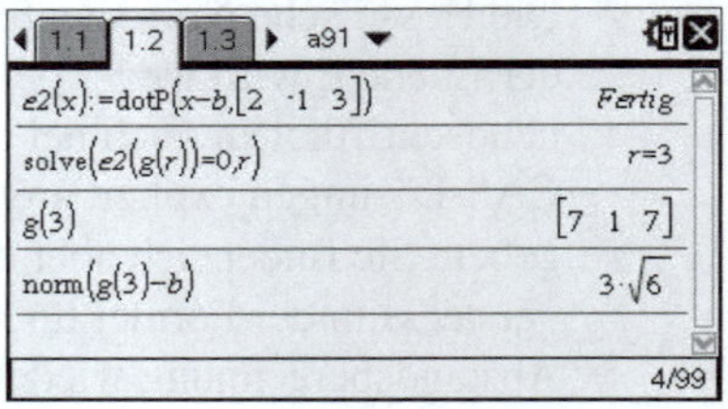


*Weg 2:*

Ortsvektor zu einem Punkt F auf der Geraden g:

$$\vec{f} = \begin{pmatrix} 1 \\ 4 \\ -2 \end{pmatrix} + r \cdot \begin{pmatrix} 2 \\ -1 \\ 3 \end{pmatrix}$$

Verbindungsvektor vom Punkt A zum Punkt F:

$$\overrightarrow{AF} = \vec{f} - \vec{a} = \begin{pmatrix} 1 \\ 4 \\ -2 \end{pmatrix} + r \cdot \begin{pmatrix} 2 \\ -1 \\ 3 \end{pmatrix} - \begin{pmatrix} 5 \\ 2 \\ 4 \end{pmatrix} = \begin{pmatrix} 2r-4 \\ -r+2 \\ 3r-6 \end{pmatrix}$$

Daraus ergibt sich als Zielfunktion:

$q(r) = d(r)^2 = |\overrightarrow{AF}|^2 = (2r-4)^2 + (-r+2)^2 + (3r-6)^2 = 14r^2 - 56r + 56$

Nullstelle der ersten Ableitung der Zielfunktion:

$q'(r) = 0 \quad \Leftrightarrow \quad 28r - 56 = 0 \quad \Leftrightarrow \quad r = 2$

Wegen $q''(2) = 28 > 0$ ist bei $r = 2$ tatsächlich ein Minimum.

Da $\mathbf{d} = d(2) = \sqrt{q(2)} = \mathbf{0}$ ist, **liegt der Punkt A auf der Geraden g**.

Verbindungsvektor vom Punkt B zum Punkt F:

$$\overrightarrow{BF} = \vec{f} - \vec{b} = \begin{pmatrix} 1 \\ 4 \\ -2 \end{pmatrix} + r \cdot \begin{pmatrix} 2 \\ -1 \\ 3 \end{pmatrix} - \begin{pmatrix} 5 \\ -6 \\ 6 \end{pmatrix} = \begin{pmatrix} 2r-4 \\ -r+10 \\ 3r-8 \end{pmatrix}$$

Zielfunktion:

$q(r) = d(r)^2 = |\overrightarrow{BF}|^2 = (2r-4)^2 + (-r+10)^2 + (3r-8)^2 = 14r^2 - 84r + 180$

Minimum:

$q'(r) = 0 \quad \Leftrightarrow \quad 28r - 84 = 0 \quad \Leftrightarrow \quad r = 3$

$q''(3) = 28 > 0 \quad \Rightarrow \quad \text{Minimum}$

Abstand des Punktes B von der Geraden g:

$\mathbf{d} = d(3) = \sqrt{q(3)} = \mathbf{\sqrt{54} = 3\sqrt{6}}$

Bei der Definition der Abstandsfunktion für A erscheint im CAS-Rechner eine Betragsfunktion. Die Nullstellen der ersten Ableitung können deshalb zunächst nicht ermittelt werden. Geht man jedoch zum Quadrat der Betragsfunktion über, so erhält man als einzigen Kandidaten eines lokalen Extremums r = 2. Wegen **d1(2) = 0** liegt der Punkt A auf der Geraden g.

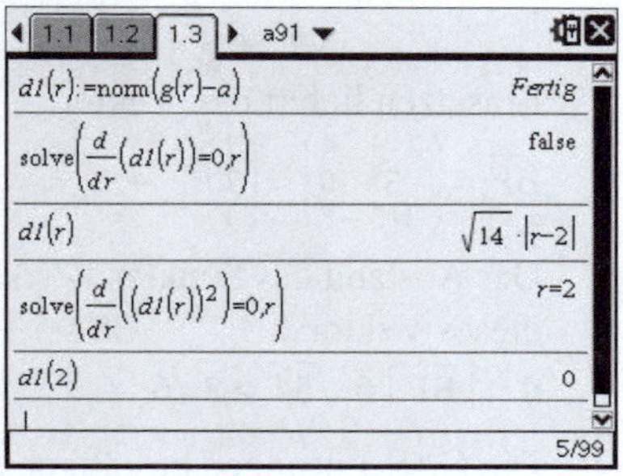


Für den Punkt B erhält man mithilfe des CAS-Rechners ebenfalls den Abstand $3\sqrt{6}$. Hier lässt sich die Nullstelle der Abstandsfunktion direkt ermitteln.

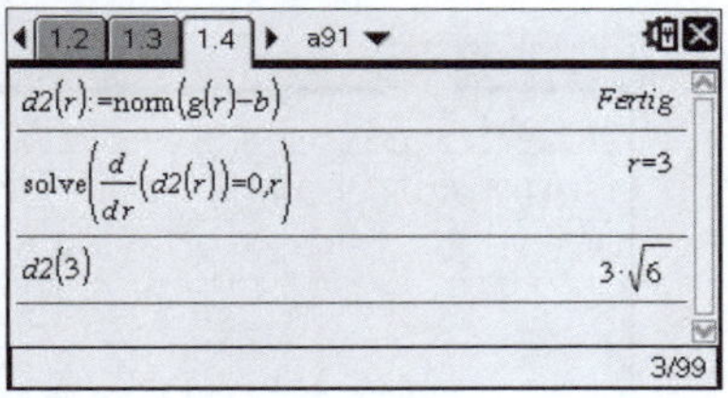


*Weg 3:*

Analog zu dem vorherigen Lösungsweg erhält man als Verbindungsvektor vom Punkt A zum Punkt F auf der Geraden g:

$$\overrightarrow{AF} = \begin{pmatrix} 2r-4 \\ -r+2 \\ 3r-6 \end{pmatrix}$$

Nun wird r so bestimmt, dass der Vektor $\overrightarrow{AF}$ senkrecht auf dem Richtungsvektor $\vec{r}_g$ der Geraden g steht:

$$\begin{aligned} \overrightarrow{AF} \cdot \vec{r}_g = 0 \quad &\Leftrightarrow \quad \begin{pmatrix} 2r-4 \\ -r+2 \\ 3r-6 \end{pmatrix} \cdot \begin{pmatrix} 2 \\ -1 \\ 3 \end{pmatrix} = 0 \\ &\Leftrightarrow \quad (2r-4)\cdot 2 + (-r+2)\cdot(-1) + (3r-6)\cdot 3 = 0 \\ &\Leftrightarrow \quad 14r - 28 = 0 \\ &\Leftrightarrow \quad r = 2 \end{aligned}$$

Damit erhält man für den Vektor $\overrightarrow{AF}$:

$$\overrightarrow{AF} = \begin{pmatrix} 2\cdot 2-4 \\ -2+2 \\ 3\cdot 2-6 \end{pmatrix} = \begin{pmatrix} 0 \\ 0 \\ 0 \end{pmatrix}$$

Die Punkte A und F sind also identisch, d. h., **A liegt auf der Geraden g** (und besitzt damit den Abstand $\mathbf{d = 0}$ von g).

Analog bestimmt man den Wert von r für den Verbindungsvektor $\overrightarrow{BF}$ aus dem vorherigen Lösungsweg:

$$\overrightarrow{BF} \cdot \vec{r}_g = 0 \iff \begin{pmatrix} 2r-4 \\ -r+10 \\ 3r-8 \end{pmatrix} \cdot \begin{pmatrix} 2 \\ -1 \\ 3 \end{pmatrix} = 0$$

$$\iff (2r-4)\cdot 2 + (-r+10)\cdot(-1) + (3r-8)\cdot 3 = 0$$

$$\iff 14r - 42 = 0$$

$$\iff r = 3$$

Einsetzen liefert den Vektor:

$$\overrightarrow{BF} = \begin{pmatrix} 2\cdot 3-4 \\ -3+10 \\ 3\cdot 3-8 \end{pmatrix} = \begin{pmatrix} 2 \\ 7 \\ 1 \end{pmatrix}$$

Der Abstand des Punktes B von der Geraden g ergibt sich dann aus der Länge dieses Vektors:

$$\mathbf{d} = |\overrightarrow{BF}| \mathbf{= \sqrt{54} = 3\sqrt{6}}$$

Die CAS-Lösungen bestätigen auch mithilfe des Skalarproduktes, dass der Punkt A auf der Geraden g liegt und der Punkt B den Abstand $3\sqrt{6}$ hat:

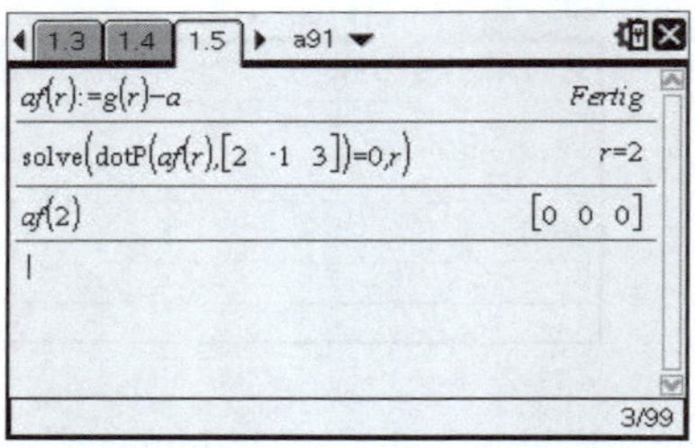


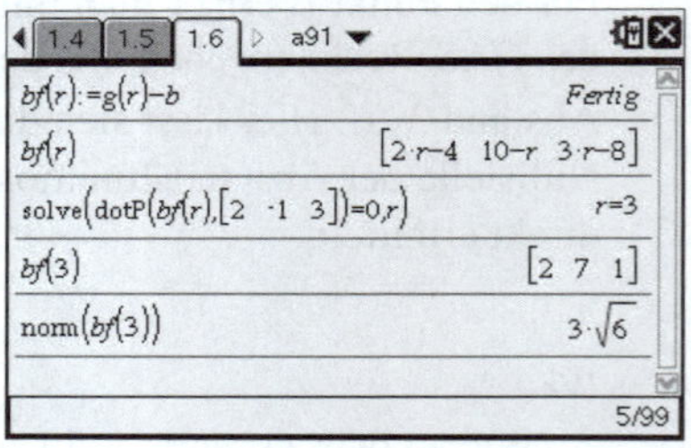


**92.** a) Bestimmung eines Normalenvektors von $E_2$:

$$\vec{n}_2 = \begin{pmatrix} 6 \\ 1 \\ 4 \end{pmatrix} \times \begin{pmatrix} 0 \\ 3 \\ 3 \end{pmatrix} = \begin{pmatrix} -9 \\ -18 \\ 18 \end{pmatrix} = 9 \cdot \begin{pmatrix} -1 \\ -2 \\ 2 \end{pmatrix}$$

Mit $|\vec{n}_2| = 27$ lautet die Hesse'sche Normalenform der Ebene $E_2$:

$$E_2\colon \left(\vec{x} - \begin{pmatrix} 6 \\ 4 \\ 1 \end{pmatrix}\right) \cdot \frac{1}{3}\begin{pmatrix} -1 \\ -2 \\ 2 \end{pmatrix} = 0$$

Um zu überprüfen, ob die beiden Ebenen parallel sind, prüft man, ob der Normalenvektor von $E_2$ auch orthogonal zu den Spannvektoren von $E_1$ ist:

$$\begin{pmatrix} 4 \\ 2 \\ 4 \end{pmatrix} \cdot \begin{pmatrix} -1 \\ -2 \\ 2 \end{pmatrix} = -4-4+8 = 0 \text{ bzw. } \begin{pmatrix} -2 \\ 3 \\ 2 \end{pmatrix} \cdot \begin{pmatrix} -1 \\ -2 \\ 2 \end{pmatrix} = 2-6+4 = 0$$

Einsetzen eines Punktes von $E_1$ in die Hesse'sche Normalenform von $E_2$ liefert den Abstand der beiden Ebenen:

$$\mathbf{d} = \left| \left( \begin{pmatrix} 0 \\ 1 \\ -2 \end{pmatrix} - \begin{pmatrix} 6 \\ 4 \\ 1 \end{pmatrix} \right) \cdot \frac{1}{3}\begin{pmatrix} -1 \\ -2 \\ 2 \end{pmatrix} \right| = \left| \begin{pmatrix} -6 \\ -3 \\ -3 \end{pmatrix} \cdot \frac{1}{3}\begin{pmatrix} -1 \\ -2 \\ 2 \end{pmatrix} \right| = \frac{1}{3} \cdot 6 \mathbf{= 2}$$

Exemplarisch wird die Lösung von Teilaufgabe a auch mit dem CAS-Rechner gezeigt.

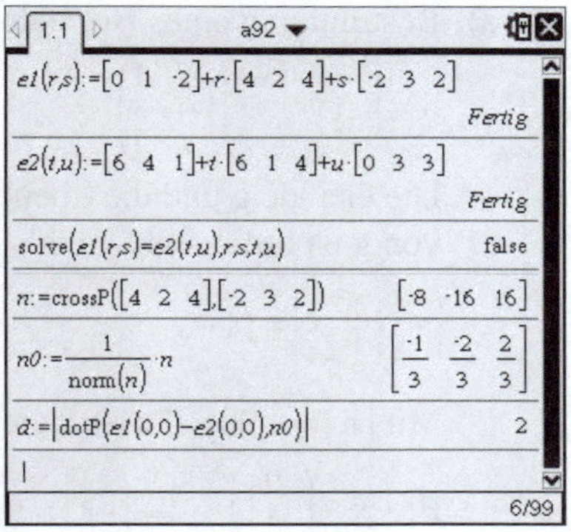


Das Gleichsetzen der beiden Ebenengleichungen führt zur Ausgabe **false**, was bedeutet, dass sich die Ebenen nicht schneiden, sie also parallel zueinander liegen.

Durch **e1(0,0)** erhält man einen Ortsvektor zu einem Punkt der Ebene $E_1$, entsprechend errechnet man einen Ortsvektor zu einem Punkt der Ebene $E_2$.

b) Die Normalenvektoren $\vec{n}_1 = \begin{pmatrix} 4 \\ -3 \\ 0 \end{pmatrix}$ und $\vec{n}_2 = \begin{pmatrix} -8 \\ 6 \\ 0 \end{pmatrix}$ der beiden Ebenen sind linear abhängig ($\vec{n}_2 = -2 \cdot \vec{n}_1$), daher sind die beiden Ebenen parallel.

Mithilfe des Punktes $P(0\,|\,2\,|\,0)$ der Ebene $E_2$ und $|\vec{n}_2| = \sqrt{64+36} = 10$ lautet ihre Hesse'sche Normalenform:

$$E_2\colon \left(\vec{x} - \begin{pmatrix} 0 \\ 2 \\ 0 \end{pmatrix}\right) \cdot \frac{1}{10} \begin{pmatrix} -8 \\ 6 \\ 0 \end{pmatrix} = 0$$

Einsetzen des Punktes $Q(1\,|\,1\,|\,0)$ der Ebene $E_1$ liefert den Abstand:

$$\mathbf{d} = \left| \left( \begin{pmatrix} 1 \\ 1 \\ 0 \end{pmatrix} - \begin{pmatrix} 0 \\ 2 \\ 0 \end{pmatrix} \right) \cdot \frac{1}{10} \begin{pmatrix} -8 \\ 6 \\ 0 \end{pmatrix} \right| = \frac{1}{10} \cdot \left| \begin{pmatrix} 1 \\ -1 \\ 0 \end{pmatrix} \cdot \begin{pmatrix} -8 \\ 6 \\ 0 \end{pmatrix} \right| = \frac{1}{10} \cdot |-14| = \mathbf{\frac{7}{5}}$$

c) Bestimmung des Normalenvektors von $E_2$:

$$\vec{n}_2 = \begin{pmatrix} 3 \\ 1 \\ 4 \end{pmatrix} \times \begin{pmatrix} 0 \\ 4 \\ 8 \end{pmatrix} = \begin{pmatrix} -8 \\ -24 \\ 12 \end{pmatrix}$$

Dieser Normalenvektor ist linear abhängig vom Normalenvektor $\vec{n}_1 = \begin{pmatrix} -2 \\ -6 \\ 3 \end{pmatrix}$ der Ebene $E_1$ ($\vec{n}_2 = 4 \cdot \vec{n}_1$); daher sind die beiden Ebenen parallel.

Die Hesse'sche Normalenform der Ebene $E_2$ lautet:

$$E_2\colon \left(\vec{x} - \begin{pmatrix} 6 \\ 4 \\ 1 \end{pmatrix}\right) \cdot \frac{1}{28} \begin{pmatrix} -8 \\ -24 \\ 12 \end{pmatrix} = 0$$

Einsetzen des Punktes $P(0\,|\,1\,|\,2)$ der Ebene $E_1$ liefert den Abstand:

$$\mathbf{d} = \left| \left( \begin{pmatrix} 0 \\ 1 \\ 2 \end{pmatrix} - \begin{pmatrix} 6 \\ 4 \\ 1 \end{pmatrix} \right) \cdot \frac{1}{28} \begin{pmatrix} -8 \\ -24 \\ 12 \end{pmatrix} \right| = \frac{1}{28} \cdot \left| \begin{pmatrix} -6 \\ -3 \\ 1 \end{pmatrix} \cdot \begin{pmatrix} -8 \\ -24 \\ 12 \end{pmatrix} \right| = \frac{132}{28} = \mathbf{\frac{33}{7}}$$

**93.** a) Bestimmung eines Normalenvektors von E:

$$\vec{n} = \begin{pmatrix} 3 \\ 1 \\ -1 \end{pmatrix} \times \begin{pmatrix} -1 \\ -2 \\ 3 \end{pmatrix} = \begin{pmatrix} 1 \\ -8 \\ -5 \end{pmatrix}$$

Die Gerade g und die Ebene E sind parallel, denn der Richtungsvektor von g ist orthogonal zu $\vec{n}$:

$$\begin{pmatrix} 1 \\ -3 \\ 5 \end{pmatrix} \cdot \begin{pmatrix} 1 \\ -8 \\ -5 \end{pmatrix} = 0$$

Mit $|\vec{n}| = \sqrt{90} = 3\sqrt{10}$ lautet die Hesse'sche Normalenform der Ebene:

$$E: \left(\vec{x} - \begin{pmatrix} 0 \\ 1 \\ -2 \end{pmatrix}\right) \cdot \frac{1}{3\sqrt{10}} \begin{pmatrix} 1 \\ -8 \\ -5 \end{pmatrix} = 0$$

Einsetzen des Stützpunktes von g liefert hieraus den Abstand zwischen Gerade und Ebene:

$$\mathbf{d} = \left| \left( \begin{pmatrix} -4 \\ -1 \\ 0 \end{pmatrix} - \begin{pmatrix} 0 \\ 1 \\ -2 \end{pmatrix} \right) \cdot \frac{1}{3\sqrt{10}} \begin{pmatrix} 1 \\ -8 \\ -5 \end{pmatrix} \right| = \frac{1}{3\sqrt{10}} \cdot \left| \begin{pmatrix} -4 \\ -2 \\ 2 \end{pmatrix} \cdot \begin{pmatrix} 1 \\ -8 \\ -5 \end{pmatrix} \right| = \frac{1}{3\sqrt{10}} \cdot |2| = \mathbf{\frac{1}{15}\sqrt{10}}$$

Bei der Lösung mit dem CAS-Rechner setzt man die Geraden- und die Ebenengleichung gleich und erhält keine Lösung. Das bedeutet, dass die Gerade parallel zur Ebene verläuft, da es keinen Schnittpunkt dieser beiden Objekte gibt. Nach der Definition des Normaleneinheitsvektors berechnet sich der Abstand entsprechend der bekannten Formel.

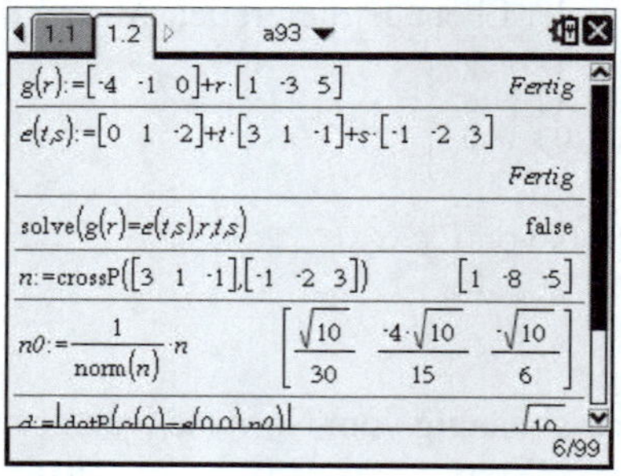


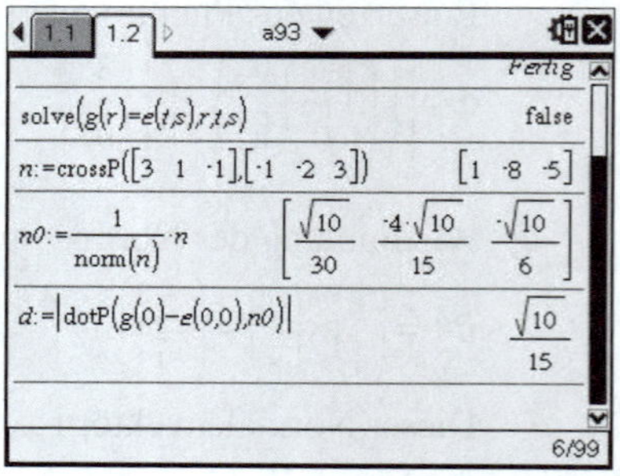


b) Die Gerade g und die Ebene E sind parallel, denn der Richtungsvektor von g ist orthogonal zum Normalenvektor $\vec{n}$ der Ebene:

$$\begin{pmatrix} 6 \\ 3 \\ 3 \end{pmatrix} \cdot \begin{pmatrix} -4 \\ 5 \\ 3 \end{pmatrix} = 0$$

Mit $|\vec{n}| = \sqrt{50} = 5\sqrt{2}$ ergibt sich als Hesse'sche Normalenform der Ebene:

$$E: \left(\vec{x} - \begin{pmatrix} 0 \\ 1 \\ 2 \end{pmatrix}\right) \cdot \frac{1}{5\sqrt{2}} \begin{pmatrix} -4 \\ 5 \\ 3 \end{pmatrix} = 0$$

Setzt man den Stützpunkt P(3 | 1 | 6) der Geraden g ein, erhält man:

$$\mathbf{d} = \left| \left( \begin{pmatrix} 3 \\ 1 \\ 6 \end{pmatrix} - \begin{pmatrix} 0 \\ 1 \\ 2 \end{pmatrix} \right) \cdot \frac{1}{5\sqrt{2}} \begin{pmatrix} -4 \\ 5 \\ 3 \end{pmatrix} \right| = \frac{1}{5\sqrt{2}} \cdot \left| \begin{pmatrix} 3 \\ 0 \\ 4 \end{pmatrix} \cdot \begin{pmatrix} -4 \\ 5 \\ 3 \end{pmatrix} \right| = \frac{1}{5\sqrt{2}} \cdot 0 = \mathbf{0}$$

Die Gerade g liegt somit in der Ebene E.

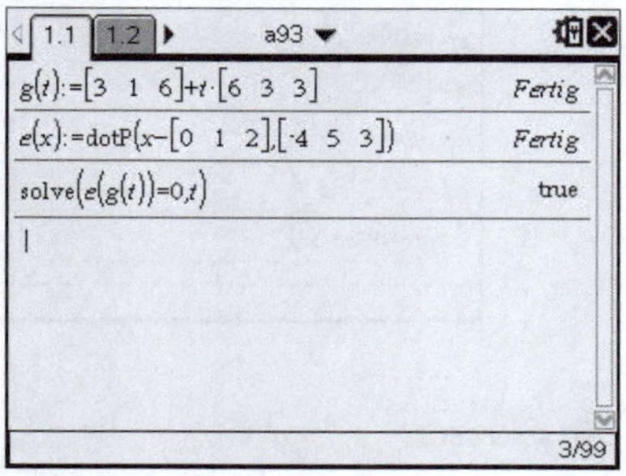


Bei der Lösung mit dem CAS-Rechner sieht man sofort, dass die Gerade g in der Ebene E liegt, denn die Gleichung wird mit der Meldung **true** gelöst. Das bedeutet, dass unabhängig von der Wahl von t jeder Ortsvektor zu einem Punkt der Geraden g zeigt, der auch in der Ebene E liegt. Dadurch, dass die Gerade g in der Ebene E enthalten ist, ist die Gerade g gleichzeitig auch parallel zur Ebene E (nur nicht echt parallel). Der Abstand beträgt dementsprechend 0, sodass sich hier eine Abstandsberechnung erübrigt.

**94.** a) Zunächst wird ein Einheitsvektor bestimmt, der orthogonal zu den Richtungsvektoren der beiden Geraden steht:

$$\vec{n} = \begin{pmatrix} 4 \\ 3 \\ 3 \end{pmatrix} \times \begin{pmatrix} 0 \\ -3 \\ -1 \end{pmatrix} = \begin{pmatrix} 6 \\ 4 \\ -12 \end{pmatrix}; \quad |\vec{n}| = \frac{1}{14}; \quad \vec{n}_0 = \frac{1}{14} \cdot \begin{pmatrix} 6 \\ 4 \\ -12 \end{pmatrix} = \frac{1}{7} \cdot \begin{pmatrix} 3 \\ 2 \\ -6 \end{pmatrix}$$

$$\mathbf{d} = \left| \left( \begin{pmatrix} -1 \\ -3 \\ 5 \end{pmatrix} - \begin{pmatrix} -4 \\ -3 \\ 3 \end{pmatrix} \right) \cdot \vec{n}_0 \right| = \frac{1}{7} \cdot \left| \begin{pmatrix} 3 \\ 0 \\ 2 \end{pmatrix} \cdot \begin{pmatrix} 3 \\ 2 \\ -6 \end{pmatrix} \right| = \mathbf{\frac{3}{7}}$$

b) Wie in Teilaufgabe a erhält man:

$$\vec{n} = \begin{pmatrix} 4 \\ 6 \\ -1 \end{pmatrix} \times \begin{pmatrix} -1 \\ 8 \\ 5 \end{pmatrix} = \begin{pmatrix} 38 \\ -19 \\ 38 \end{pmatrix}; \quad |\vec{n}| = 57; \quad \vec{n}_0 = \frac{1}{57} \cdot \begin{pmatrix} 38 \\ -19 \\ 38 \end{pmatrix} = \frac{1}{3} \cdot \begin{pmatrix} 2 \\ -1 \\ 2 \end{pmatrix}$$

$$\mathbf{d} = \left| \left( \begin{pmatrix} -4 \\ -1 \\ 0 \end{pmatrix} - \begin{pmatrix} -9 \\ 1 \\ 6 \end{pmatrix} \right) \cdot \vec{n}_0 \right| = \frac{1}{3} \cdot \left| \begin{pmatrix} 5 \\ -2 \\ -6 \end{pmatrix} \cdot \begin{pmatrix} 2 \\ -1 \\ 2 \end{pmatrix} \right| = \mathbf{0}$$

Da sich der Abstand 0 ergibt, schneiden sich die beiden Geraden.

c) Mit den Richtungsvektoren $\overrightarrow{AB} = \begin{pmatrix} 1 \\ 4 \\ 0 \end{pmatrix}$ bzw. $\overrightarrow{CD} = \begin{pmatrix} -9 \\ 1 \\ 0 \end{pmatrix}$ ergibt sich:

$$\vec{n} = \begin{pmatrix} 1 \\ 4 \\ 0 \end{pmatrix} \times \begin{pmatrix} -9 \\ 1 \\ 0 \end{pmatrix} = \begin{pmatrix} 0 \\ 0 \\ 37 \end{pmatrix}; \quad |\vec{n}| = 37; \quad \vec{n}_0 = \frac{1}{37} \cdot \begin{pmatrix} 0 \\ 0 \\ 37 \end{pmatrix} = \begin{pmatrix} 0 \\ 0 \\ 1 \end{pmatrix}$$

$$\mathbf{d} = \left| \left( \begin{pmatrix} 3 \\ 1 \\ -4 \end{pmatrix} - \begin{pmatrix} 6 \\ -2 \\ 2 \end{pmatrix} \right) \cdot \vec{n}_0 \right| = \left| \begin{pmatrix} -3 \\ 3 \\ -6 \end{pmatrix} \cdot \begin{pmatrix} 0 \\ 0 \\ 1 \end{pmatrix} \right| = \mathbf{6}$$

Exemplarisch wird die Lösung von Teilaufgabe c auch mit dem CAS-Rechner gezeigt:

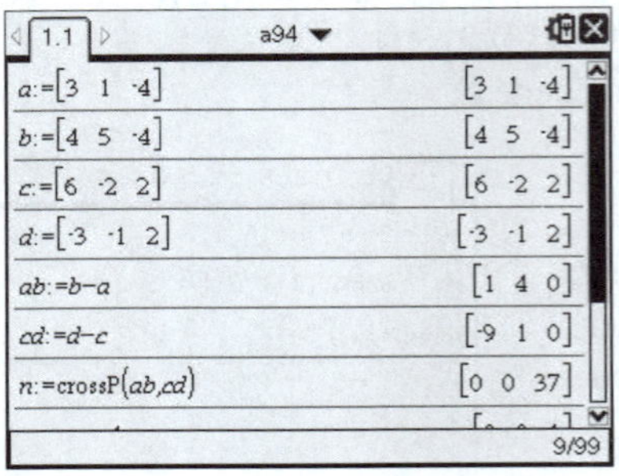


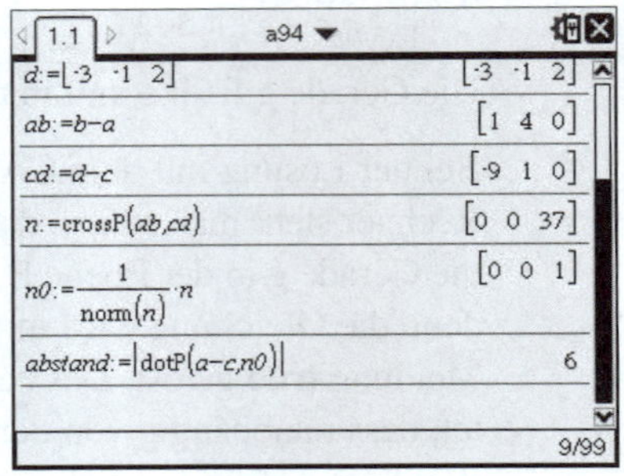


**95.** Skizze:

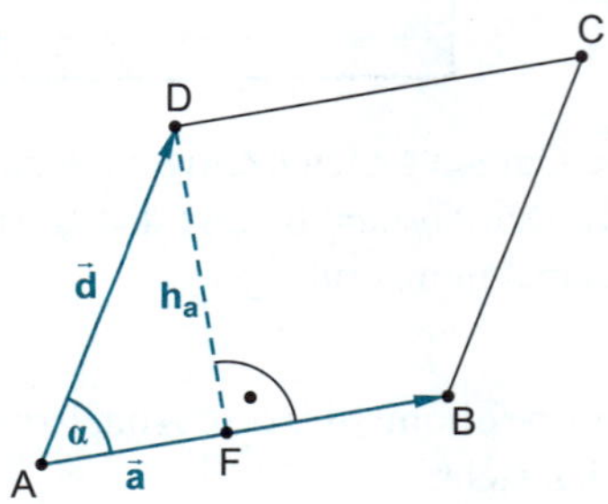


Im Parallelogramm ABCD gilt:

$\overrightarrow{AB} = \begin{pmatrix} 3 \\ 4 \\ 4 \end{pmatrix}$ und $\overrightarrow{AD} = \overrightarrow{BC} = \begin{pmatrix} -5 \\ 4 \\ 7 \end{pmatrix}$

a) Berechnung der Fläche mittels Vektorprodukt:

$$\mathbf{A_P} = |\overrightarrow{AB} \times \overrightarrow{AD}| = \left| \begin{pmatrix} 3 \\ 4 \\ 4 \end{pmatrix} \times \begin{pmatrix} -5 \\ 4 \\ 7 \end{pmatrix} \right| = \left| \begin{pmatrix} 12 \\ -41 \\ 32 \end{pmatrix} \right| = \sqrt{2\,849} \;\; \mathbf{\approx 53{,}4}$$

b) Berechnung der Fläche über die Formel $A_P = a \cdot h_a$:

$a = |\overrightarrow{AB}| = \sqrt{41}$; $d = |\overrightarrow{AD}| = \sqrt{90}$

$$\cos\alpha = \frac{\overrightarrow{AB} \cdot \overrightarrow{AD}}{|\overrightarrow{AB}| \cdot |\overrightarrow{AD}|} = \frac{-15+16+28}{\sqrt{41} \cdot \sqrt{90}} = \frac{29}{\sqrt{41} \cdot \sqrt{90}} \quad \Leftrightarrow \quad \alpha \approx 61{,}5°$$

Im rechtwinkligen Dreieck AFD gilt $h_a = d \cdot \sin\alpha \approx 8{,}34$ und daher:

$\mathbf{A_P} = a \cdot h_a \approx \sqrt{41} \cdot 8{,}34 \;\; \mathbf{\approx 53{,}4}$

**96.** $\overrightarrow{AB} = \begin{pmatrix} 4 \\ 5 \\ -1 \end{pmatrix}$; $\overrightarrow{AC} = \begin{pmatrix} 2 \\ 7 \\ 0 \end{pmatrix}$

$$\mathbf{A_D} = \frac{1}{2} \cdot |\overrightarrow{AB} \times \overrightarrow{AC}| = \frac{1}{2} \cdot \left| \begin{pmatrix} 4 \\ 5 \\ -1 \end{pmatrix} \times \begin{pmatrix} 2 \\ 7 \\ 0 \end{pmatrix} \right|$$

$$= \frac{1}{2} \cdot \left| \begin{pmatrix} 7 \\ -2 \\ 18 \end{pmatrix} \right| = \frac{1}{2}\sqrt{377} \;\; \mathbf{\approx 9{,}7}$$

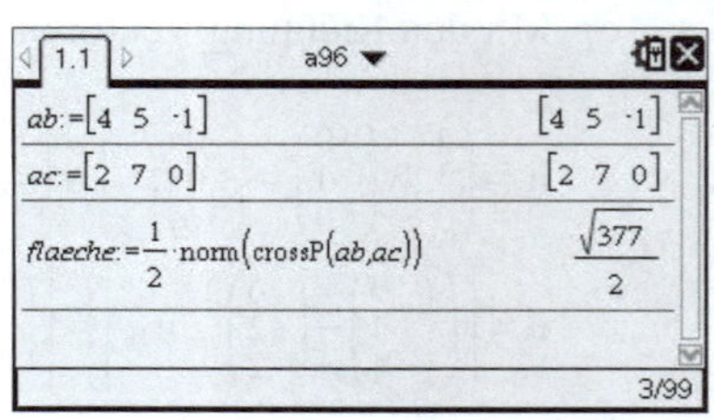

**97.** Mithilfe der Koordinatenschreibweise der Vektoren $\vec{a}$ und $\vec{b}$ erhält man:

$$\begin{aligned}
(A_P)^2 &= |\vec{a}|^2 \cdot |b|^2 - (\vec{a} \cdot \vec{b})^2 \\
&= (a_1^2 + a_2^2 + a_3^2) \cdot (b_1^2 + b_2^2 + b_3^2) - (a_1b_1 + a_2b_2 + a_3b_3)^2 \\
&= (a_1^2b_1^2 + a_2^2b_1^2 + a_3^2b_1^2 + a_1^2b_2^2 + a_2^2b_2^2 + a_3^2b_2^2 + a_1^2b_3^2 + a_2^2b_3^2 + a_3^2b_3^2) \\
&\quad -(a_1^2b_1^2 + a_2^2b_2^2 + a_3^2b_3^2 + 2a_1b_1a_2b_2 + 2a_1b_1a_3b_3 + 2a_2b_2a_3b_3) \\
&= a_2^2b_1^2 + a_3^2b_1^2 + a_1^2b_2^2 + a_3^2b_2^2 + a_1^2b_3^2 + a_2^2b_3^2 \\
&\quad -2a_1b_1a_2b_2 - 2a_1b_1a_3b_3 - 2a_2b_2a_3b_3
\end{aligned}$$

Andererseits lässt sich das Quadrat des Vektorproduktes $|\vec{a} \times \vec{b}|$ ebenfalls vereinfachen:

$$\begin{aligned}
|\vec{a} \times \vec{b}|^2 = \left| \begin{pmatrix} a_2b_3 - a_3b_2 \\ a_3b_1 - a_1b_3 \\ a_1b_2 - a_2b_1 \end{pmatrix} \right|^2 &= (a_2b_3 - a_3b_2)^2 + (a_3b_1 - a_1b_3)^2 + (a_1b_2 - a_2b_1)^2 \\
&= a_2^2b_3^2 - 2a_2b_3a_3b_2 + a_3^2b_2^2 + a_3^2b_1^2 - 2a_3b_1a_1b_3 \\
&\quad + a_1^2b_3^2 + a_1^2b_2^2 - 2a_1b_2a_2b_1 + a_2^2b_1^2
\end{aligned}$$

Vergleicht man diese beiden Terme, sieht man, dass sie bis auf die Reihenfolge der Summanden übereinstimmen. Damit ist bewiesen, dass $(A_P)^2 = |\vec{a} \times \vec{b}|^2$ und somit $A_P = |\vec{a} \times \vec{b}|$ gilt.

**98.** $$V_S = |(\vec{a} \times \vec{b}) \cdot \vec{c}| = \left| \left( \begin{pmatrix} 3 \\ 0 \\ 2 \end{pmatrix} \times \begin{pmatrix} 4 \\ 2 \\ -3 \end{pmatrix} \right) \cdot \begin{pmatrix} -4 \\ -3 \\ 1 \end{pmatrix} \right| = \left| \begin{pmatrix} -4 \\ 17 \\ 6 \end{pmatrix} \cdot \begin{pmatrix} -4 \\ -3 \\ 1 \end{pmatrix} \right| = |16 - 51 + 6| = \mathbf{29}$$

**99.** Der Spat wird durch die Vektoren $\vec{a} = \overrightarrow{AB} = \begin{pmatrix} 3 \\ 5 \\ 4 \end{pmatrix}$, $\vec{b} = \overrightarrow{AD} = \overrightarrow{BC} = \begin{pmatrix} -2 \\ 2 \\ -7 \end{pmatrix}$ und $\vec{c} = \overrightarrow{AE} = \begin{pmatrix} -5 \\ 5 \\ 5 \end{pmatrix}$ aufgespannt.

Somit ergibt sich als Volumen dieses Spats:

$$\begin{aligned}
V_S &= |(\vec{a} \times \vec{b}) \cdot \vec{c}| \\
&= \left| \left( \begin{pmatrix} 3 \\ 5 \\ 4 \end{pmatrix} \times \begin{pmatrix} -2 \\ 2 \\ -7 \end{pmatrix} \right) \cdot \begin{pmatrix} -5 \\ 5 \\ 5 \end{pmatrix} \right| \\
&= \left| \begin{pmatrix} -43 \\ 13 \\ 16 \end{pmatrix} \cdot \begin{pmatrix} -5 \\ 5 \\ 5 \end{pmatrix} \right| = \mathbf{360}
\end{aligned}$$

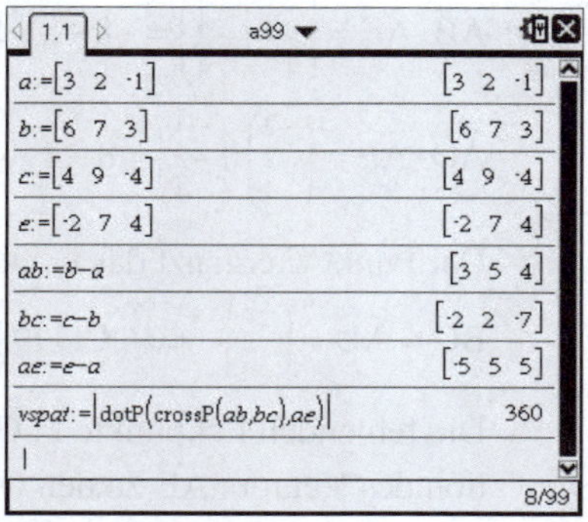

**100.** Die Pyramide wird erzeugt von $\overrightarrow{AB} = \begin{pmatrix} 4 \\ 1 \\ 2 \end{pmatrix}$, $\overrightarrow{AC} = \begin{pmatrix} 3 \\ 6 \\ 3 \end{pmatrix}$ und $\overrightarrow{AD} = \begin{pmatrix} 2 \\ 5 \\ 8 \end{pmatrix}$.

Damit ergibt sich für das Volumen:

$$V_P = \frac{1}{6} \cdot \left| (\overrightarrow{AB} \times \overrightarrow{AC}) \cdot \overrightarrow{AD} \right| = \frac{1}{6} \cdot \left| \left( \begin{pmatrix} 4 \\ 1 \\ 2 \end{pmatrix} \times \begin{pmatrix} 3 \\ 6 \\ 3 \end{pmatrix} \right) \cdot \begin{pmatrix} 2 \\ 5 \\ 8 \end{pmatrix} \right| = \frac{1}{6} \cdot \left| \begin{pmatrix} -9 \\ -6 \\ 21 \end{pmatrix} \cdot \begin{pmatrix} 2 \\ 5 \\ 8 \end{pmatrix} \right| = \frac{120}{6} = \mathbf{20}$$

**101.** Die vierseitige Pyramide wird erzeugt von $\overrightarrow{AB} = \begin{pmatrix} 4 \\ -1 \\ 1 \end{pmatrix}$, $\overrightarrow{AD} = \overrightarrow{BC} = \begin{pmatrix} -2 \\ 3 \\ 1 \end{pmatrix}$ und $\overrightarrow{AS} = \begin{pmatrix} 1 \\ 0 \\ 9 \end{pmatrix}$.

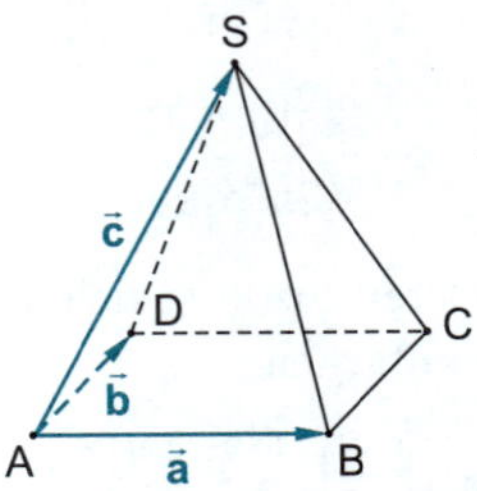


Das Volumen dieser Pyramide beträgt:

$$V_P = \frac{1}{3} \cdot \left| (\overrightarrow{AB} \times \overrightarrow{AD}) \cdot \overrightarrow{AS} \right|$$

$$= \frac{1}{3} \cdot \left| \left( \begin{pmatrix} 4 \\ -1 \\ 1 \end{pmatrix} \times \begin{pmatrix} -2 \\ 3 \\ 1 \end{pmatrix} \right) \cdot \begin{pmatrix} 1 \\ 0 \\ 9 \end{pmatrix} \right|$$

$$= \frac{1}{3} \cdot \left| \begin{pmatrix} -4 \\ -6 \\ 10 \end{pmatrix} \cdot \begin{pmatrix} 1 \\ 0 \\ 9 \end{pmatrix} \right|$$

$$= \mathbf{\frac{86}{3}}$$

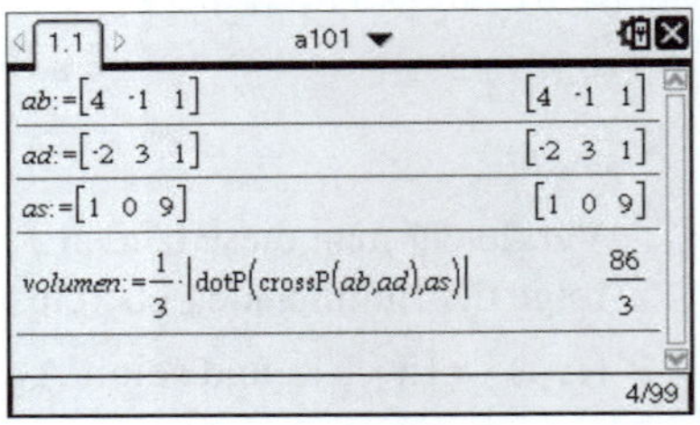


**102.** $\overrightarrow{AB} = \begin{pmatrix} 2 \\ 4 \\ 4 \end{pmatrix}$; $\overrightarrow{AD} = \begin{pmatrix} -2 \\ 2 \\ -1 \end{pmatrix}$; $\overrightarrow{AE} = \begin{pmatrix} -4 \\ -2 \\ 4 \end{pmatrix}$

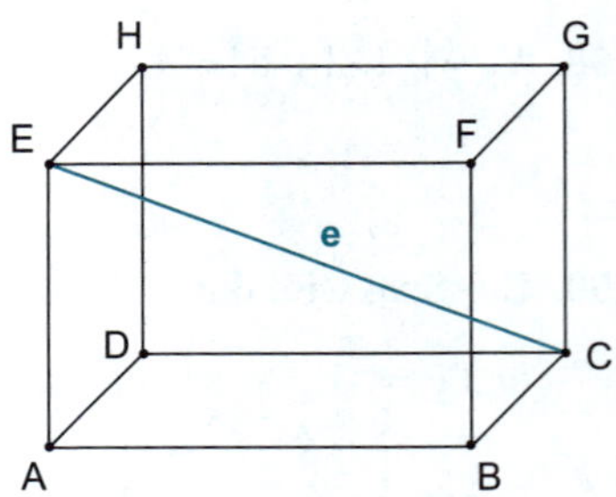


Diese Vektoren spannen tatsächlich einen Quader auf, denn sie stehen jeweils orthogonal aufeinander:

$$\overrightarrow{AB} \cdot \overrightarrow{AD} = \begin{pmatrix} 2 \\ 4 \\ 4 \end{pmatrix} \cdot \begin{pmatrix} -2 \\ 2 \\ -1 \end{pmatrix} = -4 + 8 - 4 = 0$$

$$\overrightarrow{AB} \cdot \overrightarrow{AE} = \begin{pmatrix} 2 \\ 4 \\ 4 \end{pmatrix} \cdot \begin{pmatrix} -4 \\ -2 \\ 4 \end{pmatrix} = -8 - 8 + 16 = 0$$

$$\overrightarrow{AD} \cdot \overrightarrow{AE} = \begin{pmatrix} -2 \\ 2 \\ -1 \end{pmatrix} \cdot \begin{pmatrix} -4 \\ -2 \\ 4 \end{pmatrix} = 8 - 4 - 4 = 0$$

Der Punkt C ergänzt das Dreieck ABD zu einem Rechteck; hier gilt:

$$\overrightarrow{BC} = \overrightarrow{AD} = \begin{pmatrix} -2 \\ 2 \\ -1 \end{pmatrix} \quad \Rightarrow \quad \mathbf{C(1\,|\,7\,|\,5)}$$

Die fehlenden Eckpunkte F, G und H erhält man entsprechend durch Addition des Vektors $\overrightarrow{AE}$ zu den Ortsvektoren von B, C bzw. D:

**F(–1 | 3 | 10)**; **G(–3 | 5 | 9)** und **H(–5 | 1 | 5)**

Die Raumdiagonalen eines Quaders sind alle gleich lang; z. B. gilt für die Länge der Raumdiagonalen e im Bild oben:

$$\mathbf{e} = |\overrightarrow{EC}| = \left|\begin{pmatrix} 4 \\ 8 \\ -1 \end{pmatrix}\right| = \sqrt{16+64+1} = \sqrt{81} \mathbf{= 9}$$

Die Schnittwinkel, die je zwei Raumdiagonalen einschließen, sind dagegen nicht zwingend gleich und müssen einzeln bestimmt werden.
Den Schnittwinkel α der Diagonalen AG und BH bestimmt man aus:

$$\cos\alpha = \frac{|\overrightarrow{AG} \cdot \overrightarrow{BH}|}{|\overrightarrow{AG}| \cdot |\overrightarrow{BH}|} = \frac{\left|\begin{pmatrix} -4 \\ 4 \\ 7 \end{pmatrix} \cdot \begin{pmatrix} -8 \\ -4 \\ -1 \end{pmatrix}\right|}{\left|\begin{pmatrix} -4 \\ 4 \\ 7 \end{pmatrix}\right| \cdot \left|\begin{pmatrix} -8 \\ -4 \\ -1 \end{pmatrix}\right|} = \frac{9}{\sqrt{81} \cdot \sqrt{81}} = \frac{9}{81} \quad \Rightarrow \quad \boldsymbol{\alpha \approx 83{,}6°}$$

Entsprechend folgt für den Schnittwinkel β der Diagonalen AG und CE:

$$\cos\beta = \frac{|\overrightarrow{AG} \cdot \overrightarrow{CE}|}{|\overrightarrow{AG}| \cdot |\overrightarrow{CE}|} = \frac{\left|\begin{pmatrix} -4 \\ 4 \\ 7 \end{pmatrix} \cdot \begin{pmatrix} -4 \\ -8 \\ 1 \end{pmatrix}\right|}{\left|\begin{pmatrix} -4 \\ 4 \\ 7 \end{pmatrix}\right| \cdot \left|\begin{pmatrix} -4 \\ -8 \\ 1 \end{pmatrix}\right|} = \frac{9}{\sqrt{81} \cdot \sqrt{81}} = \frac{9}{81} \quad \Rightarrow \quad \boldsymbol{\beta \approx 83{,}6°}$$

Schließlich erhält man den Schnittwinkel γ zwischen BH und CE aus:

$$\cos\gamma = \frac{|\overrightarrow{BH} \cdot \overrightarrow{CE}|}{|\overrightarrow{BH}| \cdot |\overrightarrow{CE}|} = \frac{\left|\begin{pmatrix} -8 \\ -4 \\ -1 \end{pmatrix} \cdot \begin{pmatrix} -4 \\ -8 \\ 1 \end{pmatrix}\right|}{\left|\begin{pmatrix} -8 \\ -4 \\ -1 \end{pmatrix}\right| \cdot \left|\begin{pmatrix} -4 \\ -8 \\ 1 \end{pmatrix}\right|} = \frac{63}{\sqrt{81} \cdot \sqrt{81}} = \frac{63}{81} \quad \Rightarrow \quad \boldsymbol{\gamma \approx 38{,}9°}$$

**103.** Stellt man die Pyramide in einem Koordinatensystem dar, dann kann die quadratische Grundfläche z. B. die Eckpunkte A(0 | 0 | 0), B(5 | 0 | 0), C(5 | 5 | 0) und D(0 | 5 | 0) besitzen.
Der Fußpunkt der Höhe stimmt mit dem Mittelpunkt des Quadrats überein, also $F\left(\frac{5}{2} \,\middle|\, \frac{5}{2} \,\middle|\, 0\right)$; die Spitze der Pyramide ist $S\left(\frac{5}{2} \,\middle|\, \frac{5}{2} \,\middle|\, 4\right)$.
Um den Winkel zwischen einer Seitenfläche und der Grundfläche zu berechnen, betrachtet man z. B. die Ebene der Seitenfläche ABS.
Spannvektoren dieser Ebene sind $\overrightarrow{AB} = \begin{pmatrix} 5 \\ 0 \\ 0 \end{pmatrix}$ und $\overrightarrow{AS} = \begin{pmatrix} 2{,}5 \\ 2{,}5 \\ 4 \end{pmatrix}$; ein Normalenvektor lautet $\vec{n}_1 = \overrightarrow{AB} \times \overrightarrow{AS} = \begin{pmatrix} 5 \\ 0 \\ 0 \end{pmatrix} \times \begin{pmatrix} 2{,}5 \\ 2{,}5 \\ 4 \end{pmatrix} = \begin{pmatrix} 0 \\ -20 \\ 12{,}5 \end{pmatrix}$.
Die Ebene, die die Grundfläche ABCD der Pyramide enthält, hat die Spannvektoren $\overrightarrow{AB} = \begin{pmatrix} 5 \\ 0 \\ 0 \end{pmatrix}$ und $\overrightarrow{AD} = \begin{pmatrix} 0 \\ 5 \\ 0 \end{pmatrix}$ und den Normalenvektor

$$\vec{n}_2 = \overrightarrow{AB} \times \overrightarrow{AD} = \begin{pmatrix} 5 \\ 0 \\ 0 \end{pmatrix} \times \begin{pmatrix} 0 \\ 5 \\ 0 \end{pmatrix} = \begin{pmatrix} 0 \\ 0 \\ 25 \end{pmatrix}.$$

Damit lässt sich der **Winkel α zwischen einer Seitenfläche und der Grundfläche** mithilfe folgender Formel berechnen:

$$\cos\alpha = \frac{|\vec{n}_1 \cdot \vec{n}_2|}{|\vec{n}_1| \cdot |\vec{n}_2|} = \frac{\left|\begin{pmatrix}0\\-20\\12{,}5\end{pmatrix} \cdot \begin{pmatrix}0\\0\\25\end{pmatrix}\right|}{\left|\begin{pmatrix}0\\-20\\12{,}5\end{pmatrix}\right| \cdot \left|\begin{pmatrix}0\\0\\25\end{pmatrix}\right|} = \frac{312{,}5}{\sqrt{556{,}25} \cdot \sqrt{625}} \approx 0{,}530 \quad \Rightarrow \quad \boldsymbol{\alpha \approx 58{,}0°}$$

Beim Schnittwinkel zweier Seitenkanten muss man zwei verschiedene Möglichkeiten unterscheiden, nämlich den Winkel zwischen zwei benachbarten Seitenkanten sowie denjenigen zwischen gegenüberliegenden Kanten.

Für den **Schnittwinkel β der benachbarten Kanten** $\overrightarrow{AS}$ und $\overrightarrow{BS}$ ergibt sich:

$$\cos\beta = \frac{|\overrightarrow{AS} \cdot \overrightarrow{BS}|}{|\overrightarrow{AS}| \cdot |\overrightarrow{BS}|} = \frac{\left|\begin{pmatrix}2{,}5\\2{,}5\\4\end{pmatrix} \cdot \begin{pmatrix}-2{,}5\\2{,}5\\4\end{pmatrix}\right|}{\left|\begin{pmatrix}2{,}5\\2{,}5\\4\end{pmatrix}\right| \cdot \left|\begin{pmatrix}-2{,}5\\2{,}5\\4\end{pmatrix}\right|} = \frac{16}{\sqrt{28{,}5} \cdot \sqrt{28{,}5}} = \frac{16}{28{,}5} \quad \Rightarrow \quad \boldsymbol{\beta \approx 55{,}8°}$$

Für den **Schnittwinkel γ der gegenüberliegenden Kanten** $\overrightarrow{AS}$ und $\overrightarrow{CS}$ ergibt sich:

$$\cos\gamma = \frac{|\overrightarrow{AS} \cdot \overrightarrow{CS}|}{|\overrightarrow{AS}| \cdot |\overrightarrow{CS}|} = \frac{\left|\begin{pmatrix}2{,}5\\2{,}5\\4\end{pmatrix} \cdot \begin{pmatrix}-2{,}5\\-2{,}5\\4\end{pmatrix}\right|}{\left|\begin{pmatrix}2{,}5\\2{,}5\\4\end{pmatrix}\right| \cdot \left|\begin{pmatrix}-2{,}5\\-2{,}5\\4\end{pmatrix}\right|} = \frac{3{,}5}{\sqrt{28{,}5} \cdot \sqrt{28{,}5}} = \frac{3{,}5}{28{,}5} \quad \Rightarrow \quad \boldsymbol{\gamma \approx 82{,}9°}$$

**104.** Stellt man den Ausstellungsraum in einem geeigneten Koordinatensystem dar (1 LE ≙ 1 m), dann erhält man für die Eckpunkte A, B und C des Dreieck-Segeltuchs: A(0 | 0 | 3), B(−4 | 6 | 2,5) und C(−4 | 2 | 4,5)

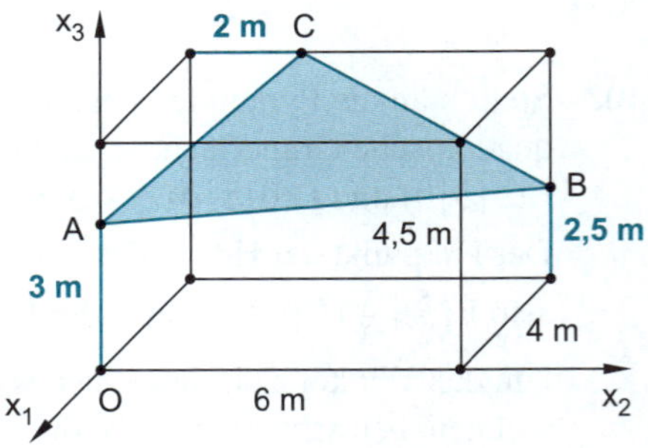


Hieraus ergeben sich die Seitenlängen des Dreiecks ABC:

$$\mathbf{a} = |\overrightarrow{BC}| = \left|\begin{pmatrix}0\\-4\\2\end{pmatrix}\right| = \boldsymbol{\sqrt{20} \approx 4{,}5\,m}$$

$$\mathbf{b} = |\overrightarrow{AC}| = \left|\begin{pmatrix}-4\\2\\1{,}5\end{pmatrix}\right| = \boldsymbol{\sqrt{22{,}25} \approx 4{,}7\,m}$$

$$\mathbf{c} = |\overrightarrow{AB}| = \left|\begin{pmatrix}-4\\6\\-0{,}5\end{pmatrix}\right| = \boldsymbol{\sqrt{52{,}25} \approx 7{,}2\,m}$$

Die Innenwinkel des Dreiecks ABC berechnet man mit den jeweils geeigneten Vektoren über folgende Formeln:

$$\cos\alpha = \frac{\overrightarrow{AB} \cdot \overrightarrow{AC}}{|\overrightarrow{AB}| \cdot |\overrightarrow{AC}|} = \frac{27{,}25}{\sqrt{52{,}25} \cdot \sqrt{22{,}25}} \quad \Rightarrow \quad \boldsymbol{\alpha \approx 36{,}9°}$$

$$\cos\beta = \frac{\overrightarrow{BA}\cdot\overrightarrow{BC}}{|\overrightarrow{BA}|\cdot|\overrightarrow{BC}|} = \frac{25}{\sqrt{52{,}25}\cdot\sqrt{20}} \quad\Rightarrow\quad \boldsymbol{\beta \approx 39{,}3°}$$

$$\cos\gamma = \frac{\overrightarrow{CA}\cdot\overrightarrow{CB}}{|\overrightarrow{CA}|\cdot|\overrightarrow{CB}|} = \frac{-5}{\sqrt{22{,}25}\cdot\sqrt{20}} \quad\Rightarrow\quad \boldsymbol{\gamma \approx 103{,}7°}$$

**105.** Legt man den Würfel so in ein Koordinatensystem, dass sein Mittelpunkt im Ursprung liegt, dann besitzen die Ecken die Koordinaten:
A(2 | −2 | −2), B(2 | 2 | −2), C(−2 | 2 | −2), D(−2 | −2 | −2), E(2 | −2 | 2), F(2 | 2 | 2), G(−2 | 2 | 2), H(−2 | −2 | 2) (s. Abbildung unten)
Die Mittelpunkte der Seitenflächen und damit die Eckpunkte des Oktaeders haben dann die Koordinaten:
$M_1(2|0|0)$, $M_2(0|2|0)$, $M_3(-2|0|0)$, $M_4(0|-2|0)$, $M_5(0|0|-2)$, $M_6(0|0|2)$
Alle Kanten des Oktaeders sind gleich lang, und alle Seiten des Oktaeders bestehen aus gleichseitigen Dreiecken. Das Oktaeder ist aus zwei Pyramiden aufgebaut, deren gemeinsame Grundfläche ein Quadrat ist (in der Abbildung farbig getönt). Zwei von einem Punkt ausgehende Kanten bilden somit entweder einen **Winkel von 60°** (wenn die beiden Kanten zu einer Seitenfläche des Oktaeders und somit zu einem gleichseitigen Dreieck gehören, z. B. $\overrightarrow{M_1M_2}$ und $\overrightarrow{M_1M_6}$) **oder einen Winkel von 90°** (wenn die beiden Kanten Seiten des Grundflächenquadrats sind, z. B. $\overrightarrow{M_1M_2}$ und $\overrightarrow{M_1M_4}$).

Skizze:

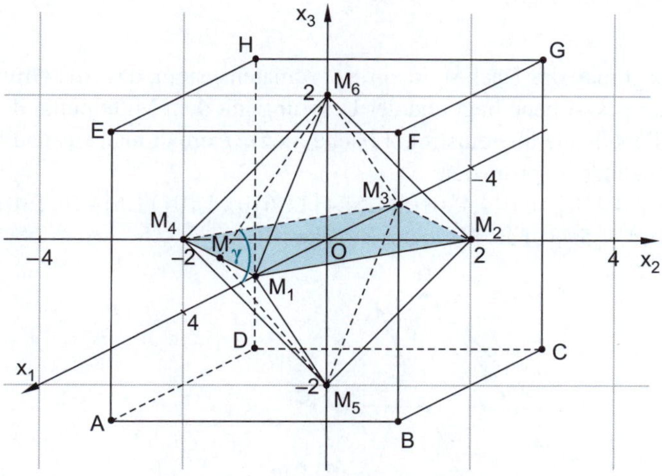


Alle Kanten des Oktaeders und somit auch die Seiten des Grundflächenquadrats der beiden Pyramiden haben die Länge

$$|\overrightarrow{M_1M_2}| = \left|\begin{pmatrix}-2\\2\\0\end{pmatrix}\right| = \sqrt{4+4+0} = \sqrt{8},$$

und beide Pyramiden besitzen die Höhe $h = 2$.

Somit erhält man für das Volumen des Oktaeders:

$$\mathbf{V_{Oktaeder}} = 2 \cdot V_{Pyramide} = 2 \cdot \frac{1}{3} G \cdot h = 2 \cdot \frac{1}{3} \cdot \sqrt{8}^2 \cdot 2 = \mathbf{\frac{32}{3}}$$

Die Oberfläche des Oktaeders besteht aus 8 gleichseitigen Dreiecken mit der Kantenlänge $\sqrt{8}$, sodass sich insgesamt ergibt:

$$\mathbf{O_{Oktaeder}} = 8 \cdot A_{Dreieck} = 8 \cdot \frac{\sqrt{8}^2}{4} \cdot \sqrt{3} = \mathbf{16 \cdot \sqrt{3}}$$

Für die Bestimmung des Winkels $\gamma$ zwischen zwei Seitenflächen gibt es mehrere Wege. Einerseits kann man die Normalenvektoren der zwei sich scheidenden Ebenen bestimmen, in denen jeweils eine der beiden Oktaederseiten liegt, andererseits kann man den Winkel auch direkt über die Vektoren $\overrightarrow{MM_5}$ und $\overrightarrow{MM_6}$ bestimmen, wobei $M(1\,|\,{-1}\,|\,0)$ die Mitte der Strecke $[M_1M_4]$ ist (siehe Abbildung):

$$\cos\gamma = \frac{\overrightarrow{MM_5} \cdot \overrightarrow{MM_6}}{|\overrightarrow{MM_5}| \cdot |\overrightarrow{MM_6}|} = \frac{\begin{pmatrix}-1\\1\\-2\end{pmatrix} \cdot \begin{pmatrix}-1\\1\\2\end{pmatrix}}{\left|\begin{pmatrix}-1\\1\\-2\end{pmatrix}\right| \cdot \left|\begin{pmatrix}-1\\1\\2\end{pmatrix}\right|} = \frac{-2}{\sqrt{6} \cdot \sqrt{6}} = -\frac{1}{3} \quad \Rightarrow \quad \mathbf{\gamma \approx 109{,}5^\circ}$$

Die Seitenflächen bilden also einen stumpfen Winkel von ca. 109,5°.

*Hinweis:* Bei der Bestimmung des Winkels über die Normalenvektoren ist Vorsicht angebracht, da bei falscher Orientierung eines Normalenvektors der Nebenwinkel von $\gamma$ bestimmt wird, der dann jedoch nicht innerhalb des Oktaeders liegt.

**106.** Legt man das Dach so in ein Koordinatensystem, dass die Grundfläche in der $x_1x_2$-Ebene liegt und der Ursprung mit dem Mittelpunkt der unteren Giebelkante übereinstimmt (siehe Skizze), erhält man aus den Maßangaben folgende Koordinaten:
$A(-4{,}4\,|\,0\,|\,0)$, $B(4{,}4\,|\,0\,|\,0)$, $C(4{,}4\,|\,11{,}6\,|\,0)$, $D(0\,|\,11{,}6\,|\,4{,}6)$, $E(0\,|\,0\,|\,4{,}6)$ sowie $M(4{,}4\,|\,5{,}8\,|\,0)$ als Mitte der Strecke [BC].

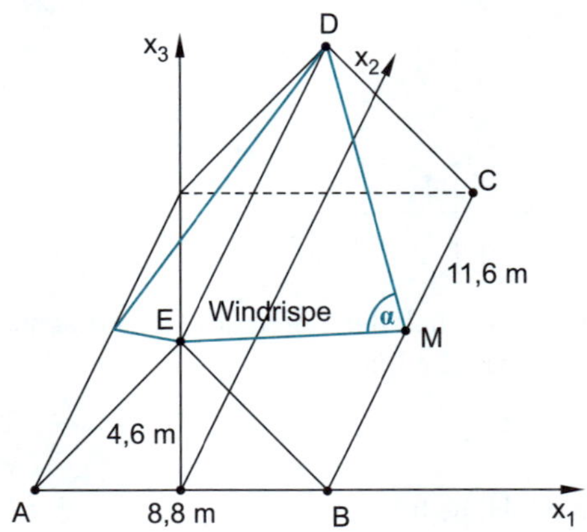

Somit erhält man die Windrispen-Vektoren $\overrightarrow{ME} = \begin{pmatrix} -4{,}4 \\ -5{,}8 \\ 4{,}6 \end{pmatrix}$ und $\overrightarrow{MD} = \begin{pmatrix} -4{,}4 \\ 5{,}8 \\ 4{,}6 \end{pmatrix}$.

Für den Winkel α, den diese bei M bilden, ergibt sich:

$$\cos\alpha = \frac{\overrightarrow{ME}\cdot\overrightarrow{MD}}{|\overrightarrow{ME}|\cdot|\overrightarrow{MD}|} = \frac{\begin{pmatrix} -4{,}4 \\ -5{,}8 \\ 4{,}6 \end{pmatrix}\cdot\begin{pmatrix} -4{,}4 \\ 5{,}8 \\ 4{,}6 \end{pmatrix}}{\left|\begin{pmatrix} -4{,}4 \\ -5{,}8 \\ 4{,}6 \end{pmatrix}\right|\cdot\left|\begin{pmatrix} -4{,}4 \\ 5{,}8 \\ 4{,}6 \end{pmatrix}\right|} = \frac{6{,}88}{\sqrt{74{,}16}\cdot\sqrt{74{,}16}} = \frac{6{,}88}{74{,}16} \Rightarrow \alpha \approx 84{,}7°$$

Mit $|\overrightarrow{ME}| = \sqrt{74{,}16}$ erhält man für die gesamte Länge der Windrispe:

$L = 4\cdot|\overrightarrow{ME}| = 4\cdot\sqrt{74{,}16} \approx 34{,}45$

Das Metallband muss ca. **34,45 m** lang sein.

**107.** In einem geeigneten Koordinatensystem (Ursprung in der vorderen rechten Hausecke, Hausbreite in $x_1$-Richtung und Hauslänge in $x_2$-Richtung) hat der Fußpunkt des Kamins die Koordinaten F(–3,4 | 7,8 | 0). Die Dachfläche, die vom Kamin durchstoßen wird, besitzt die Eckpunkte $D_1(0|0|6{,}8)$, $D_2(0|12{,}2|6{,}8)$ und $D_3(-4{,}4|0|11{,}2)$.

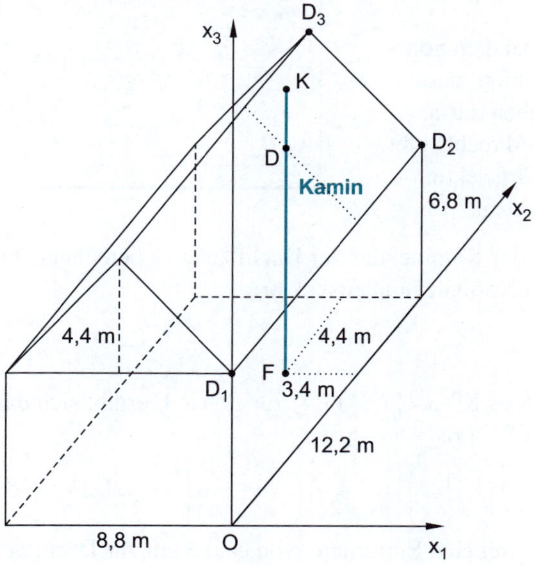


Man stellt die Gleichung einer Geraden k auf, die den Kamin beschreibt; diese besitzt den Stützpunkt F und ist parallel zur $x_3$-Achse:

$$k:\ \vec{x} = \begin{pmatrix} -3{,}4 \\ 7{,}8 \\ 0 \end{pmatrix} + t\cdot\begin{pmatrix} 0 \\ 0 \\ 1 \end{pmatrix}$$

Die Dachflächen-Ebene, die die Punkte $D_1$, $D_2$, $D_3$ enthält, besitzt die Spannvektoren $\overrightarrow{D_1D_2} = \begin{pmatrix} 0 \\ 12{,}2 \\ 0 \end{pmatrix} = 12{,}2\cdot\begin{pmatrix} 0 \\ 1 \\ 0 \end{pmatrix}$ und $\overrightarrow{D_1D_3} = \begin{pmatrix} -4{,}4 \\ 0 \\ 4{,}4 \end{pmatrix} = 4{,}4\cdot\begin{pmatrix} -1 \\ 0 \\ 1 \end{pmatrix}$.

Ein Normalenvektor dieser Ebene lautet damit:

$$\vec{n} = \begin{pmatrix} 0 \\ 1 \\ 0 \end{pmatrix} \times \begin{pmatrix} -1 \\ 0 \\ 1 \end{pmatrix} = \begin{pmatrix} 1 \\ 0 \\ 1 \end{pmatrix}$$

Mit dem Stützpunkt $D_1$ hat die Dachfläche daher die Gleichung
E: $x_1 + x_3 = 6{,}8$.

Der Durchstoßpunkt D des Kamins ist der Schnittpunkt von k mit E:
$-3{,}4 + t \cdot 1 = 6{,}8 \quad \Leftrightarrow \quad t = 10{,}2$

Hieraus ergibt sich D(–3,4 | 7,8 | 10,2).

Die Dachfläche wird also in einer Höhe von 10,2 m durchstoßen. Insgesamt muss der Kamin mindestens 10,2 m + 1,2 m = 11,4 m hoch sein. Bei 30 cm hohen Kaminsteinen benötigt man somit genau 11,4 : 0,3 = **38 Schornsteinelemente**.

Bei der CAS-Lösung wird die Ebene **e(x)** als Skalarprodukt des Vektors $\vec{x} - \begin{pmatrix} 0 \\ 0 \\ 6{,}8 \end{pmatrix}$ mit dem Normalenvektor definiert. Erst bei dem **solve**-Befehl wird berücksichtigt, dass dieses Produkt 0 ergeben muss. Die letzte Zeile im Bild rechts gibt die Koordinaten des Ortsvektors zum Durchstoßpunkt D an.

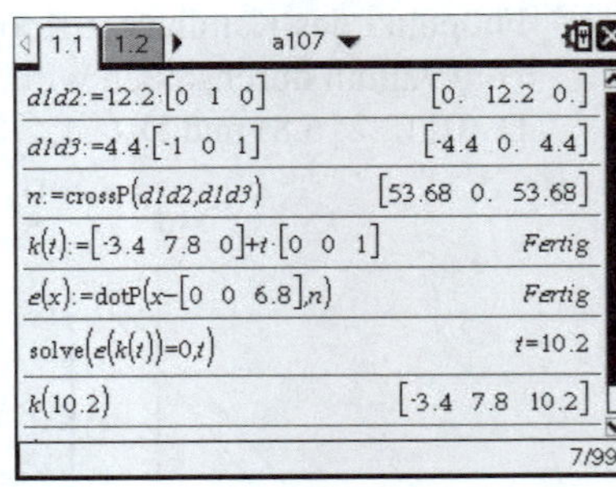


Um die Entfernung d des Kaminendes zur Dachfläche zu berechnen, benötigt man zunächst den Normaleneinheitsvektor:

$$\vec{n}_0 = \frac{1}{|\vec{n}|} \cdot \vec{n} = \frac{1}{\sqrt{2}} \begin{pmatrix} 1 \\ 0 \\ 1 \end{pmatrix}$$

Der Abstand des Punktes K(–3,4 | 7,8 | 11,4) zur Ebene E ergibt sich dann mithilfe der Regel auf S. 106:

$$d(K; E) = \left| \left( \begin{pmatrix} -3{,}4 \\ 7{,}8 \\ 11{,}4 \end{pmatrix} - \begin{pmatrix} 0 \\ 0 \\ 6{,}8 \end{pmatrix} \right) \cdot \frac{1}{\sqrt{2}} \begin{pmatrix} 1 \\ 0 \\ 1 \end{pmatrix} \right| = \frac{1}{\sqrt{2}} \cdot \left| \begin{pmatrix} -3{,}4 \\ 7{,}8 \\ 4{,}6 \end{pmatrix} \cdot \begin{pmatrix} 1 \\ 0 \\ 1 \end{pmatrix} \right| = \frac{1}{\sqrt{2}} \cdot 1{,}2 \approx 0{,}85$$

Das Kaminende hat somit eine Entfernung von ca. **85 cm** zur Dachfläche.

Im Bild des CAS-Rechners rechts werden für die Koordinaten des Normaleneinheitsvektors und für den Abstand gerundete Zahlen ausgegeben.

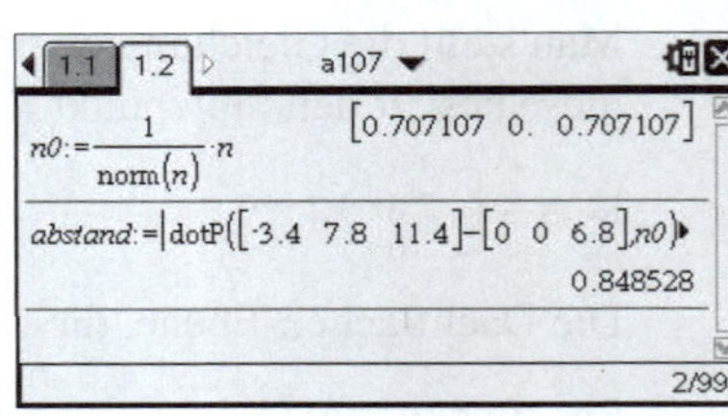

**108.** Zunächst wird die Situation in einem geeigneten Koordinatensystem dargestellt; der Ursprung liegt dabei genau in der Mitte der beiden Drahtseile, die an der Uferböschung verankert sind, und die $x_2$-Achse verläuft in Richtung des Flussbetts:

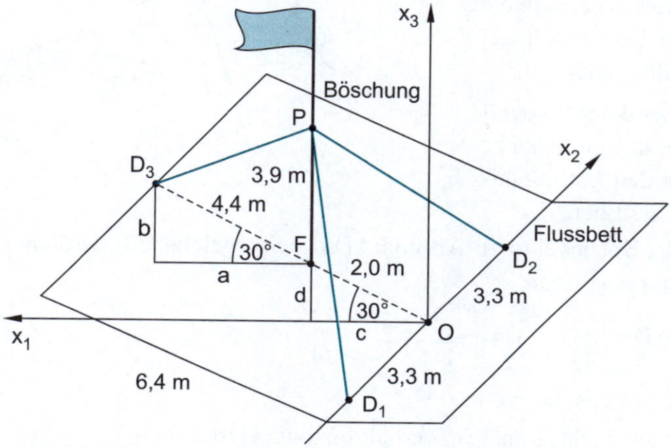


Damit ergeben sich folgende Koordinaten:
Fußpunkt der Fahnenstange: $F(c\,|\,0\,|\,d)$
Befestigungspunkt an der Fahnenstange: $P(c\,|\,0\,|\,d+3{,}9)$
Verankerungspunkte der Drahtseile:
$D_1(0\,|\,-3{,}3\,|\,0)$; $D_2(0\,|\,3{,}3\,|\,0)$; $D_3(a+c\,|\,0\,|\,b+d)$

Die Längen der Katheten a und b bzw. c und d der zwei rechtwinkligen Dreiecke mit dem Winkel $\alpha = 30°$ (Steigungswinkel der Uferböschung) betragen (in Meter):

$a = 4{,}4 \cdot \cos 30° \approx 3{,}81$; $\quad b = 4{,}4 \cdot \sin 30° = 2{,}20$

$c = 2{,}0 \cdot \cos 30° \approx 1{,}73$; $\quad d = 2{,}0 \cdot \sin 30° = 1{,}00$

Hieraus lassen sich nun die erforderlichen Längen der Drahtseile bestimmen:

$$\mathbf{L_1 = L_2} = |\overrightarrow{D_1P}| = \left|\begin{pmatrix} c \\ 3{,}3 \\ d+3{,}9 \end{pmatrix}\right| \mathbf{\approx 6{,}16}; \quad \mathbf{L_3} = |\overrightarrow{D_3P}| = \left|\begin{pmatrix} -a \\ 0 \\ 3{,}9-b \end{pmatrix}\right| \mathbf{\approx 4{,}17}$$

Die Gesamtlänge beträgt somit $L_1 + L_2 + L_3 \approx 16{,}49$.
Man benötigt insgesamt knapp **16,50 m** Drahtseil.

**109.** Im Rechteck ABCD gilt $\overrightarrow{BC} = \overrightarrow{AD} = \begin{pmatrix} -2 \\ 3 \\ 5 \end{pmatrix}$; somit ergibt sich **C(3 | 6 | 7)**.

Die Mitte M des Spiegels ist die Mitte der Diagonalen des Rechtecks ABCD, also der Mittelpunkt der Strecke [BD] und damit $M(2\,|\,4\,|\,4)$.

Die Gerade r, auf der der am Spiegel reflektierte Laserstrahl verläuft, geht durch M und den Spiegelpunkt L' des Laserpunktes L bezüglich der Ebene E, in der der Spiegel liegt (s. Bild rechts).

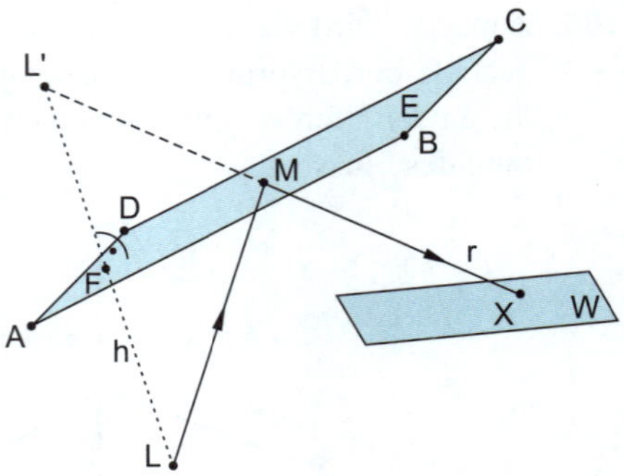


Zunächst wird der Spiegelpunkt L' bestimmt; dazu benötigt man den Lotfußpunkt F von L auf die Ebene E.

Mithilfe der Spannvektoren $\overrightarrow{AB}$ und $\overrightarrow{AD}$ der Spiegelebene E wird ein Normalenvektor bestimmt:

$$\vec{n} = \overrightarrow{AB} \times \overrightarrow{AD} = \begin{pmatrix} 4 \\ 1 \\ 1 \end{pmatrix} \times \begin{pmatrix} -2 \\ 3 \\ 5 \end{pmatrix} = \begin{pmatrix} 2 \\ -22 \\ 14 \end{pmatrix} = 2 \cdot \begin{pmatrix} 1 \\ -11 \\ 7 \end{pmatrix}$$

$\Rightarrow$ E: $x_1 - 11x_2 + 7x_3 = c$

Durch Einsetzen des Punktes A erhält man die Unbekannte c:

$1 - 11 \cdot 2 + 7 \cdot 1 = c \quad \Leftrightarrow \quad c = -14$

Die Ebenengleichung lautet somit:

E: $x_1 - 11x_2 + 7x_3 = -14$

Um F zu erhalten, schneidet man die zu E orthogonale Hilfsgerade h durch L mit der Ebene E:

$$h: \ \vec{x} = \begin{pmatrix} 26 \\ -35 \\ 37 \end{pmatrix} + t \cdot \begin{pmatrix} 1 \\ -11 \\ 7 \end{pmatrix}$$

Eingesetzt in E erhält man:

$26 + t - 11 \cdot (-35 - 11t) + 7 \cdot (37 + 7t) = -14$

$\Leftrightarrow \quad 26 + t + 385 + 121t + 259 + 49t = -14 \quad \Leftrightarrow \quad 171t = -684 \quad \Leftrightarrow \quad t = -4$

Setzt man diesen Wert in die Gleichung von h ein, erhält man $F(22\,|\,9\,|\,9)$.

Die Koordinaten von L' erhält man schließlich, indem man den Vektor $\overrightarrow{LF} = \begin{pmatrix} -4 \\ 44 \\ -28 \end{pmatrix}$ in F ansetzt; es ergibt sich $L'(18\,|\,53\,|\,-19)$.

Nun lässt sich die Gleichung der Geraden r bestimmen, auf der der reflektierte Laserstrahl verläuft:

$$r: \ \vec{x} = \vec{x}_M + s \cdot \overrightarrow{L'M} = \begin{pmatrix} 2 \\ 4 \\ 4 \end{pmatrix} + s \cdot \begin{pmatrix} -16 \\ -49 \\ 23 \end{pmatrix}$$

Diese Gerade wird mit der Gleichung der Wand W: $x_3 = 50$ geschnitten:

$4 + 23s = 50 \quad \Leftrightarrow \quad s = 2$

Der Auftreffpunkt X ergibt sich durch Einsetzen dieses Wertes in die Gleichung von r; man erhält **$X(-30\,|\,-94\,|\,50)$**.

Bei der CAS-Lösung werden zunächst die Ortsvektoren zu den Punkten A, B, C und D definiert sowie der Normalenvektor der Spiegelebene berechnet.

Die Funktion **spiegel(x)** steht für die Ebene, in der der Spiegel liegt. Diese wird erneut nur als das Skalarprodukt der Normalenform definiert. Dass die rechte Seite der Ebenengleichung = 0 lautet, wird erst im darauffolgenden **solve**-Befehl zur Lösung der Gleichung berücksichtigt.
Dass die CAS-Lösung dieser Gleichung t = –2 ergibt und nicht t = –4, wie in der schriftlichen Lösung zu sehen ist, liegt daran, dass hier der Normalenvektor $\vec{n}$ als Richtungsvektor der Geraden h die doppelte Länge hat.

Das zweite Bild rechts zeigt die Berechnung des Auftreffpunktes X.

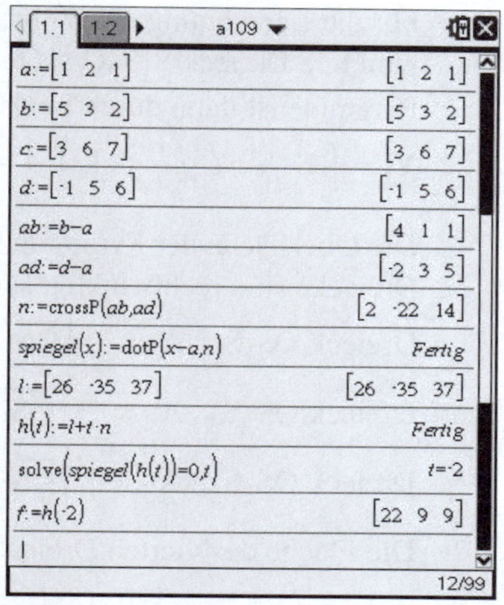


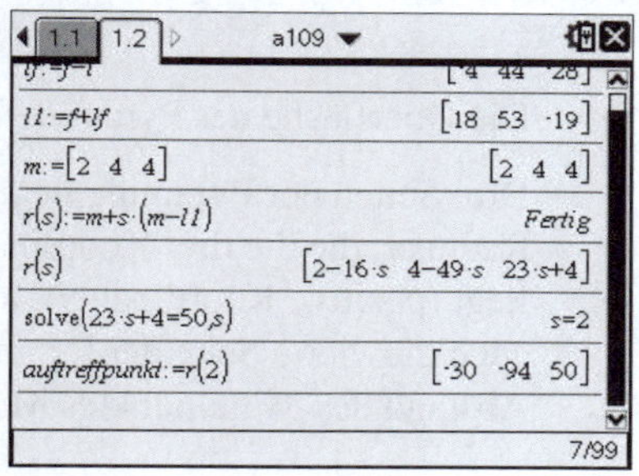


**110.** Zunächst werden die drei Spurpunkte der Ebene E bestimmt:
$x_2 = x_3 = 0$ führt auf $x_1 = \frac{24}{3} = 8$ und somit zum Spurpunkt $S_1(8\,|\,0\,|\,0)$.
Entsprechend erhält man $S_2(0\,|\,12\,|\,0)$ und $S_3(0\,|\,0\,|\,4)$.
Darstellung der Pyramide im Koordinatensystem:

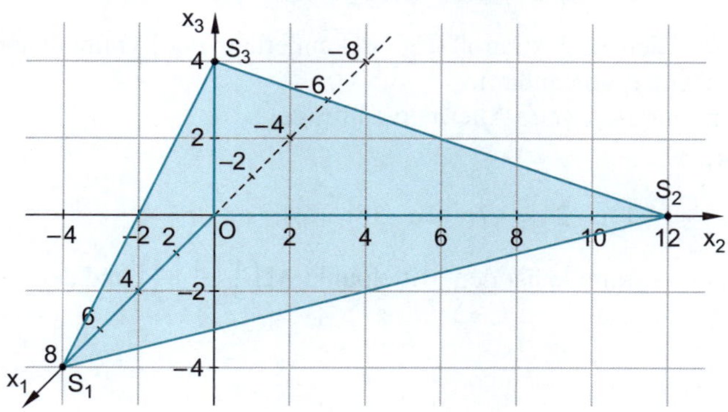

Für die Berechnung des Volumens der Pyramide betrachtet man das rechtwinklige Dreieck $S_1S_2O$ als Grundfläche und $S_3$ als Spitze; die Höhe h der Pyramide ist dann durch $h = |\overrightarrow{OS_3}| = 4$ gegeben:

$\mathbf{V_P} = \frac{1}{3}G \cdot h = \frac{1}{3} \cdot \left(\frac{1}{2} \cdot 8 \cdot 12\right) \cdot 4 \mathbf{= 64}$

Die Oberfläche der Pyramide wird von vier Dreiecken gebildet. Drei dieser Dreiecke sind rechtwinklig, sodass sich deren Fläche einfach berechnen lässt:

Dreieck $OS_1S_2$: $A_1 = \frac{1}{2} \cdot |\overrightarrow{OS_1}| \cdot |\overrightarrow{OS_2}| = \frac{1}{2} \cdot 8 \cdot 12 = 48$

Dreieck $OS_1S_3$: $A_2 = \frac{1}{2} \cdot |\overrightarrow{OS_1}| \cdot |\overrightarrow{OS_3}| = \frac{1}{2} \cdot 8 \cdot 4 = 16$

Dreieck $OS_2S_3$: $A_3 = \frac{1}{2} \cdot |\overrightarrow{OS_2}| \cdot |\overrightarrow{OS_3}| = \frac{1}{2} \cdot 12 \cdot 4 = 24$

Die Fläche des vierten Dreiecks $S_1S_2S_3$ ergibt sich aus:

$$A_4 = \frac{1}{2} \cdot |\overrightarrow{S_1S_2} \times \overrightarrow{S_1S_3}| = \frac{1}{2} \cdot \left| \begin{pmatrix} -8 \\ 12 \\ 0 \end{pmatrix} \times \begin{pmatrix} -8 \\ 0 \\ 4 \end{pmatrix} \right| = \frac{1}{2} \cdot \left| \begin{pmatrix} 48 \\ 32 \\ 96 \end{pmatrix} \right| = 56$$

Die Oberfläche der Pyramide beträgt $\mathbf{O} = A_1 + A_2 + A_3 + A_4 \mathbf{= 144}$.

Drei Seiten der Pyramide liegen in den Koordinatenebenen. Eine Kugel mit Radius r, die die drei Koordinatenebenen berührt und im ersten Oktanten liegt (positive Koordinaten), hat den Mittelpunkt $M(r\,|\,r\,|\,r)$. Damit die Kugel auch die vierte Seite der Pyramide – d. h. die Ebene E – berührt, muss der Abstand des Mittelpunktes M zu E ebenfalls r sein:

$$d(M; E) = \left| \left( \begin{pmatrix} r \\ r \\ r \end{pmatrix} - \begin{pmatrix} 8 \\ 0 \\ 0 \end{pmatrix} \right) \cdot \frac{1}{7} \begin{pmatrix} 3 \\ 2 \\ 6 \end{pmatrix} \right| = \frac{1}{7} \cdot \left| \begin{pmatrix} r-8 \\ r \\ r \end{pmatrix} \cdot \begin{pmatrix} 3 \\ 2 \\ 6 \end{pmatrix} \right| = \frac{|3r - 24 + 2r + 6r|}{7} = \frac{|11r - 24|}{7}$$

Die Bedingungen für das gesuchte r lauten also $r > 0$ und $\frac{|11r - 24|}{7} = r$.
Die Elimination des Betrags führt auf zwei Lösungen.

*1. Alternative:*

$$\frac{11r - 24}{7} = r \quad \Leftrightarrow \quad 11r - 24 = 7r \quad \Leftrightarrow \quad 4r = 24 \quad \Leftrightarrow \quad r = 6$$

Diese Kugel ist sicherlich zu groß (sie liegt außerhalb der Pyramide und berührt die Ebene E von außen).
Daher kommt nur die zweite Alternative infrage.

*2. Alternative:*

$$\frac{11r - 24}{7} = -r \quad \Leftrightarrow \quad 11r - 24 = -7r \quad \Leftrightarrow \quad 18r = 24 \quad \Leftrightarrow \quad r = \frac{4}{3}$$

Die Inkugel der Pyramide hat den Mittelpunkt $\mathbf{M\left(\frac{4}{3} \,\middle|\, \frac{4}{3} \,\middle|\, \frac{4}{3}\right)}$ und den Radius $\mathbf{r = \frac{4}{3}}$.

Die Gleichung d(M; E) = r wird im CAS-Rechner mit 2 möglichen Werten für r gelöst. Dass der Wert r = 6 eine zu große Kugel ergeben würde, sieht man auch daran, dass die Gerade g: $\vec{x} = s \cdot \begin{pmatrix} 1 \\ 1 \\ 1 \end{pmatrix}$ die Ebene E im Punkt $S\left(\frac{24}{11} \,\middle|\, \frac{24}{11} \,\middle|\, \frac{24}{11}\right)$ schneidet. Der Abstand des Punktes S vom Ursprung beträgt $a = \frac{24}{11}\sqrt{3} \approx 3{,}78$, er ist damit kleiner als 6.

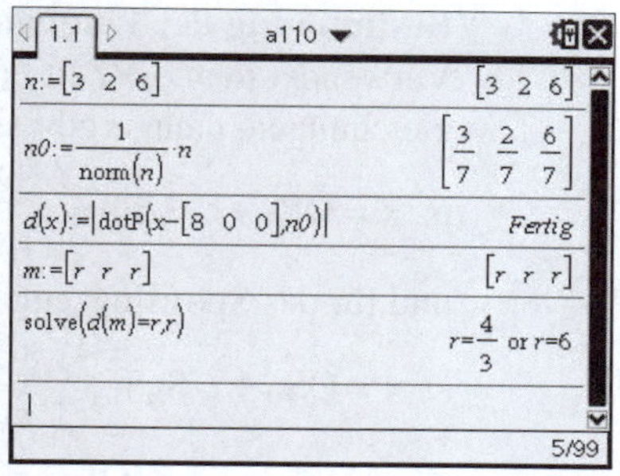


**111.** a) Das Koordinatensystem wird so gelegt, dass die Radarstation im Ursprung liegt, die $x_1$-Achse in östliche Richtung und die $x_2$-Achse in nördliche Richtung weist. Die $x_3$-Achse stellt die Höhe dar. Als Einheiten werden Kilometer verwendet.

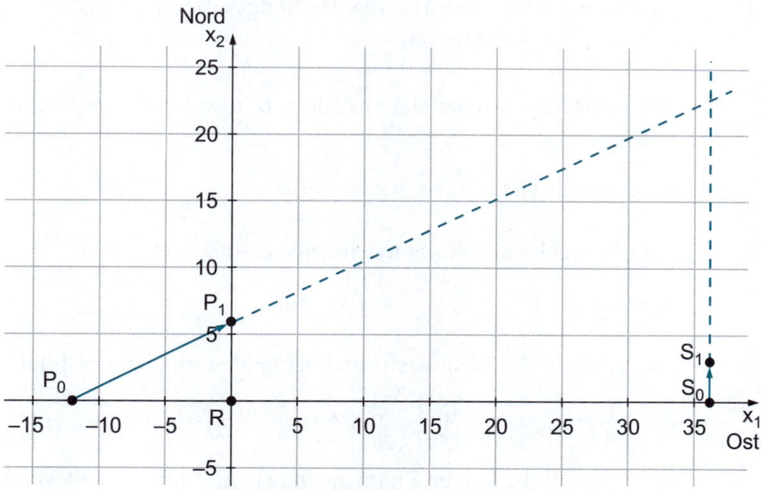


Das Passagierflugzeug befindet sich zum Zeitpunkt t = 0 im Punkt $P_0(-12\,|\,0\,|\,4{,}5)$, nach einer Minute (t = 1) im Punkt $P_1(0\,|\,6\,|\,3{,}9)$. Das Sportflugzeug wird zum Zeitpunkt t = 0 im Punkt $S_0(36\,|\,0\,|\,2)$ geortet. Aufgrund der Geschwindigkeit von $180\,\frac{\text{km}}{\text{h}} = 3\,\frac{\text{km}}{\text{min}}$ in nördlicher Richtung folgt $S_1(36\,|\,0+3\,|\,2) = S_1(36\,|\,3\,|\,2)$.

### Bestimmung der Flugbahnen

Verwendet man die Zeit t (in Minuten) als Parameter für die Geradengleichungen, dann ergibt sich für das Passagierflugzeug die Flugbahn

$$p:\ \vec{x} = \overrightarrow{OP_0} + t\cdot\overrightarrow{P_0P_1} = \begin{pmatrix}-12\\0\\4{,}5\end{pmatrix} + t\cdot\begin{pmatrix}12\\6\\-0{,}6\end{pmatrix}$$

und für das Sportflugzeug

$$s:\ \vec{x} = \overrightarrow{OS_0} + t\cdot\overrightarrow{S_0S_1} = \begin{pmatrix}36\\0\\2\end{pmatrix} + t\cdot\begin{pmatrix}0\\3\\0\end{pmatrix}.$$

### Bestimmung des Abstands der beiden Flugbahnen

Für den Abstand d der Flugbahnen gilt:

$$d = |(\vec{s}_0 - \vec{p}_0)\cdot\vec{n}_0|,$$

wobei $\vec{s}_0$ bzw. $\vec{p}_0$ die Stützvektoren der beiden Flugbahnen (Ortsvektoren der Positionen zum Zeitpunkt t = 0) sind, und $\vec{n}_0$ ein Einheitsvektor ist, der orthogonal auf beiden Richtungsvektoren steht:

$$\vec{n}\cdot\begin{pmatrix}12\\6\\-0{,}6\end{pmatrix} = 0 \text{ und } \vec{n}\cdot\begin{pmatrix}0\\3\\0\end{pmatrix} = 0$$

Daraus ergibt sich das lineare Gleichungssystem:

$$\begin{array}{ll} \text{I} & 12n_1 + 6n_2 - 0{,}6n_3 = 0 \\ \text{II} & \phantom{12n_1 + }3n_2 \phantom{- 0{,}6n_3} = 0 \end{array}$$

Mit $n_2 = 0$ folgt aus der ersten Zeile z. B. $n_1 = 1$ und $n_3 = 20$ und damit als Normalenvektor:

$$\vec{n} = \begin{pmatrix}1\\0\\20\end{pmatrix} \text{ mit } |\vec{n}| = \sqrt{1^2 + 20^2} = \sqrt{401}$$

Der entsprechende Normaleneinheitsvektor lautet:

$$\vec{n}_0 = \frac{1}{\sqrt{401}}\cdot\begin{pmatrix}1\\0\\20\end{pmatrix}$$

Eingesetzt in die Abstandsformel der beiden Flugbahnen folgt:

$$\mathbf{d} = \frac{1}{\sqrt{401}}\cdot\left|\left(\begin{pmatrix}36\\0\\2\end{pmatrix} - \begin{pmatrix}-12\\0\\4{,}5\end{pmatrix}\right)\cdot\begin{pmatrix}1\\0\\20\end{pmatrix}\right| = \frac{1}{\sqrt{401}}\cdot|-2| \approx \mathbf{0{,}100}$$

Der Abstand der beiden Flugbahnen beträgt nur etwa **100 Meter**.

b) Die Entfernung der beiden Flugzeuge zum Zeitpunkt t beträgt:

$$e(t) = \left|\begin{pmatrix}36\\0\\2\end{pmatrix} + t\cdot\begin{pmatrix}0\\3\\0\end{pmatrix} - \left(\begin{pmatrix}-12\\0\\4{,}5\end{pmatrix} + t\cdot\begin{pmatrix}12\\6\\-0{,}6\end{pmatrix}\right)\right| = \left|\begin{pmatrix}36+12\\0-0\\2-4{,}5\end{pmatrix} + t\cdot\begin{pmatrix}0-12\\3-6\\0+0{,}6\end{pmatrix}\right|$$

$$= \left|\begin{pmatrix}48\\0\\-2{,}5\end{pmatrix} + t\cdot\begin{pmatrix}-12\\-3\\0{,}6\end{pmatrix}\right| = \sqrt{(48-12t)^2 + (-3t)^2 + (-2{,}5+0{,}6t)^2}$$

$$= \sqrt{153{,}36t^2 - 1\,155t + 2\,310{,}25}$$

Das Quadrat dieser Abstandsfunktion ist der Radikand der Wurzel. Diese Funktion stellt eine nach oben geöffnete Parabel dar; sie nimmt den minimalen Funktionswert an für $t_m \approx 3{,}77$. Damit ergibt sich für diesen Zeitpunkt eine minimale Entfernung von $e(t_m) \approx 11{,}7$.
Die beiden Flugzeuge nähern sich nur auf eine Entfernung von ca. 12 Kilometern. Eine Änderung der Flugroute ist **nicht erforderlich**.

In der CAS-Lösung wird zur Bestimmung des Minimums alternativ die Nullstelle der ersten Ableitung der Funktion e(t) gesucht.
Dass es sich bei dem Ergebnis tatsächlich um ein Minimum handelt, wird mithilfe der zweiten Ableitung bestätigt.

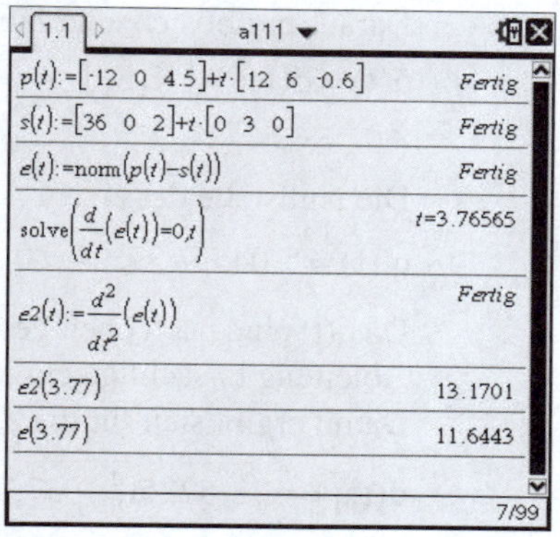


**112.** Das Koordinatensystem wird so gelegt, dass die Radarstation im Ursprung liegt, die $x_1$-Achse in östliche Richtung und die $x_2$-Achse in nördliche Richtung weist. Die $x_3$-Achse stellt die Höhe dar. Als Einheiten werden Kilometer verwendet. Verwendet man t als Parameter für die Zeit nach 8.00 Uhr (in Minuten), dann erhält man als Positionen

– für das Kleinflugzeug für $t=0$: $K_0(12|-4|0{,}4)$ und für $t=2$: $K_2(9|-2|0{,}6)$
– für das Segelflugzeug für $t=0$: $S_0(8|7|1{,}2)$ und für $t=2$: $S_2(6|6|1{,}1)$

Mit den Richtungsvektoren

$$\vec{r}_K = \frac{1}{2}\cdot\left(\begin{pmatrix} 9 \\ -2 \\ 0{,}6 \end{pmatrix} - \begin{pmatrix} 12 \\ -4 \\ 0{,}4 \end{pmatrix}\right) = \begin{pmatrix} -1{,}5 \\ 1 \\ 0{,}1 \end{pmatrix} \text{ bzw. } \vec{r}_S = \frac{1}{2}\cdot\left(\begin{pmatrix} 6 \\ 6 \\ 1{,}1 \end{pmatrix} - \begin{pmatrix} 8 \\ 7 \\ 1{,}2 \end{pmatrix}\right) = \begin{pmatrix} -1 \\ -0{,}5 \\ -0{,}05 \end{pmatrix}$$

ergeben sich die Flugbahnen

$$k\colon \vec{x} = \begin{pmatrix} 12 \\ -4 \\ 0{,}4 \end{pmatrix} + t\cdot\begin{pmatrix} -1{,}5 \\ 1 \\ 0{,}1 \end{pmatrix} \text{ bzw. } s\colon \vec{x} = \begin{pmatrix} 8 \\ 7 \\ 1{,}2 \end{pmatrix} + t\cdot\begin{pmatrix} -1 \\ -0{,}5 \\ -0{,}05 \end{pmatrix}$$

a) Bestimmung des Abstands der beiden Geraden k und s mithilfe des Normalenvektors $\vec{n}$, der orthogonal auf beiden Richtungsvektoren steht:

$$\vec{n} = \begin{pmatrix} -1{,}5 \\ 1 \\ 0{,}1 \end{pmatrix} \times \begin{pmatrix} -1 \\ -0{,}5 \\ -0{,}05 \end{pmatrix} = \begin{pmatrix} 0 \\ -0{,}175 \\ 1{,}75 \end{pmatrix} = 0{,}175\cdot\begin{pmatrix} 0 \\ -1 \\ 10 \end{pmatrix} \Rightarrow \vec{n}_0 = \frac{1}{\sqrt{101}}\cdot\begin{pmatrix} 0 \\ -1 \\ 10 \end{pmatrix}$$

$$\mathbf{d(k;\,s)} = \left|\left(\begin{pmatrix} 8 \\ 7 \\ 1{,}2 \end{pmatrix} - \begin{pmatrix} 12 \\ -4 \\ 0{,}4 \end{pmatrix}\right)\cdot\vec{n}_0\right| = \frac{1}{\sqrt{101}}\cdot\left|\begin{pmatrix} -4 \\ 11 \\ 0{,}8 \end{pmatrix}\cdot\begin{pmatrix} 0 \\ -1 \\ 10 \end{pmatrix}\right| \approx \mathbf{0{,}2985} \text{ [km]}$$

Die beiden Flugbahnen haben einen Abstand von nur ca. **300 Metern**.

b) Berechnung der geringsten Entfernung der beiden Flugzeuge:
Zum Zeitpunkt t befinden sich die Flugzeuge in den Positionen
$K_t(12-1{,}5t \mid -4+t \mid 0{,}4+0{,}1t)$ und $S_t(8-t \mid 7-0{,}5t \mid 1{,}2-0{,}05t)$.
Der Vektor zwischen diesen beiden Positionen lautet:

$$\overrightarrow{K_tS_t} = \begin{pmatrix} -4+0{,}5t \\ 11-1{,}5t \\ 0{,}8-0{,}15t \end{pmatrix}$$

Daraus ergibt sich eine Zielfunktion:

$$q(t) = d(t)^2 = |\overrightarrow{K_tS_t}|^2 = (-4+0{,}5t)^2 + (11-1{,}5t)^2 + (0{,}8-0{,}15t)^2$$
$$= 2{,}5225t^2 - 37{,}24t + 137{,}64$$

Die Nullstelle der ersten Ableitung lautet:

$$q'(t) = 5{,}045t - 37{,}24 = 0 \quad \Leftrightarrow \quad t = \frac{37{,}24}{5{,}045} \approx 7{,}38$$

Da q(t) eine nach oben geöffnete Parabel ist, ist die Nullstelle der ersten Ableitung tatsächlich ein Minimum.
Damit ergibt sich für die Zeit $t_m \approx 7{,}38$ die minimale Entfernung von

$$\mathbf{d(t_m)} = \sqrt{2{,}5225t_m^2 - 37{,}24t_m + 137{,}64} \; \mathbf{\approx 0{,}442}.$$

Die Flugzeuge nähern sich bei unverändertem Flug auf ca. **442 Meter**.

Bei der CAS-Lösung wird die Abstandsfunktion selbst und nicht ihr Quadrat auf ein Minimum untersucht.
Hier wird mithilfe der zweiten Ableitung bestätigt, dass es sich bei dem berechneten Kandidaten für ein Minimum tatsächlich um ein solches handelt.

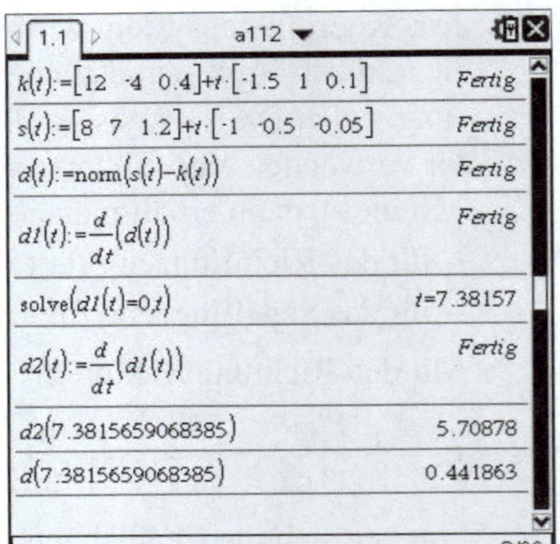


c) Die Positionen des Hubschraubers zu den Zeiten t = 5 bzw. t = 8 lauten
$H_5(-3 \mid 0 \mid 0{,}1)$ bzw. $H_8(0 \mid 3 \mid 0{,}7)$.
Mithilfe des Richtungsvektors

$$\vec{r}_H = \frac{1}{3}\begin{pmatrix} 0-(-3) \\ 3-0 \\ 0{,}7-0{,}1 \end{pmatrix} = \begin{pmatrix} 1 \\ 1 \\ 0{,}2 \end{pmatrix}$$

und der Position $H_5$ zum Zeitpunkt t = 5 erhält man die Position des Hubschraubers zum Zeitpunkt t:

$$H_t(-3+(t-5)\cdot 1 \mid 0+(t-5)\cdot 1 \mid 0{,}1+(t-5)\cdot 0{,}2)$$
$$= H_t(-8+t \mid -5+t \mid -0{,}9+0{,}2t)$$

Das Quadrat der Entfernung zum Kleinflugzeug zum Zeitpunkt t entspricht:

$$q(t) = d(t)^2 = |\overrightarrow{H_tK_t}|^2 = (20-2,5t)^2 + 1^2 + (1,3-0,1t)^2$$
$$= 6,26t^2 - 100,26t + 402,69$$

Die Nullstelle der ersten Ableitung ist ein Kandidat für eine Minimalstelle:

$$q'(t) = 12,52t - 100,26 = 0 \quad \Leftrightarrow \quad t = \frac{100,26}{12,52} \approx 8,008$$

Wegen $q''(8,008) = 12,52 > 0$ handelt es sich tatsächlich um ein Minimum. Für die geringste Entfernung erhält man $d(8,008) \approx 1,118$; **der Sicherheitsabstand zum Kleinflugzeug wird eingehalten**.

Analog bestimmt man die minimale Entfernung zum Segelflugzeug:

$$q(t) = d(t)^2 = |\overrightarrow{H_tS_t}|^2 = (16-2t)^2 + (12-1,5t)^2 + (2,1-0,25t)^2$$
$$= 6,3125t^2 - 101,05t + 404,41$$

$$q'(t) = 12,625t - 101,05 = 0 \quad \Leftrightarrow \quad t = \frac{101,05}{12,625} \approx 8,004$$

$$q''(8,004) = 12,625 > 0$$

Die geringste Entfernung haben Hubschrauber und Segelflugzeug also zum Zeitpunkt $t_m \approx 8,004$. Sie beträgt $d(8,004) \approx 0,100$. Mit 100 Metern wird **der Sicherheitsabstand deutlich unterschritten**. Die Flugroute mindestens eines der beiden Flugobjekte muss geändert werden, um die Vorschriften einzuhalten.

Bei der CAS-Lösung werden die Punkte immer als Ortsvektoren zu den jeweiligen Punkten dargestellt. Deshalb werden die Positionen des Hubschraubers und der beiden Flugzeuge als Geraden definiert (vgl. auch Teilaufgabe b).

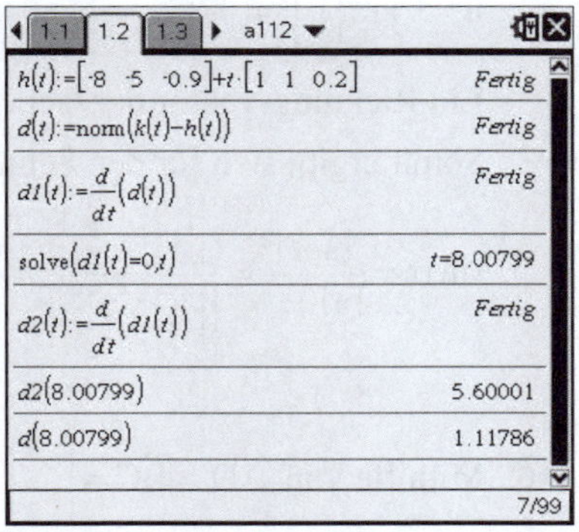


Zur Bestimmung der geringsten Entfernung wird wieder die Abstandsfunktion selbst betrachtet und das Ergebnis als Minimum mithilfe der zweiten Ableitung bestätigt.

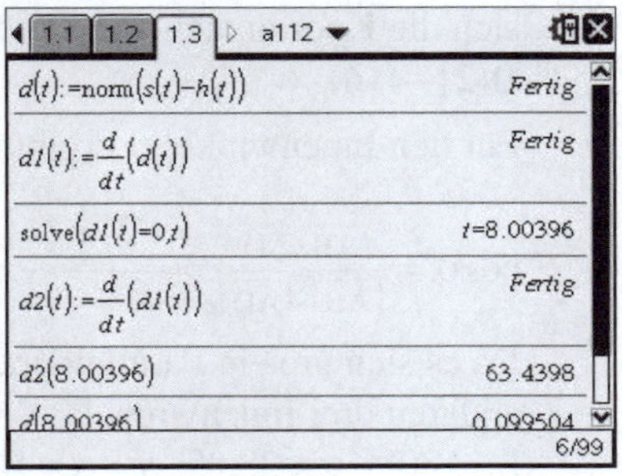


Das erste Bild rechts zeigt die Berechnung für das Kleinflugzeug, das zweite die entsprechende Rechnung für das Segelflugzeug.

**113.** Ansatz: $r\cdot\begin{pmatrix}3\\1\\2\end{pmatrix}+s\cdot\begin{pmatrix}1\\1\\2\end{pmatrix}+t\cdot\begin{pmatrix}-2\\1\\-3\end{pmatrix}=\begin{pmatrix}0\\0\\0\end{pmatrix}$

$$\begin{array}{llcll} \text{I} & 3r+s-2t=0 & & \text{I} & 3r+s-2t=0 \\ \text{II} & r+s+t=0 & \Leftrightarrow & \text{IV}=\text{I}-3\cdot\text{II} & -2s-5t=0 \\ \text{III} & 2r+2s-3t=0 & & \text{V}=2\cdot\text{II}-\text{III} & 5t=0 \end{array}$$

Es folgt: $t=0$, $s=0$ und $r=0$

Somit ist nur die triviale Darstellung des Nullvektors möglich; die Vektoren sind **linear unabhängig**.

**114.** Spannvektoren der Ebene sind z. B. $\overrightarrow{AB}=\begin{pmatrix}-4\\-4\\1\end{pmatrix}$ und $\overrightarrow{AC}=\begin{pmatrix}-2\\-2\\4\end{pmatrix}$.

Damit lautet ein Normalenvektor von E:

$$\vec{n}=\begin{pmatrix}-4\\-4\\1\end{pmatrix}\times\begin{pmatrix}-2\\-2\\4\end{pmatrix}=\begin{pmatrix}-14\\14\\0\end{pmatrix}=\frac{1}{14}\cdot\begin{pmatrix}-1\\1\\0\end{pmatrix}$$

Die Koordinatengleichung der Ebene hat die Form E: $-x_1+x_2=c$.

Um den Wert von c zu bestimmen, setzt man den Punkt $A(3\,|\,2\,|\,-1)$ ein:

$-3+2=c \quad\Leftrightarrow\quad c=-1$

Die Ebene E besitzt somit die Koordinatenform **E: $-x_1+x_2=-1$**.

**115.** Ein Normalenvektor der Ebene E lautet:

$$\vec{n}=\begin{pmatrix}1\\1\\2\end{pmatrix}\times\begin{pmatrix}-2\\1\\-3\end{pmatrix}=\begin{pmatrix}-5\\-1\\3\end{pmatrix}$$

Ein Richtungsvektor der Geraden $g_{AB}$ ist $\vec{r}=\overrightarrow{AB}=\begin{pmatrix}-3\\3\\3\end{pmatrix}$.

Somit ergibt sich für den Schnittwinkel α:

$$\sin\alpha=\frac{|\vec{n}\cdot\vec{r}|}{|\vec{n}|\cdot|\vec{r}|}=\frac{\left|\begin{pmatrix}-5\\-1\\3\end{pmatrix}\cdot\begin{pmatrix}-3\\3\\3\end{pmatrix}\right|}{\left|\begin{pmatrix}-5\\-1\\3\end{pmatrix}\right|\cdot\left|\begin{pmatrix}-3\\3\\3\end{pmatrix}\right|}=\frac{|15-3+9|}{\sqrt{35}\cdot\sqrt{27}}=\frac{21}{\sqrt{945}}\quad\Rightarrow\quad \boldsymbol{\alpha\approx 43{,}1^\circ}$$

**116.** Mithilfe von $\overrightarrow{AD}=\overrightarrow{BC}=\begin{pmatrix}-1\\-5\\7\end{pmatrix}$ lassen sich die Koordinaten von D bestimmen:

**D(2 | −4 | 6)**

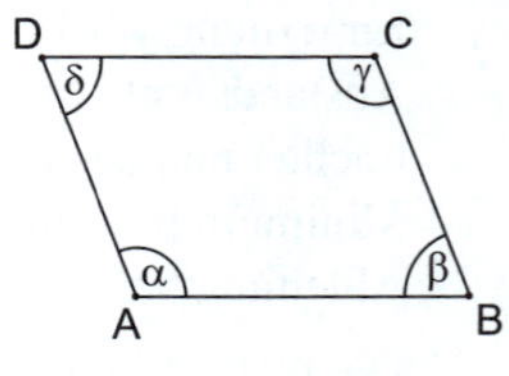


Für den Innenwinkel α ergibt sich:

$$\cos\alpha=\frac{\overrightarrow{AB}\cdot\overrightarrow{AD}}{|\overrightarrow{AB}|\cdot|\overrightarrow{AD}|}=\frac{\begin{pmatrix}3\\3\\-2\end{pmatrix}\cdot\begin{pmatrix}-1\\-5\\7\end{pmatrix}}{\sqrt{22}\cdot\sqrt{75}}=\frac{-32}{\sqrt{1650}}\quad\Rightarrow\quad\boldsymbol{\alpha\approx 142{,}0^\circ}$$

Da es sich um ein Parallelogramm handelt, ergeben sich daraus direkt die anderen drei Innenwinkel:

$\boldsymbol{\beta}=180^\circ-\alpha\boldsymbol{\approx 38{,}0^\circ}$; $\boldsymbol{\gamma}=\alpha\boldsymbol{\approx 142{,}0^\circ}$; $\boldsymbol{\delta}=\beta\boldsymbol{\approx 38{,}0^\circ}$

Für den Flächeninhalt A ergibt sich:

$$\mathbf{A} = \left|\overrightarrow{AB} \times \overrightarrow{AD}\right| = \left|\begin{pmatrix}3\\3\\-2\end{pmatrix} \times \begin{pmatrix}-1\\-5\\7\end{pmatrix}\right| = \left|\begin{pmatrix}11\\-19\\-12\end{pmatrix}\right| = \sqrt{121+361+144} = \sqrt{626} \approx \mathbf{25{,}0}$$

Der Flächeninhalt des Parallelogramms beträgt ca. 25 Flächeneinheiten.

**117.** Man bestimmt einen Normaleneinheitsvektor der Ebene E:

$$\vec{n} = \begin{pmatrix}6\\2\\-4\end{pmatrix};\ |\vec{n}| = \sqrt{36+4+16} = \sqrt{56};\ \vec{n}_0 = \frac{1}{\sqrt{56}} \cdot \begin{pmatrix}6\\2\\-4\end{pmatrix}$$

Setzt man in der Ebenengleichung von E die $x_1$- und die $x_2$-Koordinaten gleich 0, erhält man den Punkt $A(0\,|\,0\,|\,-6)$ auf der Ebene E. Damit lässt sich der Abstand d von $P(3\,|\,2\,|\,6)$ zur Ebene E bestimmen:

$$\mathbf{d(P;\,E)} = \left|(\vec{p}-\vec{a}) \cdot \vec{n}_0\right| = \left|\left(\begin{pmatrix}3\\2\\6\end{pmatrix} - \begin{pmatrix}0\\0\\-6\end{pmatrix}\right) \cdot \frac{1}{\sqrt{56}}\begin{pmatrix}6\\2\\-4\end{pmatrix}\right| = \frac{1}{\sqrt{56}} \cdot \left|\begin{pmatrix}3\\2\\12\end{pmatrix} \cdot \begin{pmatrix}6\\2\\-4\end{pmatrix}\right|$$

$$= \frac{1}{\sqrt{56}} \cdot |18+4-48| = \frac{1}{\sqrt{56}} \cdot 26 \approx \mathbf{3{,}47}$$

P hat ungefähr den Abstand 3,47 zur Ebene E.

**118.** a) Die Eckpunkte des Würfels sind $A(0\,|\,0\,|\,0)$, $B(6\,|\,0\,|\,0)$, $C(6\,|\,6\,|\,0)$, $D(0\,|\,6\,|\,0)$, $E(0\,|\,0\,|\,6)$, $F(6\,|\,0\,|\,6)$, $G(6\,|\,6\,|\,6)$ und $H(0\,|\,6\,|\,6)$.
Die Mittelpunkte der angegebenen Strecken sind demzufolge $M_1(3\,|\,0\,|\,0)$, $M_2(6\,|\,3\,|\,0)$, $M_3(6\,|\,6\,|\,3)$, $M_4(3\,|\,6\,|\,6)$, $M_5(0\,|\,3\,|\,6)$ und $M_6(0\,|\,0\,|\,3)$.

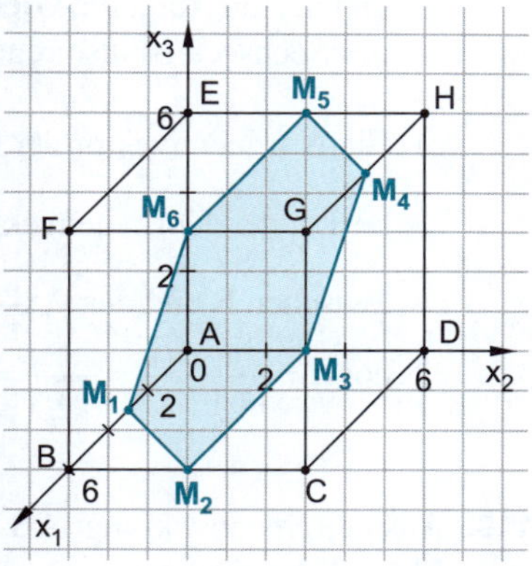


Die Ebene E, die die Punkte $M_1$, $M_2$ und $M_3$ enthält, wird bestimmt. Zwei Spannvektoren von E sind

$$\overrightarrow{M_1M_2} = \begin{pmatrix}3\\3\\0\end{pmatrix} \text{ und } \overrightarrow{M_1M_3} = \begin{pmatrix}3\\6\\3\end{pmatrix};$$ hieraus lässt sich ein Normalenvektor von E errechnen:

$$\vec{n} = \begin{pmatrix}3\\3\\0\end{pmatrix} \times \begin{pmatrix}3\\6\\3\end{pmatrix} = \begin{pmatrix}9\\-9\\9\end{pmatrix} = 9 \cdot \begin{pmatrix}1\\-1\\1\end{pmatrix}$$

Eine Koordinatengleichung von E lautet somit $x_1 - x_2 + x_3 = c$, wobei sich c durch Punktprobe mit $M_1$ ergibt:

$3-0+0=c \iff c=3 \implies \mathbf{E\!: x_1 - x_2 + x_3 = 3}$

Punktprobe mit $M_4$, $M_5$ und $M_6$:

$3-6+6=3 \iff 3=3$ bzw. $0-3+6=3 \iff 3=3$ bzw. $0-0+3=3 \iff 3=3$

Damit ist gezeigt, dass alle sechs Mittelpunkte in der Ebene E liegen.

b) Aus den Längen der Sechseckseiten

$|\overrightarrow{M_1M_2}| = \left|\begin{pmatrix}3\\3\\0\end{pmatrix}\right| = \sqrt{9+9} = \sqrt{18}, \quad |\overrightarrow{M_2M_3}| = \left|\begin{pmatrix}0\\3\\3\end{pmatrix}\right| = \sqrt{9+9} = \sqrt{18},$

$|\overrightarrow{M_3M_4}| = \left|\begin{pmatrix}-3\\0\\3\end{pmatrix}\right| = \sqrt{9+9} = \sqrt{18}, \quad |\overrightarrow{M_4M_5}| = \left|\begin{pmatrix}-3\\-3\\0\end{pmatrix}\right| = \sqrt{9+9} = \sqrt{18},$

$|\overrightarrow{M_5M_6}| = \left|\begin{pmatrix}0\\-3\\-3\end{pmatrix}\right| = \sqrt{9+9} = \sqrt{18}$ und $|\overrightarrow{M_6M_1}| = \left|\begin{pmatrix}3\\0\\-3\end{pmatrix}\right| = \sqrt{9+9} = \sqrt{18}$

folgt die **Gleichseitigkeit des Sechsecks**.

Da die Skalarprodukte

$\overrightarrow{M_1M_2} \cdot \overrightarrow{M_1M_6} = \begin{pmatrix}3\\3\\0\end{pmatrix} \cdot \begin{pmatrix}-3\\0\\3\end{pmatrix} = -9, \quad \overrightarrow{M_2M_3} \cdot \overrightarrow{M_2M_1} = \begin{pmatrix}0\\3\\3\end{pmatrix} \cdot \begin{pmatrix}-3\\-3\\0\end{pmatrix} = -9,$

$\overrightarrow{M_3M_4} \cdot \overrightarrow{M_3M_2} = \begin{pmatrix}-3\\0\\3\end{pmatrix} \cdot \begin{pmatrix}0\\-3\\-3\end{pmatrix} = -9, \quad \overrightarrow{M_4M_5} \cdot \overrightarrow{M_4M_3} = \begin{pmatrix}-3\\-3\\0\end{pmatrix} \cdot \begin{pmatrix}3\\0\\-3\end{pmatrix} = -9,$

$\overrightarrow{M_5M_6} \cdot \overrightarrow{M_5M_4} = \begin{pmatrix}0\\-3\\-3\end{pmatrix} \cdot \begin{pmatrix}3\\3\\0\end{pmatrix} = -9,$ und $\overrightarrow{M_6M_1} \cdot \overrightarrow{M_6M_5} = \begin{pmatrix}3\\0\\-3\end{pmatrix} \cdot \begin{pmatrix}0\\3\\3\end{pmatrix} = -9$

gleich sind, folgt die **Gleichheit der Innenwinkel** (jeweils 120°); das Sechseck ist also regelmäßig.

c) Ein Normalenvektor der Ebene E lautet $\vec{n}_1 = \begin{pmatrix}1\\-1\\1\end{pmatrix}$ und die $x_1x_2$-Ebene besitzt den Normalenvektor $\vec{n}_2 = \begin{pmatrix}0\\0\\1\end{pmatrix}$, sodass sich für den Winkel α zwischen E und der $x_1x_2$-Ebene ergibt:

$\cos\alpha = \frac{|\vec{n}_1 \cdot \vec{n}_2|}{|\vec{n}_1| \cdot |\vec{n}_2|} = \frac{1}{\sqrt{3} \cdot 1} = \frac{1}{\sqrt{3}} \quad \Rightarrow \quad \boldsymbol{\alpha \approx 54{,}7°}$

**119.** Aus den Spannvektoren $\overrightarrow{AB}$ und $\overrightarrow{AC}$ wird zunächst ein Normalenvektor der Ebene E bestimmt:

$\vec{n} = \overrightarrow{AB} \times \overrightarrow{AC} = \begin{pmatrix}4\\-1\\-5\end{pmatrix} \times \begin{pmatrix}-3\\3\\6\end{pmatrix} = \begin{pmatrix}9\\-9\\9\end{pmatrix} = 9 \cdot \begin{pmatrix}1\\-1\\1\end{pmatrix}$

Daher hat die Ebene in Koordinatenform die Gleichung E: $x_1 - x_2 + x_3 = c$, wobei c durch Einsetzen des Punktes $A(4|2|1)$ bestimmt werden kann:

$4 - 2 + 1 = c \quad \Leftrightarrow \quad c = 3$

Die Koordinatenform von E lautet E: $x_1 - x_2 + x_3 = 3$.

Daraus lassen sich die Spurpunkte der Ebene ablesen:

$S_1(3|0|0)$; $S_2(0|-3|0)$; $S_3(0|0|3)$

Die Gleichungen der drei Spurgeraden lauten somit:

$$\mathbf{s_1:}\ \vec{x} = \overrightarrow{OS_1} + t\cdot\overrightarrow{S_1S_2} = \begin{pmatrix}3\\0\\0\end{pmatrix} + t\cdot\begin{pmatrix}-3\\-3\\0\end{pmatrix}$$

$$\mathbf{s_2:}\ \vec{x} = \overrightarrow{OS_2} + t\cdot\overrightarrow{S_2S_3} = \begin{pmatrix}0\\-3\\0\end{pmatrix} + t\cdot\begin{pmatrix}0\\3\\3\end{pmatrix}$$

$$\mathbf{s_3:}\ \vec{x} = \overrightarrow{OS_3} + t\cdot\overrightarrow{S_3S_1} = \begin{pmatrix}0\\0\\3\end{pmatrix} + t\cdot\begin{pmatrix}3\\0\\-3\end{pmatrix}$$

Darstellung im Koordinatensystem:

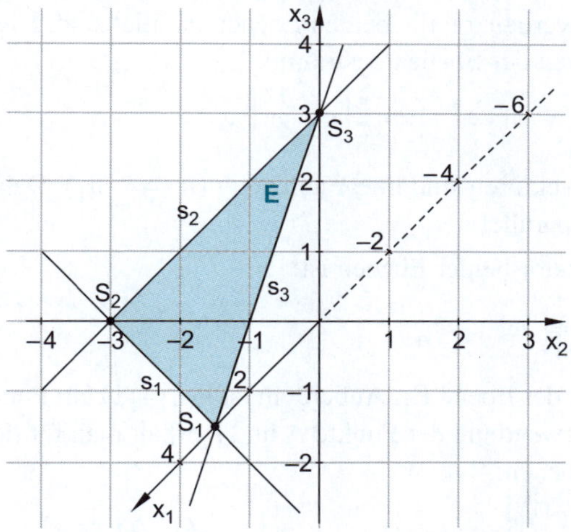


**120.** a) $r\cdot\vec{a} + s\cdot\vec{b} + t\cdot\vec{c} = \vec{o} \quad\Leftrightarrow\quad r\cdot\begin{pmatrix}7\\5\\3\end{pmatrix} + s\cdot\begin{pmatrix}2\\4\\6\end{pmatrix} + t\cdot\begin{pmatrix}1\\-1\\-3\end{pmatrix} = \begin{pmatrix}0\\0\\0\end{pmatrix}$

$$\begin{array}{ll} \text{I} & 7r + 2s + t = 0 \\ \text{II} & 5r + 4s - t = 0 \\ \text{III} & 3r + 6s - 3t = 0 \end{array} \quad\Leftrightarrow\quad \begin{array}{lr} \text{I} & 7r + 2s + t = 0 \\ \text{IV} = 5\cdot\text{I} - 7\cdot\text{II} & -18s + 12t = 0 \\ \text{V} = 3\cdot\text{II} - 5\cdot\text{III} & -18s + 12t = 0 \end{array}$$

$$\Leftrightarrow\quad \begin{array}{lr} \text{I} & 7r + 2s + t = 0 \\ \text{IV} & -18s + 12t = 0 \\ \text{VI} = \text{IV} - \text{V} & 0 = 0 \end{array}$$

Gleichung VI ist immer erfüllt, der Parameter t also beliebig wählbar; aus Gleichung IV ergibt sich:

$-18s = -12t \quad\Leftrightarrow\quad s = \frac{2}{3}t$

Setzt man dies in Gleichung I ein, erhält man:

$7r = -2\cdot\frac{2}{3}t - t \quad\Leftrightarrow\quad 7r = -\frac{7}{3}t \quad\Leftrightarrow\quad r = -\frac{1}{3}t$

Der Nullvektor lässt sich darstellen als:

$\boldsymbol{\vec{o} = -\frac{t}{3}\cdot\vec{a} + \frac{2t}{3}\cdot\vec{b} + t\cdot\vec{c};\ t \in \mathbb{R}}$

b) $r \cdot \begin{pmatrix} 2 \\ -1 \\ 3 \end{pmatrix} + s \cdot \begin{pmatrix} 3 \\ -1 \\ 3 \end{pmatrix} + t \cdot \begin{pmatrix} 1 \\ -2 \\ 1 \end{pmatrix} = \begin{pmatrix} 0 \\ 0 \\ 0 \end{pmatrix}$

$$\begin{array}{lrcll} \text{I} & 2r + 3s + t = 0 & & \text{I} & 2r + 3s + t = 0 \\ \text{II} & -r - s - 2t = 0 & \Leftrightarrow & \text{IV} = \text{I} + 2 \cdot \text{II} & s - 3t = 0 \\ \text{III} & 3r + 3s + t = 0 & & \text{V} = 3 \cdot \text{II} + \text{III} & -5t = 0 \end{array}$$

Es folgt: $t = 0$, $s = 0$ und $r = 0$

Somit ist nur die triviale Darstellung des Nullvektors $0 \cdot \vec{a} + 0 \cdot \vec{b} + 0 \cdot \vec{c} = \vec{o}$ möglich; die Vektoren sind **linear unabhängig**.

**121.** Zunächst muss geprüft werden, ob die beiden Ebenen parallel sind. Hierzu werden Normalenvektoren der Ebenen bestimmt:

$\vec{n}_1 = \begin{pmatrix} 4 \\ 1 \\ 4 \end{pmatrix} \times \begin{pmatrix} 2 \\ 3 \\ 1 \end{pmatrix} = \begin{pmatrix} -11 \\ 4 \\ 10 \end{pmatrix}$ bzw. $\vec{n}_2 = \begin{pmatrix} 8 \\ 7 \\ 6 \end{pmatrix} \times \begin{pmatrix} -2 \\ 7 \\ -5 \end{pmatrix} = \begin{pmatrix} -77 \\ 28 \\ 70 \end{pmatrix}$

Diese beiden Normalenvektoren sind linear abhängig ($\vec{n}_2 = 7 \cdot \vec{n}_1$). Daher sind die beiden Ebenen parallel.

Ein Normaleneinheitsvektor beider Ebenen ist:

$$\vec{n}_0 = \frac{1}{|\vec{n}_1|} \cdot \vec{n}_1 = \frac{1}{\sqrt{237}} \cdot \begin{pmatrix} -11 \\ 4 \\ 10 \end{pmatrix}$$

$A(0\,|\,1\,|\,-2)$ ist ein Punkt der Ebene $E_1$. Außerdem ist $P(6\,|\,4\,|\,1)$ ein Punkt in der Ebene $E_2$. Unter Verwendung der Punkte A und P erhält man für den Abstand d der beiden Ebenen:

$$\mathbf{d} = \left| \left( \begin{pmatrix} 0 \\ 1 \\ -2 \end{pmatrix} - \begin{pmatrix} 6 \\ 4 \\ 1 \end{pmatrix} \right) \cdot \frac{1}{\sqrt{237}} \begin{pmatrix} -11 \\ 4 \\ 10 \end{pmatrix} \right| = \frac{1}{\sqrt{237}} \cdot \left| \begin{pmatrix} -6 \\ -3 \\ -3 \end{pmatrix} \cdot \begin{pmatrix} -11 \\ 4 \\ 10 \end{pmatrix} \right| = \frac{24}{\sqrt{237}} \approx \mathbf{1{,}56}$$

Der Abstand der beiden Ebenen beträgt näherungsweise 1,56.

**122.** Unter Verwendung der Ortsvektoren zu den Punkten A, B und C erhält man z. B. die Ebenengleichung:

$$E\colon\ \vec{x} = \begin{pmatrix} -3 \\ -4 \\ 7 \end{pmatrix} + u \cdot \begin{pmatrix} 12 \\ 12 \\ 2 \end{pmatrix} + v \cdot \begin{pmatrix} 7 \\ 12 \\ -3 \end{pmatrix}$$

Mit einer Punktprobe ist nun zu prüfen, ob der Punkt D ebenfalls in dieser Ebene E liegt:

$$\begin{pmatrix} 6 \\ 4 \\ 0 \end{pmatrix} = \begin{pmatrix} -3 \\ -4 \\ 7 \end{pmatrix} + u \cdot \begin{pmatrix} 12 \\ 12 \\ 2 \end{pmatrix} + v \cdot \begin{pmatrix} 7 \\ 12 \\ -3 \end{pmatrix}$$

$$\begin{array}{lrcll} \text{I} & 12u + 7v = 9 & & \text{I} & 12u + 7v = 9 \\ \text{II} & 12u + 12v = 8 & \Leftrightarrow & \text{IV} = \text{I} - \text{II} & -5v = 1 \\ \text{III} & 2u - 3v = -7 & & \text{V} = \text{I} - 6 \cdot \text{III} & 25v = 51 \end{array}$$

Die Gleichungen IV und V führen auf verschiedene Werte für v, sodass das Gleichungssystem nicht lösbar ist. Der Punkt D liegt nicht in der Ebene E und **die vier Punkte liegen damit auch nicht in einer Ebene**.

Der CAS-Rechner bestätigt durch die Ausgabe **false**, dass die Vektorgleichung keine Lösung hat und der Punkt D damit nicht in der Ebene E liegt.

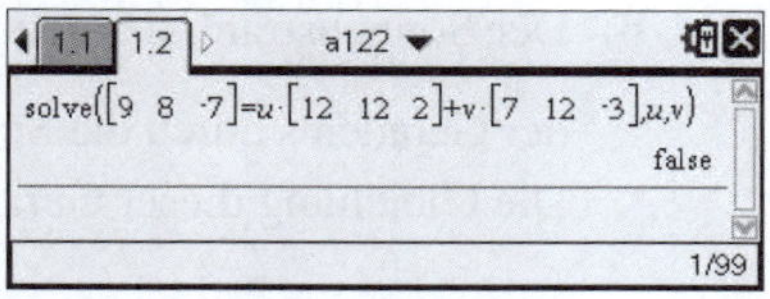


Alternativ kann man die Funktion **e(x)** als das Skalarprodukt aus dem Normalenvektor $\vec{n}$ der Ebene E und dem Differenzvektor $\vec{x}-\vec{a}$ definieren. Setzt man für $\vec{x}$ den Ortsvektor zum Punkt D ein, so müsste sich 0 ergeben, falls D in der Ebene liegen würde. Da der CAS-Rechner –560 ausgibt, liegt D nicht in der Ebene.

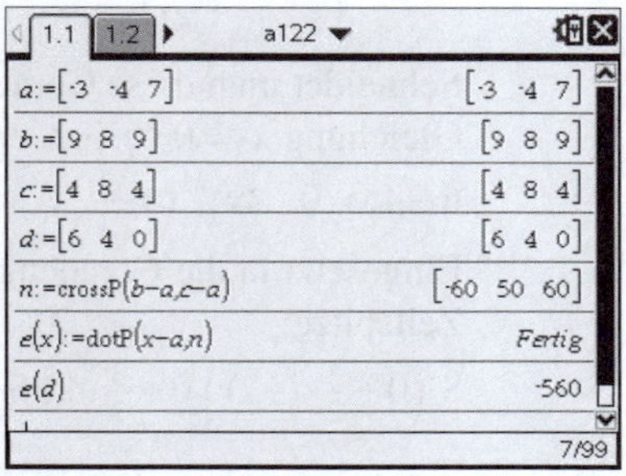


Die Verbindungsvektoren der einzelnen Eckpunkte zum Punkt M lauten:

$\overrightarrow{AM}=\begin{pmatrix}8\\4\\1\end{pmatrix}$; $\overrightarrow{BM}=\begin{pmatrix}-4\\-8\\-1\end{pmatrix}$; $\overrightarrow{CM}=\begin{pmatrix}1\\-8\\4\end{pmatrix}$; $\overrightarrow{DM}=\begin{pmatrix}-1\\-4\\8\end{pmatrix}$

Man sieht bereits, dass bei diesen Vektoren abgesehen von den Vorzeichen jeweils dieselben Zahlen als Koordinaten vorkommen. Da bei der Längenberechnung die Koordinaten quadriert werden, spielen die unterschiedlichen Vorzeichen keine Rolle und man erhält:

$$\mathbf{|\overrightarrow{AM}|=|\overrightarrow{BM}|=|\overrightarrow{CM}|=|\overrightarrow{DM}|=\sqrt{64+16+1}=9}$$

**123.** a) Schrägbild (1 LE $\hat{=}$ 1 m):

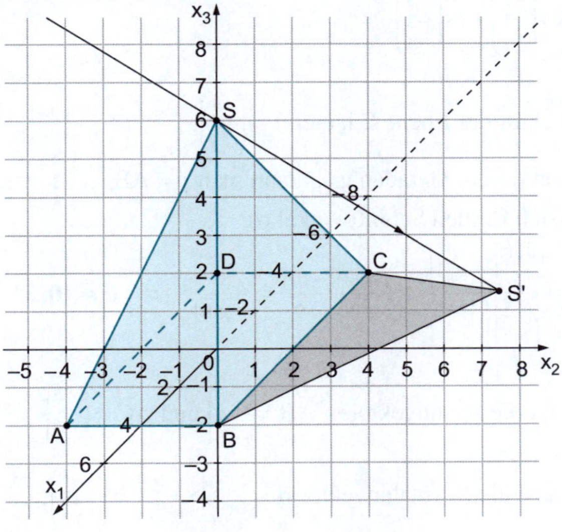

b) Der Sonnenstrahl, der den Schattenpunkt der Zeltspitze erzeugt, liegt auf der Geraden s durch die Spitze des Zeltes mit dem Richtungsvektor $\begin{pmatrix}-2\\4\\-4\end{pmatrix}$.
Die Gleichung dieser Geraden lautet somit:

$$s:\ \vec{x}=\begin{pmatrix}0\\0\\6\end{pmatrix}+t\cdot\begin{pmatrix}-2\\4\\-4\end{pmatrix}$$

Schneidet man diese Gerade mit der $x_1x_2$-Koordinatenebene, die die Gleichung $x_3=0$ besitzt, erhält man aus der dritten Koordinate:

$$6-4t=0 \quad\Leftrightarrow\quad t=\frac{3}{2}$$

Eingesetzt in die Geradengleichung ergibt sich der Schattenpunkt S' der Zeltspitze:

$$S'\left(0+\tfrac{3}{2}\cdot(-2)\,\middle|\,0+\tfrac{3}{2}\cdot 4\,\middle|\,6+\tfrac{3}{2}\cdot(-4)\right)=\mathbf{S'(-3\,|\,6\,|\,0)}$$

c) Schattenbild siehe Teilaufgabe a.
Mit $\overrightarrow{BS'}=\begin{pmatrix}-7\\4\\0\end{pmatrix}$ und $\overrightarrow{CS'}=\begin{pmatrix}1\\4\\0\end{pmatrix}$ ergibt sich für die Schattenfläche:

$$\mathbf{A}=\frac{1}{2}\cdot\left|\overrightarrow{BS'}\times\overrightarrow{CS'}\right|=\frac{1}{2}\cdot\left|\begin{pmatrix}-7\\4\\0\end{pmatrix}\times\begin{pmatrix}1\\4\\0\end{pmatrix}\right|=\frac{1}{2}\cdot\left|\begin{pmatrix}0\\0\\-32\end{pmatrix}\right|=\mathbf{16}$$

Der Schatten hat den Flächeninhalt **16 m²**.

**124.** Aus dem Stützpunkt B(–1 | 1 | 3) der Geraden g und dem Punkt A(2 | –1 | –1) gewinnt man einen zweiten Spannvektor $\vec{r}=\overrightarrow{BA}=\begin{pmatrix}3\\-2\\-4\end{pmatrix}$ und somit als Gleichung für die Ebene:

$$\mathbf{E:\ \vec{x}=\begin{pmatrix}-1\\1\\3\end{pmatrix}+k\cdot\begin{pmatrix}-2\\1\\1\end{pmatrix}+t\cdot\begin{pmatrix}3\\-2\\-4\end{pmatrix}}$$

**125.** Ein Normalenvektor der Ebene E lautet $\vec{n}=\begin{pmatrix}-4\\-3\\2\end{pmatrix}$.

Als Richtungsvektor der Geraden $g_{AB}$ kann man $\vec{r}=\overrightarrow{AB}=\begin{pmatrix}-4\\3\\-8\end{pmatrix}$ verwenden.
Hieraus ergibt sich für den Schnittwinkel α:

$$\sin\alpha=\frac{|\vec{n}\cdot\vec{r}|}{|\vec{n}|\cdot|\vec{r}|}=\frac{\left|\begin{pmatrix}-4\\-3\\2\end{pmatrix}\cdot\begin{pmatrix}-4\\3\\-8\end{pmatrix}\right|}{\left|\begin{pmatrix}-4\\-3\\2\end{pmatrix}\right|\cdot\left|\begin{pmatrix}-4\\3\\-8\end{pmatrix}\right|}=\frac{|16-9-16|}{\sqrt{29}\cdot\sqrt{89}}=\frac{9}{\sqrt{2581}}\quad\Rightarrow\quad\boldsymbol{\alpha\approx 10{,}2^\circ}$$

**126.** Die Ebene besitzt die Spannvektoren $\overrightarrow{AB}=\begin{pmatrix}-3\\3\\-8\end{pmatrix}$ und $\overrightarrow{AC}=\begin{pmatrix}2\\2\\-3\end{pmatrix}$.

Hieraus ergibt sich als Normalenvektor $\mathbf{\vec{n}}=\begin{pmatrix}-3\\3\\-8\end{pmatrix}\times\begin{pmatrix}2\\2\\-3\end{pmatrix}=\mathbf{\begin{pmatrix}7\\-25\\-12\end{pmatrix}}$.

**127.** Weil die Richtungsvektoren der beiden Geraden keine Vielfachen voneinander, also linear unabhängig sind, sind die Geraden entweder windschief oder sie schneiden sich in einem Punkt.

Daher werden die beiden Geradengleichungen gleichgesetzt:

$$\begin{pmatrix}3\\-1\\-1\end{pmatrix}+r\cdot\begin{pmatrix}1\\0\\2\end{pmatrix}=\begin{pmatrix}1\\3\\1\end{pmatrix}+s\cdot\begin{pmatrix}2\\-1\\1\end{pmatrix} \Leftrightarrow \begin{array}{ll}\text{I} & 3+\ r=1+2s\\ \text{II} & -\ 1=3-\ s\\ \text{III} & -1+2r=1+\ s\end{array}$$

Aus Gleichung II folgt sofort $s=4$; eingesetzt in Gleichung III ergibt sich:
$-1+2r=5 \Leftrightarrow r=3$
Gleichung I liefert damit:
$3+3=1+2\cdot 4 \Leftrightarrow 6=9$
Dies ist ein Widerspruch; die beiden Geraden sind **windschief**.

**128.** Zunächst wird ein Normaleneinheitsvektor zu den Richtungsvektoren der Geraden bestimmt:

$$\vec{n}=\vec{r}_g\times\vec{r}_h=\begin{pmatrix}4\\2\\-5\end{pmatrix}\times\begin{pmatrix}-4\\-1\\6\end{pmatrix}=\begin{pmatrix}7\\-4\\4\end{pmatrix} \text{ und hieraus } \vec{n}_0=\frac{\vec{n}}{|\vec{n}|}=\frac{1}{9}\cdot\begin{pmatrix}7\\-4\\4\end{pmatrix}$$

Mit den Ortsvektoren $\vec{p}=\begin{pmatrix}-4\\-1\\2\end{pmatrix}$ und $\vec{q}=\begin{pmatrix}-1\\3\\2\end{pmatrix}$, die zu den Punkten P auf der Geraden g und Q auf der Geraden h zeigen, folgt somit:

$$\mathbf{d}=|(\vec{q}-\vec{p})\cdot\vec{n}_0|=\left|\begin{pmatrix}3\\4\\0\end{pmatrix}\cdot\frac{1}{9}\begin{pmatrix}7\\-4\\4\end{pmatrix}\right|=\mathbf{\frac{5}{9}}$$

Der Abstand der beiden Geraden beträgt $\frac{5}{9}$.

**129.** a) Aus $\overrightarrow{DC}=\overrightarrow{AB}=\begin{pmatrix}6\\-8\\0\end{pmatrix}$ kann der fehlende Eckpunkt C des Quadrats bestimmt werden: **C(18 | 0 | 0)**

Der Mittelpunkt der Grundfläche liegt in der Mitte der Strecke [BD] und damit im Punkt M(11 | 1 | 0). Somit hat die Pyramidenspitze die Koordinaten **S(11 | 1 | 10)**.

Der Kugelmittelpunkt befindet sich demzufolge im Punkt $M_K(11\,|\,1\,|\,7)$.

Damit hat die Kugel die Gleichung **K:** $\left(\vec{x}-\begin{pmatrix}11\\1\\7\end{pmatrix}\right)^2=1$.

b) Wenn der Abstand von $M_K$ zu einer Seitenfläche größer als der Kugelradius ist, dann berührt oder schneidet die Kugel aus Symmetriegründen auch keine der anderen Seitenflächen.
Man bestimmt z. B. den Abstand des Kugelmittelpunktes zu der Ebene E, die die Seitenfläche ABS enthält.

Aus den beiden Spannvektoren $\overrightarrow{AB} = \begin{pmatrix} 6 \\ -8 \\ 0 \end{pmatrix}$ und $\overrightarrow{AS} = \begin{pmatrix} 7 \\ -1 \\ 10 \end{pmatrix}$ erhält man einen Normalenvektor der Ebene:

$$\vec{n} = \begin{pmatrix} 6 \\ -8 \\ 0 \end{pmatrix} \times \begin{pmatrix} 7 \\ -1 \\ 10 \end{pmatrix} = \begin{pmatrix} -80 \\ -60 \\ 50 \end{pmatrix} = 10 \cdot \begin{pmatrix} -8 \\ -6 \\ 5 \end{pmatrix}$$

Mit $|\vec{n}| = 10\sqrt{64+36+25} = 10\sqrt{125}$ lautet der Normaleneinheitsvektor:

$$\vec{n}_0 = \frac{1}{\sqrt{125}} \begin{pmatrix} -8 \\ -6 \\ 5 \end{pmatrix}$$

Mit dem Ortsvektor zum Punkt A als Stützvektor der Ebene E erhält man als Abstand des Kugelmittelpunktes $M_K$ von der Seitenfläche ABS:

$$\mathbf{d} = \frac{1}{\sqrt{125}} \cdot \left| \left( \begin{pmatrix} 11 \\ 1 \\ 7 \end{pmatrix} - \begin{pmatrix} 4 \\ 2 \\ 0 \end{pmatrix} \right) \cdot \begin{pmatrix} -8 \\ -6 \\ 5 \end{pmatrix} \right| = \frac{1}{\sqrt{125}} \cdot \left| \begin{pmatrix} 7 \\ -1 \\ 7 \end{pmatrix} \cdot \begin{pmatrix} -8 \\ -6 \\ 5 \end{pmatrix} \right| = \frac{|-56+6+35|}{\sqrt{125}} \mathbf{\approx 1{,}34}$$

Die Kugel hat somit einen **Abstand von ca. 34 cm** von den vier Seitenflächen der Pyramide, da der Radius der Kugel 1 m beträgt.

**130.** Die Seitenlängen des Dreiecks ABC betragen:

$$\mathbf{c} = |\overrightarrow{AB}| = \left| \begin{pmatrix} -3 \\ 1 \\ 5 \end{pmatrix} \right| = \sqrt{9+1+25} = \mathbf{\sqrt{35}}$$

$$\mathbf{a} = |\overrightarrow{BC}| = \left| \begin{pmatrix} 9 \\ 1 \\ -3 \end{pmatrix} \right| = \sqrt{81+1+9} = \mathbf{\sqrt{91}}$$

$$\mathbf{b} = |\overrightarrow{AC}| = \left| \begin{pmatrix} 6 \\ 2 \\ 2 \end{pmatrix} \right| = \sqrt{36+4+4} = \mathbf{\sqrt{44}}$$

**131.** Ein Punkt auf der Ebene ist A(1 | 2 | 1).
Die Spannvektoren der Ebene müssen orthogonal auf dem Normalenvektor $\vec{n} = \begin{pmatrix} 3 \\ -1 \\ -1 \end{pmatrix}$ stehen; z. B. wählt man die Vektoren $\vec{r}_1 = \begin{pmatrix} 1 \\ 3 \\ 0 \end{pmatrix}$ und $\vec{r}_2 = \begin{pmatrix} 1 \\ 0 \\ 3 \end{pmatrix}$.
Eine mögliche Parameterform der Ebene E lautet somit:

$$\mathbf{E:}\ \vec{x} = \begin{pmatrix} 1 \\ 2 \\ 1 \end{pmatrix} + r \cdot \begin{pmatrix} 1 \\ 3 \\ 0 \end{pmatrix} + s \cdot \begin{pmatrix} 1 \\ 0 \\ 3 \end{pmatrix}$$

**132.** Die Lösung erfolgt nach der Lösungsmöglichkeit 1 aus Abschnitt 8.2.
Der Ortsvektor zum Punkt A als Stützvektor und der Richtungsvektor der Geraden g als Normalenvektor liefern die Gleichung für die Hilfsebene:

$$E: \left( \vec{x} - \begin{pmatrix} 5 \\ -2 \\ 1 \end{pmatrix} \right) \cdot \begin{pmatrix} -2 \\ -1 \\ 3 \end{pmatrix} = 0$$

Einsetzen des variablen Ortsvektors der Geradengleichung liefert die Koordinaten des Ortsvektors $\vec{f}$ zum Lotfußpunkt F als Durchstoßpunkt der Geraden g durch die Hilfsebene E:

$$\left(\begin{pmatrix}-5\\-1\\4\end{pmatrix}+r\cdot\begin{pmatrix}-2\\-1\\3\end{pmatrix}-\begin{pmatrix}5\\-2\\1\end{pmatrix}\right)\cdot\begin{pmatrix}-2\\-1\\3\end{pmatrix}=0$$

$$\left(\begin{pmatrix}-10\\1\\3\end{pmatrix}+r\cdot\begin{pmatrix}-2\\-1\\3\end{pmatrix}\right)\cdot\begin{pmatrix}-2\\-1\\3\end{pmatrix}=0$$

$$28+14r=0$$

$$r=-2$$

$$\Rightarrow\ \vec{f}=\begin{pmatrix}-5\\-1\\4\end{pmatrix}-2\cdot\begin{pmatrix}-2\\-1\\3\end{pmatrix}=\begin{pmatrix}-1\\1\\-2\end{pmatrix}$$

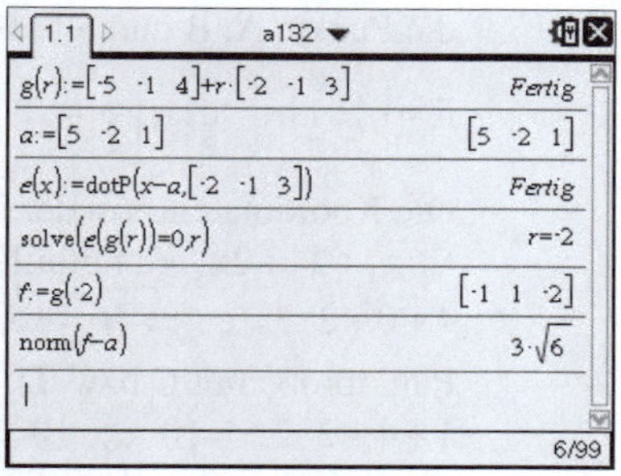


Damit erhält man den Abstand des Punktes A von der Geraden g:

$$\mathbf{d}=|\overrightarrow{FA}|=|\vec{a}-\vec{f}|=\left|\begin{pmatrix}5\\-2\\1\end{pmatrix}-\begin{pmatrix}-1\\1\\-2\end{pmatrix}\right|=\left|\begin{pmatrix}6\\-3\\3\end{pmatrix}\right|=\mathbf{\sqrt{54}=3\sqrt{6}}$$

**133.** $\overrightarrow{AB}=\begin{pmatrix}-1\\3\\6\end{pmatrix};\ \overrightarrow{AC}=\begin{pmatrix}-4\\5\\3\end{pmatrix}$

$$\mathbf{A_D}=\frac{1}{2}\cdot|\overrightarrow{AB}\times\overrightarrow{AC}|=\frac{1}{2}\cdot\left|\begin{pmatrix}-1\\3\\6\end{pmatrix}\times\begin{pmatrix}-4\\5\\3\end{pmatrix}\right|=\frac{1}{2}\cdot\left|\begin{pmatrix}-21\\-21\\7\end{pmatrix}\right|=\frac{1}{2}\sqrt{931}\ \mathbf{\approx 15{,}3}$$

Der Flächeninhalt des Dreiecks beträgt in etwa 15,3 Flächeneinheiten.

**134.** Gleichsetzen der beiden Ebenengleichungen liefert:

$$\begin{pmatrix}4\\1\\2\end{pmatrix}+r_1\cdot\begin{pmatrix}-3\\1\\0\end{pmatrix}+s_1\cdot\begin{pmatrix}1\\-2\\5\end{pmatrix}=\begin{pmatrix}2\\0\\7\end{pmatrix}+r_2\cdot\begin{pmatrix}2\\4\\2\end{pmatrix}+s_2\cdot\begin{pmatrix}0\\-7\\-3\end{pmatrix}$$

$$\begin{array}{lrcll}
\text{I} & -3r_1+s_1-2r_2 & =-2 & & \text{I} & -3r_1+s_1-2r_2=-2\\
\text{II} & r_1-2s_1-4r_2+7s_2 & =-1 & \Leftrightarrow & \text{IV}=\text{I}+3\cdot\text{II} & -5s_1-14r_2+21s_2=-5\\
\text{III} & 5s_1-2r_2+3s_2 & =5 & & \text{V}=\text{IV}+\text{III} & -16r_2+24s_2=0
\end{array}$$

Aus Gleichung V erhält man die Beziehung: $16r_2=24s_2 \Leftrightarrow r_2=\frac{3}{2}s_2$

Setzt man dies in die Gleichung von Ebene $E_2$ ein, erhält man die **Schnittgerade g von $E_1$ und $E_2$**:

$$\mathbf{g:\ \vec{x}}=\begin{pmatrix}2\\0\\7\end{pmatrix}+r_2\cdot\begin{pmatrix}2\\4\\2\end{pmatrix}+s_2\cdot\begin{pmatrix}0\\-7\\-3\end{pmatrix}=\begin{pmatrix}2\\0\\7\end{pmatrix}+\frac{3}{2}s_2\cdot\begin{pmatrix}2\\4\\2\end{pmatrix}+s_2\cdot\begin{pmatrix}0\\-7\\-3\end{pmatrix}$$

$$=\begin{pmatrix}2\\0\\7\end{pmatrix}+s_2\cdot\begin{pmatrix}3\\6\\3\end{pmatrix}+s_2\cdot\begin{pmatrix}0\\-7\\-3\end{pmatrix}=\mathbf{\begin{pmatrix}2\\0\\7\end{pmatrix}+s_2\cdot\begin{pmatrix}3\\-1\\0\end{pmatrix}}$$

**135.** a) Mit dem Ortsvektor von A als Stützvektor und den Spannvektoren $\overrightarrow{AB} = \begin{pmatrix} 0 \\ 1 \\ -0{,}5 \end{pmatrix}$ und $\overrightarrow{AS} = \begin{pmatrix} -4 \\ 0 \\ 2 \end{pmatrix}$ wird ein Normalenvektor der Ebene E durch die Punkte A, B und S bestimmt:

$$\vec{n} = \begin{pmatrix} 0 \\ 1 \\ -0{,}5 \end{pmatrix} \times \begin{pmatrix} -4 \\ 0 \\ 2 \end{pmatrix} = \begin{pmatrix} 2 \\ 2 \\ 4 \end{pmatrix} = 2 \cdot \begin{pmatrix} 1 \\ 1 \\ 2 \end{pmatrix}$$

Die Koordinatenform der Ebene ergibt sich aus dem Ansatz
E: $x_1 + x_2 + 2x_3 = c$ mithilfe der Punktprobe mit A:
$4 + 0 + 2 \cdot 3 = c \quad \Leftrightarrow \quad c = 10$, also **E: $x_1 + x_2 + 2x_3 = 10$**.

Punktprobe mit C bzw. D:
$1 + 4 + 2 \cdot 2{,}5 = 10 \;\Leftrightarrow\; 10 = 10$ bzw. $0 + 4 + 2 \cdot 3 = 10 \;\Leftrightarrow\; 10 = 10$
Damit ist gezeigt, dass die **Dachfläche ABCDS in einer Ebene** liegt.

b) Die Stütze liegt auf der Geraden g durch den Stützpunkt F orthogonal zur Ebene E:

$$g: \vec{x} = \begin{pmatrix} 0 \\ 0 \\ 1 \end{pmatrix} + t \cdot \begin{pmatrix} 1 \\ 1 \\ 2 \end{pmatrix}$$

Schnitt dieser Geraden mit der Ebene E ergibt den Endpunkt G der Stütze; hierzu werden die Koordinaten von g in die Ebene E eingesetzt:

$$(0 + t) + (0 + t) + 2 \cdot (1 + 2t) = 10 \quad \Leftrightarrow \quad 6t = 8 \quad \Leftrightarrow \quad t = \frac{4}{3}$$

Eingesetzt in g ergibt sich:

$$\vec{x}_G = \begin{pmatrix} 0 \\ 0 \\ 1 \end{pmatrix} + \frac{4}{3} \cdot \begin{pmatrix} 1 \\ 1 \\ 2 \end{pmatrix} = \frac{1}{3} \cdot \begin{pmatrix} 4 \\ 4 \\ 11 \end{pmatrix} \text{ und damit } G\left(\frac{4}{3} \,\middle|\, \frac{4}{3} \,\middle|\, \frac{11}{3}\right).$$

Die Länge der Stütze beträgt:

$$\mathbf{L} = |\overrightarrow{FG}| = \left| \begin{pmatrix} \frac{4}{3} \\ \frac{4}{3} \\ \frac{8}{3} \end{pmatrix} \right| = \frac{4}{3}\sqrt{6} \approx \mathbf{3{,}27}$$

Die Stütze ist **ca. 3,27 m** lang.

**136.** Man sucht zunächst zwei Spannvektoren, die linear unabhängig sind und orthogonal zu $\vec{n}$ stehen. Ansatz:

$$\vec{v} \cdot \begin{pmatrix} 1 \\ -3 \\ -1 \end{pmatrix} = 0 \quad \Leftrightarrow \quad v_1 - 3v_2 - v_3 = 0$$

Man wählt zwei Koordinaten beliebig, z. B. ergibt sich mit $v_2 = 0$ und $v_3 = 1$:
$v_1 = 3 \cdot 0 + 1 = 1$
und mit $v_2 = 1$ und $v_3 = 0$:
$v_1 = 3 \cdot 1 + 0 = 3$
Man erhält also die Spannvektoren $\vec{v}_1 = \begin{pmatrix} 1 \\ 0 \\ 1 \end{pmatrix}$ und $\vec{v}_2 = \begin{pmatrix} 3 \\ 1 \\ 0 \end{pmatrix}$.

Zusammen mit dem Ortsvektor von P als Stützvektor der Ebene ergibt sich somit die Gleichung:

$$\mathbf{E:\ \vec{x} = \begin{pmatrix} 5 \\ -1 \\ 0 \end{pmatrix} + r \cdot \begin{pmatrix} 1 \\ 0 \\ 1 \end{pmatrix} + s \cdot \begin{pmatrix} 3 \\ 1 \\ 0 \end{pmatrix}}$$

**137.** Man bestimmt zunächst Normalenvektoren beider Ebenen:

$$\vec{n}_1 = \begin{pmatrix} 4 \\ -1 \\ -1 \end{pmatrix}; \quad \vec{n}_2 = \begin{pmatrix} 1 \\ 2 \\ 1 \end{pmatrix} \times \begin{pmatrix} 2 \\ 1 \\ 0 \end{pmatrix} = \begin{pmatrix} -1 \\ 2 \\ -3 \end{pmatrix}$$

Hieraus ergibt sich für den Schnittwinkel α der beiden Ebenen:

$$\cos\alpha = \frac{|\vec{n}_1 \cdot \vec{n}_2|}{|\vec{n}_1| \cdot |\vec{n}_2|} = \frac{\left|\begin{pmatrix} 4 \\ -1 \\ -1 \end{pmatrix} \cdot \begin{pmatrix} -1 \\ 2 \\ -3 \end{pmatrix}\right|}{\left|\begin{pmatrix} 4 \\ -1 \\ -1 \end{pmatrix}\right| \cdot \left|\begin{pmatrix} -1 \\ 2 \\ -3 \end{pmatrix}\right|} = \frac{|-4-2+3|}{\sqrt{18} \cdot \sqrt{14}} = \frac{3}{\sqrt{252}} \quad \Leftrightarrow \quad \boldsymbol{\alpha \approx 79{,}1°}$$

**138.** Die Pyramide wird aufgespannt von den drei Vektoren

$$\overrightarrow{AB} = \begin{pmatrix} 4 \\ 3 \\ 0 \end{pmatrix}, \ \overrightarrow{AC} = \begin{pmatrix} 7 \\ -1 \\ 0 \end{pmatrix} \text{ und } \overrightarrow{AD} = \begin{pmatrix} 2 \\ 5 \\ 9 \end{pmatrix}.$$

Das Volumen der Pyramide beträgt demzufolge:

$$V = \frac{1}{6} \cdot |(\overrightarrow{AB} \times \overrightarrow{AC}) \cdot \overrightarrow{AD}| = \frac{1}{6} \cdot \left|\left(\begin{pmatrix} 4 \\ 3 \\ 0 \end{pmatrix} \times \begin{pmatrix} 7 \\ -1 \\ 0 \end{pmatrix}\right) \cdot \begin{pmatrix} 2 \\ 5 \\ 9 \end{pmatrix}\right| = \frac{1}{6} \cdot \left|\begin{pmatrix} 0 \\ 0 \\ -25 \end{pmatrix} \cdot \begin{pmatrix} 2 \\ 5 \\ 9 \end{pmatrix}\right| = \boldsymbol{\frac{225}{6} = 37{,}5}$$

**139.** Bestimmung eines Normalenvektors von E:

$$\vec{n} = \begin{pmatrix} 1 \\ 2 \\ 0 \end{pmatrix} \times \begin{pmatrix} -1 \\ -1 \\ 3 \end{pmatrix} = \begin{pmatrix} 6 \\ -3 \\ 1 \end{pmatrix}$$

Somit besitzt die Ebene die Koordinatenform E: $6x_1 - 3x_2 + x_3 = c$.
Einsetzen des Stützpunktes P(−1 | 2 | −2) liefert:
$6 \cdot (-1) - 3 \cdot 2 + (-2) = c \ \Leftrightarrow \ c = -6 - 6 - 2 = -14$
Die Koordinatenform lautet somit: $\mathbf{E:\ 6x_1 - 3x_2 + x_3 = -14}$

**140.** a) Gemäß der Lage im Koordinatensystem werden die Eckpunkte des Quadrats zu A(72 | 72 | 0), B(−72 | 72 | 0), C(−72 | −72 | 0), D(72 | −72 | 0) sowie die Spitze der Pyramide zu S(0 | 0 | 90) bestimmt.
Mit dem Ortsvektor von A als Stützvektor und den Spannvektoren

$$\overrightarrow{AB} = \begin{pmatrix} -144 \\ 0 \\ 0 \end{pmatrix} = 144 \cdot \begin{pmatrix} -1 \\ 0 \\ 0 \end{pmatrix} \text{ und } \overrightarrow{AS} = \begin{pmatrix} -72 \\ -72 \\ 90 \end{pmatrix} = 18 \cdot \begin{pmatrix} -4 \\ -4 \\ 5 \end{pmatrix}$$

erhält man als Normalenvektor der Ebene $E_1$:

$$\vec{n} = \begin{pmatrix} -1 \\ 0 \\ 0 \end{pmatrix} \times \begin{pmatrix} -4 \\ -4 \\ 5 \end{pmatrix} = \begin{pmatrix} 0 \\ 5 \\ 4 \end{pmatrix}$$

Eine Koordinatengleichung der Ebene $E_1$ lautet $5x_2+4x_3=c$ und nach Punktprobe mit A erhält man $5\cdot 72+4\cdot 0=c \Leftrightarrow c=360$ und damit **$E_1$: $5x_2+4x_3=360$**.

Den Neigungswinkel gegenüber der Grundfläche, die den Normalenvektor $\vec{n}_G=\begin{pmatrix}0\\0\\1\end{pmatrix}$ besitzt, erhält man mittels:

$$\cos\alpha=\frac{|\vec{n}\cdot\vec{n}_G|}{|\vec{n}|\cdot|\vec{n}_G|}=\frac{1}{\sqrt{41}\cdot 1}\cdot\left|\begin{pmatrix}0\\5\\4\end{pmatrix}\cdot\begin{pmatrix}0\\0\\1\end{pmatrix}\right|=\frac{4}{\sqrt{41}} \quad\Rightarrow\quad \boldsymbol{\alpha\approx 51{,}3°}$$

b) Die Gerade, die den Übergang der Rampenfläche an die Pyramide darstellt, entspricht der Schnittgeraden der Ebenen $E_1$ und $E_2$:

$$\begin{array}{ll} \text{I} & 5x_2+4x_3=360 \\ \text{II} & 5x_2+26x_3=1\,350 \end{array} \Leftrightarrow \begin{array}{ll} \text{I} & 5x_2+4x_3=360 \\ \text{III}=\text{II}-\text{I} & 22x_3=990 \end{array}$$

Aus Gleichung III ergibt sich **$x_3=45$**. Die Pyramidenhöhe beträgt bei der gegebenen Rampe somit **45 Meter**.

Setzt man $x_3=45$ in Gleichung I ein, erhält man:

$5x_2+4\cdot 45=360 \Leftrightarrow x_2=36$

Die halbe Pyramidenbreite beträgt somit 36 m.

Die Rampe beginnt auf Erdbodenhöhe, also für $x_3=0$. Eingesetzt in $E_2$ erhält man $5x_2=1\,350 \Leftrightarrow x_2=270$. Die horizontal gemessene Länge der Rampe beträgt somit 270 m − 36 m = 234 m.

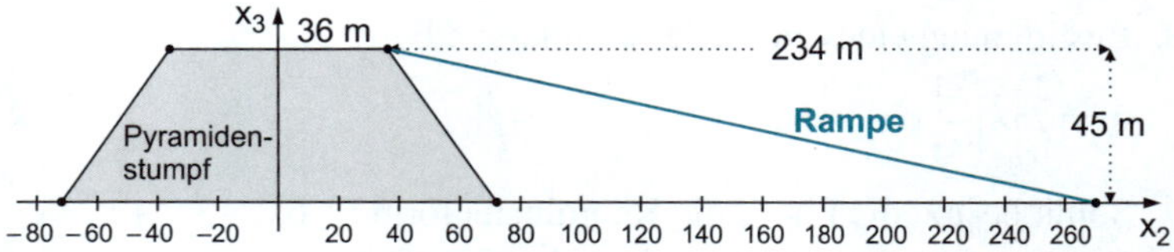


Zusammen mit der Höhe von 45 m und dem Satz des Pythagoras erhält man für die Länge L der Rampe:

$$\mathbf{L}=\sqrt{(45\text{ m})^2+(234\text{ m})^2}\ \boldsymbol{\approx 238\text{ m}}$$

**141.** Zur Bestimmung der Spurpunkte werden jeweils zwei Koordinaten gleich 0 gesetzt. Die Spurpunkte der Ebene E lauten damit:
**A(6|0|0)**; **B(0|−3|0)**; **C(0|0|−4)**

**142.** $E_2$ wird in Koordinatenform umgewandelt:

$$\left(\vec{x}-\begin{pmatrix}3\\-4\\0\end{pmatrix}\right)\cdot\begin{pmatrix}6\\3\\-1\end{pmatrix}=0 \Leftrightarrow (x_1-3)\cdot 6+(x_2+4)\cdot 3+x_3\cdot(-1)=0$$

$$\Leftrightarrow 6x_1-18+3x_2+12-x_3=0 \Leftrightarrow 6x_1+3x_2-x_3=6$$

Somit erhält man für die Schnittmenge das Gleichungssystem:

$$\begin{array}{lrl} \text{I} & 6x_1+3x_2-\ \ x_3= & 6 \\ \text{II} & 2x_1+3x_2+3x_3= & -6 \end{array} \quad\Leftrightarrow\quad \begin{array}{lrl} \text{I} & 6x_1+3x_2-\ \ x_3= & 6 \\ \text{III}=\text{I}-3\cdot\text{II} & -6x_2-10x_3= & 24 \end{array}$$

Bei freier Wahl von $x_3$ erhält man aus Gleichung III:

$$-6x_2=24+10x_3 \;\Leftrightarrow\; x_2=-4-\tfrac{5}{3}x_3$$

Eingesetzt in Gleichung I folgt damit:

$$\begin{aligned} 6x_1+3x_2-x_3=6 \;&\Leftrightarrow\; 6x_1+3\cdot\left(-4-\tfrac{5}{3}x_3\right)-x_3=6 \\ &\Leftrightarrow\; 6x_1-12-5x_3-x_3=6 \\ &\Leftrightarrow\; 6x_1=18+6x_3 \;\Leftrightarrow\; x_1=3+x_3 \end{aligned}$$

Damit lautet die Gleichung der Schnittgeraden der beiden Ebenen:

$$\textbf{g: } \vec{x}=\begin{pmatrix} x_1 \\ x_2 \\ x_3 \end{pmatrix}=\begin{pmatrix} 3+x_3 \\ -4-\frac{5}{3}x_3 \\ x_3 \end{pmatrix}=\begin{pmatrix} 3 \\ -4 \\ 0 \end{pmatrix}+s\cdot\begin{pmatrix} 1 \\ -\frac{5}{3} \\ 1 \end{pmatrix}=\begin{pmatrix} \mathbf{3} \\ \mathbf{-4} \\ \mathbf{0} \end{pmatrix}+\mathbf{t}\cdot\begin{pmatrix} \mathbf{3} \\ \mathbf{-5} \\ \mathbf{3} \end{pmatrix}$$

In der CAS-Lösung wird ein Gleichungssystem mit zwei Gleichungen und drei Unbekannten gelöst. Dabei ist darauf zu achten, dass der variable Ortsvektor $\vec{x}$ der Normalenform der Ebene $E_2$ mit den einzelnen Koordinaten $x_1$, $x_2$, $x_3$ angegeben wird. Eine vorherige Umwandlung in die Koordinatenform ist hier nicht notwendig.

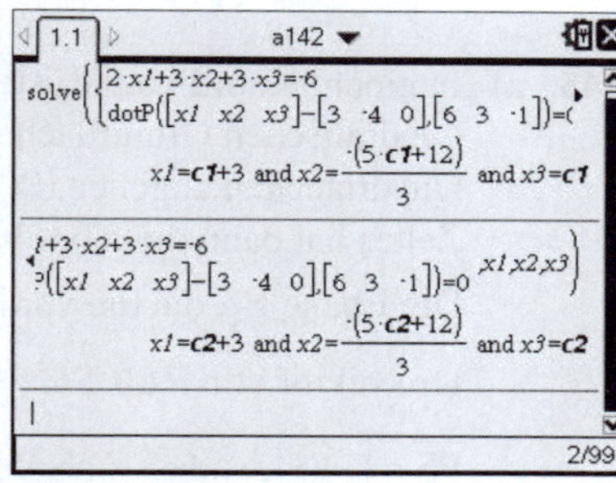


**143.** $\cos\alpha=\dfrac{\overrightarrow{AB}\cdot\overrightarrow{AC}}{|\overrightarrow{AB}|\cdot|\overrightarrow{AC}|}=\dfrac{\begin{pmatrix}-1\\-1\\-5\end{pmatrix}\cdot\begin{pmatrix}-5\\1\\1\end{pmatrix}}{\left|\begin{pmatrix}-1\\-1\\-5\end{pmatrix}\right|\cdot\left|\begin{pmatrix}-5\\1\\1\end{pmatrix}\right|}=\dfrac{-1}{\sqrt{27}\cdot\sqrt{27}}=-\dfrac{1}{27} \;\Rightarrow\; \boldsymbol{\alpha\approx 92{,}1°}$

$\cos\beta=\dfrac{\overrightarrow{BA}\cdot\overrightarrow{BC}}{|\overrightarrow{BA}|\cdot|\overrightarrow{BC}|}=\dfrac{\begin{pmatrix}1\\1\\5\end{pmatrix}\cdot\begin{pmatrix}-4\\2\\6\end{pmatrix}}{\left|\begin{pmatrix}1\\1\\5\end{pmatrix}\right|\cdot\left|\begin{pmatrix}-4\\2\\6\end{pmatrix}\right|}=\dfrac{28}{\sqrt{27}\cdot\sqrt{56}} \;\Rightarrow\; \boldsymbol{\beta\approx 43{,}9°}$

Das Dreieck ABC ist **gleichschenklig**, weil die Seiten [AB] und [AC] jeweils die Länge $\sqrt{27}$ haben.
Daher ist $\boldsymbol{\gamma=\beta\approx 43{,}9°}$.

**144.** Abstand der beiden Mittelpunkte: $d=|\overrightarrow{M_1M_2}|=\sqrt{36+9+4}=7$
Damit sich die Kugeln berühren, muss einer der folgenden beiden Fälle zutreffen.

*Fall 1:* $r_1 + r_2 = d$ (Berührung von außen)

Es folgt: $1 + r_2 = 7 \quad \Leftrightarrow \quad \mathbf{r_2 = 6}$

Der Berührpunkt $B_1$ erfüllt die Bedingung:

$$\overrightarrow{M_1B_1} = \frac{1}{7} \cdot \overrightarrow{M_1M_2} = \frac{1}{7} \cdot \begin{pmatrix} -6 \\ 3 \\ -2 \end{pmatrix}$$

Hieraus ergibt sich: $B_1\left(2 - \frac{6}{7} \,\middle|\, 2 + \frac{3}{7} \,\middle|\, 5 - \frac{2}{7}\right) = \mathbf{B_1\left(\frac{8}{7} \,\middle|\, \frac{17}{7} \,\middle|\, \frac{33}{7}\right)}$

*Fall 2:* $|r_1 - r_2| = d$ (Berührung von innen)

Es folgt: $|1 - r_2| = 7 \quad \Leftrightarrow \quad \mathbf{r_2 = 8}$ (da $r_2 > 0$ gilt)

Da $K_1$ innerhalb $K_2$ liegt, gilt für den Berührpunkt $B_2$:

$$\overrightarrow{M_2B_2} = \frac{8}{7} \cdot \overrightarrow{M_2M_1} = \frac{8}{7} \cdot \begin{pmatrix} 6 \\ -3 \\ 2 \end{pmatrix}$$

Es ergibt sich: $B_2\left(-4 + \frac{48}{7} \,\middle|\, 5 - \frac{24}{7} \,\middle|\, 3 + \frac{16}{7}\right) = \mathbf{B_2\left(\frac{20}{7} \,\middle|\, \frac{11}{7} \,\middle|\, \frac{37}{7}\right)}$

**145.** a) In einem Koordinatensystem, in dem der Ursprung in der Mitte der quadratischen Grundfläche liegt, kann man die Koordinaten der beiden Quadratecken angeben: $P(1{,}5 \,|\, -1{,}5 \,|\, 0)$ und $Q(1{,}5 \,|\, 1{,}5 \,|\, 0)$. Die Spitze des Zeltes hat dann die Koordinaten $S(0 \,|\, 0 \,|\, 3)$.

Die Ebene $E_1$, die die vordere Seitenfläche des Zeltes enthält, besitzt den Ortsvektor von P als Stützvektor und die Spannvektoren $\overrightarrow{PQ} = \begin{pmatrix} 0 \\ 3 \\ 0 \end{pmatrix}$ und $\overrightarrow{PS} = \begin{pmatrix} -1{,}5 \\ 1{,}5 \\ 3 \end{pmatrix}$, sodass sich als Normalenvektor dieser Ebene ergibt:

$$\vec{n}_1 = \begin{pmatrix} 0 \\ 3 \\ 0 \end{pmatrix} \times \begin{pmatrix} -1{,}5 \\ 1{,}5 \\ 3 \end{pmatrix} = \begin{pmatrix} 9 \\ 0 \\ 4{,}5 \end{pmatrix} = 4{,}5 \cdot \begin{pmatrix} 2 \\ 0 \\ 1 \end{pmatrix}$$

Die Koordinatenform der Ebene lautet also $2x_1 + x_3 = c$, wobei man c aus der Punktprobe mit P erhält: $2 \cdot 1{,}5 + 0 = c \quad \Leftrightarrow \quad c = 3$

Es folgt: $E_1\colon\ 2x_1 + x_3 = 3$

Die rechte Seitenfläche der Pyramide liegt in der Ebene $E_2$, die durch den Ortsvektor von Q als Stützvektor und die Spannvektoren $\overrightarrow{QR} = \begin{pmatrix} -3 \\ 0 \\ 0 \end{pmatrix}$ (R ist die rechte hintere Ecke der Pyramide) und $\overrightarrow{QS} = \begin{pmatrix} -1{,}5 \\ -1{,}5 \\ 3 \end{pmatrix}$ bestimmt wird. Als Normalenvektor ergibt sich:

$$\vec{n}_2 = \begin{pmatrix} -3 \\ 0 \\ 0 \end{pmatrix} \times \begin{pmatrix} -1{,}5 \\ -1{,}5 \\ 3 \end{pmatrix} = \begin{pmatrix} 0 \\ 9 \\ 4{,}5 \end{pmatrix} = 4{,}5 \cdot \begin{pmatrix} 0 \\ 2 \\ 1 \end{pmatrix}$$

Die Koordinatenform der Ebene lautet $2x_2 + x_3 = c$, wobei man c aus der Punktprobe mit Q erhält: $2 \cdot 1{,}5 + 0 = c \quad \Leftrightarrow \quad c = 3$

Es folgt: $E_2\colon\ 2x_2 + x_3 = 3$

Der Winkel $\alpha$ zwischen diesen beiden Ebenen wird bestimmt über

$$\cos\alpha = \frac{|\vec{n}_1 \cdot \vec{n}_2|}{|\vec{n}_1| \cdot |\vec{n}_2|} = \frac{1}{\sqrt{5} \cdot \sqrt{5}} = \frac{1}{5} \quad \Rightarrow \quad \alpha \approx 78{,}5°$$

Da der Winkel $\beta$ zwischen benachbarten Seitenflächen der Pyramide stumpf ist (siehe Aufgabentext), muss dieser Winkel der Nebenwinkel von $\alpha$ sein: $\boldsymbol{\beta = 180° - \alpha \approx 101{,}5°}$

b) Eine Seitenfläche der Pyramide hat den Inhalt:

$$A_1 = \frac{1}{2}|\overrightarrow{PQ} \times \overrightarrow{PS}| = \frac{1}{2}\left|\begin{pmatrix} 0 \\ 3 \\ 0 \end{pmatrix} \times \begin{pmatrix} -1{,}5 \\ 1{,}5 \\ 3 \end{pmatrix}\right| = \frac{1}{2}\left|\begin{pmatrix} 9 \\ 0 \\ 4{,}5 \end{pmatrix}\right| = \frac{1}{2} \cdot \sqrt{101{,}25}$$

Das Dreieck ABS besitzt die halbe Fläche, da die Grundseite dieses Dreiecks im Vergleich zum Dreieck PQS nur halb so lang ist.
Das Dreieck DCS entsteht aus dem Dreieck ABS durch eine zentrische Streckung in S mit dem Faktor $k = \frac{1}{2}$, sodass die Fläche des Dreiecks DCS nur das $k^2$-fache, also $\frac{1}{4}$ der Fläche des Dreiecks ABS und damit $\frac{1}{8}$ der Fläche des Dreiecks PQS beträgt.

Insgesamt ergibt sich somit für die vordere Seitenfläche (wenn die Zeltöffnung nicht mitgerechnet wird):

$$A_V = \frac{1}{2}A_1 + \frac{1}{8}A_1 = \frac{5}{8}A_1$$

Gesamtfläche:

$$\mathbf{A} = A_V + 3 \cdot A_1 = \frac{29}{8}A_1 = \frac{29}{16}\sqrt{101{,}25} = \frac{261}{32}\sqrt{5} \approx \mathbf{18{,}2}$$

Die gesamte Fläche des benötigten Stoffes beträgt ca. 18,2 $m^2$.

c) Die Lampe befindet sich im Punkt $L(0\,|\,0\,|\,2{,}25)$.
Die trapezförmige Zeltöffnung hat die Eckpunkte $A(1{,}5\,|\,-0{,}75\,|\,0)$ und $B(1{,}5\,|\,0{,}75\,|\,0)$. Der Punkt D liegt in der Mitte zwischen A und S und besitzt daher die Koordinaten $D(0{,}75\,|\,-0{,}375\,|\,1{,}5)$. Entsprechend hat C die Koordinaten $C(0{,}75\,|\,0{,}375\,|\,1{,}5)$.

Der Lichtstrahl, der von der Lampe ausgeht und durch den Punkt D verläuft, liegt auf der Geraden mit dem Stützvektor $\overrightarrow{OL}$ und dem Richtungsvektor $\overrightarrow{LD} = \begin{pmatrix} 0{,}75 \\ -0{,}375 \\ -0{,}75 \end{pmatrix}$; somit lautet die Gleichung dieser Geraden:

$$d: \ \vec{x} = \begin{pmatrix} 0 \\ 0 \\ 2{,}25 \end{pmatrix} + t \cdot \begin{pmatrix} 0{,}75 \\ -0{,}375 \\ -0{,}75 \end{pmatrix}$$

Schneidet man diese Gerade mit der Grundebene ($x_3 = 0$), ergibt sich:

$$2{,}25 = t \cdot 0{,}75 \quad \Leftrightarrow \quad t = \frac{2{,}25}{0{,}75} = 3$$

und damit als Eckpunkt des Lichtteppichs $D'(2{,}25\,|\,-1{,}125\,|\,0)$. Aus Symmetriegründen folgt für den zweiten Punkt des Lichtteppichs $C'(2{,}25\,|\,1{,}125\,|\,0)$.

Das beleuchtete Trapez besitzt folglich die Grundseiten mit den Längen $|AB| = 1{,}5$ und $|C'D'| = 2{,}25$ sowie die Höhe $h = 2{,}25 - 0{,}75 = 1{,}5$; für seinen Flächeninhalt folgt:

$$A_T = \frac{|AB| + |C'D'|}{2} \cdot h = \mathbf{2{,}8125}$$

Die beleuchtete Bodenfläche ist etwa **2,81 m²** groß.

**146.** a) Für $t = 4$ heißt die Ebenengleichung $E_4$: $x_1 - 7x_2 + 2x_3 = 4$.

Die Spurpunkte sind damit: $S_1(4|0|0)$; $S_2\left(0 \,\middle|\, -\frac{4}{7} \,\middle|\, 0\right)$; $S_3(0|0|2)$

Daraus erhält man die drei Spurgeraden:

$$s_1: \vec{x} = \overrightarrow{OS_1} + t \cdot \overrightarrow{S_1S_2} = \begin{pmatrix} 4 \\ 0 \\ 0 \end{pmatrix} + r \cdot \begin{pmatrix} -4 \\ -\frac{4}{7} \\ 0 \end{pmatrix}$$

$$s_2: \vec{x} = \overrightarrow{OS_2} + t \cdot \overrightarrow{S_2S_3} = \begin{pmatrix} 0 \\ -\frac{4}{7} \\ 0 \end{pmatrix} + r \cdot \begin{pmatrix} 0 \\ \frac{4}{7} \\ 2 \end{pmatrix}$$

$$s_3: \vec{x} = \overrightarrow{OS_3} + t \cdot \overrightarrow{S_3S_1} = \begin{pmatrix} 0 \\ 0 \\ 2 \end{pmatrix} + r \cdot \begin{pmatrix} 4 \\ 0 \\ -2 \end{pmatrix}$$

Darstellung im Koordinatensystem:

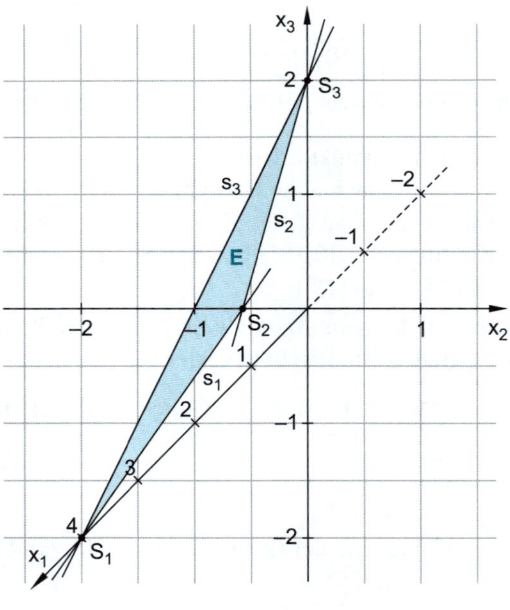

b) In die Gleichung der Ebenenschar sind die Koordinaten des Ortsvektors, der zum Punkt A zeigt, einzusetzen. Diese Gleichung muss dann nach t aufgelöst werden, um den gesuchten Wert $t_0$ zu erhalten:

$1+(1-2t_0)\cdot 1-(2-t_0)\cdot(-1)=4$

$\Leftrightarrow\quad 4-3t_0=4$

$\Leftrightarrow\quad \mathbf{t_0=0}$

Der Punkt A liegt also in der Ebene $E_0$: $x_1+x_2-2x_3=4$.

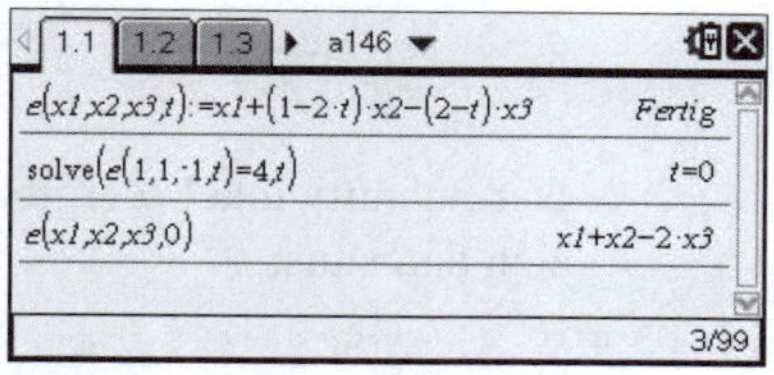


c) Die allgemeinen Spurpunktkoordinaten erhält man wie in Teilaufgabe a durch Einsetzen der Zahl 0 für zwei Koordinaten in der Ebenengleichung. Es ergeben sich die Punkte:

$A_t(4\,|\,0\,|\,0)$; $B_t\left(0\,\middle|\,\frac{4}{1-2t}\,\middle|\,0\right)$; $C_t\left(0\,\middle|\,0\,\middle|\,\frac{4}{t-2}\right)$

Damit das Dreieck $A_tB_tC_t$ gleichschenklig ist, müssen wenigstens zwei Seiten gleich lang sein, also z. B.:

$$|\overrightarrow{A_tB_t}|^2=|\overrightarrow{A_tC_t}|^2 \quad\Leftrightarrow\quad (-4)^2+\frac{4^2}{(1-2t)^2}=(-4)^2+\frac{4^2}{(t-2)^2}$$
$$\Leftrightarrow\quad (1-2t)^2=(t-2)^2$$
$$\Leftrightarrow\quad 1-4t+4t^2=t^2-4t+4$$
$$\Leftrightarrow\quad 3t^2=3$$
$$\Leftrightarrow\quad t=1 \quad\text{oder}\quad t=-1$$

Sowohl in der Ebene $E_1$ als auch in der Ebene $E_{-1}$ ist das Dreieck aus den Spurpunkten gleichschenklig.
Mögliche Lösungen sind also $\mathbf{t_1=1}$ oder $\mathbf{t_1=-1}$.

In der CAS-Lösung sieht man, dass es noch 2 weitere mögliche Werte für t gibt, sodass das Dreieck $A_tB_tC_t$ gleichschenklig ist, nämlich $\mathbf{t_1=3}$ oder $\mathbf{t_1=0}$. Diese erhält man, indem man die Gleichheit für je zwei andere Seitenlängen des Dreiecks fordert, also $|\overrightarrow{A_tB_t}|=|\overrightarrow{B_tC_t}|$ bzw. $|\overrightarrow{A_tC_t}|=|\overrightarrow{B_tC_t}|$.
Zudem wird deutlich, dass das Dreieck $A_1B_1C_1$ der Ebene $E_1$ sogar gleichseitig ist, da sich $t=1$ in allen drei Fällen ergibt.

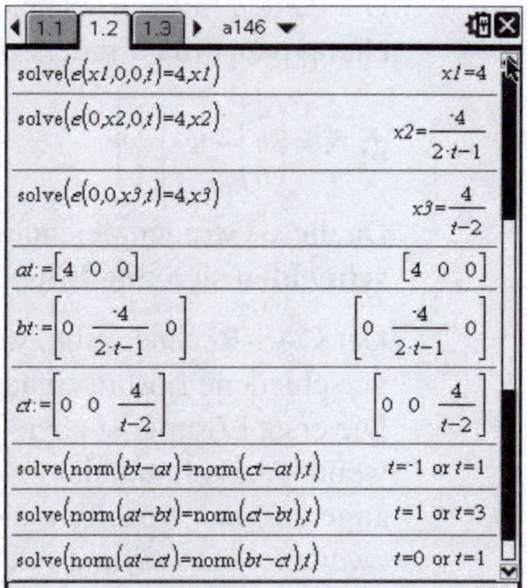

d) Zur Berechnung des Schnittwinkels zwischen den Ebenen $E_1$ und $E_2$ benötigt man die Normalenvektoren der beiden Ebenen, die man anhand der Koeffizienten aus der Koordinatenform ablesen kann:

$\vec{n}_1 = \begin{pmatrix} 1 \\ -1 \\ -1 \end{pmatrix}$ und $\vec{n}_2 = \begin{pmatrix} 1 \\ -3 \\ 0 \end{pmatrix}$

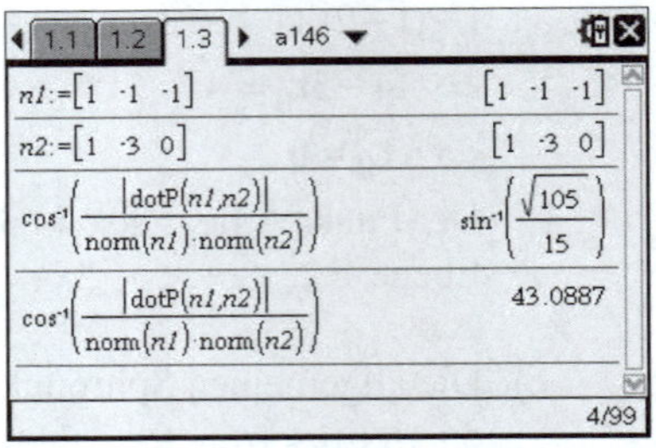


Der Schnittwinkel α ergibt sich dann aus:

$$\cos\alpha = \frac{|\vec{n}_1 \cdot \vec{n}_2|}{|\vec{n}_1| \cdot |\vec{n}_2|} = \frac{4}{\sqrt{3} \cdot \sqrt{10}}$$

$\Rightarrow$ **$\alpha \approx 43{,}1°$**

e) Man untersucht die Lagebeziehung von zwei verschiedenen Ebenen $E_t$ und $E_s$ $(t \neq s)$ der Schar:

$E_t$: $x_1 + (1-2t)x_2 - (2-t)x_3 = 4$

$E_s$: $x_1 + (1-2s)x_2 - (2-s)x_3 = 4$

Subtraktion der beiden Gleichungen ergibt:

$$((1-2t)-(1-2s))x_2 - ((2-t)-(2-s))x_3 = 0$$

$$(2s-2t)x_2 - (s-t)x_3 = 0$$

$$x_2 = \frac{s-t}{2s-2t}x_3 = \frac{1}{2}x_3$$

Für $x_1$ erhält man durch Einsetzen von $x_2$ in die erste Gleichung:

$$x_1 + \frac{1-2t}{2}x_3 - (2-t)x_3 = 4$$

$$x_1 + \frac{1}{2}x_3 - tx_3 - 2x_3 + tx_3 = 4$$

$$x_1 = 4 + \frac{3}{2}x_3$$

Die beiden Ebenen schneiden sich also in einer Geraden, deren Gleichung man erhält, indem man $x_3 = k$ setzt:

$$\mathbf{g\colon \vec{x} = \begin{pmatrix} 4 \\ 0 \\ 0 \end{pmatrix} + k \cdot \begin{pmatrix} \frac{3}{2} \\ \frac{1}{2} \\ 1 \end{pmatrix}}$$

Da diese Geradengleichung unabhängig von den Parametern t und s ist, **schneiden sich alle Ebenen der Schar in dieser Geraden g**.

Der CAS-Rechner gibt zwei verschiedene Lösungen aus. Die erste Lösung ist aber wenig sinnvoll, da hier $t = s$ angenommen wird. Erst die zweite Lösung stimmt mit der handschriftlichen Lösung überein.

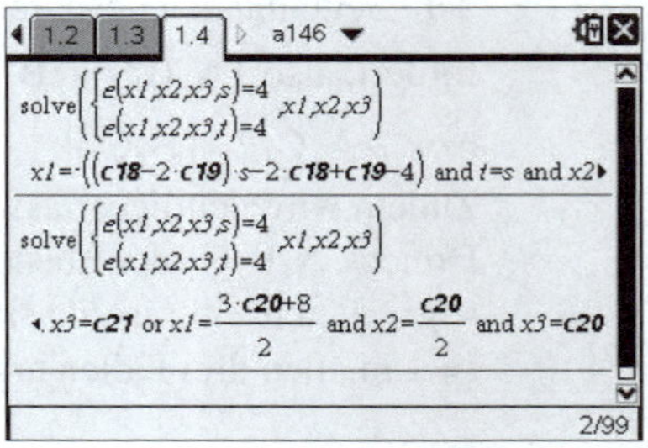

**147.** a) Gleichsetzen der beiden Geradengleichungen ergibt:

$$\begin{pmatrix}2\\0\\3\end{pmatrix}+r\cdot\begin{pmatrix}4\\8\\1\end{pmatrix}=\begin{pmatrix}1\\3\\4\end{pmatrix}+s\cdot\begin{pmatrix}-1\\1\\1\end{pmatrix}$$

$$\begin{array}{llcll} \text{I} & 4r+s=-1 & & \text{I} & 4r+s=-1\\ \text{II} & 8r-s=\ \ 3 & \Leftrightarrow & \text{IV}=\text{I}+\text{II} & 12r\ \ \ \ =\ 2\\ \text{III} & \ \ r-s=\ \ 1 & & \text{V}=\text{I}+\text{III} & 5r\ \ \ \ \ =\ 0 \end{array}$$

Aus Gleichung IV folgt $r=\frac{1}{6}$, aus Gleichung V dagegen $r=0$. Das Gleichungssystem – bzw. die Vektorgleichung – besitzt also keine Lösung. Die beiden Geraden schneiden sich nicht, sie können windschief oder echt parallel zueinander sein.

Da die Gleichung $r\cdot\begin{pmatrix}4\\8\\1\end{pmatrix}=\begin{pmatrix}-1\\1\\1\end{pmatrix}$ nicht lösbar ist, sind die Richtungsvektoren der beiden Geraden linear unabhängig, d. h., **$g_1$ und $g_2$ sind windschief**.

Auch der CAS-Rechner bestätigt, dass beide Vektorgleichungen keine Lösung haben, die Geraden sich also nicht schneiden und nicht parallel sind.

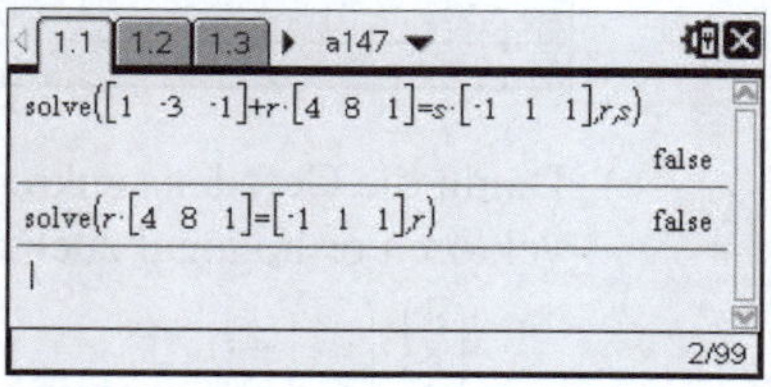


b) Die geforderten Bedingungen werden am einfachsten erfüllt, wenn man den Stützvektor der Geraden $g_1$ mit dem Richtungsvektor der Geraden $g_2$ kombiniert:

$$\mathbf{g_3\colon\ \vec{x}=\begin{pmatrix}2\\0\\3\end{pmatrix}+t\cdot\begin{pmatrix}-1\\1\\1\end{pmatrix}}$$

Damit haben die Geraden $g_3$ und $g_1$ einen Punkt gemeinsam (nämlich den Punkt $(2\,|\,0\,|\,3)$) und $g_3$ verläuft parallel zur Geraden $g_2$.

c) Eine Gleichung der Ebene E lautet z. B.:

$$\mathbf{E\colon\ \vec{x}=\begin{pmatrix}2\\0\\3\end{pmatrix}+r\cdot\begin{pmatrix}4\\8\\1\end{pmatrix}+t\cdot\begin{pmatrix}-1\\1\\1\end{pmatrix}}$$

In dieser Ebenengleichung finden sich sowohl die Geradengleichung von $g_1$ als auch die von $g_3$ wieder.

d) Einen Normalenvektor der Ebene E erhält man mit dem Vektorprodukt:

$$\vec{n}=\begin{pmatrix}4\\8\\1\end{pmatrix}\times\begin{pmatrix}-1\\1\\1\end{pmatrix}=\begin{pmatrix}7\\-5\\12\end{pmatrix}$$

Mit $|\vec{n}|=\sqrt{49+25+144}=\sqrt{218}$ lautet der Normaleneinheitsvektor:

$$\vec{n}_0=\frac{1}{\sqrt{218}}\begin{pmatrix}7\\-5\\12\end{pmatrix}$$

Da die Ebene E parallel zur Geraden $g_2$ verläuft (die Ebene E enthält die Gerade $g_3$ und $g_3$ verläuft parallel zur Geraden $g_2$), kann man den Abstand der Ebene von $g_2$ z. B. als Abstand des Stützpunktes $(1|3|4)$ der Geraden $g_2$ zur Ebene berechnen:

$$\mathbf{d} = \left|\left(\begin{pmatrix}1\\3\\4\end{pmatrix}-\begin{pmatrix}2\\0\\3\end{pmatrix}\right)\cdot\frac{1}{\sqrt{218}}\begin{pmatrix}7\\-5\\12\end{pmatrix}\right| = \frac{1}{\sqrt{218}}\cdot\left|\begin{pmatrix}-1\\3\\1\end{pmatrix}\cdot\begin{pmatrix}7\\-5\\12\end{pmatrix}\right| = \frac{10}{\sqrt{218}} = \frac{5\sqrt{218}}{109} \approx \mathbf{0{,}68}$$

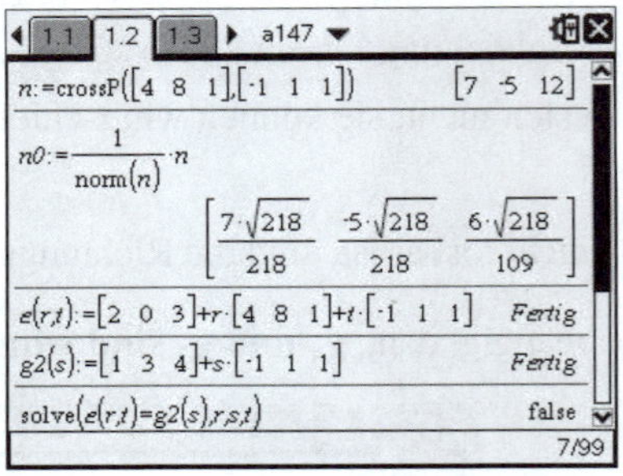


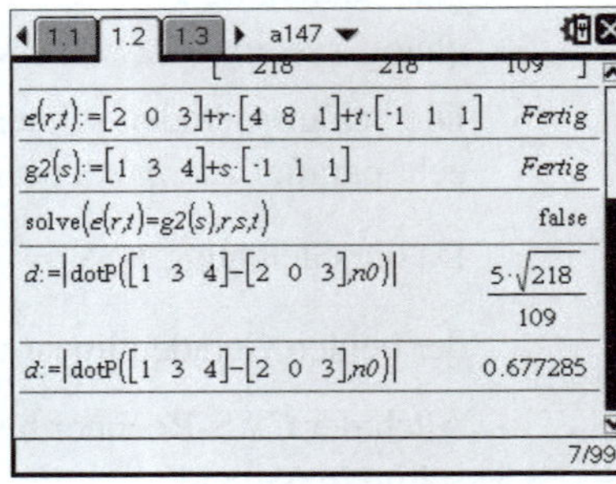


e) Damit die Geraden senkrecht aufeinanderstehen, müssen die Richtungsvektoren orthogonal zueinander sein. Mit dem Skalarprodukt folgt:

$$\begin{pmatrix}4\\8\\1\end{pmatrix}\cdot\begin{pmatrix}3a\\-3\\6a\end{pmatrix}=0$$

$$12a-24+6a=0$$

$$\mathbf{a=\tfrac{4}{3}}$$

Die Gerade $g_4$ hat also die Gleichung:

$$g_4\colon\ \vec{x}=\begin{pmatrix}11\\-4\\\frac{77}{4}\end{pmatrix}+t\cdot\begin{pmatrix}4\\-3\\8\end{pmatrix}$$

Setzt man die Geradengleichungen für $g_1$ und $g_4$ gleich, so ergibt sich:

$$\begin{pmatrix}2\\0\\3\end{pmatrix}+r\cdot\begin{pmatrix}4\\8\\1\end{pmatrix}=\begin{pmatrix}11\\-4\\\frac{77}{4}\end{pmatrix}+t\cdot\begin{pmatrix}4\\-3\\8\end{pmatrix}$$

$$\begin{array}{lrcl}\text{I} & 4r-4t & = & 9\\ \text{II} & 8r+3t & = & -4\\ \text{III} & r-8t & = & \frac{65}{4}\end{array}\quad\Leftrightarrow\quad\begin{array}{lrcl}\text{I} & 4r-4t & = & 9\\ \text{IV}=2\cdot\text{I}-\text{II} & -11t & = & 22\\ \text{V}=\text{I}-4\cdot\text{III} & 28t & = & -56\end{array}$$

Sowohl aus Gleichung IV als auch aus Gleichung V folgt $t=-2$; eingesetzt in Gleichung I ergibt sich $r=\frac{1}{4}$.

Da das Gleichungssystem also genau eine Lösung hat, **schneiden sich die Geraden $g_1$ und $g_4$ in einem Punkt**.

(Der Schnittpunkt lautet $S\left(3\,\middle|\,2\,\middle|\,\frac{13}{4}\right)$; die Berechnung ist nicht verlangt.)

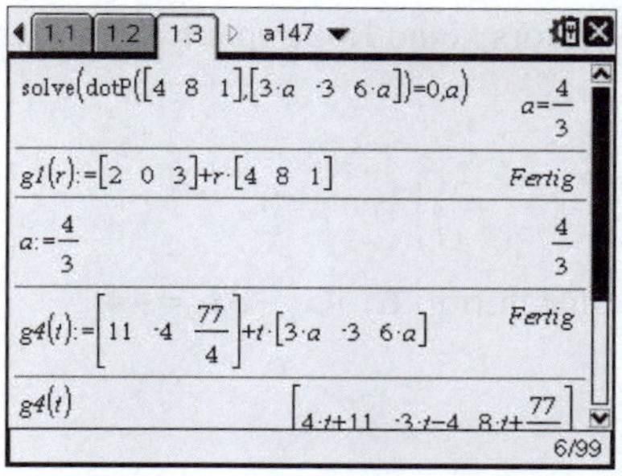


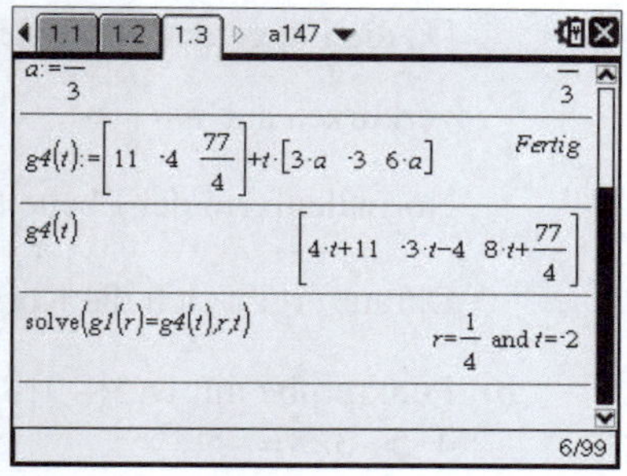


**148.** Weil B bzw. C in der Mitte der Quadratseite [AQ] bzw. [QD] liegt, gilt: $|AB|=|BQ|=8$ und $|CD|=|QC|=8$

Daher haben die Punkte auf der Bodenfläche die Koordinaten A(16 | 0 | 0), B(16 | 8 | 0), C(8 | 16 | 0) und D(0 | 16 | 0).

Da die Vorderwand ein Rechteck ist, müssen sich wegen $\overrightarrow{EF} = \overrightarrow{BC} = \begin{pmatrix} -8 \\ 8 \\ 0 \end{pmatrix}$ die beiden anderen Rechteckecken in den Punkten E(8 | 0 | 18) und F(0 | 8 | 18) befinden. Die Spitze des Gewächshauses liegt in G(0 | 0 | 20).

Somit ergibt sich für die Rechteckfläche mit $\overrightarrow{BC} = \begin{pmatrix} -8 \\ 8 \\ 0 \end{pmatrix}$ und $\overrightarrow{BE} = \begin{pmatrix} -8 \\ -8 \\ 18 \end{pmatrix}$ der Flächeninhalt:

$$A_R = |\overrightarrow{BC} \times \overrightarrow{BE}| = \left| \begin{pmatrix} -8 \\ 8 \\ 0 \end{pmatrix} \times \begin{pmatrix} -8 \\ -8 \\ 18 \end{pmatrix} \right| = \left| \begin{pmatrix} 144 \\ 144 \\ 128 \end{pmatrix} \right| = \sqrt{144^2 + 144^2 + 128^2} \approx 240,5$$

Die beiden Seiten-Dreiecke besitzen zusammen den Flächeninhalt:

$$2 \cdot A_D = 2 \cdot \frac{1}{2} |\overrightarrow{AB} \times \overrightarrow{AE}| = \left| \begin{pmatrix} 0 \\ 8 \\ 0 \end{pmatrix} \times \begin{pmatrix} -8 \\ 0 \\ 18 \end{pmatrix} \right| = \left| \begin{pmatrix} 144 \\ 0 \\ 64 \end{pmatrix} \right| \approx 157,6$$

Das Dreieck an der Spitze besitzt den Flächeninhalt:

$$A_S = \frac{1}{2} |\overrightarrow{EF} \times \overrightarrow{EG}| = \frac{1}{2} \left| \begin{pmatrix} -8 \\ 8 \\ 0 \end{pmatrix} \times \begin{pmatrix} -8 \\ 0 \\ 2 \end{pmatrix} \right| = \frac{1}{2} \left| \begin{pmatrix} 16 \\ 16 \\ 64 \end{pmatrix} \right| \approx 33,9$$

Gesamtfläche:

$A = A_R + 2 \cdot A_D + A_S \approx 432$

Insgesamt werden für das Gewächshaus ca. **4,32 m²** Glas benötigt.

**149.** a) Parameterform der Ebene:

$$\mathbf{E:}\ \vec{x} = \begin{pmatrix} 2 \\ -4 \\ 4 \end{pmatrix} + r \cdot \begin{pmatrix} 3 \\ 5 \\ 4 \end{pmatrix} + s \cdot \begin{pmatrix} 6 \\ 0 \\ 8 \end{pmatrix}$$

Normalenvektor von E:

$$\vec{n} = \begin{pmatrix} 3 \\ 5 \\ 4 \end{pmatrix} \times \begin{pmatrix} 6 \\ 0 \\ 8 \end{pmatrix} = \begin{pmatrix} 40 \\ 0 \\ -30 \end{pmatrix}$$

Da die Länge des Normalenvektors keine Rolle spielt, kann man ihn verkürzen auf $\vec{n} = \begin{pmatrix} 4 \\ 0 \\ -3 \end{pmatrix}$.

Normalenform der Ebene E: $\left(\vec{x} - \begin{pmatrix} 2 \\ -4 \\ 4 \end{pmatrix}\right) \cdot \begin{pmatrix} 4 \\ 0 \\ -3 \end{pmatrix} = 0$

Daraus ergibt sich die Koordinatenform **E: $4x_1 - 3x_3 = -4$.**

b) Punktprobe mit D(5 | −9 | 8):
$4 \cdot 5 - 3 \cdot 8 = -4$
Da diese Gleichung eine **wahre Aussage** ist, liegt D in der Ebene E.

Um zu zeigen, dass die Punkte A, B, C und D die Eckpunkte eines Quadrates bilden, ist nachzuweisen, dass die Vektoren $\overrightarrow{AB}$ und $\overrightarrow{AD}$ senkrecht aufeinanderstehen, gleich lang sind und zu den Vektoren $\overrightarrow{DC}$ bzw. $\overrightarrow{BC}$ identisch sind.

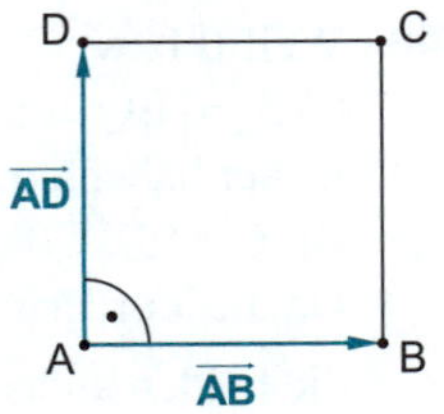


Es gilt:
$\overrightarrow{AB} = \begin{pmatrix} 3 \\ 5 \\ 4 \end{pmatrix}$; $\overrightarrow{AD} = \begin{pmatrix} 3 \\ -5 \\ 4 \end{pmatrix}$; $\overrightarrow{BC} = \begin{pmatrix} 3 \\ -5 \\ 4 \end{pmatrix}$; $\overrightarrow{DC} = \begin{pmatrix} 3 \\ 5 \\ 4 \end{pmatrix}$

Daraus liest man bereits ab, dass $\overrightarrow{AB} = \overrightarrow{DC}$ und $\overrightarrow{AD} = \overrightarrow{BC}$ gilt. Offensichtlich ist auch $|\overrightarrow{AB}| = |\overrightarrow{AD}| = \sqrt{9+25+16} = \sqrt{50} = 5\sqrt{2}$.

Wegen $\overrightarrow{AB} \cdot \overrightarrow{AD} = \begin{pmatrix} 3 \\ 5 \\ 4 \end{pmatrix} \cdot \begin{pmatrix} 3 \\ -5 \\ 4 \end{pmatrix} = 9 - 25 + 16 = 0$ stehen die beiden Vektoren senkrecht aufeinander. **Damit ist das Viereck ABCD ein Quadrat.**

Der Flächeninhalt des Quadrates beträgt: $A_Q = |\overrightarrow{AB}|^2 = (\sqrt{50})^2 = 50$

c) Ein solcher Punkt S liegt auf einer Geraden, die senkrecht zu der Ebene verläuft, in der sich die Grundfläche der Pyramide befindet, also senkrecht zu der Ebene E aus Teilaufgabe a. Der Normalenvektor $\vec{n}$ ist also bereits als Richtungsvektor der Geraden geeignet.
Die Gerade muss zudem durch den Diagonalenschnittpunkt $S_D$ der Grundfläche verlaufen:

$$\vec{s}_D = \overrightarrow{OA} + \frac{1}{2} \cdot (\overrightarrow{AB} + \overrightarrow{AD}) = \begin{pmatrix} 2 \\ -4 \\ 4 \end{pmatrix} + \frac{1}{2} \cdot \left(\begin{pmatrix} 3 \\ 5 \\ 4 \end{pmatrix} + \begin{pmatrix} 3 \\ -5 \\ 4 \end{pmatrix}\right) = \begin{pmatrix} 2 \\ -4 \\ 4 \end{pmatrix} + \frac{1}{2} \cdot \begin{pmatrix} 6 \\ 0 \\ 8 \end{pmatrix} = \begin{pmatrix} 5 \\ -4 \\ 8 \end{pmatrix}$$

Die Gleichung der Geraden g lautet also

$$g:\ \vec{x} = \begin{pmatrix} 5 \\ -4 \\ 8 \end{pmatrix} + t \cdot \begin{pmatrix} 4 \\ 0 \\ -3 \end{pmatrix}$$

bzw. mit dem Normaleneinheitsvektor:

$$g:\ \vec{x} = \begin{pmatrix} 5 \\ -4 \\ 8 \end{pmatrix} + k \cdot \frac{1}{5} \begin{pmatrix} 4 \\ 0 \\ -3 \end{pmatrix}$$

Da der Richtungsvektor in der zweiten Gleichung die Länge 1 hat, erhält man die Koordinaten des Punktes S mit k = 10 oder k = −10:

$$\vec{s}_1 = \begin{pmatrix}5\\-4\\8\end{pmatrix} + 10\cdot\frac{1}{5}\begin{pmatrix}4\\0\\-3\end{pmatrix} = \begin{pmatrix}13\\-4\\2\end{pmatrix} \text{ oder } \vec{s}_2 = \begin{pmatrix}5\\-4\\8\end{pmatrix} - 10\cdot\frac{1}{5}\begin{pmatrix}4\\0\\-3\end{pmatrix} = \begin{pmatrix}-3\\-4\\14\end{pmatrix}$$

Es ergeben sich die zwei Punkte **$S_1(13|-4|2)$** und **$S_2(-3|-4|14)$**.

d) Normalenvektor der Ebene $E_2$:

$$\vec{n} = \begin{pmatrix}3\\2\\4\end{pmatrix} \times \begin{pmatrix}6\\7\\8\end{pmatrix} = \begin{pmatrix}-12\\0\\9\end{pmatrix}$$

Wegen $\begin{pmatrix}-12\\0\\9\end{pmatrix} = -3\cdot\begin{pmatrix}4\\0\\-3\end{pmatrix}$ ist der Normalenvektor der Ebene $E_2$ ein Vielfaches des Normalenvektors der Ebene E.
Damit sind die beiden **Ebenen E und $E_2$ parallel**.

Da die Koordinaten des Stützvektors von $E_2$ nicht die Ebenengleichung von E erfüllen, $4\cdot(-5) - 3\cdot 3 = -29 \neq -4$, sind die beiden Ebenen sogar echt parallel.

e) Zunächst wird der Schnittpunkt F der Geraden

$$g\colon \vec{x} = \begin{pmatrix}5\\-4\\8\end{pmatrix} + t\cdot\begin{pmatrix}4\\0\\-3\end{pmatrix}$$

aus Teilaufgabe c mit der Ebene $E_2$ berechnet (vgl. Skizze rechts).

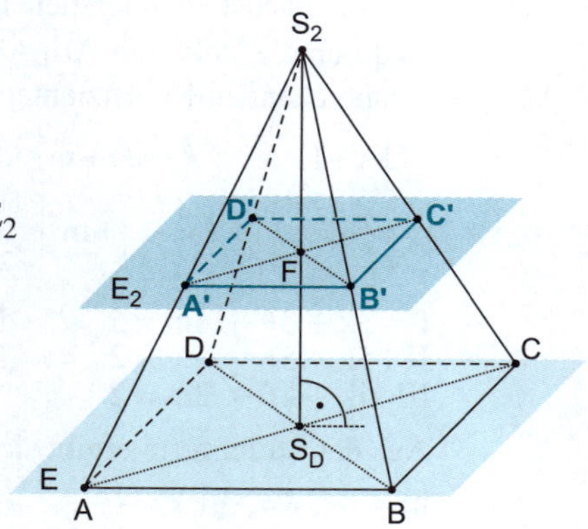


Die Koordinatenform von $E_2$ ist $E_2\colon 4x_1 - 3x_3 = -29$ (vgl. Teilaufgabe d), also folgt:

$$4\cdot(5+4t) - 3\cdot(8-3t) = -29$$
$$t = -1$$

$$\Rightarrow \quad \vec{f} = \begin{pmatrix}5\\-4\\8\end{pmatrix} - 1\cdot\begin{pmatrix}4\\0\\-3\end{pmatrix} = \begin{pmatrix}1\\-4\\11\end{pmatrix}$$

Der Mittelpunkt des herausgeschnittenen Quadrates A'B'C'D' hat also die Koordinaten F(1 | −4 | 11).

Bei der Lösung mit dem CAS-Rechner im Bild rechts werden die Koordinaten des Ortsvektors von F mithilfe der Parameterform von $E_2$ berechnet.

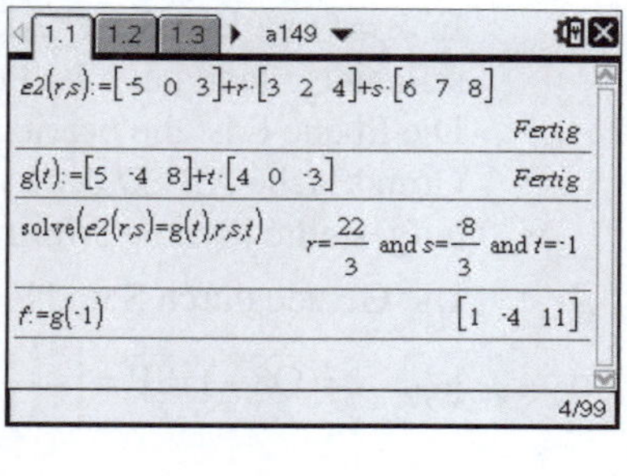

Wegen $\left|\overrightarrow{S_2F}\right| = \left|\begin{pmatrix}1\\-4\\11\end{pmatrix} - \begin{pmatrix}-3\\-4\\14\end{pmatrix}\right| = 5 < 10$, aber $\left|\overrightarrow{S_1F}\right| = \left|\begin{pmatrix}1\\-4\\11\end{pmatrix} - \begin{pmatrix}13\\-4\\2\end{pmatrix}\right| = 15 > 10$,

ist die Wahl des Punktes $S_2(-3\,|-4\,|\,14)$ als Pyramidenspitze in diesem Fall die richtige.

Die Seitenlänge des Quadrates A'B'C'D' kann mithilfe der Strahlensätze berechnet werden (vgl. Skizze); es gilt:

$$\frac{\overline{S_2S_D}}{\overline{S_2F}} = \frac{\overline{AB}}{\overline{A'B'}} \Leftrightarrow \overline{A'B'} = \frac{\overline{S_2F}}{\overline{S_2S_D}} \cdot \overline{AB} = \frac{5}{10} \cdot 5\sqrt{2} = \frac{5}{2}\sqrt{2}$$

Damit beträgt die Fläche des ausgeschnittenen Quadrates:

$$A_{Q'} = \left(\frac{5}{2}\sqrt{2}\right)^2 = \mathbf{\frac{25}{2} = 12{,}5}$$

Dieses Quadrat hat also nur ein Viertel des Flächeninhaltes im Vergleich zum Quadrat ABCD.

f) Die gegebene Pyramidenspitze S entspricht der in Teilaufgabe c ermittelten Spitze $S_1$.
Legt man den Punkt A als den Ursprung eines Koordinatensystems fest, so ist zunächst zu untersuchen, ob der Vektor vom Punkt A zum Punkt P so durch die Vektoren $\overrightarrow{AB}$, $\overrightarrow{AD}$ und $\overrightarrow{AS}$ linear kombinierbar ist, dass die entsprechenden Koeffizienten positiv und kleiner als 1 sind:

$$\overrightarrow{OA} + k \cdot \overrightarrow{AB} + \ell \cdot \overrightarrow{AD} + m \cdot \overrightarrow{AS} = \vec{p}$$

$$\begin{pmatrix}2\\-4\\4\end{pmatrix} + k \cdot \begin{pmatrix}3\\5\\4\end{pmatrix} + \ell \cdot \begin{pmatrix}3\\-5\\4\end{pmatrix} + m \cdot \begin{pmatrix}11\\0\\-2\end{pmatrix} = \begin{pmatrix}7\\-2\\6\end{pmatrix}$$

$$\begin{array}{llcll} \text{I} & 3k + 3\ell + 11m = 5 & & \text{I} & 3k + 3\ell + 11m = 5 \\ \text{II} & 5k - 5\ell \qquad = 2 & \Leftrightarrow & \text{IV} = 5 \cdot \text{I} - 3 \cdot \text{II} & 30\ell + 55m = 19 \\ \text{III} & 4k + 4\ell - 2m = 2 & & \text{V} = 4 \cdot \text{I} - 3 \cdot \text{III} & 50m = 14 \end{array}$$

Aus der Stufenform ergibt sich die Lösung des Gleichungssystems:

$m = \frac{7}{25}$; $\ell = \frac{3}{25}$; $k = \frac{13}{25}$

Damit liegt P in dem Spat, der durch die drei Vektoren $\overrightarrow{AB}$, $\overrightarrow{AD}$ und $\overrightarrow{AS}$ aufgespannt wird.

Wenn nun noch die Gerade, die durch S und P führt, die Ebene
E: $\vec{x} = \overrightarrow{OA} + k \cdot \overrightarrow{AB} + \ell \cdot \overrightarrow{AD}$ innerhalb der Pyramidengrundfläche ABCD schneidet, dann liegt der Punkt P innerhalb der Pyramide.
Die Ebene E ist die bereits in Teilaufgabe a betrachtete Ebene, in der die Grundfläche ABCD der Pyramide liegt; es wird im Folgenden die dort aufgestellte Parameterform verwendet.

Die Gerade durch S und P hat die Gleichung:

$$g_{SP}: \vec{x} = \overrightarrow{OS} + t \cdot \overrightarrow{SP} = \begin{pmatrix}13\\-4\\2\end{pmatrix} + t \cdot \begin{pmatrix}-6\\2\\4\end{pmatrix}$$

Gleichsetzen der Ebenen- und der Geradengleichung:

$$\begin{pmatrix}2\\-4\\4\end{pmatrix}+k\cdot\begin{pmatrix}3\\5\\4\end{pmatrix}+\ell\cdot\begin{pmatrix}6\\0\\8\end{pmatrix}=\begin{pmatrix}13\\-4\\2\end{pmatrix}+t\cdot\begin{pmatrix}-6\\2\\4\end{pmatrix}$$

$$\begin{array}{llll} \text{I} & 3k+6\ell+6t=11 & & \text{I} & 3k+\ 6\ell+\ 6t=11 \\ \text{II} & 5k\qquad\quad -2t=\ 0 & \Leftrightarrow & \text{IV}=5\cdot\text{I}-3\cdot\text{II} & 30\ell+36t=55 \\ \text{III} & 4k+8\ell-4t=-2 & & \text{V}=4\cdot\text{I}-3\cdot\text{III} & 36t=50 \end{array}$$

Aus der Stufenform ergibt sich die Lösung des Gleichungssystems:

$t=\frac{25}{18};\ \ell=\frac{1}{6};\ k=\frac{5}{9}$

Da insbesondere die Werte für k und $\ell$ kleiner als 1 sind, **liegt P insgesamt innerhalb der Pyramide**.

Der CAS-Rechner lässt sich hier insbesondere zur Lösung der Vektorgleichungen einsetzen, da diese direkt eingegeben werden können:

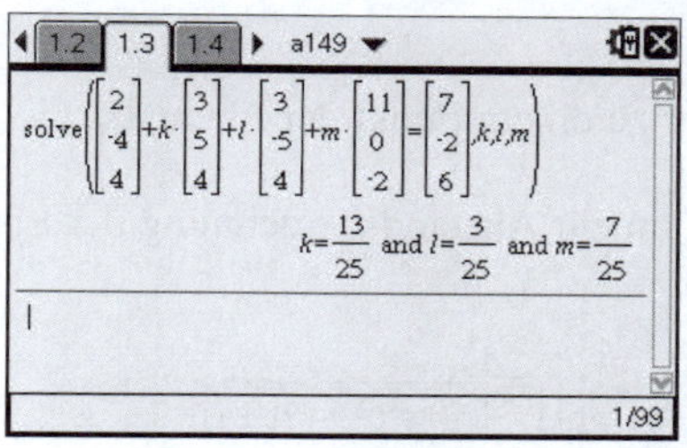


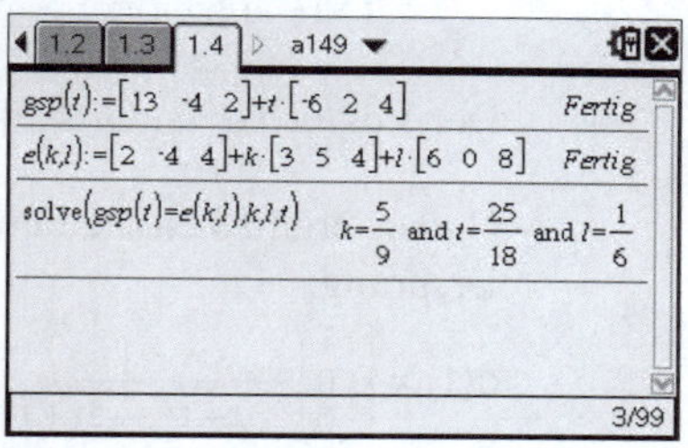


**150.** a) Es ist der Schnitt zweier Ebenen der Schar für unterschiedliche Parameter t und s zu berechnen:

$x_1-t\cdot x_2+(2t+1)\cdot x_3=t$

$x_1-s\cdot x_2+(2s+1)\cdot x_3=s$

Subtrahiert man die zweite von der ersten Gleichung, so erhält man:

$$\begin{aligned} -(t-s)\cdot x_2+(2t+1-2s-1)\cdot x_3&=t-s \\ -(t-s)\cdot x_2+2(t-s)\cdot x_3&=t-s \quad \big|:(t-s) \\ -x_2+2x_3&=1 \\ x_2&=2x_3-1 \end{aligned}$$

Eingesetzt in die erste Gleichung ergibt sich:

$$\begin{aligned} x_1-t\cdot(2x_3-1)+(2t+1)\cdot x_3&=t \\ x_1&=-x_3 \end{aligned}$$

Setzt man $x_3=k$, erhält man folgende Geradengleichung:

**g:** $\vec{x}=\begin{pmatrix}0\\-1\\0\end{pmatrix}+k\cdot\begin{pmatrix}-1\\2\\1\end{pmatrix}$

Bei der Lösung mit dem CAS-Rechner liest man entsprechend der handschriftlichen Lösung die Geradengleichung ab. Vorsicht ist hier allerdings geboten, denn die erste angezeigte Lösung gilt für den Fall $t = s$. Laut Voraussetzung ist aber $t \neq s$, sodass diese Lösung nicht brauchbar ist.

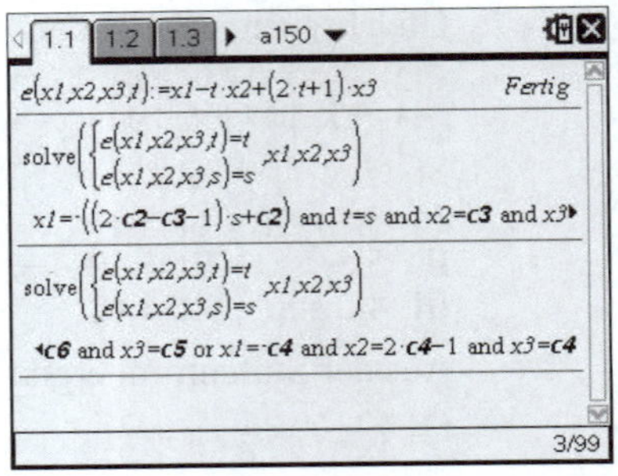


b) Der Normalenvektor der Ebenen $E_t$ ist $\vec{n} = \begin{pmatrix} 1 \\ -t \\ 2t+1 \end{pmatrix}$. Der Normaleneinheitsvektor lautet dementsprechend:

$$\vec{n}_0 = \frac{1}{\sqrt{1+t^2+(2t+1)^2}} \cdot \begin{pmatrix} 1 \\ -t \\ 2t+1 \end{pmatrix}$$

Der Vektor $\begin{pmatrix} t \\ 0 \\ 0 \end{pmatrix}$ ist Ortsvektor zu einem Punkt der Ebene $E_t$.

Daraus ergibt sich die Funktion zur Abstandsberechnung der Ebene vom Ursprung:

$$d(t) = \left| \begin{pmatrix} t \\ 0 \\ 0 \end{pmatrix} \cdot \frac{1}{\sqrt{1+t^2+(2t+1)^2}} \cdot \begin{pmatrix} 1 \\ -t \\ 2t+1 \end{pmatrix} \right| = \left| \frac{t}{\sqrt{1+t^2+(2t+1)^2}} \right|$$

Der Funktionsterm vereinfacht sich, wenn man das Quadrat der Funktion betrachtet und auf Extrema untersucht:

$$d(t)^2 = \frac{t^2}{1+t^2+(2t+1)^2}$$

Mithilfe der Analysis berechnet man nun die Nullstellen der ersten Ableitung und überprüft mit einem hinreichenden Kriterium, ob es sich um ein Maximum oder ein Minimum handelt:

$$\left(d(t)^2\right)' = \frac{2t(1+t^2+(2t+1)^2) - t^2(10t+4)}{\left(1+t^2+(2t+1)^2\right)^2}$$

$$\begin{aligned} \left(d(t)^2\right)' = 0 \quad &\Leftrightarrow \quad 2t(1+t^2+(2t+1)^2) - t^2(10t+4) = 0 \\ &\Leftrightarrow \quad 2t(5t^2+4t+2) - t^2(10t+4) = 0 \\ &\Leftrightarrow \quad 4t^2+4t = 0 \\ &\Leftrightarrow \quad t = 0 \text{ oder } t = -1 \end{aligned}$$

Mit dem Vorzeichenwechsel-Kriterium findet man durch

$\left(d(-2)^2\right)' = \frac{2}{49} > 0$ und $\left(d(-0{,}5)^2\right)' = -\frac{16}{25} < 0$,

dass bei $t_0 = -1$ ein lokales Maximum vorhanden ist. Dieses ist zugleich auch ein globales Maximum.

**Die Ebene $E_{-1}$ hat also maximalen Abstand zum Ursprung.**

Bei der Lösung mit dem CAS-Rechner wird die Abstandsfunktion d(t) direkt als Betrag des Skalarproduktes definiert. Bei der Berechnung der Nullstelle der ersten Ableitung fällt auf, dass der Rechner nur $t=-1$ als Lösung ausgibt. An der Stelle $t=0$ existiert aufgrund der Betragsfunktion keine Ableitung, der CAS-Rechner gibt für d'(0) sogar zwei „Funktionswerte" aus: $+\frac{\sqrt{2}}{2}$ und $-\frac{\sqrt{2}}{2}$

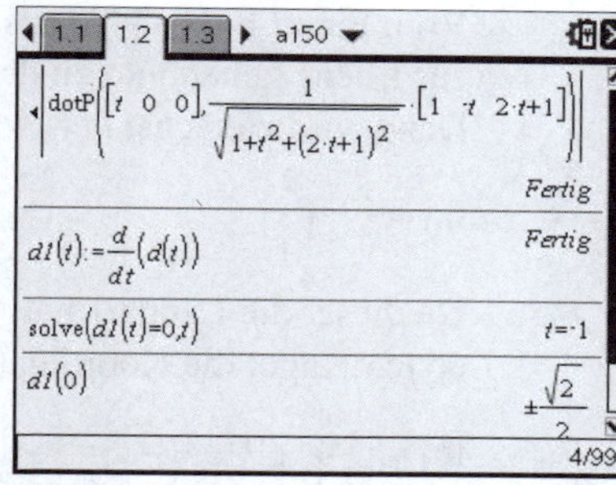


Dies wird auch am Funktionsgraphen von d(t) deutlich. Dieser zeigt an der Stelle $t=0$ einen Knick, der keine eindeutige Steigung besitzt.

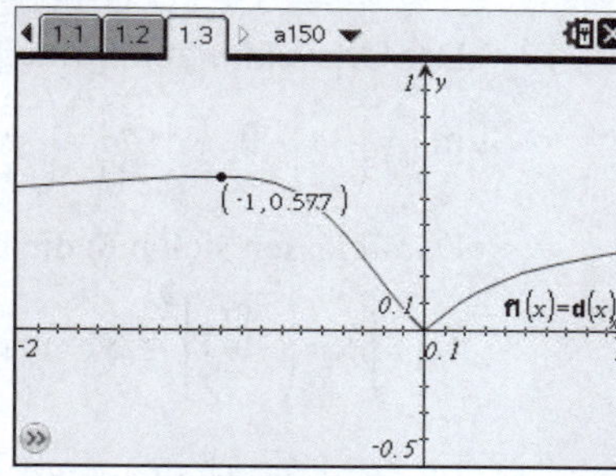


Die Überprüfung des hinreichenden Kriteriums für ein Maximum funktioniert mit dem CAS-Rechner ebenfalls nicht mithilfe der zweiten Ableitung. Deshalb wird auch hier das Vorzeichenwechsel-Kriterium verwendet.

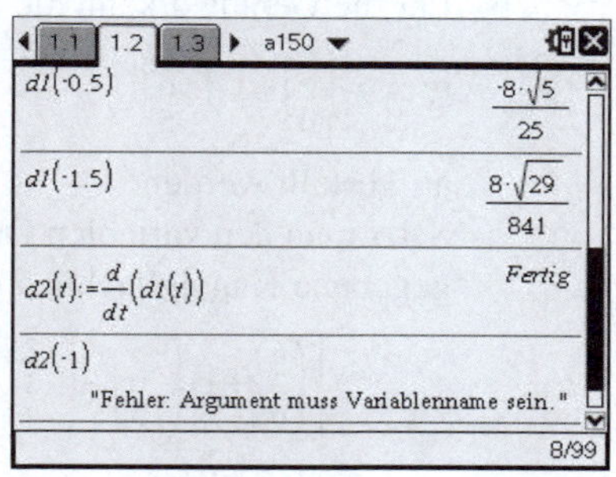


**151.** a) Da der Radius einer Kugel immer senkrecht zu der Tangentialebene steht, gibt es zwei Kugeln, die die gegebene Ebene als Tangentialebene besitzen und den Radius $r=9$ haben.

Die Gerade g: $\vec{x} = t\cdot\begin{pmatrix}2\\-2\\1\end{pmatrix}$ verläuft senkrecht zur Ebene E und geht durch den Koordinatenursprung. Setzt man den variablen Ortsvektor $\vec{x}$ dieser Geradengleichung in die Ebenengleichung ein, so erhält man:

$$t\cdot\begin{pmatrix}2\\-2\\1\end{pmatrix}\cdot\begin{pmatrix}2\\-2\\1\end{pmatrix}=18 \quad\Leftrightarrow\quad 4t+4t+t=18 \quad\Leftrightarrow\quad t=2$$

Der Ortsvektor zum Lotfußpunkt hat die Koordinaten:

$$\vec{f} = 2\cdot\begin{pmatrix}2\\-2\\1\end{pmatrix}=\begin{pmatrix}4\\-4\\2\end{pmatrix}$$

Vom Punkt F(4|−4|2) aus muss man nun 9 Längeneinheiten senkrecht zur Ebene gehen, um zu dem Mittelpunkt einer der Kugeln zu gelangen. Dazu wird zunächst der Normaleneinheitsvektor der Ebene E erstellt:

$$\vec{n}_0 = \frac{1}{3} \cdot \begin{pmatrix} 2 \\ -2 \\ 1 \end{pmatrix}$$

Da dieser die Länge 1 hat, hat der Ortsvektor zum Mittelpunkt $M_1$ der ersten Kugel die Koordinaten:

$$\vec{m}_1 = \begin{pmatrix} 4 \\ -4 \\ 2 \end{pmatrix} + 9 \cdot \frac{1}{3} \cdot \begin{pmatrix} 2 \\ -2 \\ 1 \end{pmatrix} = \begin{pmatrix} 10 \\ -10 \\ 5 \end{pmatrix}$$

Der Ortsvektor zum Mittelpunkt $M_2$ der zweiten Kugel lautet analog:

$$\vec{m}_2 = \begin{pmatrix} 4 \\ -4 \\ 2 \end{pmatrix} - 9 \cdot \frac{1}{3} \cdot \begin{pmatrix} 2 \\ -2 \\ 1 \end{pmatrix} = \begin{pmatrix} -2 \\ 2 \\ -1 \end{pmatrix}$$

Damit lassen sich nun die beiden Kugelgleichungen aufstellen:

$$\mathbf{K_1:} \left[ \vec{x} - \begin{pmatrix} 10 \\ -10 \\ 5 \end{pmatrix} \right]^2 = \mathbf{81} \quad \text{und} \quad \mathbf{K_2:} \left[ \vec{x} - \begin{pmatrix} -2 \\ 2 \\ -1 \end{pmatrix} \right]^2 = \mathbf{81}$$

b) Für die Gerade g kann die Gleichung

$$g\colon\ \vec{x} = \begin{pmatrix} 6 \\ 2 \\ 0 \end{pmatrix} + t \cdot \begin{pmatrix} -5 \\ 0 \\ 5 \end{pmatrix}$$

aufgestellt werden.
Setzt man den variablen Ortsvektor $\vec{x}$ dieser Geradengleichung in die gegebene Kugelgleichung ein und löst nach t auf, so ergibt sich:

$$\left[ \begin{pmatrix} 6 \\ 2 \\ 0 \end{pmatrix} + t \cdot \begin{pmatrix} -5 \\ 0 \\ 5 \end{pmatrix} - \begin{pmatrix} -2 \\ 2 \\ -1 \end{pmatrix} \right]^2 = 81$$

$$\left[ \begin{pmatrix} 8 \\ 0 \\ 1 \end{pmatrix} + t \cdot \begin{pmatrix} -5 \\ 0 \\ 5 \end{pmatrix} \right]^2 = 81$$

$$\begin{pmatrix} 8 \\ 0 \\ 1 \end{pmatrix}^2 + 2t \cdot \begin{pmatrix} 8 \\ 0 \\ 1 \end{pmatrix} \cdot \begin{pmatrix} -5 \\ 0 \\ 5 \end{pmatrix} + t^2 \cdot \begin{pmatrix} -5 \\ 0 \\ 5 \end{pmatrix}^2 = 81$$

$$65 + 2t \cdot (-35) + t^2 \cdot 50 = 81$$

$$50t^2 - 70t - 16 = 0$$

Mit der Lösungsformel für quadratische Gleichungen ergeben sich die Lösungen $t_1 = -\frac{1}{5}$ und $t_2 = \frac{8}{5}$.
Die Ortsvektoren zu den Durchstoßpunkten $D_1$ und $D_2$ sind also

$$\vec{d}_1 = \begin{pmatrix} 6 \\ 2 \\ 0 \end{pmatrix} - \frac{1}{5} \cdot \begin{pmatrix} -5 \\ 0 \\ 5 \end{pmatrix} = \begin{pmatrix} 7 \\ 2 \\ -1 \end{pmatrix} \quad \text{und} \quad \vec{d}_2 = \begin{pmatrix} 6 \\ 2 \\ 0 \end{pmatrix} + \frac{8}{5} \cdot \begin{pmatrix} -5 \\ 0 \\ 5 \end{pmatrix} = \begin{pmatrix} -2 \\ 2 \\ 8 \end{pmatrix}.$$

Die Durchstoßpunkte selbst lauten **$D_1$(7|2|−1)** und **$D_2$(−2|2|8)**.

Bei der Definition der Kugelgleichung im CAS-Rechner muss man beachten, dass der Rechner das Quadrat nicht als Skalarprodukt versteht. Deshalb muss die Definition hier mit dem Befehl **dotP()** geschehen.

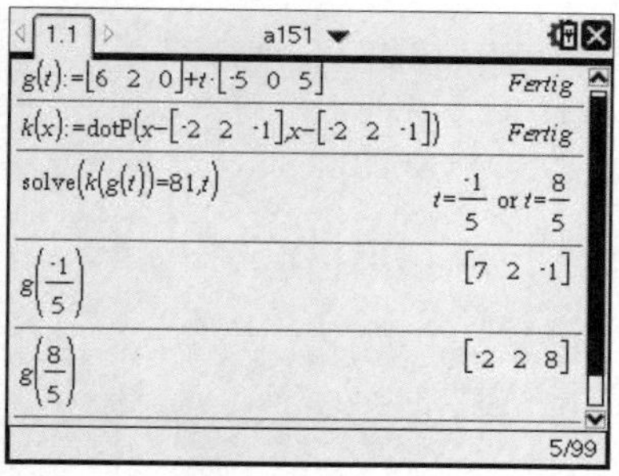

# Stichwortverzeichnis

*(Bitte blättern Sie um)*